HARCOURT

Matemáticas

Edición de California

Guía de evaluación

Grado 5

Orlando • Boston • Dallas • Chicago • San Diego
www.harcourtschool.com

Printed in the United States of America

ISBN 0-15-321692-1

1 2 3 4 5 6 7 8 9 10 022 2004 2003 2002 2001

CONTENTS

TESTS

INTRODUCTION

"Assessment is aligned with and guides instruction. Students are assessed frequently to determine whether they are progressing steadily toward achieving the standards, and the results of this assessment are useful in determining instructional priorities and modifying curriculum and instruction." (*California Mathematics Framework*, p. 12)

"Assessment is the key to ensuring that all students are provided with mathematics instruction designed to help them progress at an appropriate pace from what they already know to higher levels of learning." (p. 202)

Assessment in Harcourt Math

Harcourt Math provides a wide range of assessment tools to measure student achievement before, during, and after instruction. These tools include:

- Entry Level Assessment
- Progress Monitoring
- Summative Evaluation
- Test Preparation

Entry Level Assessment

Inventory Tests—These tests, provided on pages AG1–AG8 in this *Assessment Guide*, may be administered at the beginning of the school year to determine a baseline for student mastery of the standards. The baseline may also be used to evaluate a student's future growth when compared to subsequent tests.

Assessing Prior Knowledge ("Check What You Know")—This feature appears at the beginning of every chapter in the *Harcourt Math* Pupil Edition. It may be used before chapter instruction begins to determine whether students possess crucial prerequisite skills. Tools for intervention are provided.

Pretests—The Chapter Tests, Form A (multiple choice) or Form B (free response), may be used as pretests to measure what students already may have mastered before instruction begins. These tests are provided in this *Assessment Guide*.

Progress Monitoring

Daily Assessment—These point-of-use strategies allow you to continually adjust instruction so that all students are constantly progressing toward mastery of the standards. These strategies appear in every lesson of the *Harcourt Math* Teacher's Edition, and include the Quick Review, Mixed Review and Test Prep, and the Assess section of the lesson plan.

Intervention—While monitoring students' progress, you may determine that intervention is needed. The Intervention and Extension Resources page for each lesson in the Teacher's Edition suggests several options for meeting individual needs.

Student Self-Assessment—Students evaluate their own work through checklists, portfolios, and journals. Suggestions are provided in this *Assessment Guide*.

Summative Evaluation

Formal Assessment—Several options are provided to help the teacher determine whether students have achieved the goals defined by a given standard or set of standards. These options are provided at the end of each chapter and unit and at the end of the year. They include

Chapter Review/Test in the *Pupil Edition*
Chapter Tests in this *Assessment Guide*
Unit Tests in this *Assessment Guide*
Cumulative Review, in the *Pupil Edition*

Performance Assessment—Two performance tasks for each unit are provided in the *Performance Assessment* book. Scoring rubrics and model papers are also provided in the *Performance Assessment* book.

Harcourt Electronic Test System—Math Practice and Assessment CD-ROM—This technology component provides the teacher with the opportunity to make and grade chapter tests electronically. The tests may be customized to meet individual needs or to create standards-based tests from a bank of test items. A management system for generating reports is also included.

Test Preparation

Test Prep—To help students prepare for tests, the Mixed Review and Test Prep, at the end of most lessons, provides items in standardized-test format. In addition, the Cumulative Review page at the end of each chapter in the *Pupil Edition* provide practice in solving problems in a standardized test format. They include practical test-taking tips that give students ongoing strategies for analyzing problems and solving them.

ASSESSMENT OPTIONS AT A GLANCE

ASSESSING PRIOR KNOWLEDGE

Check What You Know, *PE*
Inventory Test, Form A, *AG*
Inventory Test, Form B, *AG*

DAILY ASSESSMENT

Quick Review, *PE*
Mixed Review and Test Prep, *PE*
Number of the Day, *PE*
Problem of the Day, *PE*
Lesson Quiz, *TE*

TEST PREPARATION

Cumulative Review, *PE*
Mixed Review and Test Prep, *PE*
Study Guide and Review, *PE*

PERFORMANCE ASSESSMENT

Performance Task A, *PA*
Performance Task B, *PA*

FORMAL ASSESSMENT

Chapter Review/Test, *PE*

Inventory Tests, *AG*
Pretest and Posttest Options
Chapter Test Form A, *AG*
Chapter Test Form B, *AG*
End-of-Year Tests, *AG*

Unit Test Form A, *AG*
Unit Test Form B, *AG*

Harcourt Electronic Test System—
Math Practice and
Assessment CD-ROM

STUDENT SELF-ASSESSMENT

How Did Our Group Do?, *AG*
How Well Did I Work in My Group?, *AG*
How Did I Do?, *AG*
A Guide to My Math Portfolio, *AG*
Math Journal, *TE*

Key: AG=*Assessment Guide*, TE=*Teacher's Edition*, PE=*Pupil Edition*, PA=*Performance Assessment*

PREPARING STUDENTS FOR SUCCESS

Assessing Prior Knowledge

Assessment of prior knowledge is essential to planning mathematics instruction and to ensure students' progress from what they already know to higher levels of learning. In *Harcourt Math*, each chapter begins with Check What You Know. This tool to assess prior knowledge can be used to determine whether students have the prerequisite skills to move on to the new skills and concepts of the subsequent chapter.

If students are found lacking in some skills or concepts, appropriate intervention strategies are suggested. The *Intervention Strategies and Activities* ancillary provides additional options for intervention. The *Teacher's Edition* of the textbook provides references for reteaching, practice, and challenge activities as well as suggestions for reaching students with a wide variety of learning abilities.

Test Preparation

With increasing emphasis today on standardized tests, many students feel intimidated and nervous as testing time approaches. Whether they are facing teacher-made tests, program tests, or state-wide standardized tests, students will feel more confident with the test format and content if they know what to expect in advance.

Harcourt Math provides multiple opportunities for test preparation. At the end of most lessons there is a Mixed Review and Test Prep, which provides items in a standardized-test format. Cumulative Review pages at the end of each chapter provide practice in problem solving presented in a standardized-test format. In the Student Handbook of the *Pupil Edition* there is a section on test-taking tips. Test-taking tips also appear in this *Assessment Guide* on pages AG xl and AG xli.

FORMAL ASSESSMENT

Formal assessment in *Harcourt Math* consists of a series of reviews and tests that assess how well students understand concepts, perform skills, and solve problems related to program content. Information from these measures (along with information from other kinds of assessment) is needed to evaluate student achievement and to determine grades. Moreover, analysis of results can help determine whether additional practice or reteaching is needed.

Formal assessment in *Harcourt Math* includes the following measures:

- Inventory Tests, in this *Assessment Guide*
- Chapter Review/Tests, in the *Pupil Edition*
- Chapter Tests, in this *Assessment Guide*
- Unit Tests, in this *Assessment Guide*
- End-of-Year Tests, in this *Assessment Guide*

The **Inventory Tests** assess how well students have mastered the objectives from the previous grade level. There are two forms of Inventory Tests—multiple choice (Form A) and free response (Form B).Test results provide information about the kinds of review students may need to be successful in mathematics at the new grade level. The teacher may use the Inventory Test at the beginning of the school year or when a new student arrives in your class.

The **Chapter Review/Test** appears at the end of each chapter in the *Pupil Edition*. It can be used to determine whether there is a need for more instruction or practice. Discussion of responses can help correct misconceptions before students take the chapter test.

The **Chapter Tests** are available in two formats—multiple choice (Form A) and free response (Form B). Both forms assess the same content. The two different forms permit use of the measure as a pretest and a posttest or as two forms of the posttest.

The **Unit Tests**, in both Form A and Form B, follow the chapter tests in each unit. Unit tests assess skills and concepts from the preceding unit.

The **End-of-Year Tests** assess how well students have mastered the objectives in the grade level. There are two forms of End-of-Year Tests—multiple choice and free response. Test results may provide a teacher help in recommending a summer review program.

The **Answer Key** in this *Assessment Guide* provides reduced replications of the tests with answers. Two record forms are available for formal assessment—an Individual Record Form (starting on page AG xxviii) and a Class Record Form (starting on page AG xxxvii).

Students may record their answers directly on the test sheets. However, for the multiple-choice tests, they may use the **Answer Sheet**, similar to the "bubble form" used for standardized tests. That sheet is located on page AG xlviii in this *Assessment Guide*.

DAILY ASSESSMENT

Daily Assessment is embedded in daily instruction. Students are assessed as they learn and learn as they are assessed. First you observe and evaluate your students' work on an informal basis, and then you seek confirmation of those observations through other program assessments.

Harcourt Math offers the following resources to support informal assessment on a daily basis:

- Quick Review in the *Pupil Edition* on the first page of each lesson
- Mixed Review and Test Prep in the *Pupil Edition* at the end of each skill lesson
- Number of the Day in the *Teacher's Edition* at the beginning of each lesson
- Problem of the Day in the *Teacher's Edition* at the beginning of each lesson
- Assess in the *Teacher's Edition* at the end of each lesson

Quick Review allows you to adjust instruction so that all students are progressing toward mastery of skills and concepts.

Mixed Review and Test Prep provides review and practice for skills and concepts previously taught. Some of the items are written in a multiple-choice format.

Number of the Day and **Problem of the Day** kick off the lesson with problems that are relevant both to lesson content and the students' world. Their purpose is to get students thinking about the lesson topic and to provide you with insights about their ability to solve problems related to it. Class discussion may yield clues about students' readiness to learn a concept or skill emphasized in the lesson.

Assess in the Teacher's Edition at the end of each lesson includes three brief assessments: Discuss and Write—to probe students' grasp of the main lesson concept, and Lesson Quiz—a quick check of students' mastery of lesson skills.

Depending on what you learn from students' responses to lesson assessments, you may wish to use **Problem Solving, Reteach, Practice**, or **Challenge** copying masters before starting the next lesson.

PERFORMANCE ASSESSMENT

Performance assessment can help reveal the thinking strategies students use to work through a problem. Students usually enjoy doing the performance tasks.

Harcourt Math offers the following assessment measures, scoring instruments, and teacher observation checklists for evaluating student performance.

- Unit Performance Assessments and Scoring Rubrics, in the *Performance Assessment* book
- Project Scoring Rubric in this *Assessment Guide*
- Portfolio Evaluation in this *Assessment Guide*
- Problem Solving Think Along Response Sheets and Scoring Guides in this *Assessment Guide*

The **Performance Assessment** book includes two tasks per unit. These tasks can help you assess students' ability to use what they have learned to solve everyday problems. For more information see the *Performance Assessment* book.

The **Project Scoring Rubric** can be used to evaluate an individual or group project. This rubric can be especially useful in evaluating the Problem Solving Project that appears in the *Teacher's Edition* at the beginning of every chapter. The project is an open-ended, problem-solving task that may involve activities such as gathering data, constructing a data table or graph, writing a report, building a model, or creating a simulation.

The **Problem Solving Think Along** is a performance assessment that is designed around the problem-solving method used in *Harcourt Math*. You may use either the Oral Response or Written Response form to evaluate the students. For more information see pages AG xxii–AG xxvi.

Portfolios can also be used to assess students' mathematics performance. For more information, see pages AG xviii–AG xx.

STUDENT SELF-ASSESSMENT

Research shows that self-assessment can have significant positive effects on students' learning. To achieve these effects, students must be challenged to reflect on their work and to monitor, analyze, and control their learning. Their ability to evaluate their behaviors and to monitor them grows with their experience in self-assessment.

Harcourt Math offers the following self-assessment tools:

- Math Journal, ideas for journal writing found in the *Teacher's Edition*
- Group Project Evaluation Sheet
- Individual Group Member Evaluation Sheet
- End-of-Chapter Individual Survey Sheet

The **Math Journal** is a collection of student writings that may communicate feelings, ideas, and explanations as well as responses to open-ended problems. It is an important evaluation tool in math even though it is not graded. Use the journal to gain insights about student growth that you cannot obtain from other assessments. Look for journal icons in your *Teacher's Edition* for suggested journal-writing activities.

The **Group Project Evaluation Sheet** ("How Did Our Group Do?") is designed to assess and build up group self-assessment skills. The Individual Group Member Evaluation ("How Well Did I Work in My Group?") helps the student evaluate his or her own behavior in and contributions to the group.

The **End-of-Chapter Survey** ("How Did I Do?") leads students to reflect on what they have learned and how they learned it. Use it to help students learn more about their own capabilities and develop confidence.

Discuss directions for completing each checklist or survey with the students. Tell them there are no "right" responses to the items. Talk over reasons for various responses.

Nombre del estudiante ____________________

Fecha ____________________

Pautas de evaluación del proyecto

Revise los indicadores que describen el rendimiento de un estudiante o grupo en un proyecto. Use la ubicación de las marcas para determinar la puntuación total individual o del grupo.

Calificación de 3 puntos Indicadores: El estudiante/grupo

_______ hace uso sobresaliente de los recursos.
_______ muestra una comprensión completa del contenido.
_______ demuestra un control sobresaliente de las destrezas matemáticas.
_______ muestra destrezas fuertes para tomar decisiones o resolver problemas.
_______ exhibe creatividad o visión excepcional.
_______ comunica las ideas clara y efectivamente.

Calificación de 2 puntos Indicadores: El estudiante/grupo

_______ hace buen uso de los recursos.
_______ muestra comprensión adecuada del contenido.
_______ demuestra un buen control de las destrezas matemáticas.
_______ muestra destrezas adecuadas para tomar decisiones o resolver problemas.
_______ exhibe creatividad o visión razonable.
_______ comunica la mayoría de las ideas clara y efectivamente.

Calificación de 1 punto Indicadores: El estudiante/grupo

_______ hace uso limitado de los recursos.
_______ muestra comprensión parcial del contenido.
_______ demuestra un control limitado de las destrezas matemáticas.
_______ muestra destrezas débiles para tomar decisiones o resolver problemas.
_______ exhibe creatividad o visión limitada.
_______ comunica algunas ideas clara y efectivamente.

Calificación de 0 puntos Indicadores: El estudiante/grupo

_______ hace poco o ningún uso de los recursos.
_______ no muestra comprensión del contenido.
_______ demuestra poco o ningún control de las destrezas matemáticas.
_______ no muestra destrezas para tomar decisiones o resolver problemas.
_______ no exhibe creatividad ni visión.
_______ tiene dificultad para comunicar las ideas clara y efectivamente.

Puntuación global del proyecto. _______

Comentarios: ____

____

Proyecto ______________________ Fecha ______________

Miembros del grupo ______________________________

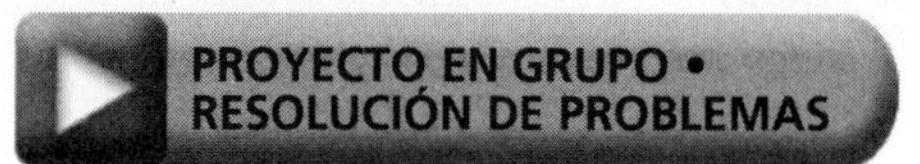

¿Cómo lo hizo nuestro grupo?

Conversa acerca de la pregunta. Después encierra en un círculo la puntuación que el grupo cree que se merece.

	PUNTUACIÓN		
¿Cómo nuestro grupo	**Estupendo trabajo**	**Buen trabajo**	**Podría mejorar**
1. compartió ideas?	3	2	1
2. planeó lo que se debía hacer?	3	2	1
3. ejecutó los planes?	3	2	1
4. compartió el trabajo?	3	2	1
5. resolvió los problemas del grupo sin pedir ayuda?	3	2	1
6. usó los recursos?	3	2	1
7. anotó la información y comprobó su predicción?	3	2	1
8. demostró comprensión de las ideas matemáticas?	3	2	1
9. demostró creatividad y razonamiento crítico?	3	2	1
10. resolvió el problema del proyecto?	3	2	1

Escribe la respuesta de tu grupo para cada pregunta.

11. ¿Qué fue lo mejor que hizo nuestro grupo? ______________________

____

____

12. ¿Qué podemos hacer para que nuestro grupo lo haga mejor? __________

____

____

Nombre ______________________ Fecha ______________
Proyecto ______________________________________

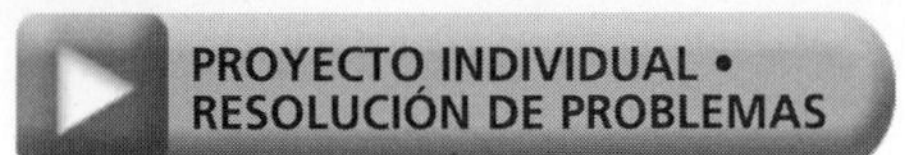

¿Cómo lo hice en mi grupo?

Encierra **sí** en un círculo si estás de acuerdo. Encierra **no** en un círculo si no estás de acuerdo.

1.	Compartí mis ideas con mi grupo.	sí	no
2.	Escuché las ideas de los demás en mi grupo.	sí	no
3.	Pude hacer preguntas de mi grupo.	sí	no
4.	Animé a otros en mi grupo a compartir sus ideas.	sí	no
5.	Pude conversar sobre ideas contrarias con mi grupo.	sí	no
6.	Ayudé a mi grupo a planear y tomar decisiones.	sí	no
7.	Cumplí con mi parte del trabajo en el grupo.	sí	no
8.	Comprendí el problema en el que mi grupo trabajó.	sí	no
9.	Comprendí la solución del problema en el que mi grupo trabajó.	sí	no
10.	Puedo explicar el problema en el que mi grupo trabajó y su solución a los demás.	sí	no

Nombre ______________________

Capítulo ______________ Fecha ____

¿Cómo lo hice?

Escribe tu respuesta.

1. Pienso que las lecciones en este capítulo fueron

____

2. La lección que disfruté más fue

____

3. Algo en lo que todavía necesito trabajar es

____

4. Una cosa en la que pienso que hice un buen trabajo es

____

5. Me gustaría aprender más acerca de

____

6. Algo que comprendo ahora y que no comprendía antes de estas lecciones es

____

7. Pienso que podría usar las matemáticas que aprendí en estas lecciones para

____

8. La cantidad de esfuerzo que puse en estas lecciones fue

____

(muy poco algo mucho)

PORTFOLIO ASSESSMENT

A portfolio is a collection of each student's work gathered over an extended period of time. A portfolio illustrates the growth, talents, achievements, and reflections of the learner and provides a means for the teacher to assess the student's performance and progress.

Building a Portfolio

There are many opportunities to collect students' work throughout the year as you use *Harcourt Math*. Suggested portfolio items are found throughout the *Teacher's Edition*. Give students the opportunity to select some work samples to be included in the portfolio.

- Provide a folder for each student with the student's name clearly marked.
- Explain to students that throughout the year they will save some of their work in the folder. Sometimes it will be their individual work; sometimes it will be group reports and projects or completed checklists.
- Have students complete "A Guide to My Math Portfolio" several times during the year.

Evaluating a Portfolio

The following points made with regular portfolio evaluation will encourage growth in self-evaluation:

- Discuss the contents of the portfolio as you examine it with each student.
- Encourage and reward students by emphasizing growth, original thinking, and completion of tasks.
- Reinforce and adjust instruction of the broad goals you want to accomplish as you evaluate the portfolios.
- Examine each portfolio on the basis of individual growth rather than in comparison with other portfolios.
- Use the Portfolio Evaluation sheet for your comments.
- Share the portfolios with families during conferences or send the portfolio, including the Family Response form, home with the students.

Nombre ______________________________

Fecha ______________________________

Una guía para mi portafolio de matemáticas

¿Qué contiene mi portafolio?	Lo que aprendí.
1.	
2.	
3.	
4.	
5.	

Organicé mi portafolio de esta manera porque ______________________________

____

____

Nombre ______________________

Fecha ______________________

Evaluar el rendimiento	Prueba y comentarios
1. ¿Qué razonamientos matemáticos se demuestran?	
2. ¿Qué destrezas se demuestran?	
3. ¿Qué métodos para resolver problemas y razonamiento crítico son evidentes?	
4. ¿Qué hábitos de trabajo y actitudes se demuestran?	

Resumen de la evaluación del portafolio

Para este repaso			Desde el último repaso		
Excelente	Bueno	Razonable	Mejor	Igual	No tan bien

Fecha ____________________

Estimada familia:

Éste es el portafolio de matemáticas de su niño. Contiene ejemplos del trabajo que él o ella y yo hemos elegido para mostrar cómo han aumentado sus destrezas matemáticas. Su niño les puede explicar lo que muestra cada ejemplo.

Por favor revisen el portafolio con su niño y escriban unos cuantos comentarios en el espacio al final de la página acerca de lo que han visto. A su niño se le pidió devolver el portafolio con sus comentarios a la escuela.

Gracias por ayudar a su niño a evaluar su portafolio y sentirse orgulloso del trabajo que ha realizado. Su interés y su apoyo son importantes para el éxito de su niño en la escuela.

Sinceramente,

____
(Maestro)

Respuesta al portafolio:

____
(Miembro de la familia)

 ASSESSING PROBLEM SOLVING

Assessing a student's ability to solve problems involves more than checking the student's answer. It involves looking at how students process information and how they work at solving problems. The problem-solving method used in *Harcourt Math*—Understand, Plan, Solve, and Check—guides the student's thinking process and provides a structure within which the student can work toward a solution. The following instruments can help you assess students' problem-solving abilities:

- Think Along Oral Response Form (copy master) — p. AG xxiii
- Oral Response Scoring Guide — p. AG xxiv
- Think Along Written Response Form (copy master) — p. AG xxv
- Written Response Scoring Guide — p. AG xxvi

The **Oral Response Form** (page AG xxiii) can be used by a student or a group as a self-questioning instrument or as a guide for working through a problem. It can also be an interview instrument the teacher can use to assess students' problem-solving skills.

The analytic **Scoring Guide for Oral Responses** (page AG xxiv) has a criterion score for each section. It may be used to evaluate the oral presentation of an individual or group.

The **Written Response Form** (page AG xxv) provides a recording sheet for a student or group to record their responses as they work through each section of the problem-solving process.

The analytic **Scoring Guide for Written Responses** (page AG xxvi), which gives a criterion score for each section, will help you pinpoint the parts of the problem-solving process in which your students need more instruction.

Nombre ______________________________

Fecha ______________________________

Piensa y resuelve:
Forma para la respuesta oral

Resolver problemas es un proceso de razonamiento. Hacerse preguntas a medida que se siguen los pasos para resolver un problema puede ayudar a guiar el razonamiento. Estas preguntas te ayudarán a comprender el problema, planear cómo resolverlo, resolverlo y luego revisar y comprobar tu solución. Estas preguntas también te ayudarán a pensar en otras maneras de solucionar el problema.

Comprender

1. ¿De qué trata el problema?

2. ¿Cuál es la pregunta?

3. ¿Qué información se da en el problema?

Planear

4. ¿Qué estrategias para resolver problemas podría usar para resolver el problema?

5. ¿Cuál es mi respuesta estimada?

Resolver

6. ¿Cómo puedo resolver el problema?

7. ¿Cómo puedo expresar mi respuesta en una oración completa?

Comprobar

8. ¿Cómo sé si mi respuesta es razonable?

9. ¿De qué otra manera hubiera podido resolver este problema?

Nombre ______________________

Fecha ______________________

Piensa y resuelve:
Guía de calificación • Respuestas orales

Comprender *Pautas de puntuación 4/6* *Puntuación del estudiante* ______

______ **1.** *Expresa el problema en sus propias palabras.*
2 puntos Da la expresión completa del problema.
1 punto La expresión del problema es incompleta.
0 puntos No da una expresión.

______ **2.** *Identifica la pregunta.*
2 puntos Da la expresión completa de la pregunta.
1 punto La expresión de la pregunta es incompleta o incorrecta.
0 puntos No da una expresión de la pregunta.

______ **3.** *Hace una lista de la información que se necesita para resolver el problema.*
2 puntos Da una lista completa.
1 punto Da una lista incompleta.
0 puntos No da una lista.

Planear *Pautas de puntuación 3/4* *Puntuación del estudiante* ______

______ **1.** *Expresa una o más estrategias que pueden ayudar a resolver el problema.*
2 puntos Da una o más estrategias útiles.
1 punto Da una o más estrategias pero las opciones son deficientes.
0 puntos No da estrategias.

______ **2.** *Da una respuesta estimada razonable.*
2 puntos Da estimaciones razonables.
1 punto Da estimaciones irrazonables.
0 puntos No da una respuesta estimada.

Resolver *Pautas de puntuación 3/4* *Puntuación del estudiante* ______

______ **1.** *Describe un método de solución que representa correctamente la información del problema.*
2 puntos Da un método de solución correcto.
1 punto Da un método de solución incorrecto.
0 puntos No da un método de solución.

______ **2.** *Expresa la respuesta correcta en una oración completa.*
2 puntos Da la oración completa, la respuesta a la pregunta es correcta.
1 punto La oración dada no contesta la pregunta correctamente.
0 puntos No da una oración.

Comprobar *Pautas de puntuación 3/4* *Puntuación del estudiante* ______

______ **1.** *Da una oración explicando por qué la respuesta es razonable.*
2 puntos Da una explicación completa y correcta.
1 punto La oración dada tiene una razón incompleta o incorrecta.
0 puntos No da un método de solución.

______ **2.** *Describe otra estrategia que se podría haber utilizado para resolver el problema.*
2 puntos Describe otra estrategia útil.
1 punto Describe otra estrategia pero es una opción deficiente.
0 puntos No describe otra estrategia.

TOTAL 13/18 *Puntuación del estudiante* ______

Nombre ____________________

Fecha ____________________

FORMA PARA LA RESPUESTA ESCRITA

Resolución de problemas

Comprender

1. Vuelve a decir el problema en tus propias palabras. ____________________

____

____

____

2. Lista la información dada. ____________________

____

3. Haz la pregunta de otra manera. ____________________

____

Planear

4. Lista una o más de las estrategias para resolver problemas que puedas usar.

____

5. Predice cual será tu respuesta. ____________________

____

Resolver

6. Muestra cómo resolviste el problema. ____________________

____

7. Escribe tu respuesta en una oración completa. ____________________

____

Comprobar

8. Di cómo sabes que tu respuesta es razonable. ____________________

____

9. Describe otra manera en que podrías haber resuelto el problema. ____________________

____

Piensa y resuelve:
Guía de calificación • Respuestas escritas

Comprender	*Pautas de puntuación 4/6*
Indicador 1: El estudiante expresa de nuevo el problema en sus propias palabras.	*Puntuación:* 2 puntos Escribe una interpretación completa del problema. 1 punto Escribe una interpretación incompleta del problema. 0 puntos No escribe su interpretación del problema.
Indicador 2: El estudiante expresa de nuevo la pregunta como un enunciado para completar.	2 puntos Escribe una interpretación correcta de la pregunta. 1 punto Escribe una interpretación incorrecta o incompleta de la pregunta. 0 puntos No escribe su interpretación de la pregunta.
Indicador 3: El estudiante escribe una lista completa de la información necesaria para resolver el problema.	2 puntos Hace una lista completa. 1 punto Hace una lista incompleta. 0 puntos No hace la lista.
Planear	*Pautas de puntuación 3/4*
Indicador 1: El estudiante hace una lista de una o varias estrategias para resolver problemas que puedan ser útiles al resolver el problema.	*Puntuación:* 2 puntos Hace una lista de una o más estrategias. 1 punto Hace una lista de una o más estrategias, pero las estrategias elegidas son deficientes. 0 puntos No hace una lista de las estrategias.
Indicador 2: El estudiante da una respuesta estimada razonable.	2 puntos Da una estimación razonable. 1 punto Da una estimación irrazonable. 0 puntos No da una respuesta estimada.
Resolver	*Pautas de puntuación 3/4*
Indicador 1: El estudiante muestra un método de solución que representa correctamente la información del problema.	*Puntuación:* 2 puntos Escribe un método de solución correcto. 1 punto Escribe un método de solución incorrecto. 0 puntos No escribe un método de solución.
Indicador 2: El estudiante escribe una oración completa que contiene la respuesta correcta.	2 puntos La oración tiene la respuesta correcta y contesta completamente la pregunta. 1 punto La oración tiene un resultado numérico incorrecto o no contesta la pregunta. 0 puntos No escribe la oración.
Comprobar	*Pautas de puntuación 3/4*
Indicador 1: El estudiante escribe una oración que explica por qué la respuesta es razonable.	*Puntuación:* 2 puntos Da una explicación completa y correcta. 1 punto Da una razón incompleta o incorrecta. 0 puntos No escribe la oración.
Indicador 2: El estudiante describe otra estrategia que se pudo haber usado para resolver el problema.	2 puntos Describe otra estrategia útil. 1 punto Describe otra estrategia, pero es deficiente. 0 puntos No describe otra estrategia.
	TOTAL 13/18

MANAGEMENT FORMS

This *Assessment Guide* contains two types of forms to help you manage your record keeping and evaluate students in various types of assessment. On the following pages (AG xxviii–AG xxxvi) you will find Individual Record Forms that contain all of the Learning Goals for the grade level, divided by unit. After each Learning Goal are correlations to the items in Form A and Form B of the Chapter Tests. Criterion scores for each Learning Goal are given. The form provides a place to enter a single student's scores on formal tests and to indicate the objectives he or she has met. A list of review options is also included. The options include lessons in the *Pupil Edition* and *Teacher's Edition*, and activities in the Workbooks that you can assign to the student who is in need of additional practice.

The Class Record Form (pages AG xxxvii–AG xxxix) makes it possible to record the test scores of an entire class on a single form.

Individual Record Form

Grade 5 • Unit 1 Use Whole Numbers and Decimals

	Chapter 1	Chapter 2	Chapter 3	Chapter 4	Unit 1 Test
Form A					
Form B					

Student Name ______________________

LEARNING GOALS		FORM A/B CHAPTER TEST				REVIEW OPTIONS				
Goal#	Learning Goal	Test Items	Criterion Score	Student's Score		PE/TE Lessons	Workbooks			
				Form A	Form B		P	R	C	PS
1A	To identify place value, and to read and identify whole numbers to billions	1–5, 7, 9, 12, 14	6/9			1.2	1.2	1.2	1.2	1.2
1B	To compare and order whole numbers to hundred millions	6, 8, 10, 11, 13, 15, 16	5/7			1.3 1.4	1.3 1.4	1.3 1.4	1.3 1.4	1.3 1.4
1C	To solve problems by using an appropriate problem solving skill such as *use a table*	17–20	3/4			1.5	1.5	1.5	1.5	1.5
2A	To identify place value, and to read and identify decimals to ten-thousandths	1–4, 6, 11, 13, 14	6/8			2.1 2.2	2.1 2.2	2.1 2.2	2.1 2.2	2.1 2.2
2B	To identify and write equivalent decimals	7, 8, 15	2/3			2.3	2.3	2.3	2.3	2.3
2C	To compare and order decimals to ten-thousandths	5, 9, 10, 12, 16, 17	4/6			2.4	2.4	2.4	2.4	2.4
2D	To solve problems by using an appropriate problem solving skill such as *draw conclusions*	18–20	2/3			2.5	2.5	2.5	2.5	2.5
3A	To round whole numbers to millions	1, 3, 9, 14	3/4			3.1	3.1	3.1	3.1	3.1
3B	To write estimates of sums and differences of whole numbers; to add and subtract whole numbers to millions	2, 4–8, 10–13, 15, 16	8/12			3.2 3.3 3.4	3.2 3.3 3.4	3.2 3.3 3.4	3.2 3.3 3.4	3.2 3.3 3.4
3C	To solve problems by using an appropriate problem solving strategy such as *use logical reasoning*	17–20	3/4			3.5	3.5	3.5	3.5	3.5
4A	To round decimals to thousandths	1, 9, 13–15	4/5			4.1	4.1	4.1	4.1	4.1
4B	To write estimates, sums, and differences to thousandths	2–8, 10–12, 16, 18	8/12			4.2 4.3 4.4	4.2 4.3 4.4	4.2 4.3 4.4	4.2 4.3 4.4	4.2 4.3 4.4
4C	To solve problems by using an appropriate problem solving skill such as *estimate or find exact answer*	17, 19, 20	2/3			4.5	4.5	4.5	4.5	4.5

Key: P-Practice, **R**-Reteach, **C**-Challenge, **PS**-Problem Solving

Individual Record Form

Grade 5 • Unit 2 **Algebra: Use Additionn**

	Chapter 5	Chapter 6	Chapter 7	Chapter 8	Unit 2 Test
Form A					
Form B					

Student Name ______________________

LEARNING GOALS		FORM A/B CHAPTER TEST				REVIEW OPTIONS				
Goal#	Learning Goal	Test Items	Criterion Score	Student's Score		PE/TE Lessons	Workbooks			
				Form A	Form B		P	R	C	PS
5A	To write and evaluate numerical and algebraic expressions involving addition and subtraction	1, 5, 15, 16	3/4			5.1	5.1	5.1	5.1	5.1
5B	To write and solve addition and subtraction equations by using substitution, mental math, and addition properties	2–4, 6–14, 17	9/13			5.2 5.3 5.4	5.2 5.3 5.4	5.2 5.3 5.4	5.2 5.3 5.4	5.2 5.3 5.4
5C	To solve problems by using an appropriate problem solving skill such as *use a formula*	18–20	2/3			5.5	5.5	5.5	5.5	5.5
6A	To write and evaluate algebraic expressions	1–8	6/8			6.1	6.1	6.1	6.1	6.1
6B	To write and solve multiplication equations by using mental math and multiplication properties	13–20	6/8			6.2 6.3 6.4	6.2 6.3 6.4	6.2 6.3 6.4	6.2 6.3 6.4	6.2 6.3 6.4
6C	To solve problems by using an appropriate problem solving strategy such as *write an equation*	9–12	3/4			6.2	6.2	6.2	6.2	6.2
7A	To collect and organize data in tables and line plots	1–3, 7, 8	4/6			7.1	7.1	7.1	7.1	7.1
7B	To interpret data using range, mean, median, and mode	4–6, 9–11	4/5			7.2 7.3	7.2 7.3	7.2 7.3	7.2 7.3	7.2 7.3
7C	To read, interpret, and analyze data in graphs	16–20	4/5			7.5	7.5	7.5	7.5	7.5
7D	To solve problems by using an appropriate problem solving strategy such as *make a graph*	12–15	3/4			7.4	7.4	7.4	7.4	7.4
8A	To choose appropriate scales, intervals, and graphs	1–3, 5, 6, 16	5/7			8.1 8.5 8.6	8.1 8.5 8.6	8.1 8.5 8.6	8.1 8.5 8.6	8.1 8.5 8.6
8B	To display, read, interpret, and analyze data in tables and graphs	4, 7, 11–14	6/9			8.3 8.4 8.5	8.3 8.4 8.5	8.3 8.4 8.5	8.3 8.4 8.5	8.3 8.4 8.5
8C	To solve problems by using an appropriate problem solving strategy such as *make a graph*	8–10, 15, 17–20	3/4			8.2	8.2	8.2	8.2	8.2

Key: **P**-Practice, **R**-Reteach, **C**-Challenge, **PS**-Problem Solving

Individual Record Form

Grade 5 • Unit 3 **Multiply Whole Numbers and Decimals**

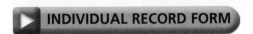

	Chapter 9	Chapter 10	Unit 3 Test
Form A			
Form B			

Student Name ______________________

LEARNING GOALS		FORM A/B CHAPTER TEST				REVIEW OPTIONS				
Goal#	Learning Goal	Test Items	Criterion Score	Student's Score		PE/TE Lessons	Workbooks			
				Form A	Form B		P	R	C	PS
9A	To write estimates and products for whole number factors using a variety of formats and methods	1–17, 19	13/18			9.1 9.2 9.3 9.4	9.1 9.2 9.3 9.4	9.1 9.2 9.3 9.4	9.1 9.2 9.3 9.4	9.1 9.2 9.3 9.4
9B	To solve problems by using an appropriate problem solving skill such as *evaluate answers for reasonableness*	18, 20	2/2			9.5	9.5	9.5	9.5	9.5
10A	To write estimates and products for decimal factors, including amounts of money	1–7, 11–18	11/15			10.1 10.3 10.4 10.5	10.1 10.3 10.4 10.5	10.1 10.3 10.4 10.5	10.1 10.3 10.4 10.5	10.1 10.3 10.4 10.5
10B	To use estimation and patterns to place the decimal point	8–10	2/3			10.2	10.2	10.2	10.2	10.2
10C	To solve problems by using an appropriate problem solving skill such as *make decisions*	19, 20	2/2			10.6	10.6	10.6	10.6	10.6

Key: P-Practice, **R**-Reteach, **C**-Challenge, **PS**-Problem Solving

Individual Record Form

Grade 5 • Unit 4 Divide by 1-Digit Divisors

	Chapter 11	Chapter 12	Chapter 13	Chapter 14	Unit 4 Test
Form A					
Form B					

Student Name ______________________

LEARNING GOALS		FORM A/B CHAPTER TEST				REVIEW OPTIONS				
Goal#	Learning Goal	Test Items	Criterion Score	Student's Score		PE/TE Lessons	Workbooks			
				Form A	Form B		P	R	C	PS
11A	To write estimates and quotients for division of multidigit whole numbers by single digit divisors	1–14	10/14			11.1 11.2 11.3 11.4	11.1 11.2 11.3 11.4	11.1 11.2 11.3 11.4	11.1 11.2 11.3 11.4	11.1 11.2 11.3 11.4
11B	To evaluate expressions, and to write and solve equations by using division	15–18	3/4			11.5	11.5	11.5	11.5	11.5
11C	To solve problems by using an appropriate problem solving skill such as *interpret the remainder*	19, 20	2/2			11.6	11.6	11.6	11.6	11.6
12A	To use patterns and basic facts to write quotients	1–5	4/5			12.1	12.1	12.1	12.1	12.1
12B	To write estimates and quotients for division of multidigit whole numbers by 2-digit divisors	6–18	9/13			12.2 12.3 12.4 12.5	12.2 12.3 12.4 12.5	12.2 12.3 12.4 12.5	12.2 12.3 12.4 12.5	12.2 12.3 12.4 12.5
12C	To solve problems by using an appropriate problem solving strategy such as *predict and test*	19, 20	2/2			12.6	12.6	12.6	12.6	12.6
13A	To use patterns and basic facts to write quotients for decimals divided by whole numbers	1–3	2/3			13.1	13.1	13.1	13.1	13.1
13B	To write quotients for decimals divided by 1- and 2-digit whole numbers, and to write decimal quotients for whole numbers divided by whole numbers	4–12	6/9			13.2 13.3	13.2 13.3	13.2 13.3	13.2 13.3	13.2 13.3
13C	To write conversions of fractions to decimals	13–16	3/4			13.5	13.5	13.5	13.5	13.5
13D	To solve problems by using an appropriate problem solving strategy such as *compare strategies: work backward* or *draw a diagram*	17–20	3/4			13.4	13.4	13.4	13.4	13.4
14A	To use patterns of zeros and basic facts to write quotients for decimals divided by decimals	1–5	4/5			14.1	14.1	14.1	14.1	14.1
14B	To write quotients for decimals divided by decimals	6–16	8/11			14.2 14.3	14.2 14.3	14.2 14.3	14.2 14.3	14.2 14.3
14C	To solve problems by using an appropriate problem solving skill such as *choose the operation*	17–20	3/4			14.4	14.4	14.4	14.4	14.4

Key: P-Practice, **R**-Reteach, **C**-Challenge, **PS**-Problem Solving

Individual Record Form

Grade 5 • Unit 5 Fractions, Ratio, and Percent

	Chapter 15	Chapter 16	Chapter 17	Chapter 18	Unit 5 Test
Form A					
Form B					

Student Name ______________________________

LEARNING GOALS		FORM A/B CHAPTER TEST				REVIEW OPTIONS				
Goal#	Learning Goal	Test Items	Criterion Score	Student's Score		PE/TE Lessons	Workbooks			
				Form A	Form B		P	R	C	PS
15A	To determine divisibility, and to find the least common multiple and the greatest common factor of a set of whole numbers	1–9	6/9			15.1 15.2 15.3	15.1 15.2 15.3	15.1 15.2 15.3	15.1 15.2 15.3	15.1 15.2 15.3
15B	To determine if a number is prime or composite, and to find the prime factorization of a composite number	10–12, 20–22	4/6			15.5 15.8	15.5 15.8	15.5 15.8	15.5 15.8	15.5 15.8
15C	To identify exponents, and to write and evaluate expressions using exponents	13–19	5/7			15.6 15.7	15.6 15.7	15.6 15.7	15.6 15.7	15.6 15.7
15D	To solve problems by using an appropriate problem solving skill such as *identify relationships*	23–25	2/3			15.4	15.4	15.4	15.4	15.4
16A	To write a value using a fraction, a decimal, or a mixed number	1–4, 15–18	6/8			16.1 16.5	16.1 16.5	16.1 16.5	16.1 16.5	16.1 16.5
16B	To write equivalent fractions, including fractions in simplest form	5–7, 12–14	4/6			16.2 16.4	16.2 16.4	16.2 16.4	16.2 16.4	16.2 16.4
16C	To compare and order fractions	8–11	3/4			16.3	16.3	16.3	16.3	16.3
16D	To solve problems by using an appropriate problem solving strategy such as *make a model*	19, 20	2/2			16.6	16.6	16.6	16.6	16.6
17A	To use a ratio to represent the relationship between two quantities and express it in three ways	1–5	4/5			17.1 17.2	17.1 17.2	17.1 17.2	17.1 17.2	17.1 17.2
17B	To identify and write equivalent ratios	6–12, 18, 20	6/9			17.3	17.3	17.3	17.3	17.3
17C	To interpret scale drawings using ratios	13–16	3/4			17.4	17.4	17.4	17.4	17.4
17D	To solve problems by using an appropriate problem solving skill such as *evaluate too much/too little information*	17, 19	2/2			17.5	17.5	17.5	17.5	17.5
18A	To express percent as part of one hundred, and to write the equivalent decimal and fraction for a percent	1–12	8/12			18.1 18.2 18.3	18.1 18.2 18.3	18.1 18.2 18.3	18.1 18.2 18.3	18.1 18.2 18.3
18B	To find the percent of a number	13–20	6/8			18.4 18.5	18.4 18.5	18.4 18.5	18.4 18.5	18.4 18.5
18C	To compare data sets using percents in circle graphs	24, 25	2/2			18.7	18.7	18.7	18.7	18.7
18D	To solve problems by using an appropriate problem solving strategy such as *make a graph*	21–23	2/3			18.6	18.6	18.6	18.6	18.6

Key: P-Practice, **R**-Reteach, **C**-Challenge, **PS**-Problem Solving

Individual Record Form

Grade 5 • Unit 6 Operations with Fractions

Student Name ______________________

	Chapter 19	Chapter 20	Chapter 21	Chapter 22	Unit 6 Test
Form A					
Form B					

LEARNING GOALS		FORM A/B CHAPTER TEST				REVIEW OPTIONS				
Goal#	Learning Goal	Test Items	Criterion Score	Student's Score		PE/TE Lessons	Workbooks			
				Form A	Form B		P	R	C	PS
19A	To estimate a sum or a difference of fractions	1–5	4/5			19.4	19.4	19.4	19.4	19.4
19B	To write sums and differences of like fractions	6–9	3/4			19.1	19.1	19.1	19.1	19.1
19C	To find the least common denominator, and to write sums and differences of unlike fractions	10–16	5/7			19.2 19.3 19.5 19.6	19.2 19.3 19.5 19.6	19.2 19.3 19.5 19.6	19.2 19.3 19.5 19.6	19.2 19.3 19.5 19.6
19D	To solve problems by using an appropriate problem solving strategy such as *work backward*	17–20	3/4			19.7	19.7	19.7	19.7	19.7
20A	To write sums and differences of mixed numbers	1–17	14/17			20.1 20.2 20.3 20.4	20.1 20.2 20.3 20.4	20.1 20.2 20.3 20.4	20.1 20.2 20.3 20.4	20.1 20.2 20.3 20.4
20B	To solve problems by using an appropriate problem solving skill such as *solve multistep problems*	18–20	2/3			20.5	20.5	20.5	20.5	20.5
21A	To write products of whole numbers and fractions	1–4	3/4			21.1	21.1	21.1	21.1	21.1
21B	To write products of fractions and fractions	5–8	3/4			21.2	21.2	21.2	21.2	21.2
21C	To write products of fractions and mixed numbers and of mixed numbers and mixed numbers	9–17	6/9			21.3 21.4	21.3 21.4	21.3 21.4	21.3 21.4	21.3 21.4
21D	To solve problems by using an appropriate problem solving skill such as *sequence and prioritize information*	18–20	2/3			21.5	21.5	21.5	21.5	21.5
22A	To write quotients of fractions divided by fractions and of whole numbers or mixed numbers divided by fractions	1–4, 9–18	10/14			22.1 22.3 22.4	22.1 22.3 22.4	22.1 22.3 22.4	22.1 22.3 22.4	22.1 22.3 22.4
22B	To write reciprocals of fractions	5–8	3/4			22.2	22.2	22.2	22.2	22.2
22C	To solve problems by using an appropriate problem solving strategy such as *solve a simpler problem*	19, 20	2/2			22.5	22.5	22.5	22.5	22.5

Key: P-Practice, **R**-Reteach, **C**-Challenge, **PS**-Problem Solving

Individual Record Form

Grade 5 • Unit 7 **Algebra: Integers**

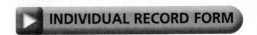

	Chapter 23	Chapter 24	Chapter 25	Chapter 26	Unit 7 Test
Form A					
Form B					

Student Name ______________________

LEARNING GOALS		FORM A/B CHAPTER TEST				REVIEW OPTIONS				
Goal#	Learning Goal	Test Items	Criterion Score	Student's Score		PE/TE Lessons	Workbooks			
				Form A	Form B		P	R	C	PS
23A	To compare and order integers, and to find opposite and absolute values of integers	1–9	6/9			23.1 23.2	23.1 23.2	23.1 23.2	23.1 23.2	23.1 23.2
23B	To add with positive and negative integers and to subtract positive integers from negative integers	10–18	6/9			23.3 23.4 23.5	23.3 23.4 23.5	23.3 23.4 23.5	23.3 23.4 23.5	23.3 23.4 23.5
23C	To solve problems by using an appropriate problem solving strategy such as *draw a diagram*	19, 20	2/2			23.6	23.6	23.6	23.6	23.6
24A	To identify and represent relationships on a coordinate plane	1, 3	4/5			24.1	24.1	24.1	24.1	24.1
24B	To identify, write, and graph ordered pairs on a coordinate plane	6–11, 16–18	4/6			24.2	24.2	24.2	24.2	24.2
24C	To use function tables to write equations and graph relationships	2, 4, 5, 12, 13	2/2			24.3	24.3	24.3	24.3	24.3
24D	To solve problems by using an appropriate problem solving skill such as *relevant/irrelevant information*	14, 15	4/5			24.4	24.4	24.4	24.4	24.4
25A	To identify, draw, and measure lines, angles, and polygons	1–10	7/10			25.1 25.2 25.3	25.1 25.2 25.3	25.1 25.2 25.3	25.1 25.2 25.3	25.1 25.2 25.3
25B	To draw a circle and to identify and measure its parts	11–14	4/5			25.4	25.4	25.4	25.4	25.4
25C	To identify congruent and similar figures and to identify lines of symmetry	15–18	3/4			25.5 25.6	25.5 25.6	25.5 25.6	25.5 25.6	25.5 25.6
25D	To solve problems by using an appropriate problem solving strategy such as *find a pattern*	19, 20	2/2			25.7	25.7	25.7	25.7	25.7
26A	To identify and classify triangles and quadrilaterals, and to perform transformations on triangles	1–12	8/12			26.1 26.2 26.3	26.1 26.2 26.3	26.1 26.2 26.3	26.1 26.2 26.3	26.1 26.2 26.3
26B	To identify and draw solid figures from different views	13–18	4/6			26.4 26.5	26.4 26.5	26.4 26.5	26.4 26.5	26.4 26.5
26C	To solve problems by using an appropriate problem solving skill such as *make generalizations*	19, 20	2/2			26.6	26.6	26.6	26.6	26.6

Key: P-Practice, **R**-Reteach, **C**-Challenge, **PS**-Problem Solving

Individual Record Form

Grade 5 • Unit 8 **Measurement**

	Chapter 27	Chapter 28	Chapter 29	Unit 8 Test
Form A				
Form B				

Student Name ______________________

LEARNING GOALS		FORM A/B CHAPTER TEST				REVIEW OPTIONS				
Goal#	Learning Goal	Test Items	Criterion Score	Student's Score		PE/TE Lessons	Workbooks			
				Form A	Form B		P	R	C	PS
27A	To estimate, measure, and write length in both customary and metric units	1, 2	2/2			27.1 27.2	27.1 27.2	27.1 27.2	27.1 27.2	27.1 27.2
27B	To change units of length within customary or metric systems, and to estimate conversions of temperature	3–10	6/8			27.3	27.3	27.3	27.3	27.3
27C	To change or select appropriate units of capacity and weight within customary or metric systems	11–16	4/6			27.4 27.5	27.4 27.5	27.4 27.5	27.4 27.5	27.4 27.5
27D	To change units of time, and to write elapsed time	17, 18	2/2			27.6	27.6	27.6	27.6	27.6
27E	To solve problems by using an appropriate problem solving strategy such as *make a table*	19, 20	2/2			27.7	27.7	27.7	27.7	27.7
28A	To use the appropriate formula to find the perimeter of a polygon	1–4	3/4			28.1	28.1	28.1	28.1	28.1
28B	To use the appropriate formula to find the circumference of a circle	5, 6	2/2			28.2	28.2	28.2	28.2	28.2
28C	To use the appropriate formula to find the area of a rectangle, a square, a right triangle, and a parallelogram	7–18	9/12			28.3 28.4 28.5 28.6	28.3 28.4 28.5 28.6	28.3 28.4 28.5 28.6	28.3 28.4 28.5 28.6	28.3 28.4 28.5 28.6
28D	To solve problems by using an appropriate problem solving strategy such as *solve a simpler problem*	19, 20	2/2			28.7	28.7	28.7	28.7	28.7
29A	To identify two-dimensional nets for solid figures	1–4	3/4			29.1	29.1	29.1	29.1	29.1
29B	To find the surface area of a rectangular prism	5–9	4/5			29.2	29.2	29.2	29.2	29.2
29C	To use the appropriate formula to find the volume of a rectangular prism	10–15	6/9			29.3	29.3	29.3	29.3	29.3
29D	To identify the appropriate unit of measure for perimeter, area, and volume	16–18	2/3			29.4	29.4	29.4	29.4	29.4
29E	To solve problems by using an appropriate problem solving skill such as *use a formula*	19, 20	2/2			29.5	29.5	29.5	29.5	29.5

Key: P-Practice, **R**-Reteach, **C**-Challenge, **PS**-Problem Solving

Individual Record Form

Grade 5 • Unit 9 **Probability**

	Chapter 30	Unit 9 Test
Form A		
Form B		

Student Name ______________________________

LEARNING GOALS		FORM A/B CHAPTER TEST				REVIEW OPTIONS				
Goal#	Learning Goal	Test Items	Criterion Score	Student's Score		PE/TE Lessons	Workbooks			
				Form A	Form B		P	R	C	PS
30A	To predict and write outcomes of probability experiments	1–4, 10–12	5/7			30.1 30.2	30.1 30.2	30.1 30.2	30.1 30.2	30.1 30.2
30B	To express probabilities as fractions	5–9, 13	4/6			30.3	30.3	30.3	30.3	30.3
30C	To compare probabilities	14–16	2/3			30.4	30.4	30.4	30.4	30.4
30D	To solve problems by using an appropriate problem solving strategy such as *make an organized list*	17–20	3/4			30.5	30.5	30.5	30.5	30.5

Key: **P**-Practice, **R**-Reteach, **C**-Challenge, **PS**-Problem Solving

Formal Assessment

Class Record Form

CHAPTER TESTS

School											
Teacher											
NAMES	Date										

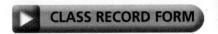

Formal Assessment

Class Record Form

UNIT TESTS

School											
Teacher											
NAMES	Date										

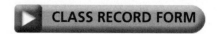

Formal Assessment

Class Record Form

INVENTORY/END-OF-YEAR TESTS

School											
Teacher											
NAMES	Date										

Sugerencias para tomar pruebas

Saber cómo tomar una prueba es como saber resolver un problema. Cuando contestas preguntas de una prueba, estás resolviendo problemas. Recuerda que debes **comprender**, **planear**, **resolver** y **comprobar.**

Comprende

Lee el problema.

- Fíjate en los términos matemáticos y recuerda sus significados.
- Vuelve a leer el problema y piensa en la pregunta.
- Usa los detalles del problema y de la pregunta.
- Cada palabra es importante. Saltarse una palabra o leerla incorrectamente puede causar que obtengas la respuesta incorrecta.
- Pon atención a las palabras que están en **negritas**, en MAYÚSCULAS o en *cursiva*.
- Otras palabras en que te debes fijar son <u>redondear</u>, <u>sobre</u>, <u>solo</u>, <u>mejor</u> o <u>de menor a mayor</u>.

Planea

Piensa en cómo puedes resolver el problema.

- ¿Puedes resolver el problema con la información dada?
- Los dibujos, los cuadros, las tablas y las gráficas pueden tener información necesaria.
- A veces debes recordar información que no se ha dado.
- A veces las opciones de respuestas tienen información que te ayudan a resolver el problema.
- Quizá necesites escribir un enunciado numérico y resolverlo para contestar la pregunta.
- Algunos problemas tienen dos o más pasos.
- En algunos problemas quizá necesites fijarte en las relaciones en vez de calcular un resultado.
- Si la ruta a la solución no es clara, elige una estrategia para resolver problemas.
- Usa la estrategia que elegiste para resolver el problema.

Sigue tu plan trabajando lógica y cuidadosamente.

- Estima tu respuesta. Fíjate en las opciones de respuestas irrazonables.
- Usa tu razonamiento para hallar las opciones más posibles.
- Asegúrate de haber resuelto todos los pasos necesarios para contestar el problema.
- Si tu respuesta no corresponde con ninguna de las opciones dadas, revisa los números que usaste. Luego comprueba tu cálculo.

Resuelve

Resuelve el problema.

- Si tu respuesta aún no corresponde con ninguna de las opciones, piensa en otra forma del número, como decimales en vez de fracciones.
- Si las opciones de respuestas son dibujos, observa cada una por separado tapando las otras tres opciones.
- Si no ves tu respuesta y las opciones de respuestas incluyen NO ESTÁ, asegúrate de que tu trabajo está correcto y luego marca NO ESTÁ.
- Lee las opciones de respuestas que son oraciones y relaciónalas con el problema, una por una.
- Cambia tu plan si no está funcionando. Quizá debas intentar otra estrategia.

Toma tiempo para hallar tus errores.

- Asegúrate de que contestaste la pregunta hecha.
- Asegúrate de que tu respuesta corresponde con la información del problema.
- Asegúrate de que no te hayas saltado ninguna palabra importante.
- Asegúrate de que hayas usado toda la información necesaria.
- Comprueba tus cálculos usando un método diferente.
- Haz un dibujo cuando no estés seguro de tu respuesta.

¡No te olvides!

Antes de la prueba

- Escucha las instrucciones del maestro y lee las instrucciones.
- Escribe la hora de terminar si te están tomando el tiempo para la prueba.
- Asegúrate que sabes dónde y cómo marcar las respuestas.
- Asegúrate que sabes si debes escribir en la página de la prueba o si debes usar una hoja aparte.
- Haz cualquier pregunta que tengas antes de empezar la prueba.

Durante la prueba

- Trabaja rápida pero cuidadosamente. Si no estás seguro de cómo contestar una pregunta, déjala en blanco y regresa a ella más tarde.
- Si no puedes terminar a tiempo, observa las preguntas que te quedan. Contesta primero las más fáciles. Luego regresa a las otras.
- Llena cada espacio de respuesta cuidadosa y completamente. Borra todo si cambias una respuesta. Borra cualquier marca.

Nombre ______________________________ Fecha __________

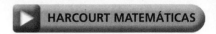

Hoja de respuestas para la prueba

Título de la prueba ______________________________

1. Ⓐ Ⓑ Ⓒ Ⓓ
2. Ⓕ Ⓖ Ⓗ Ⓙ
3. Ⓐ Ⓑ Ⓒ Ⓓ
4. Ⓕ Ⓖ Ⓗ Ⓙ
5. Ⓐ Ⓑ Ⓒ Ⓓ

6. Ⓕ Ⓖ Ⓗ Ⓙ
7. Ⓐ Ⓑ Ⓒ Ⓓ
8. Ⓕ Ⓖ Ⓗ Ⓙ
9. Ⓐ Ⓑ Ⓒ Ⓓ
10. Ⓕ Ⓖ Ⓗ Ⓙ

11. Ⓐ Ⓑ Ⓒ Ⓓ
12. Ⓕ Ⓖ Ⓗ Ⓙ
13. Ⓐ Ⓑ Ⓒ Ⓓ
14. Ⓕ Ⓖ Ⓗ Ⓙ
15. Ⓐ Ⓑ Ⓒ Ⓓ

16. Ⓕ Ⓖ Ⓗ Ⓙ
17. Ⓐ Ⓑ Ⓒ Ⓓ
18. Ⓕ Ⓖ Ⓗ Ⓙ
19. Ⓐ Ⓑ Ⓒ Ⓓ
20. Ⓕ Ⓖ Ⓗ Ⓙ

21. Ⓐ Ⓑ Ⓒ Ⓓ
22. Ⓕ Ⓖ Ⓗ Ⓙ
23. Ⓐ Ⓑ Ⓒ Ⓓ
24. Ⓕ Ⓖ Ⓗ Ⓙ
25. Ⓐ Ⓑ Ⓒ Ⓓ

26. Ⓕ Ⓖ Ⓗ Ⓙ
27. Ⓐ Ⓑ Ⓒ Ⓓ
28. Ⓕ Ⓖ Ⓗ Ⓙ
29. Ⓐ Ⓑ Ⓒ Ⓓ
30. Ⓕ Ⓖ Ⓗ Ⓙ

31. Ⓐ Ⓑ Ⓒ Ⓓ
32. Ⓕ Ⓖ Ⓗ Ⓙ
33. Ⓐ Ⓑ Ⓒ Ⓓ
34. Ⓕ Ⓖ Ⓗ Ⓙ
35. Ⓐ Ⓑ Ⓒ Ⓓ

36. Ⓕ Ⓖ Ⓗ Ⓙ
37. Ⓐ Ⓑ Ⓒ Ⓓ
38. Ⓕ Ⓖ Ⓗ Ⓙ
39. Ⓐ Ⓑ Ⓒ Ⓓ
40. Ⓕ Ⓖ Ⓗ Ⓙ

41. Ⓐ Ⓑ Ⓒ Ⓓ
42. Ⓕ Ⓖ Ⓗ Ⓙ
43. Ⓐ Ⓑ Ⓒ Ⓓ
44. Ⓕ Ⓖ Ⓗ Ⓙ
45. Ⓐ Ⓑ Ⓒ Ⓓ

46. Ⓕ Ⓖ Ⓗ Ⓙ
47. Ⓐ Ⓑ Ⓒ Ⓓ
48. Ⓕ Ⓖ Ⓗ Ⓙ
49. Ⓐ Ⓑ Ⓒ Ⓓ
50. Ⓕ Ⓖ Ⓗ Ⓙ

Elige la mejor respuesta.

1. En el número 256,403, ¿cuál es el valor del dígito 5?

   A 500 C 50,000
   B 5,000 D 500,000

2. Estima la suma.

   $$\begin{array}{r} 289 \\ +\ 512 \\ \hline \end{array}$$

   F 900 H 700
   G 800 J 80

3. ¿Cuál es el número 1,275,349 redondeado a la centena de millar más próxima?

   A 2,300,000
   B 2,200,000
   C 1,300,000
   D 1,200,000

4. Usando un cubo numerado de seis lados, ¿cuál es la probabilidad de sacar un 5?

   F $\frac{1}{6}$ H $\frac{2}{6}$
   G $\frac{1}{5}$ J $\frac{5}{6}$

5. ¿Qué punto tiene las coordenadas (1,3)?

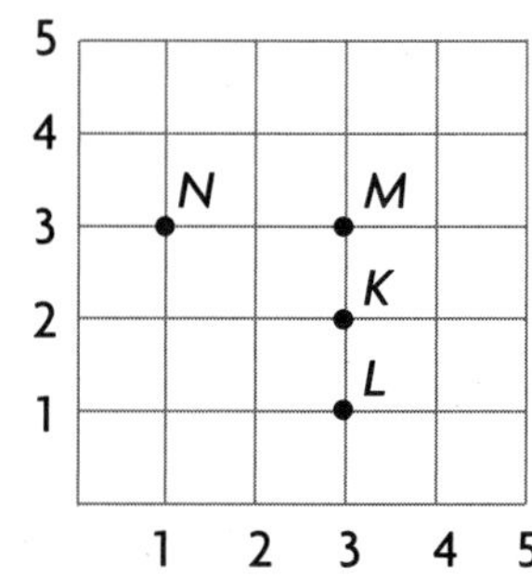

   A *K* C *M*
   B *L* D *N*

6. $\frac{2}{9} + \frac{5}{9}$

   F $\frac{3}{9}$ H $\frac{3}{4}$
   G $\frac{7}{18}$ J $\frac{7}{9}$

7. Para convertir metros a centímetros, debes __?__ .

   A dividir entre 10
   B dividir entre 100
   C multiplicar por 10
   D multiplicar por 100

8. Halla la medida equivalente.
   5 pies = __?__ pulgadas.

   F 70 H 50
   G 60 J 48

9. ¿Qué es igual que $5 \times (3 + 2)$?

   A 5×8
   B $(5 \times 3) \times (5 \times 2)$
   C 5×6
   D 5×5

10. ¿Cuál de las siguientes temperaturas es la más fría?

    F $^{-}15°$ F H 5° F
    G $^{-}5°$ F J 25° F

11. $51 \div 8 =$ __?__

    A 6 C 6 r3
    B 6 r2 D 7 r5

12. Los números: 16, 24, 32 y 52 son todos divisibles entre __?__ .

    F 12 H 6
    G 8 J 4

Sigue

13. ¿Qué cuerpo geométrico se puede formar de esta red?

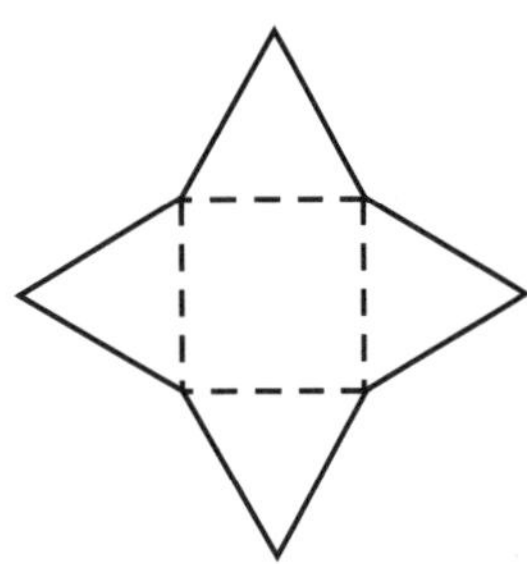

A una pirámide cuadrada
B una pirámide triangular
C un prisma cuadrado
D un prisma triangular

14. ¿Qué es 1.47 redondeado al décimo más próximo?

F 2.0
G 1.7
H 1.5
J 1.40

15. ¿Cuál **no** es un número primo?

A 19
B 11
C 9
D 7

16. ¿Qué tipo de gráfica sería mejor para comparar el número de días soleados por semana durante un período de tiempo de dos meses?

F gráfica de barra
G gráfica lineal
H diagrama de tallo y hojas
J gráfica de doble barra

17. $7\overline{)522}$

A 73 r4
B 74 r2
C 74 r3
D 74 r4

18.

$$\begin{array}{r} 1.35 \\ -\ 0.72 \\ \hline \end{array}$$

F 0.53
G 0.63
H 0.67
J 0.73

19. ¿Qué segmentos son perpendiculares?

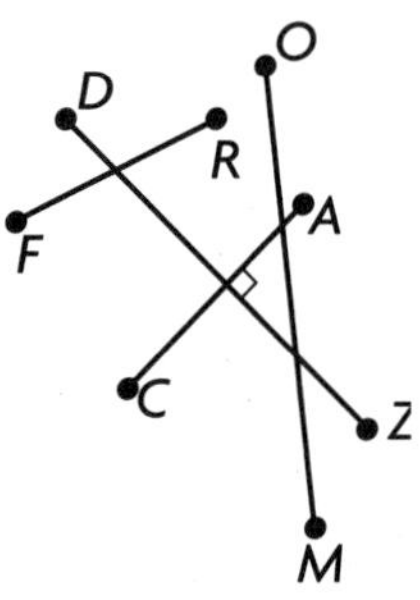

A $\overline{DZ}, \overline{FR}$
B $\overline{MO}, \overline{CA}$
C $\overline{CA}, \overline{DZ}$
D $\overline{MO}, \overline{FR}$

Para 20–21, usa el diagrama.

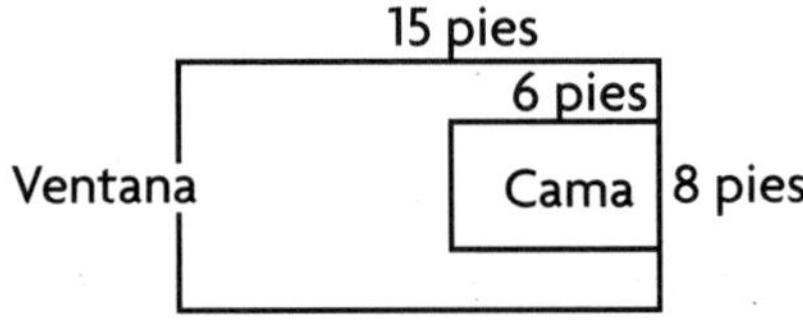

20. ¿Cuál es el perímetro del cuarto?

F 126 pies
G 56 pies
H 48 pies
J 46 pies

21. ¿Qué distancia hay desde el pie de la cama hasta la ventana?

A 10 pies
B 9 pies
C 8 pies
D 6 pies

Sigue

22. 352×5

F 1,760
G 1,750
H 1,650
J 1,550

23. $22\overline{)583}$

A 26 r11
B 26 r5
C 26 r1
D 25 r11

24. ¿Cuál es una estimación razonable del producto?

28×9

F 100
G 150
H 200
J 300

25. Un campo de fútbol americano mide 120 yardas de largo. ¿Cuál es la longitud en pies?

A 400 pies
B 360 pies
C 300 pies
D 275 pies

26. La obra teatral escolar de Sara duró 95 minutos. ¿Cuántas horas y minutos es esto?

F 1 hora y 15 minutos
G 1 hora y 30 minutos
H 1 hora y 35 minutos
J 1 hora y 45 minutos

Para 27–28, usa la gráfica circular.

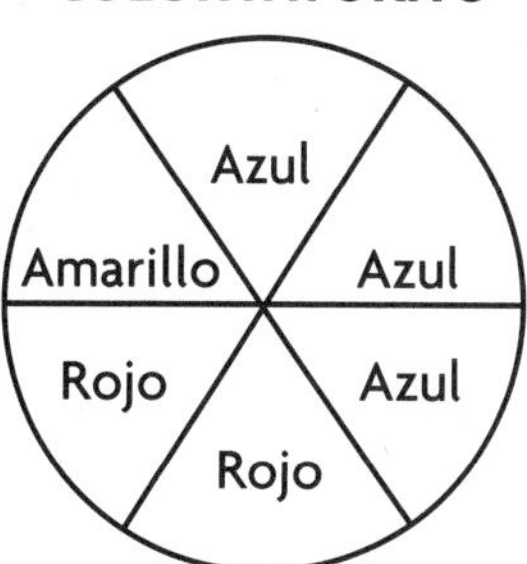

27. ¿Qué fracción de los niños eligió el azul como su color favorito?

A $\frac{1}{6}$
B $\frac{1}{4}$
C $\frac{1}{3}$
D $\frac{1}{2}$

28. ¿Cuál de estas afirmaciones **no** es verdadera?

F El azul es el color favorito de la mayoría de los niños.
G A la mayoría de los niños les gusta más el rojo que el amarillo.
H El color menos favorito es el amarillo.
J A más niños les gusta el rojo que el azul.

29. Ordena estos decimales de *menor* a *mayor*: 0.35, 1.55, 0.55, 3.05

A 0.55, 0.35, 1.55, 3.05
B 0.35, 0.55, 1.55, 3.05
C 1.55, 0.55, 0.35, 3.05
D 3.05, 1.55, 0.55, 0.35

30. Si hay 75 canicas para ser divididas equitativamente entre 6 niños, ¿cuántas canicas sobrarán?

F 2
G 3
H 4
J 5

Sigue

31. Halla la diferencia.

$$\begin{array}{r} 9{,}725 \\ -\ 6{,}138 \\ \hline \end{array}$$

A 3,487
B 3,583
C 3,587
D 3,613

32. Despeja n si $35 - (22 + 7) = n$

F $n = 25$ **H** $n = 9$
G $n = 20$ **J** $n = 6$

Para 33–34, usa las gráficas.

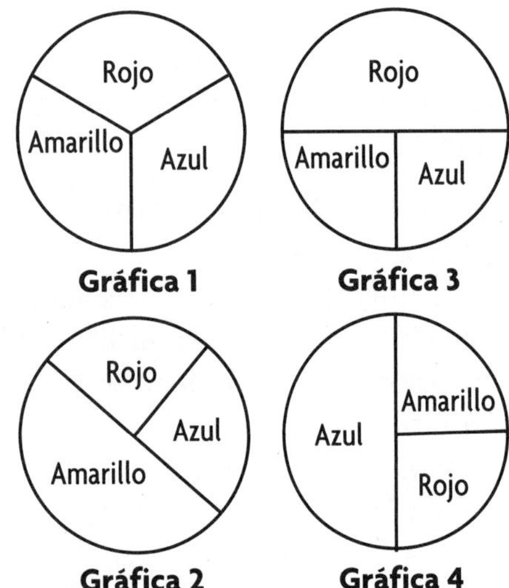

33. ¿Cuál gráfica muestra que hay un número igual de botones azules, rojos y amarillos en un frasco?

A Gráfica 1 **C** Gráfica 3
B Gráfica 2 **D** Gráfica 4

34. ¿Qué gráfica muestra que hay el doble de botones rojos que de botones amarillos?

F Gráfica 1 **H** Gráfica 3
G Gráfica 2 **J** Gráfica 4

35. $7 \times 3 \times 5 = ■$

A 36 **C** 56
B 50 **D** 105

36. ¿En qué número es mayor el valor posicional del dígito 7?

F 55.07 **H** 47,980
G 765 **J** 350,407

37. Si Sara comenzó su tarea a las 4:10 p.m. y terminó a las 5:25 p.m., ¿en cuántos minutos hizo la tarea?

A 55 **C** 75
B 65 **D** 85

38.

$$\begin{array}{r} 14 \\ \times\ 16 \\ \hline \end{array}$$

F 204
G 224
H 228
J 764

39. ¿Cuál de los siguientes **no** es igual a $\frac{1}{2}$?

A 0.2 **C** $\frac{5}{10}$
B 0.5 **D** $\frac{50}{100}$

40. ¿Qué expresión representa el número de pies cuadrados en el área de un rectángulo que mide 11 pies de largo y 7 pies de ancho?

F 11×7 **H** $2 \times (11 + 7)$
G $11 + 7$ **J** $\frac{1}{2}(11 \times 7)$

Alto

Escribe la respuesta correcta.

1. En el número 273,408, ¿cuál es el valor del dígito 7?

____

2. Estima.

$$\begin{array}{r} 5{,}498 \\ +\ 7{,}569 \\ \hline \end{array}$$

____

3. Redondea 3,492,869 a la centena de millar más próxima.

____

4. ¿Cuál es la probabilidad de sacar un número mayor que 3 en un cubo numerado 1–6?

____

5. Da las coordenadas del punto *C*.

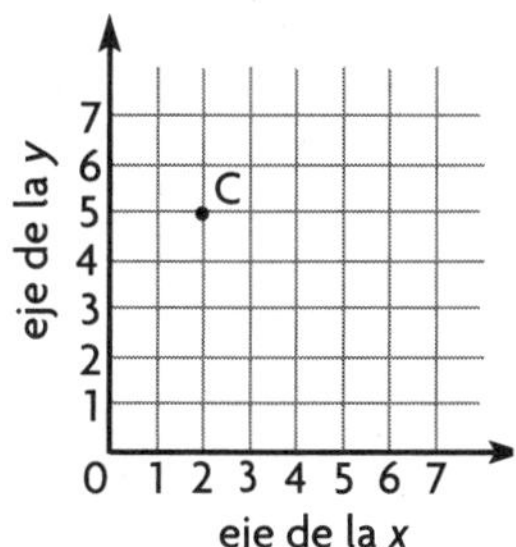

____

6. $\frac{1}{5} + \frac{3}{5}$

____

7. Para convertir kilómetros en metros, hay que __?__ por __?__.

____

8. 7 yardas = __?__ pies

____

9. Despeja *c*.

$c \times (8 + 5) = (3 \times 8) + (3 \times 5)$

____

10. Ordena $^{+}5$, $^{-}2$, $^{-}3$ y $^{+}4$ de *menor* a *mayor*.

____

11. $43 \div 9$

____

12. Enumera todos los factores comunes para 14, 28, 42 y 70.

____

Sigue

Nombre ____________________

13. ¿Qué cuerpo geométrico se puede formar de esta plantilla?

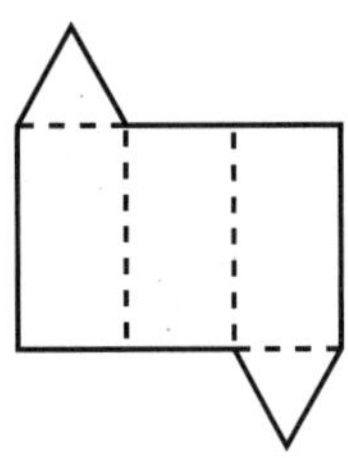

____

14. Redondea 4.96 al décimo más próximo.

____

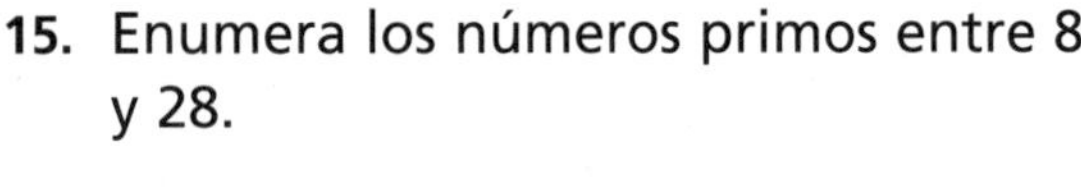

15. Enumera los números primos entre 8 y 28.

____

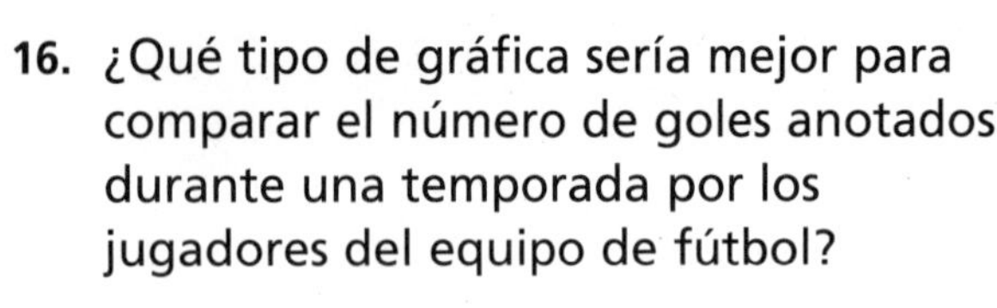

16. ¿Qué tipo de gráfica sería mejor para comparar el número de goles anotados durante una temporada por los jugadores del equipo de fútbol?

____

17. $9\overline{)388}$

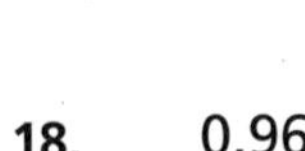

18.

$$\begin{array}{r} 0.96 \\ -\ 0.37 \\ \hline \end{array}$$

19. ¿Qué segmentos son paralelos?

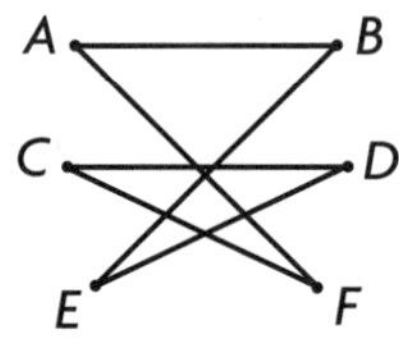

____

20. ¿Cuál es el perímetro de un rectángulo de 15 pies de largo y 14 pies de ancho?

____

21. La cama de Christopher mide 6 pies de largo y está a 2 pies de la pared de su cuarto. Si su cuarto mide 15 pies de largo, ¿a qué distancia está la cama de la pared opuesta?

____

Sigue

Nombre ______________________

22. $\begin{array}{r} 417 \\ \times \quad 4 \\ \hline \end{array}$

23. $18\overline{)925}$

24. Estima. 42×11

____

25. 8 pies = __?__ pulgadas

____

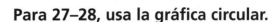

26. La lección de canto de Lisa Marie duró 74 minutos. ¿Cuántas horas y minutos es esto?

____

Para 27–28, usa la gráfica circular.

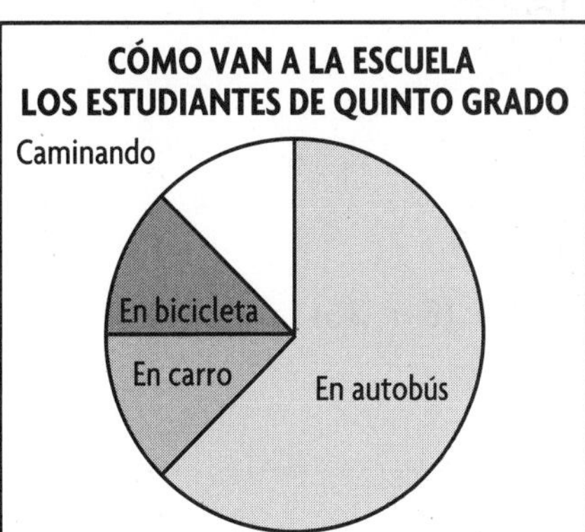

27. ¿Qué fracción de los estudiantes de quinto grado van en bicicleta a la escuela?

____

28. ¿Cómo llega la mayoría de los estudiantes de quinto grado a la escuela?

____

29. Ordena 7.08, 7.80, 8.70 y 8.07 de *mayor* a *menor*.

____

30. Bea quiere dividir equitativamente 60 flores entre 7 arreglos florales. ¿Cuántas flores sobrarán?

____

Sigue

31. $\begin{array}{r} 27{,}089 \\ -\ 19{,}954 \\ \hline \end{array}$

32. Despeja *g*.

$g = 42 - (6 + 26)$

____

Para 33–34, usa las siguientes gráficas circulares.

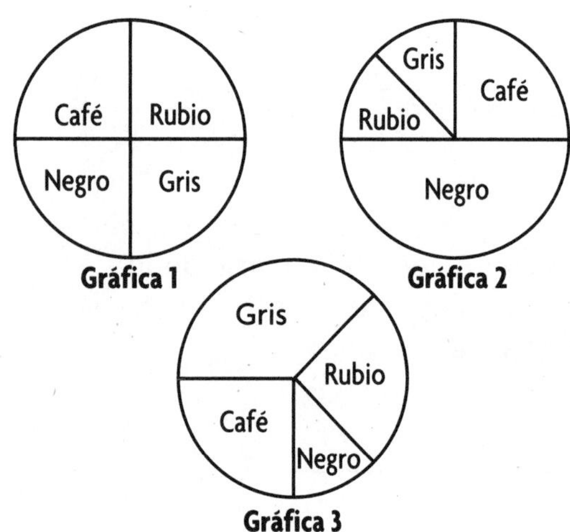

33. ¿Qué gráfica muestra que hay tantas personas con cabello negro como con cabello café?

____

34. ¿Qué gráfica muestra que hay el mismo número de personas con cabello café que con cabello gris?

____

35. $6 \times 4 \times 5$

36. Ordena 29,482; 27,579; y 29,479 de *menor* a *mayor*.

____

37. Delaney se fue del parque a las 3:45 p.m. y llegó a la casa a las 4:27 p.m. ¿Cuántos minutos tardó en llegar a la casa?

____

38. $\begin{array}{r} 17 \\ \times\ 12 \\ \hline \end{array}$

39. Escribe dos fracciones equivalentes a $\frac{3}{4}$.

____

40. Escribe una expresión que represente el número de metros cuadrados en el área del rectángulo.

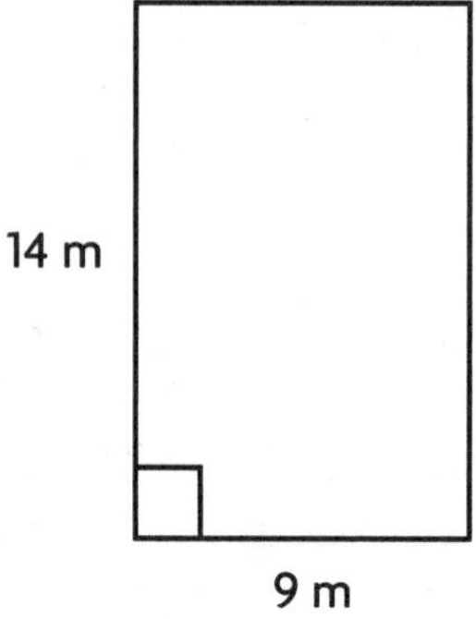

____

Alto

Nombre ______________________

Elige la mejor respuesta.

1. ¿En que número el 6 tiene el mayor valor posicional?

   A 12,645 C 16,245
   B 15,624 D 61,245

2. ¿Qué número **no** es equivalente a los otros?

   F treinta y tres mil doce
   G 33,012
   H 30,000 + 3,000 + 10 + 2
   J 30,000 + 3,000 + 100 + 2

3. ¿Cuál es la forma normal de trescientos veinte y dos mil ciento quince?

   A 322,115
   B 30,000 + 2,000 + 100 + 10 + 5
   C 32,115
   D 32,015

4. ¿Cuál es el valor de 3 en 730,986?

   F 300,000 H 3,000
   G 30,000 J 300

5. ¿Cuál es el valor de 1 en 346,917,203?

   A 1,000 C 100,000
   B 10,000 D 1,000,000

6. Comienza por la izquierda. Nombra el primer valor posicional donde difieren los dígitos de los números.

   78,613 y 78,412

   F decenas
   G centenas
   H decena de millar
   J centena de millar

7. ¿Cuál es el valor de 3 en 234,298,746?

   A 30,000
   B 300,000
   C 3,000,000
   D 30,000,000

8. Halla los valores posibles del dígito que falta.

   2,876,640 < 2,87■,640

   F 5, 4, 3 H 7, 8, 9
   G 6, 7, 8 J 1, 2, 3

9. ¿Cuál es la forma normal de veinticuatro millones doce mil quinientos cuatro?

   A 24,120,504 C 24,120,540
   B 24,012,504 D 24,012,540

10. ¿Qué número es mayor que 236,487?

    F 236,468 H 233,459
    G 236,399 J 236,498

11. ¿Qué número es mayor que 2,326,008?

    A 1,998,968 C 2,382,001
    B 2,324,999 D 2,319,999

12. ¿Cuál es la forma normal de 50,000 + 4,000 + 300 + 6?

    F 54,836 H 54,036
    G 54,306 J 5,436

13. Ordena los números de *mayor* a *menor*.

    14,758; 14,568; 16,236

    A 16,236 > 14,758 > 14,568
    B 16,236 > 14,568 > 14,758
    C 14,568 > 14,758 > 16,236
    D 14,758 > 14,568 > 16,236

Sigue

Nombre ______________________________

14. ¿Cuál es la forma desarrollada de 235,202?

- **F** 200,000 + 30,000 + 5,000 + 200 + 2
- **G** doscientos treinta y cinco mil doscientos dos
- **H** 200,000 + 35,000 + 200 + 2
- **J** doscientos treinta y cinco mil con doscientos dos

15. Ordena los números de *menor* a *mayor*.

25,643,300; 25,743,200; 9,943,900

- **A** $9{,}943{,}900 < 25{,}743{,}200 < 25{,}643{,}300$
- **B** $25{,}743{,}200 < 25{,}643{,}300 < 9{,}943{,}900$
- **C** $9{,}943{,}900 < 25{,}643{,}300 < 25{,}743{,}200$
- **D** $25{,}643{,}300 < 25{,}743{,}200 < 9{,}943{,}900$

16. ¿Que dígitos se pueden usar para completar la desigualdad?

$1■2{,}549 > 172{,}842 > 1■3{,}942$

- **F** 9; 8
- **G** 8; 7
- **H** 6; 6
- **J** 9; 6

Para 17–20, usa la siguiente información.

Hay catorce montañas que tienen 8,000 metros o más de altura. Solo cinco personas las han escalado todas. A Alan le gustaría ser la sexta persona. La tabla muestra las ubicaciones y alturas de las montañas que aún él no ha escalado.

MONTAÑA	ALTURA (M)	ALTURA (PIES)	UBICACIÓN
Makalu	8,463	27,766	Nepal/Tibet
Lhotse	8,516	27,940	Nepal/Tibet
Dhaulagiri	8,167	26,795	Nepal
Broad Peak	8,047	26,400	Paquistán/ China
Annapurna	8,091	26,545	Nepal

17. Ordena las montañas de la tabla de las más bajas a las más altas.

- **A** Broad Peak, Dhaulagiri, Makalu, Lhotse, Annapurna
- **B** Dhaulagiri, Makalu, Lhotse, Broad Peak, Annapurna
- **C** Annapurna, Makalu, Lhotse, Broad Peak, Dhaulagiri
- **D** Broad Peak, Annapurna, Dhaualgiri,Makalu, Lhotse

18. ¿Qué enunciado numérico se puede usar para hallar el número de montañas, entre las catorce, que Alan ya ha escalado?

- **F** $14 - 5 = n$
- **G** $9 + 6 = n$
- **H** $14 - n = 6$
- **J** $n + 14 = 20$

19. ¿Qué montaña posee una altura de veintisiete mil setecientos sesenta y seis pies?

- **A** Makalu
- **B** Broad Peak
- **C** Lhotse
- **D** Annapurna

20. Halla la altura en pies de la montaña ubicada en Paquistán/China. ¿Cuál es el número en forma desarrollada?

- **F** 20,000 + 6,000 + 500 + 40 + 5
- **G** 20,000 + 6,000 + 400
- **H** 20,000 + 6,000 + 700 + 90 + 5
- **J** 20,000 + 7,000 + 900 + 40

Alto

Escribe la respuesta correcta.

Para 1–2, escribe el número en forma desarrollada.

1. 24,709,000

____

____

____

2. 5,062,583

Para 3–4, escribe el valor del dígito subrayado.

3. 37,3$\underline{2}$6,316

4. 8$\underline{6}$0,902,347

____

5. Escribe doscientos tres millones cuatro mil cuatrocientos cuatro en forma normal.

____

6. Comienza por la izquierda. Nombra el primer valor posicional donde los dígitos de los números son diferentes.

   236,893 y 236,791

____

7. Escribe 3,000,000 + 400,000 + 10,000 + 2,000 + 70 + 8 en forma normal.

____

8. Escribe los valores posibles del dígito que falta.

   23,987,■65 > 23,987,465

____

9. Escribe el número para el cual el 7 tiene el mayor valor posicional.

   97,000,469 ó 9,078,662,628

____

Sigue

Nombre ______________________________

Para 10–11, compara. Escribe $<$, $>$ o $=$ en cada ◯.

10. 24,587 ◯ 24,378

11. 451,236 ◯ 451,236

12. Escribe el valor de 8 en 38,407,256.

____

13. Ordena los números de *mayor* a *menor*.

234,765; 233,984; 234,865

____

14. Escribe el valor de 2 en 89,620,004.

____

15. Ordena los números de *menor* a *mayor*.

2,623,487; 2,624,487; 998,789

____

16. Completa usando los mayores dígitos posibles.

22■,423 $>$ 224,400 $>$ 2■4,400

____

Para 17–20, usa la tabla y la información a continuación.

Hay catorce montañas que tienen más de 24,000 pies de altura. Solo cinco personas las han escalado todas. La tabla muestra las ubicaciones y las alturas de algunas de las montañas.

MONTAÑA	ALTURA	UBICACIÓN
K2	28,250 pies	Paquistán/China
Lhotse	27,940 pies	Nepal/Tibet
Everest	29,028 pies	Nepal/Tibet
Nanga Parbat	26,660 pies	Paquistán
Manaslu	26,781 pies	Nepal
Broad Peak	26,400 pies	Paquistán/China

17. Halla la altura en pies de la montaña que solo se encuentra en Nepal. Escribe el número en forma desarrollada.

____

18. Escribe un enunciado numérico que se pueda usar para hallar el número, *n*, de montañas que tengan más de 24,000 pies de altura, que no estén en la tabla.

____

19. Escribe las montañas en orden de las más bajas a las más altas.

____

____

20. ¿Cuál es la montaña mas alta de la tabla?

____

Elige la mejor respuesta.

1. Elige el decimal y el número mixto representados por el modelo.

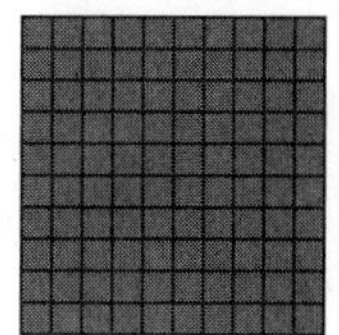 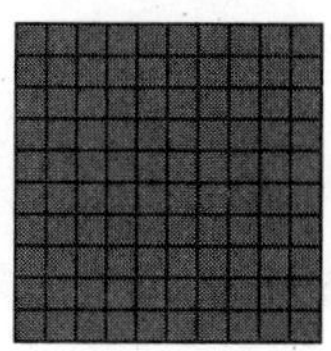 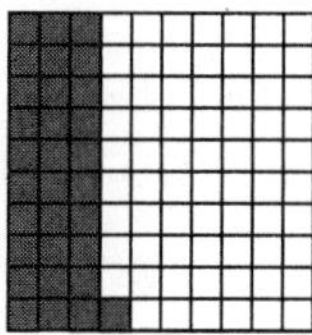

A $2.31;\ 2\frac{31}{100}$ C $1.31;\ 1\frac{31}{100}$

B $2.031;\ 2\frac{31}{1{,}000}$ D $1.031;\ 1\frac{31}{1{,}000}$

2. ¿Cómo se escribe 3.24 en palabras?

F tres y veinticuatro décimos
G tres y veinticuatro centésimos
H tres y veinticuatro milésimos
J tres y veinticuatro décimos

3. ¿Cuál muestra un decimal y una fracción para doce centésimos?

A $12,\ \frac{1}{2}$ C $0.012,\ \frac{12}{1{,}000}$

B $1.2,\ \frac{1.2}{10}$ D $0.12,\ \frac{12}{100}$

4. ¿Cuál es la forma desarrollada de 6.2731?

F $60{,}000 + 2{,}000 + 700 + 30 + 1$
G $6 + 0.2 + 0.7 + 0.3 + 0.1$
H $6 + 0.2 + 0.07 + 0.003 + 0.0001$
J $6 + 0.7 + 0.02 + 0.003 + 0.0001$

5. Jackie compró una camisa por $8.89. ¿Qué cantidad es menor que $8.89?

A $8.98 C $9.88
B $8.90 D $8.86

6. ¿Cuál es la forma normal de cuatro y cincuenta y cinco milésimos?

F 4.55 H 4.055
G 4.0055 J 0.455

7. ¿Qué decimal es equivalente a 3.680?

A 3.68 C 3.860
B 3.6806 D 3.86

8. ¿Cuál muestra dos decimales equivalentes?

F 3.0030 y 3.003
G 3.0300 y 3.0030
H 3.3003 y 3.3000
J 3.0303 y 3.3030

9. ¿Cuál muestra los decimales en orden de *menor* a *mayor*?

A $15.673 < 15.762 < 15.691 < 15.764$
B $15.764 < 15.762 < 15.691 < 15.673$
C $15.673 < 15.691 < 15.762 < 15.764$
D $15.762 < 15.764 < 15.673 < 15.691$

10. ¿Qué símbolo hace que este enunciado numérico sea verdadero?

0.64 ● 0.62

F $<$ G $>$ H $=$

11. ¿Qué decimal y número mixto están representados por el modelo?

  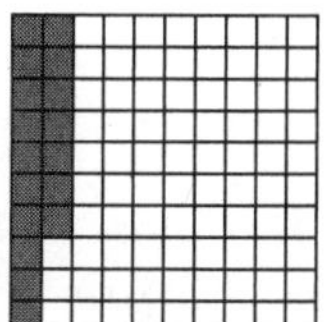

A $2.016;\ 2\frac{16}{1{,}000}$ C $2.16;\ 2\frac{16}{100}$

B $2.017;\ 2\frac{17}{1{,}000}$ D $2.17;\ 2\frac{17}{100}$

Sigue

12. Jeff ganó $14.72 la semana pasada. ¿Qué cantidad es mayor que $14.72?

F $14.07 **H** $14.27
G $13.99 **J** $14.74

13. ¿Cuál es la forma normal de catorce diezmilésimos?

A 0.00014 **C** 0.014
B 0.0014 **D** 0.14

14. ¿Cómo se escribe 5.037 en palabras?

F cinco y treinta y siete milésimos
G cinco y treinta y siete centésimos
H cinco y cero treinta y siete
J cinco treinta y siete

15. ¿En qué par los decimales **no** son equivalentes?

A 5.250 y 5.25
B 5.340 y 5.304
C 5.560 y 5.5600
D 5.236 y 5.2360

16. ¿Cuál muestra los números en orden de *menor* a *mayor*?

F $7.117 < 7.112 < 7.107 < 7.104$
G $7.112 < 7.107 < 7.104 < 7.117$
H $7.107 < 7.104 < 7.112 < 7.117$
J $7.104 < 7.107 < 7.112 < 7.117$

17. ¿Qué símbolo hace el enunciado numérico verdadero?

119.067 ● 119.082

A $<$ **B** $>$ **C** $=$

Para 18–20, usa la información a continuación.

Jay y otros tres estudiantes tenían promedios de bateo de .279, .245, .274 y .298. Matthew no tenía ni el más alto ni el más bajo de los promedios. El promedio de Jay era el tercero más alto. El promedio de Debra era más alto que el de Molly.

18. ¿Qué conclusión puedes sacar de los datos?

F El promedio de bateo de Jay era .274.
G El promedio de bateo de Matthew era .274.
H El promedio de bateo de Debra era .274.
J El promedio de bateo de Molly era .274.

19. ¿Qué conclusión puedes sacar de los datos?

A El promedio de bateo de Molly era el más alto.
B El promedio de bateo de Jay era el más alto.
C El promedio de bateo de Matthew era el más alto.
D El promedio de bateo de Debra era el más alto.

20. ¿Qué conclusión **no** puedes sacar de los datos?

F El promedio de bateo de Molly era el más bajo.
G El promedio de bateo de Matthew era .245.
H El promedio de bateo de Debra era .298.
J El promedio de bateo de Jay era .274.

Alto

Nombre ______________________

Escribe la respuesta correcta.

1. Escribe un decimal y un número mixto representados por el modelo.

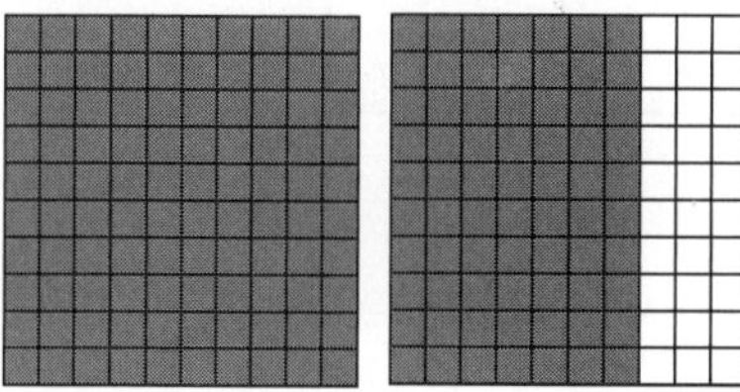

____

2. Escribe 2.048 en palabras.

____

3. Escribe dieciocho centésimos como un decimal y una fracción.

____

4. Escribe 8.2354 en forma desarrollada.

____

5. Denise pagó $2.84 para mandar un paquete por correo. Pete pagó $2.48. Indica quién pagó menos y explica tu respuesta.

____

____

6. Escribe dos y treinta y cinco milésimos en forma normal.

____

7. Escribe dos decimales equivalentes.

____

8. Escribe *equivalente* o *no equivalente* para describir el par de decimales.

   9.3 y 9.03

____

9. Escribe los números en orden de *menor* a *mayor*.

   23.231, 23.130, 23.213, 23.103

____

10. Escribe <, > o = en el ◯.

    121.034 ◯ 121.529

11. Escribe un número mixto y un decimal representados por el modelo.

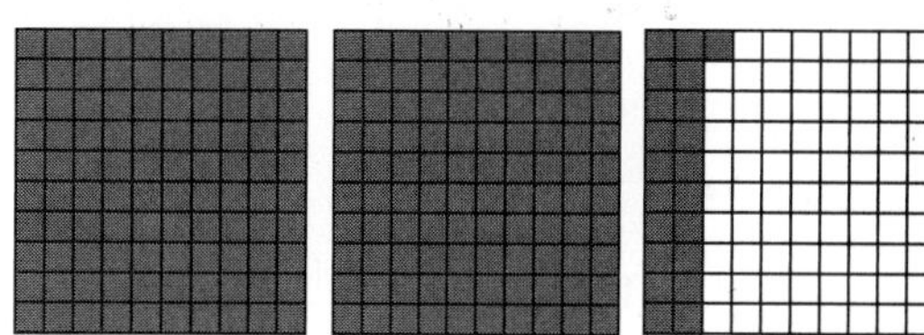

____

12. Marcus gastó $4.83 en útiles escolares. Janelle gastó $4.39 en los suyos. Indica quién gastó menos y explica tu respuesta.

____

____

Sigue

13. Escribe dieciséis diezmilésimos en forma normal.

____

14. Escribe 6.19 en palabras.

____

15. Escribe un número equivalente a 6.750.

____

16. Escribe los números en orden de *menor* a *mayor*.

5.267, 5.227, 5.297, 5.247

____

17. Escribe $<$, $>$ o $=$ en el ◯.

0.47 ◯ 0.44

Para 18–20, decide si puedes sacar una conclusión de la información dada. Escribe *sí, no* o *tal vez*. Explica tu selección.

Susan, Diane, Mark y Paul compararon sus promedios de bateo. Éstos eran: .289, .212, .276 y .241. Diane no tenía ni el más alto ni el más bajo de los promedios. El promedio de Susan era el segundo más alto. El promedio de Mark era más alto que el de Paul.

18. El promedio de bateo de Susan era .276.

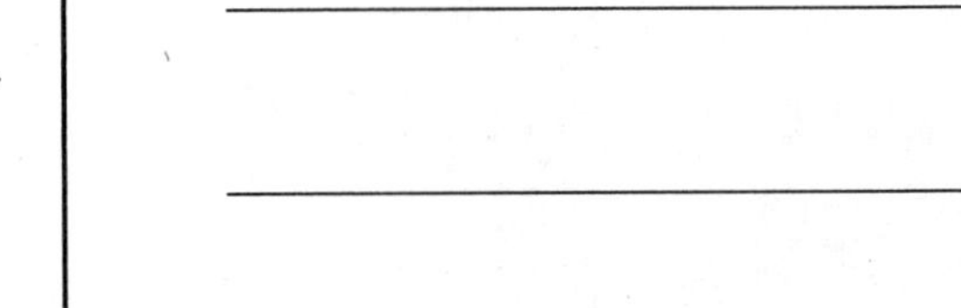

____

____

19. El promedio de bateo de Diane era .289.

____

____

____

____

20. El promedio de bateo de Mark era .212.

____

____

____

____

Alto

Elige la mejor respuesta.

1. ¿Qué número es 4,597,235 redondeado a la centena de millar más próxima?

   A 5,000,000 C 4,597,200
   B 4,600,000 D 4,500,000

2. Estima. 378,034 + 112,387

   F 300,000 H 500,000
   G 400,000 J 600,000

3. ¿Qué número es 818,712 redondeado a la decena de millar más próxima?

   A 800,000 C 820,000
   B 810,000 D 828,712

4. Estima. 723,252 − 478,136

   F 200,000 H 400,000
   G 300,000 J 1,200,000

5. ¿Qué símbolo hace que el siguiente enunciado numérico sea verdadero?

   11,171 + 79,212 ● 43,134 + 68,431

   A < B = C >

6. 5,350,463 + 7,937,252

   F 12,287,615
   G 12,287,715
   H 13,287,615
   J 13,287,715

7. 6,921 − 3,107

   A 3,814
   B 3,826
   C 9,028
   D 10,028

8. 4,973,443 − 3,687,108

   F 286,335
   G 1,286,335
   H 1,296,345
   J 1,314,345

9. Redondea 27,426,341 al millón más próximo.

   A 30,000,000 C 27,400,000
   B 28,000,000 D 27,000,000

10. 5,104 + 7,787

   F 12,881
   G 12,891
   H 12,981
   J 12,991

Para 11–13, usa la tabla.

LOS 5 LUGARES MÁS VISITADOS DEL SISTEMA NACIONAL DE PARQUES, 1996	
Lugar	**Número de visitantes**
Blue Ridge Parkway	17,169,062
Golden Gate National Rec. Area	14,043,984
Lake Mead National Rec. Area	9,350,847
Great Smoky Mtns. National Park	9,265,667
Gateway National Rec. Area	6,381,502

11. ¿Alrededor de cuántas personas más visitaron Golden Gate National Recreation Area que Lake Mead National Recreation Area?

   A alrededor de 4 millones
   B alrededor de 5 millones
   C alrededor de 6 millones
   D alrededor de 23 millones

Sigue

12. ¿Qué lugar tuvo alrededor de 8 millones más de visitantes que Great Smoky Mountains National Park?

F Blue Ridge Parkway
G Golden Gate National Recreation Area
H Lake Mead National Recreation Area
J Gateway National Recreation Area

13. ¿Cuál fue el número combinado de visitantes para los dos lugares con mayor número de visitantes?

A 3,125,078
C 31,000,000
B 21,102,946
D 31,213,046

14. Tamara redondeó 275,475 a 275,500. ¿Hacia qué lugar redondeó el número?

F decenas
G centenas
H millares
J decenas de millar

15. $\begin{array}{r} 31{,}197 \\ +\ 18{,}429 \\ \hline \end{array}$

A 49,516
B 49,626
C 50,516
D 50,626

16. ¿Qué símbolo hace que el enunciado numérico sea verdadero?

80,123 − 12,981 ● 97,854 − 9,884

F < G = H >

17. Stephanie, Amy y Keith jugaron cartas. Sus puntajes fueron 427, 328 y 600. Stephanie anotó alrededor de 100 puntos más que Keith. ¿Cuál nombra a los jugadores en orden del *mayor* al *menor* número de puntos ganados?

A Amy, Stephanie, Keith
B Amy, Keith, Stephanie
C Keith, Amy, Stephanie
D Stephanie, Keith, Amy

18. Mónica, Natalie, Julie y Kurt están sentados en un banco. Al mirar de frente el banco, Natalie está sentada a la izquierda de Mónica. Kurt está a la derecha de Julia. Kurt está al lado de Natalie pero no al lado de Mónica. ¿Cuál nombra a las personas en el banco, sentadas en orden de izquierda a derecha?

F Julia, Mónica, Natalie, Kurt
G Julia, Kurt, Natalie, Mónica
H Natalie, Mónica, Julia, Kurt
J Julia, Natalie, Mónica, Kurt

19. Carla, Eric y Zach tienen mascotas. Uno de ellos tiene un conejo, otro tiene un pájaro y otro tiene un sapo. La mascota de Carla no puede volar. La mascota de Zach tiene la piel resbalosa. ¿Qué enunciado es verdadero?

A Carla es dueña del conejo y Eric es dueño del sapo.
B Carla es dueña del pájaro y Zach es dueño del sapo.
C Eric es dueño del pájaro y Zach es dueño del sapo.
D Eric es dueño del pájaro y Zach es dueño del conejo.

20. Andy, Casey y Ed tienen promedios de bateo de .267, .336 y .285. Los promedios de bateo de Andy y Ed tienen el mismo dígito en el lugar de los décimos. Ed no tiene el promedio más bajo. ¿Qué lista de nombres está ordenada desde el promedio *más alto* hasta el *más bajo*?

F Andy, Casey, Ed
G Casey, Andy, Ed
H Andy, Ed, Casey
J Casey, Ed, Andy

Alto

Escribe la respuesta correcta.

1. Redondea 6,175,498 a la centena de millar más próxima.

____

2. Estima.

   634,302
   − 472,135

____

3. Redondea 761,067 a la decena de millar más próxima.

____

4. Estima

   416,349
   + 220,483

____

5. Escribe <, > o = en el ◯.

   54,316 + 31,462 ◯ 72,164 + 16,315

6. 5,167,643
   + 4,319,768

____

7. 5,240
   + 3,469

____

8. 6,134,043
   − 4,498,433

____

9. Redondea 46,319,463 al millón más próximo.

____

10. 7,643
    − 2,164

____

Sigue

Para 11–13, usa la tabla.

LOS 5 LUGARES MÁS VISITADOS DEL SISTEMA NACIONAL DE PARQUES, 1996	
Lugar	**Número de visitantes**
Blue Ridge Parkway	17,169,062
Golden Gate National Rec. Area	14,043,984
Lake Mead National Rec. Area	9,350,847
Great Smoky Mtns. National Park	9,265,667
Gateway National Rec. Area	6,381,502

11. ¿Cuál fue el número combinado de visitantes para los dos lugares que tuvieron el menor número de visitantes?

____

12. ¿Qué lugar tuvo alrededor de 5 millones de visitantes más que Lake Mead National Recreation Area?

____

13. ¿Alrededor de cuántas personas más visitaron Blue Ridge Parkway que Great Smoky Mountains National Park?

____

14. Tony redondeó 463,164 a 460,000. ¿Hacia qué lugar redondeó el número?

____

15. Escribe <, > o = en el ◯.

61,409 − 23,509 ◯ 75,631 − 43,602

16.
$$\begin{array}{r} 29{,}462 \\ +\ 13{,}164 \\ \hline \end{array}$$

____

17. Carol, Earl y Tim tienen mascotas. Uno de ellos tiene un perro, otro tiene un pájaro y el otro tiene un pez. Earl es alérgico al pelaje. La mascota de Tim tiene la piel resbalosa. ¿Qué animal tiene cada uno de ellos?

____

____

18. Shauna, Anthony y DeAnna tomaron la misma prueba. Las puntuaciones fueron 60, 90 y 82. DeAnna obtuvo 10 puntos menos que Anthony. Nombra los estudiantes en orden desde la puntuación *más baja* hasta la *más alta.*

____

19. Wanda, Danara y Erin tienen un promedio de bateo de .158, .336 y .238. Los promedios de bateo de Wanda y Danara tienen el mismo dígito en el lugar de los milésimos. Wanda no tiene el promedio más bajo. Nombra a los jugadores en orden desde el promedio *más alto* hasta el promedio *más bajo*.

____

20. Mark, Norman, Charles y Byron están parados uno al lado del otro. Norman está a la derecha de Mark. Byron está a la derecha de Charlie. Byron está al lado de Norman pero no al lado de Mark. Nombra a las personas en orden de izquierda a derecha.

____

Alto

Elige la mejor respuesta.

1. Redondea 6.4357 al lugar de los milésimos.

   A 6.435 C 6.436
   B 6.44 D 6.43

2. $\begin{array}{r} 4.3 \\ +\ 3.9 \\ \hline \end{array}$

   F 8.3
   G 8.2
   H 7.3
   J 7.2

3. Redondea al número entero más próximo para estimar la suma.

   $\begin{array}{r} 7.874 \\ +\ 5.429 \\ \hline \end{array}$

   A 12 C 14
   B 13 D 15

Para 4–6, halla la diferencia.

4. $\begin{array}{r} 4.607 \\ -\ 1.028 \\ \hline \end{array}$

   F 3.039
   G 3.399
   H 3.42
   J 3.579

5. $\begin{array}{r} 23.4 \\ -\ 5.57 \\ \hline \end{array}$

   A 22.17
   B 18.93
   C 18.77
   D 17.83

6. $\begin{array}{r} 48.38 \\ -26.5 \\ \hline \end{array}$

   F 45.73
   G 22.88
   H 22.28
   J 21.88

7. Halla el valor de $9.04 - n$ para $n = 3.58$.

   A 5.46
   B 5.56
   C 6.54
   D 6.56

8. ¿Qué símbolo hace que el enunciado numérico sea verdadero?

   9.24 + 2.65 ● 8.73 + 3.21

   F > G < H =

9. Nombra el valor posicional en 7.747 al que 7.74672 fue redondeado.

   A décimos C milésimos
   B centésimos D diezmilésimos

10. Estima para hallar la suma que es mayor que $4.00.

    F $1.78 + $2.12 + $1.05
    G $1.23 + $0.98 + $1.22
    H $2.01 + $0.76 + $0.49
    J $1.62 + $1.00 + $1.10

Sigue

11. 173.8
 − 57.97

A 40.61
B 115.83
C 124.17
D 126.93

12. ¿Cuál es el valor de la expresión

$18.86 + n$ para $n = 13.97$?

F 32.83 H 22.83
G 32.73 J 21.73

13. ¿Cuál es $7.64 redondeado al décimo de dólar más próximo y al dólar más próximo?

A $7.70; $8.00 C $7.60; $8.00
B $7.70; $7.00 D $7.60; $7.00

14. ¿Cuál es la diferencia redondeada al décimo más próximo?

19.763 − 5.824

F 13.9 H 14.0
G 13.94 J 14.02

15. Redondea tres y quinientos veintiocho milésimos al centésimo más próximo.

A 0.35 C 3.53
B 3.5 D 3.538

16. 11.470
 7.960
 + 2.431

F 20.761
G 20.861
H 21.761
J 21.861

Para 17–18, usa la siguiente información.

Janice tiene $30. A ella le gustaría comprarse una blusa por $16.68, unos pantalones cortos por $12.57 y unos calcetines por $3.88.

17. ¿Qué pregunta sobre la compra de Janice requiere un resultado exacto?

A ¿Tiene Janice suficiente dinero para comprar los tres artículos?
B ¿Alrededor de cuánto dinero pagará?
C ¿Cuánto costarán todos los artículos?
D ¿Es el total más de $5.00?

18. ¿Qué ecuación representa el dinero adicional que Janice necesita para comprar todos los artículos?

F $16.68 + $12.57 + $3.88 − $30.00 = $3.13
G $16.68 + $12.57 + $3.88 = $32.13
H $30.00 − $16.68 = $13.32
J $30.00 − $3.88 − $12.57 = $13.55

19. ¿Para cuál de las siguientes respuestas una estimación da suficiente información?

A dar el cambio correcto
B pagar con la cantidad de dinero exacta
C decidir cuántas gorras de béisbol pedir para un equipo
D decidir si tienes suficiente dinero para comprar varios artículos

20. ¿Para cuál de estas situaciones se necesita un resultado exacto?

F decidir cuánta tierra comprar para plantar unas plantas
G dar el dinero exacto para una compra
H decidir cuánto tiempo tomará caminar hasta la escuela
J decidir cuándo salir para llegar a tiempo al cine

Alto

Nombre ______________________

Escribe la respuesta correcta.

1. ¿A qué valor posicional fue redondeado 3.87865 en 3.879?

____

2.

$$\begin{array}{r} 3.1 \\ +\ 2.8 \\ \hline \end{array}$$

____

3. Estima la suma.

$$\begin{array}{r} 4.982 \\ +\ 7.217 \\ \hline \end{array}$$

4. 146.7 − 76.82

____

5.

$$\begin{array}{r} 37.19 \\ -\ 19.4 \\ \hline \end{array}$$

____

6.

$$\begin{array}{r} 17.2 \\ -\ 6.23 \\ \hline \end{array}$$

____

7. ¿Cuál es el valor de la expresión?

13.57 + n si n = 12.76

____

8. Escribe <, > o = en el ◯.

4.56 + 2.97 ◯ 5.23 + 4.98

9. Redondea 4.5238 al lugar de los milésimos.

____

10. Estima para indicar si la suma es *mayor que* o *menor que* $4.

$1.56 + $1.33 + $1.19

____

11.

$$\begin{array}{r} 821.034 \\ -\ 119.801 \\ \hline \end{array}$$

____

12. ¿Cuál es el valor de la expresión?

7.02 − n si n = 2.27

____

Sigue

Nombre ____________________

13. Redondea $5.82 al décimo de dólar más próximo y luego al dólar más próximo.

____

____

14. Halla la diferencia. Luego redondéala al décimo más próximo.

15.874 − 3.641

____

____

15. Escribe cinco y doscientos quince milésimos. Luego redondéalo al centésimo más próximo.

____

____

16.

$$\begin{array}{r} 14.320 \\ 5.870 \\ +\ 1.321 \\ \hline \end{array}$$

____

Para 17–20, decide si necesitas un resultado exacto o una estimación. Luego responde la pregunta e indica cómo hallaste el resultado.

17. Janice tiene $30. A ella le gustaría comprar una blusa por $12.68, unos pantalones cortos por $16.57 y unos calcetines por $3.88. ¿Tiene suficiente dinero para comprar todos los artículos?

____

____

18. Dan quiere comprar un mapa por $3.85, una brújula por $16.45 y un sombrero por $16.25. ¿Cuánto cambio deberá recibir Dan si entrega $40?

____

____

19. Stephen necesita $32.48 para comprarse un guante de béisbol nuevo. Él ha ahorrado $17.87. ¿Alrededor de cuánto más dinero necesita Stephen para poder comprar el guante?

____

____

20. Ted necesita 5.5 libras de carne molida para hacer albóndigas. Él ya tiene 1.25 libras de carne molida. ¿Cuánta carne molida debe comprar?

____

____

Alto

Nombre ______________________________

Elige la mejor respuesta.

1. ¿Cuántos grupos de 10 hay en 100,000?

   A 100 **C** 1,000
   B 500 **D** 10,000

2. ¿En qué número el dígito 3 tiene el mayor valor posicional?

   F 13,798 **H** 89,230
   G 30,000 **J** 99,399

3. ¿Qué número **no** es equivalente a los otros?

   A 40,000 + 5,000 + 100 + 0 + 5
   B cuarenta y cinco mil ciento cinco
   C 40,000 + 5,000 + 100 + 5
   D 40,000 + 5,000 + 100 + 50

4. ¿Cuál es el valor del dígito 4 en 28,742,067?

   F 4,000 **H** 400,000
   G 40,000 **J** 4,000,000

5. Comienza por la izquierda. ¿Cuál es el primer valor posicional donde los dígitos difieren?

   23,613 y 23,443

   A centenas
   B decenas
   C decenas de millar
   D centenas de millar

6. ¿Cuáles son los valores posibles del dígito que falta?

   4,234,517 < 4,234,■17

   F 1, 2, 3, 4 **H** 6, 7, 8, 9
   G 1, 2, 3, 4, 5 **J** 5, 6, 7, 8, 9

7. ¿Cuál es la forma normal de treinta y siete millones dos mil ochocientos cinco?

   A 37,002,805 **C** 37,200,805
   B 37,020,805 **D** 37,285,000

8. Ordena los números de *menor* a *mayor*.

   41,825,700; 41,714,600; 9,981,900

   F 41,714,600 < 41,825,700 < 9,981,900
   G 9,981,900 < 41,825,700 < 41,714,600
   H 41,825,700 < 41,714,600 < 9,981,900
   J 9,981,900 < 41,714,600 < 41,825,700

Para 9–10, usa la tabla.

LOS GRANDES LAGOS		
Lago	**Área (km^2)**	**Área (mi^2)**
Lago Hurón	59,596	23,010
Lago Superior	82,414	31,820
Lago Ontario	19,529	7,540
Lago Michigan	58,016	22,400
Lago Erie	25,745	9,940

9. ¿Cuál de los Grandes Lagos posee la mayor área?

   A Michigan **C** Superior
   B Erie **D** Hurón

10. ¿Cuál es el área en millas cuadradas del lago más pequeño?

   F 7,540
   G 9,940
   H 19,529
   J 25,745

Sigue

11. ¿Qué decimal y fracción están representados por el modelo?

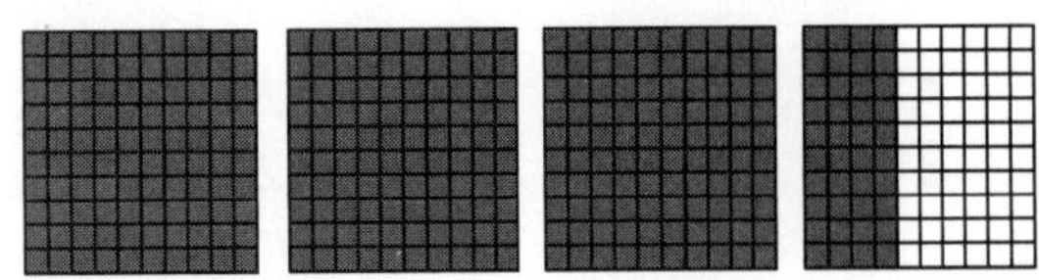

A $3.4; 3\frac{4}{10}$

B $3.04; 3\frac{4}{100}$

C $2.04; 2\frac{4}{100}$

D $1.3; 1\frac{3}{10}$

12. ¿Cuál es el decimal y la fracción equivalentes para diecinueve centésimos?

F $19, \frac{1}{9}$

G $1.9, \frac{1.9}{10}$

H $0.019, \frac{19}{1,000}$

J $0.19, \frac{19}{100}$

13. ¿Cómo se escribe 2.5681 en forma desarrollada?

A $2 + 0.5 + 0.06 + 0.008 + 0.0001$

B $2 + 0.5 + 0.6 + 0.8 + 0.1$

C $20,000 + 5,000 + 600 + 80 + 1$

D $2 + 0.5 + 0.06 + 0.08 + 0.001$

14. Ordena los números de *menor* a *mayor.*

15.762, 15.764, 15.673, 15.691

F $15.691 < 15.673 < 15.764 < 15.762$

G $15.673 < 15.691 < 15.762 < 15.764$

H $15.673 < 15.691 < 15.764 < 15.762$

J $15.691 < 15.762 < 15.764 < 15.673$

15. ¿Cómo se escribe diecisiete diezmilésimos en forma normal?

A 0.00017

B 0.0017

C 0.017

D 0.17

16. ¿Cómo se escribe 2.059 en palabras?

F dos y cincuenta y nueve milésimos

G dos y cincuenta y nueve centésimos

H dos y cero cincuenta y nueve

J dos cincuenta y nueve

17. ¿Qué decimales **no** son equivalentes?

A 7.430 and 7.43

B 9.570 and 9.507

C 8.670 and 8.6700

D 4.376 and 4.3760

18. Compara. Elige $<$, $>$ o $=$ para el ●.

132.043 ● 132.067

F $<$ G $>$ H $=$

Para 19–20, usa la siguiente información.

Chris y otros tres estudiantes tenían promedios de bateo de 0.306, 0.233, 0.289 y 0.340. El promedio de bateo de Glen era mayor que el de Joe, pero menor que el de Alyssa. Alyssa no tenía el mayor promedio.

19. ¿Qué conclusión puedes sacar de los datos?

A El promedio de bateo de Alyssa era 0.306.

B El promedio de bateo de Chris era 0.289.

C El promedio de bateo de Glen era 0.233.

D El promedio de bateo de Joe era 0.340.

20. ¿Qué conclusión **no** se puede sacar de los datos?

F El promedio de bateo de Chris era el mayor.

G El promedio de bateo de Alyssa era mayor que el de Joe.

H El promedio de bateo de Chris era mayor que el de Glen.

J El promedio de bateo de Glen era 0.233.

Sigue

21. ¿Cuál es 7,495,863 redondeado a la centena de millar más próxima?

A 7,000,000 **C** 7,495,900
B 7,400,000 **D** 7,500,000

Para 22–23, estima redondeando a la centena de millar.

22. 259,179
+ 331,007

F 400,000 **H** 600,000
G 500,000 **J** 700,000

23. 813,978
− 395,400

A 400,000 **C** 600,000
B 500,000 **D** 1,200,000

Para 24–26, halla la suma o la diferencia.

24. 8,670,825
+ 5,498,733

F 13,068,558
G 13,169,558
H 14,168,558
J 14,169,558

25. 5,832
− 2,307

A 3,535
B 3,525
C 2,535
D 2,525

26. 9,207
+ 6,698

F 15,895
G 15,805
H 15,905
J 16,905

27. Jenny redondeó 343,389 a 343,400. ¿A qué valor posicional redondeó el número?

A millares **C** decenas
B centenas **D** unidades

28. Estima redondeando al millar más próximo. Compara. Elige $<$, $>$ o $=$ para el ●.

50,217 − 12,403 ● 62,501 − 20,402.

F $<$ **G** $>$ **H** $=$

29. Kyle, Rob y Jack tienen mascotas. Uno de ellos tiene un gato, otro tiene una tortuga y otro tiene un perro. La mascota de Rob no tiene pelaje. La mascota de Jack trepa árboles. ¿Qué enunciado es verdadera?

A Rob tiene un perro y Jack tiene un gato.
B Kyle tiene un perro y Jack tiene un gato.
C Kyle tiene un gato y Rob tiene una tortuga.
D Jack tiene un perro y Rob tiene una tortuga.

30. Margo, Patty y Amy tienen promedios de bateo de .345, .247 y .292. Los promedios de bateo de Amy y Patty tienen el mismo dígito en los centésimos. Patty no tiene el promedio más bajo. ¿Qué lista muestra los nombres ordenados según el promedio de bateo del más alto al más bajo?

F Amy, Margo, Patty
G Margo, Patty, Amy
H Patty, Margo, Amy
J Amy, Patty, Margo

Sigue

31. $\begin{array}{r} 7.2 \\ +\ 5.9 \\ \hline \end{array}$

A 1.3
B 12.1
C 12.7
D 13.1

32. Estima la suma redondeando al número entero más próximo.

$\begin{array}{r} 3.782 \\ +\ 4.227 \\ \hline \end{array}$

F 7
G 8
H 9
J 10

33. Evalúa 11.03 − n para n = 2.76.

A 8.27
B 8.37
C 9.37
D 9.73

34. Max redondeó 2.37423 a 2.374. ¿A qué valor posicional redondeó el número?

F décimos
G centésimos
H milésimos
J diezmilésimos

35. ¿Qué total es mayor que $5?

A $1.17 + $0.98 + $2.22
B $2.76 + $2.12 + $1.05
C $2.01 + $0.76 + $1.89
D $1.59 + $0.87 + $2.43

36. $\begin{array}{r} 162.50 \\ -\ 81.91 \\ \hline \end{array}$

F 81.69
G 81.61
H 81.41
J 80.59

37. Evalúa 14.23 + n para n = 27.78.

A 42.01
B 41.91
C 41.01
D 32.11

38. Redondea $9.57 al décimo de dólar más próximo y luego al dólar más próximo.

F $9.50; $10.00
G $9.50; $9.00
H $9.60; $10.00
J $9.60; $9.00

39. Tina tiene $40. A ella le gustaría comprarse un abrigo por $18.45, unos pantalones por $16.34 y unos calcetines por $2.88. ¿Cuál de las preguntas sobre la compra de Tina requiere un resultado exacto?

A ¿Tina tiene suficiente dinero para comprar todos los artículos?
B ¿Cuánto cambio recibirá Tina?
C ¿Son $30 suficientes para comprar todos los artículos?
D ¿Alrededor de cuánto dinero pagará ella?

40. ¿Para cuál de las respuestas es apropiada una estimación?

F dar cambio
G decidir cuántos uniformes pedir para un equipo
H hallar la cantidad total de una compra
J decidir si tienes suficiente dinero para comprar varios artículos

Alto

Escribe la respuesta correcta

1. ¿Cuántos grupos de 10 hay en 10,000?

____

2. ¿En qué número el dígito 9 posee el mayor valor posicional? Explica.

118,907

190,605

____

3. Escribe 23,972 en forma desarrollada y en palabras.

____

____

4. ¿Cuál es valor del dígito 6 en 69,884,503?

____

5. Comienza por la izquierda. Nombra el primer valor posicional donde los dígitos de los números son diferentes. Nombra el número mayor.

42,198 y 42,273

____

6. Halla el dígito que falta.

$6{,}772{,}899 < 6{,}772{,}\blacksquare 03$

____

7. Escribe veintinueve millones ocho mil doscientos siete en forma normal.

____

8. Ordena los números de *menor* a *mayor*.

32,901,202; 8,892,367; 32,891,005

____

Para 9–10, usa la tabla.

ISLAS ALREDEDOR DEL MUNDO		
Isla	**Área (km^2)**	**Área (mi^2)**
Cuba	100,853	42,804
Anticosti, Canadá	7,945	3,068
Java, Indonesia	126,641	48,900
Kyushu, Japón	36,552	14,114
Trinidad	4,827	1,864

9. ¿Cuál de las islas posee la mayor área?

____

10. ¿Cuál es el área en kilómetros cuadrados de la segunda isla más pequeña?

____

Sigue

11. Escribe el decimal y la fracción que están representados por el modelo.

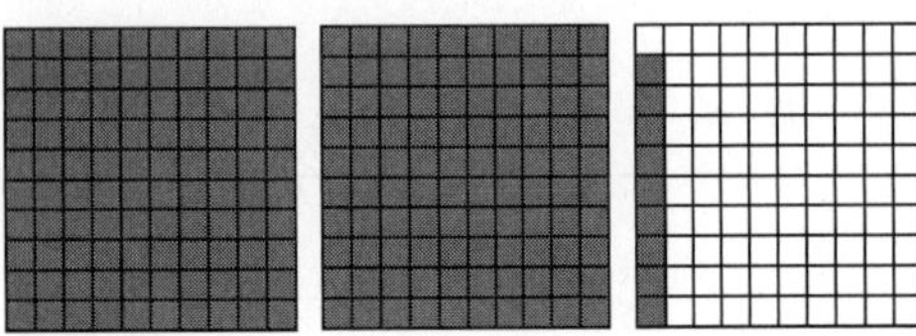

____

12. Escribe el decimal y la fracción equivalentes para doscientos cincuenta y tres milésimos.

____

13. Escribe 7.2369 en forma desarrollada.

____

14. Ordena los números de *menor* a *mayor*.

43.577, 43.972, 43.621, 43.883

____

15. Escribe ciento setenta y ocho diezmilésimos en forma normal.

____

16. Escribe 3.004 en palabras.

____

17. Escribe 3.448 en forma desarrollada.

____

18. Compara. Escribe <, > o = en el ◯.

679,554 ◯ 679,604

Para 19–20, usa la siguiente información.

Cuatro materiales de laboratorio se deben colocar en cuatro envases *A*, *B*, *C* y *D*. Las medidas de los diámetros son 0.407 mm, 0.468 mm, 0.446 mm y 0.453 mm. El material para el envase *B* es mayor que el del envase *A*, pero menor que el del envase *D*. El material para el envase *D* no es el mayor.

19. ¿Qué conclusión puedes sacar sobre el tamaño del material para el envase *B*?

____

20. ¿Qué conclusión **no** puede sacarse de los datos? Explica tu respuesta.

A. El material para el envase *A* es el más pequeño.

B. El material para el envase *C* es más grande y es menor que otro material.

C. El material para el envase *D* es el más pequeño.

D. Los materiales para los envases *C* y *D* son los más grandes.

____

____

____

Sigue

Nombre ______________________

21. Redondea 8,064,973 a la centena de millar más próxima.

____

22. Estima.

$$\begin{array}{r} 479{,}108 \\ +\ 149{,}507 \\ \hline \end{array}$$

23. Estima.

$$\begin{array}{r} 417{,}242 \\ -\ 285{,}371 \\ \hline \end{array}$$

Para 24–26, halla la suma o la diferencia.

24.

$$\begin{array}{r} 2{,}791{,}632 \\ +\ 8{,}924{,}112 \\ \hline \end{array}$$

25.

$$\begin{array}{r} 7{,}141 \\ -\ 3{,}608 \\ \hline \end{array}$$

26.

$$\begin{array}{r} 9{,}942 \\ +\ 6{,}709 \\ \hline \end{array}$$

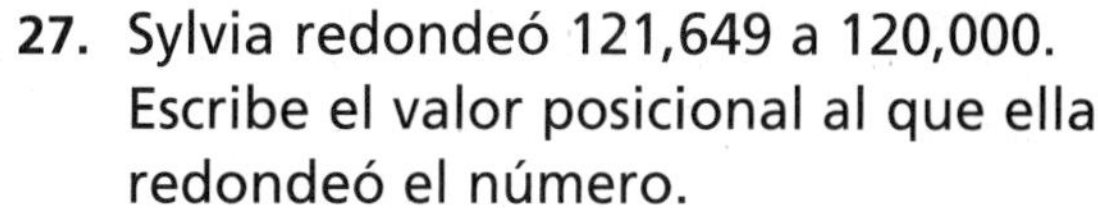

27. Sylvia redondeó 121,649 a 120,000. Escribe el valor posicional al que ella redondeó el número.

____

28. Estima para comparar. Escribe $<$, $>$ o $=$ en el ◯.

47,192 − 31,769 ◯ 74,601 − 63,592

29. Janine, Hyacinth y Rosamund hacen una manualidad cada una. Una de ellas hace sujetalibros de madera, otra hace vasijas de arcilla y otra portavasos de tela. Janine no usa arcilla. Hyacinth necesita usar papel de lija para terminar su proyecto. Escribe quién hace cada manualidad.

____

____

____

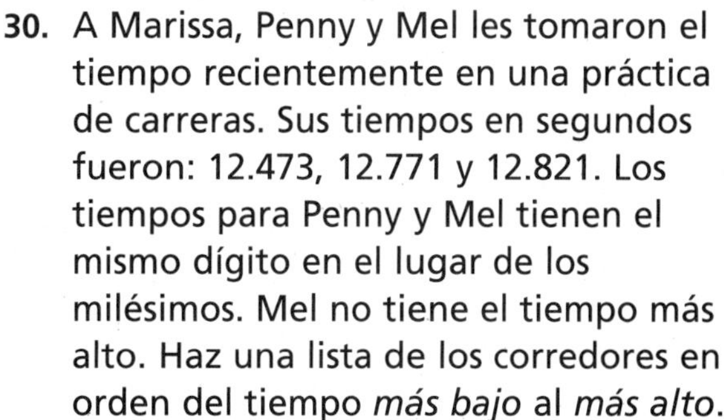

30. A Marissa, Penny y Mel les tomaron el tiempo recientemente en una práctica de carreras. Sus tiempos en segundos fueron: 12.473, 12.771 y 12.821. Los tiempos para Penny y Mel tienen el mismo dígito en el lugar de los milésimos. Mel no tiene el tiempo más alto. Haz una lista de los corredores en orden del tiempo *más bajo* al *más alto*.

____

____

Sigue

31. $\begin{array}{r} 8.6 \\ +\ 6.9 \\ \hline \end{array}$

32. Estima la suma redondeando al número entero más próximo.

$\begin{array}{r} 6.691 \\ +\ 2.331 \\ \hline \end{array}$

33. Evalúa $22.58 - n$ para $n = 11.79$.

____

34. Sashina redondeó 9.07061 a 9.0706. ¿A qué valor posicional redondeó ella el número?

____

35. Compara. Escribe $<$, $>$ o $=$ en el ◯.

\$3.67 + \$9.76 + \$7.76 ◯ \$20.00

36. $\begin{array}{r} 221.8 \\ -\ 123.97 \\ \hline \end{array}$

37. Evalúa $22.94 + x$ para $x = 31.88$.

____

38. Redondea \$11.88 al décimo de dólar más próximo y luego al dólar más próximo.

____

Para 39–40, usa la siguiente información.

Vani tiene \$35. A ella le gustaría comprar unas cuerdas de guitarra por \$14.99, unas hojas de música por \$10.92 y unos plectros de guitarra por \$7.55.

39. Si quieres saber si Vani tiene suficiente dinero, ¿necesitarías una estimación o un resultado exacto? ¿Tiene suficiente dinero? Explica tu respuesta.

____

____

40. Para saber cuánto cambio Vani recibirá, ¿necesitas una estimación o un resultado exacto? ¿Cuánto cambio recibirá? Explica tu respuesta.

____

____

Alto

Elige la mejor respuesta.

1. Evalúa $n - 33$ si $n = 300$.

   A 267 C 287
   B 277 D 333

2. Resuelve la ecuación.

   $34 + n = 52$.

   F $n = 86$ H $n = 22$
   G $n = 28$ J $n = 18$

3. Nombra la propiedad de la suma que se usa en la ecuación.

   $0 + 427 = 427$

   A Propiedad conmutativa
   B Propiedad distributiva
   C Propiedad asociativa
   D Propiedad del cero

4. ¿Qué situación **no** puede ser representada por $26 - n = 17$?

   F 26 personas se subieron en un autobús vacío. En la primera parada, algunas personas se bajaron del autobús dejando solo 17 personas en el autobús.
   G Tim tenía 26 tarjetas de béisbol. Le dio algunas a Rob. Ahora Tim tiene 17 tarjetas de béisbol.
   H 26 personas estaban en una sala de espera. 17 personas más entraron en la sala.
   J Dovina recogió 26 conchas de mar en la playa. Le dio algunas a su amigo y le quedaron 17.

5. Rachel tenía 27 tarjetas. Ella le dio 5 a Trina. ¿Qué expresión representa la situación?

   A $5 - 27$ C $5 + 27$
   B $27 - 5$ D $5 + 29$

6. ¿Cuál es el valor de n?

   $21 + (17 + 8) = (21 + n) + 8$

   F 0 H 17
   G 9 J 21

Para 7–10, elige la ecuación que puede usarse para responder la pregunta.

7. Después de que un número se suma al número 23 y se le resta 8, el resultado es 29. ¿Qué número, n, se suma?

   A $n - 23 - 8 = 28$
   B $n + 23 = 29 - 8$
   C $23 + n - 8 = 29$
   D $23 - n + 8 = 29$

8. Después de que 7 personas se bajaron del tren, quedaron 32 personas en el tren. ¿Cuántas personas, p, estaban en el tren al principio?

   F $p - 7 = 32$
   G $p + 7 = 32$
   H $32 - 7 = p$
   J $32 - p = 7$

9. La temperatura a las 7:00 a.m. era 30° F. A las 4:00 p.m. la temperatura era 43° F. ¿Cuántos grados, g, aumentó la temperatura?

   A $30 + g = 43$
   B $30 + 43 = g$
   C $g - 30 = 43$
   D $g - 43 = 30$

10. Nicholas tenía 14 rocas en su colección. Él se quedó con algunas y le dio 5 a Anthony. ¿Con cuántas rocas, r, se quedó?

    F $14 - 5 = r$
    G $14 + 5 = r$
    H $r - 5 = 14$
    J $r + 14 = 5$

Sigue

11. Nombra la propiedad de la suma que se usó en la ecuación.

$c + b = b + c.$

A Propiedad distributiva
B Propiedad conmutativa
C Propiedad asociativa
D Propiedad del cero

Para 12–14, resuelve cada ecuación.

12. $31 - n = 22$

F $n = 53$ **H** $n = 11$
G $n = 19$ **J** $n = 9$

13. $t - 17 = 6$

A $t = 8$ **C** $t = 23$
B $t = 9$ **D** $t = 25$

14. $16 + v = 43.$

F $v = 373$ **H** $v = 33$
G $v = 59$ **J** $v = 27$

15. Evalúa $(18 + n) - 7$ si $n = 3$.

A 10 **C** 14
B 11 **D** 28

16. ¿Cuáles de los siguientes números completan la tabla?

n	$21 - n$
3	18
4	17
7	■
12	■

F 14, 9 **H** 11, 6
G 16, 19 **J** 13, 9

17. Si cada letra representa un número diferente, ¿cuál es el valor de cada una?

$m + 15 = 29$

$m + n = 20$

A $m = 13$ y $n = 7$
B $m = 7$ y $n = 13$
C $m = 6$ y $n = 14$
D $m = 14$ y $n = 6$

18. Troy construyó una caja rectangular para sus materiales de arte. La longitud de la caja es de 10 pulgadas y el ancho es de 6 pulgadas. ¿Cuál es el perímetro de la caja?

F 16 pulgadas **H** 26 pulgadas
G 32 pulgadas **J** 60 pulgadas

19. El perímetro de un pentágono es de 34 cm. ¿Qué fórmula se puede usar para hallar, *l*, la longitud del quinto lado?

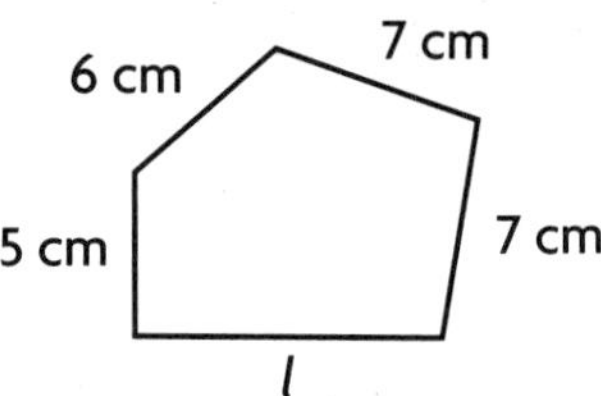

A $34 = 7 + 6 + 5 + l$
B $34 = 7 + 7 + 6 + 5 + l$
C $l = 34 + 7 + 7 + 6 + 5$
D $34 = 34 + 7 + 7 + 6 + 5$

20. Si *P* representa el perímetro, ¿qué fórmula se puede usar para hallar la longitud del tercer lado, *l*, de un triángulo si se dan dos lados?

F $P = l + 4 + 5 + 7$
G $P = l + 3 + 4$
H $P = l + 3$
J $P = 4 + 7 + 8$

Alto

Escribe la respuesta correcta.

1. Cameron tenía 23 tarjetas. Ella le dio 5 a Sheila. Escribe una expresión que represente la situación.

____

Para 2–4, escribe una ecuación que pueda usarse para responder la pregunta.

2. La temperatura a las 12:00 del mediodía era 82° F. A las 6:00 p.m. la temperatura era 74° F. ¿Cuántos grados bajó la temperatura?

____

3. Cuando un número se suma a 34 y se le resta 6, el resultado es 37.

____

4. Después de que 9 personas se unieron al club de matemáticas, había 27 miembros.

____

5. ¿Cuál es valor de la expresión

   $n - 23$ si $n = 200$?

____

6. Halla el valor de n.

   $12 + (13 + 4) = (12 + n) + 4$

____

7. ¿Qué propiedad de la suma muestra la ecuación? $0 + 373 = 373$

____

8. Christie tenía 12 fresas. Ella se quedó con algunas y le dio 7 a Myra. ¿Con cuántas fresas se quedó? Escribe una ecuación para contestar la pregunta.

____

9. Resuelve. $23 + n = 35$

____

10. Escribe una situación que pueda ser representada por $28 - n = 19$.

____

____

Sigue

11. El perímetro de un pentágono es 22 cm. ¿Qué ecuación se puede usar para hallar la longitud del quinto lado?

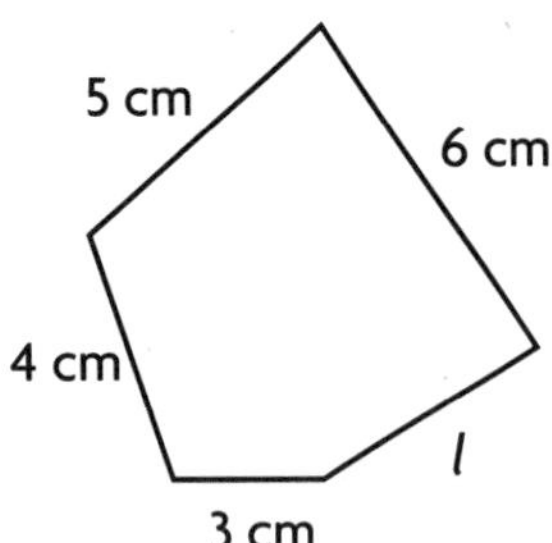

____

12. Si cada símbolo representa un número diferente, ¿cuál es el valor de cada uno?

♥ + 12 = 16
♥ + ♦ = 12

____

13. Resuelve.

$15 + n = 33$

____

14. Resuelve.

$n - 15 = 8$

____

15. Evalúa $(24 + n) - 6$ si $n = 4$.

____

16. ¿Qué números completan la tabla?

n	$15 - n$
3	12
4	11
7	■
12	■

____

17. ¿Qué propiedad de la suma muestra la ecuación?

$n + m = m + n$

____

18. Resuelve.

$22 - n = 16$

____

19. ¿Qué ecuación se puede usar para hallar *P*, la longitud del quinto lado de este pentágono?

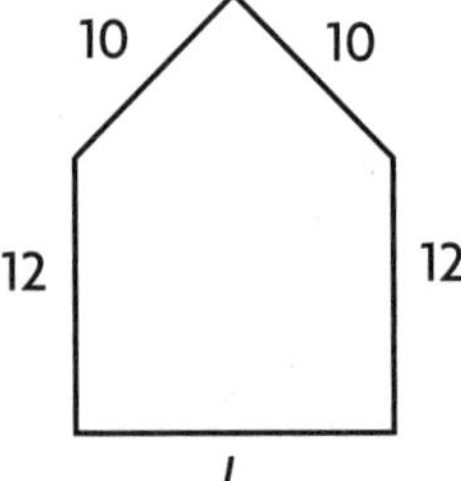

____

20. Vince construyó un corral rectangular para sus tortugas. La longitud del corral es 4 pies y el ancho es 3 pies. ¿Cuál es el perímetro del corral?

____

Alto

Elige la mejor respuesta.

Para 1–4, elige la expresión que mejor corresponde con las palabras.

1. Cindy tenía 36 monedas estatales de 25¢ nuevas. Luego obtuvo 4 más.

   A $25 + 4$ C $36 + 100$
   B $36 + 4$ D $40 + 25$

2. Thomas puso 12 libros en cada estante. Había *n* estantes.

   F $12 \times n$ H $12 + n$
   G $n \div 12$ J $n - 12$

3. La mamá de Karla compró 18 latas de jugo el martes. Ella compró *m* latas de jugo el sábado.

   A $18 \times m$ C $18 + m$
   B $m \div 18$ D $m - 18$

4. Joshua cuida a niños por $4 la hora. Él cuidó a niños el sábado durante 4 horas.

   F $4 + 4$ H $4 \div 4$
   G $4 + 16$ J 4×4

Para 5–8, evalúa la expresión.

5. $36 + n$ si $n = 15$

   A 21 C $15 \times n$
   B 51 D $n \div 15$

6. $9 \times n$ si $n = 13$

   F 22 H 127
   G 117 J 913

7. $48 \div n$ si $n = 8$

   A 56 C 8
   B 40 D 6

8. $(n \times 5) \times 4$ si $n = 6$

   F 120 H 34
   G 44 J 26

Para 9–12, elige la ecuación que se puede usar para resolver el problema.

9. Galena recibió una puntuación de 70 en su prueba. ¿A cuántos puntos equivale cada pregunta si ella contestó 14 correctamente y cada pregunta tiene el mismo valor?

   A $w = 70 + 14$ C $14 \times w = 70$
   B $w = 70 - 14$ D $w = 14 \times 70$

10. Sonya tiene 7 CD de jazz. Cada CD tiene el mismo número de canciones. Si hay 84 canciones en total en los CD de Sonya, ¿cuántas canciones hay en cada uno?

   F $n \div 7 = 84$ H $7 \times n = 84$
   G $n = 7 \times 84$ J $7 \div n = 84$

Sigue

11. La tropa de niños exploradores de Gretchen hace pulseras con cuentas. Cada pulsera lleva 24 cuentas. ¿Cuántas cuentas necesita cada uno de los niños para hacer una pulsera?

A $n = 24 \div 12$ C $12 \times n = 24$
B $n = 12 \times 24$ D $n = 24 - 12$

12. Jack tiene 14 pilas de monedas de 10¢. Cada pila de monedas tiene 5 monedas de 10¢. ¿Cuántos centavos tiene Jack?

F $m = 14 \times 5$
G $m = 14 \times 10$
H $m = (14 \times 5) \div 10$
J $m = 14 \times (5 \times 10)$

Para 13–16, identifica la propiedad que se muestra.

13. $37 \times 12 = 12 \times 37$

A Propiedad asociativa
B Propiedad del uno
C Propiedad conmutativa
D Propiedad del cero

14. $(4 \times n) \times 0 = 0$

F Propiedad asociativa
G Propiedad del uno
H Propiedad conmutativa
J Propiedad del cero

15. $(6 \times 4) \times 5 = 6 \times (4 \times 5)$

A Propiedad asociativa
B Propiedad del uno
C Propiedad conmutativa
D Propiedad del cero

16. $n \times 1 = n$

F Propiedad asociativa
G Propiedad del uno
H Propiedad conmutativa
J Propiedad del cero

17. Resuelve la ecuación.

$(12 \times n) \times 3 = 12 \times (4 \times 3)$

A $n = 3$ C $n = 36$
B $n = 4$ D $n = 144$

18. Resuelve la ecuación.

$n \times 13 = 13 \times 6$

F $n = 78$ H $n = 13$
G $n = 19$ J $n = 6$

Para 19–20, elige la respuesta que muestre cómo se puede volver a escribir la expresión usando la propiedad distributiva.

19. 6×14

A $6 \times 10 \times 4$
B $(6 \times 10) + 4$
C $(6 \times 10) + (6 \times 4)$
D $(6 \times 10) \times (6 + 4)$

20. 8×23

F $8 \times 20 \times 3$
G $(8 \times 20) + 3$
H $(8 \times 20) + (8 \times 3)$
J $(8 \times 20) \times (8 \times 3)$

Alto

Nombre ______________________

Escribe la respuesta correcta.

Para 1–4, escribe una expresión que mejor corresponda con las palabras.

1. La mamá de Kurt compró 14 manzanas el martes. Ella compró más el sábado.

____

2. Jessica trabaja por $4 la hora. Ella trabajó 3 horas el sábado.

____

3. Mike tenía 76 tarjetas de béisbol. Luego compró doce más.

____

4. Sue colocó 9 bolsas en cada caja. Había *n* cajas.

____

Para 5–8, evalúa cada expresión.

5. $26 + n$ si $n = 15$

____

6. $(n + 3) \times 4$ si $n = 5$

____

7. $12 \times n$ si $n = 7$

____

8. $n \div 6$ si $n = 54$

____

Para 9–12, escribe una ecuación que se puede usar para resolver el problema.

9. Josh tiene 12 pilas de monedas de 25¢. Cada pila tiene 10 monedas de 25¢. ¿Cuánto dinero tiene Josh en monedas de 25¢?

____

10. Jim recibió una puntuación de 80 en su prueba. ¿Cuánto vale cada pregunta si él contestó 16 preguntas correctamente?

____

11. Tonya tiene 6 bandejas de galletas. Cada bandeja tiene 10 galletas. ¿Cuántas galletas hay en las bandejas de Tonya?

____

12. El grupo de arte de Amanda hace collares de cuentas. Cada collar tiene 14 cuentas. ¿Cuántas cuentas se necesitan para hacer 18 collares?

____

Sigue

Para 13–16, identifica la propiedad que se muestra.

13. $6 \times (n \times 12) = (6 \times n) \times 12$

____

14. $n \times 37 = 37 \times n$

____

15. $n \times 1 = n$

____

16. $(5 \times 0) \times 3 = 0$

____

17. Resuelve.

$(6 \times 8) \times 4 = 6 \times (n \times 4)$

____

18. Resuelve.

$37 \times 29 = 29 \times n$

____

Para 19–20, usa la propiedad distributiva para volver a exponer cada expresión. Halla el producto.

19. 7×24

____

____

20. 6×32

____

____

Alto

Elige la mejor respuesta.

Para 1–4, usa la tabla de frecuencia.

COLECTA DE LATAS DE FRUTA		
Día	Frecuencia (Número de latas)	Frecuencia acumulada
Lunes	19	19
Martes	12	31
Miércoles	23	54
Jueves	6	60
Viernes	27	87

1. ¿Cuántas latas se recogieron el miércoles?

   A 12 **B** 19 **C** 23 **D** 54

2. ¿Cuántas latas en total se recogieron los cinco días?

   F 27 **G** 54 **H** 60 **J** 87

3. ¿Cuántas latas se recogieron para el martes?

   A 31 **B** 23 **C** 19 **D** 12

4. ¿Cuál es el rango de las latas recogidas cada día?

   F 8 **G** 21 **H** 68 **J** 81

5. La media de 5 números es 34. Cuatro de los números son 35, 28, 16 y 41. ¿Cuál es el quinto número?

   A 30 **B** 40 **C** 50 **D** 60

6. Halla la mediana para el conjunto de datos.

   41, 53, 24, 28, 28, 34, 49

   F 34 **G** 32 **H** 28 **J** 12

Para 7–8, usa el diagrama de puntos.

Shaleen trazó este diagrama de puntos después de hacer una encuesta a sus compañeros de clases.

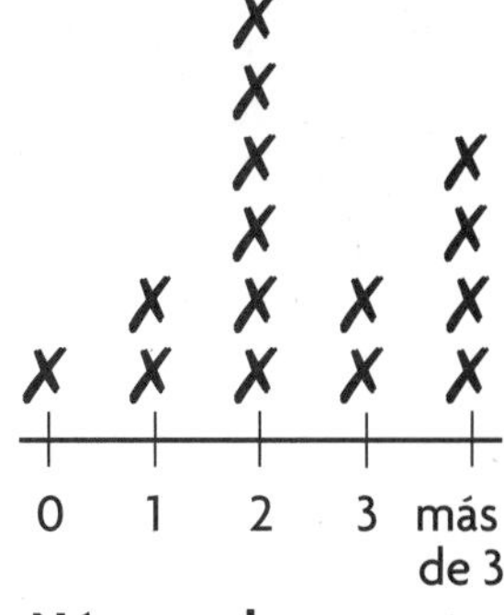

7. ¿Cuántos estudiantes tienen más de 3 mascotas?

   A 1 **B** 2 **C** 4 **D** 6

8. ¿A cuántos estudiantes Shaleen les hizo la encuesta?

   F 6 **H** 15
   G 14 **J** más de 20

Para 9–11, usa la tabla.

PROMEDIO DE DURACIÓN DE VIDA DE LOS ANIMALES	
Animal	Número de años
Leopardo	12
Gorila	20
Tigre	16
Foca	12
Oso negro	18
Camello	12

9. Halla la media de las duraciones de vida.

   A 12 años **C** 45 años
   B 15 años **D** 90 años

10. ¿Cuál es el rango de las duraciones de vida?

    F 20 años **H** 8 años
    G 12 años **J** 6 años

11. ¿Cuál es la moda de las duraciones de vida?

    A 0 años **C** 16 años
    B 12 años **D** 20 años

Sigue

Para 12–15, usa el diagrama de tallo y hojas de las puntuaciones de las pruebas.

Tallo	Hojas
6	0 6 8
7	0 3 6 6 7
8	0 2 3 4 7 9
9	0 1 2 6 8

12. ¿Cuál es la mediana de las puntuaciones de las pruebas?

F 83 **G** 82 **H** 80 **J** 76

13. Stephanie y Mark obtuvieron la misma puntuación en una prueba. ¿Cuál fue la puntuación?

A 76 **B** 77 **C** 70 **D** 67

14. ¿Cuántos estudiantes presentaron la prueba?

F 22 **G** 21 **H** 20 **J** 19

15. ¿Cuál es el rango de las puntuaciones?

A 22 **B** 28 **C** 30 **D** 38

16. ¿Qué tipo de gráfica es la mejor para mostrar los cambios demográficos de una ciudad a través de varias décadas?

F diagrama de puntos
G diagrama de tallo y hojas
H gráfica circular
J gráfica lineal

Para 17–18, usa la gráfica de barras.

Marcia hizo una encuesta a sus compañeros de clase.

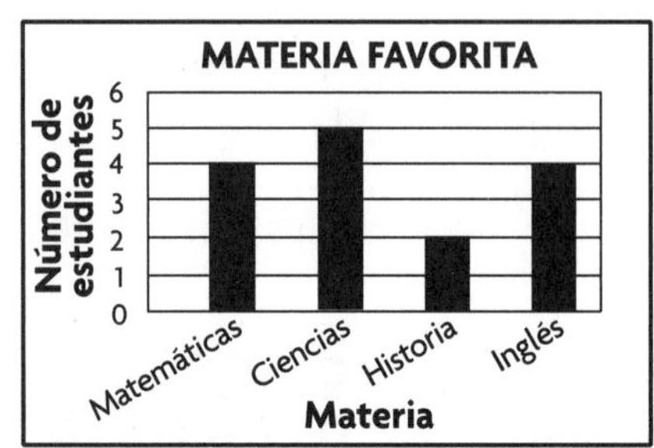

17. ¿Cuáles dos materias recibieron el mismo número de votos?

A matemáticas e inglés
B ciencias e inglés
C inglés e historia
D ciencias y matemáticas

18. ¿Cuántos estudiantes prefieren matemáticas que historia?

F 6 **G** 4 **H** 2 **J** 1

Para 19–20, usa la gráfica circular.

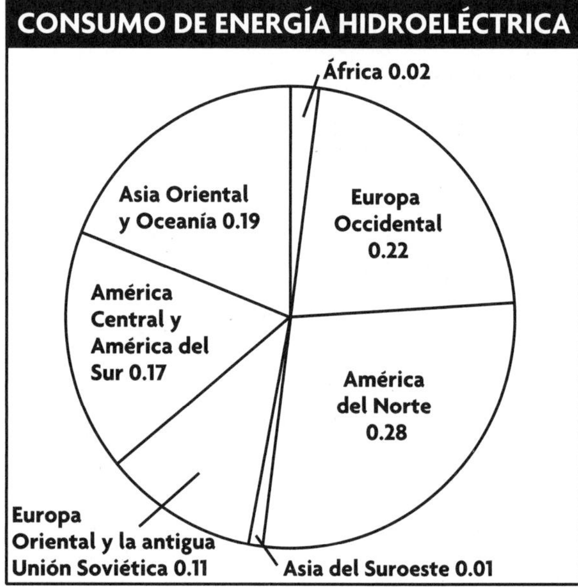

19. ¿Cuáles dos regiones consumen la mitad de toda la energía hidroeléctrica?

A América del Norte, América Central y América del Sur
B Europa Occidental y América del Norte
C América del Norte y África
D Europa Occidental y África

20. ¿Qué región consume menos energía hidroeléctrica?

F África
G América del Norte
H América Central y América del Sur
J Asia del Suroeste

Alto

Escribe la respuesta correcta.

Para 1–4, usa la tabla de frecuencia.

COLECTA DE LATAS DE FRUTAS		
Día	Frecuencia (Número de latas)	Frecuencia acumulada
Lunes	16	16
Martes	25	41
Miércoles	12	53
Jueves	8	61
Viernes	30	91

1. ¿Cuántas latas se recogieron el martes?

____

2. ¿Cuántas latas se recogieron en total?

____

3. ¿Cuántas latas se habían recogido hasta el jueves?

____

4. ¿Cuál es el rango del número de latas recogidas cada día?

____

Para 5–6, usa la tabla.

PROMEDIO DE DURACIÓN DE VIDA DE ALGUNOS ANIMALES	
Animal	Número de años
Mono	15
Hipopótamo	41
Caballo	20
León	15
Canguro	7

5. ¿Cuál es la media de las duraciones de vida dadas en la tabla?

____

6. ¿Cuál es el rango de las duraciones de vida?

____

Para 7–8, usa el diagrama de puntos.

7. ¿Cuántos estudiantes poseen exactamente una mascota?

____

8. ¿A cuántos estudiantes se les hizo la encuesta?

____

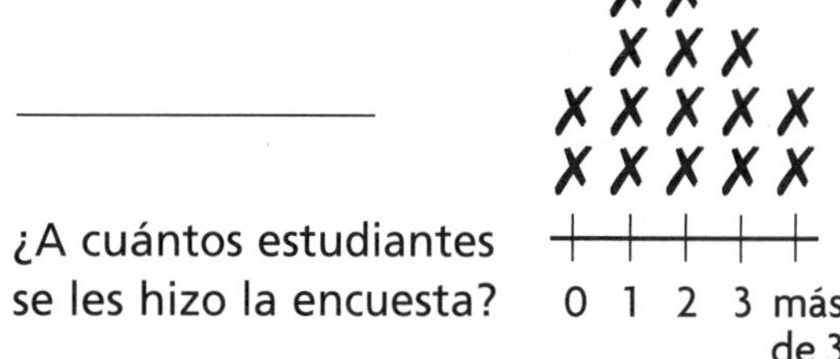

9. La media de 5 números es 27. Cuatro de los números son 24, 33, 27 y 31. ¿Cuál es el quinto número?

____

10. Halla la mediana para el conjunto de datos.

    33, 28, 8, 12, 23, 17, 41

____

11. Halla la moda para el conjunto de datos.

    2, 6, 2, 8, 9, 9, 3, 10

____

Sigue

Para 12–15, usa el diagrama de tallo y hojas de las puntuaciones de las pruebas.

Tallo	Hojas
6	2 6 8
7	0 1 2 3 4
8	0 0 2 3 5 8
9	0 0 0 2 2 4 8

12. ¿Cuál es la de las mediana puntuaciones?

____

13. Char, Kim y Denise obtuvieron la misma puntuación en la prueba. ¿Cuál fue su puntuación?

____

14. ¿Cuántos estudiantes tomaron la prueba?

____

15. ¿Cuál es el rango de las puntuaciones de la prueba?

____

Para 16–17, usa la gráfica circular.

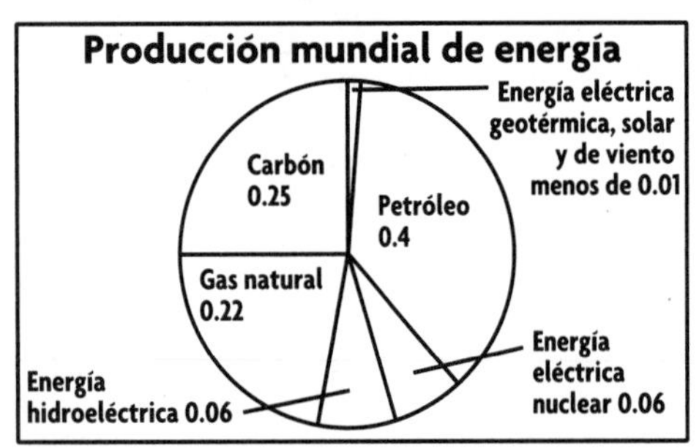

16. ¿Cuál representa un cuarto de la producción mundial de energía?

____

17. ¿Cuál representa la mayor parte de la producción mundial de energía?

____

Para 18–19, usa la gráfica lineal.

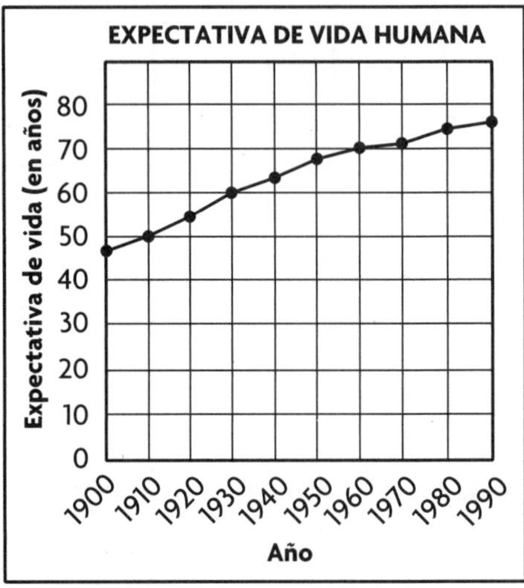

18. ¿En cuántos años aumentó la expectativa de vida humana de 1930 a 1960?

____

19. ¿Esperas que la expectativa de vida para 2020 sea más alta, más baja o la misma que en 1990? Explica.

____

____

20. ¿Qué tipo de gráfica es la mejor para comparar los resultados de una encuesta para la cantidad de minutos que una persona trota cuando hace ejercicio?

____

Alto

Elige la mejor respuesta.

Para 1–3, elige el intervalo más razonable.

1. 20, 14, 10, 17, 5, 8, 18, 23

   A 25 C 5
   B 10 D 1

2. 4, 4, 2, 1, 5, 6, 8, 4

   F 25 H 5
   G 10 J 1

3. 125, 48, 103, 22, 129, 75

   A 25 C 5
   B 10 D 1

Para 4–7, usa la tabla a continuación.

Los estudiantes de todas las clases de quinto grado votaron por sus almuerzos favoritos.

COMIDA	NIÑOS	NIÑAS
Pizza	22	18
Hamburguesa	14	6
Tacos	8	12

4. ¿Qué tipo de gráfica representaría mejor la información de esta tabla?

   F gráfica lineal
   G diagrama de puntos
   H gráfica de barras
   J gráfica de doble barra

5. ¿Cuál es un intervalo razonable para los datos?

   A 1 C 5
   B 20 D 9

6. ¿Cuál es una escala razonable para los datos?

   F 0–20 H 10–30
   G 0–30 J 15–30

7. ¿Qué oración **no** es verdadera?

   A Más niños que niñas prefieren hamburguesas.
   B La pizza es la comida más popular.
   C A más estudiantes les gustan las hamburguesas que los tacos.
   D Más niñas que niños prefieren tacos.

Para 8–10, usa la siguiente gráfica.

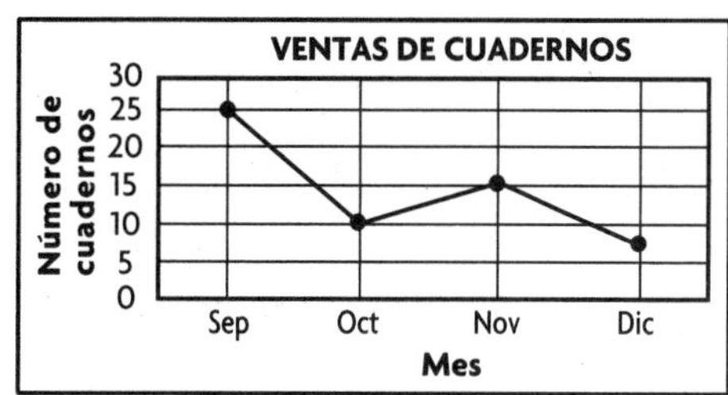

8. ¿Qué tipo de gráfica se muestra?

   F gráfica lineal
   G diagrama de puntos
   H gráfica de barras
   J gráfica de doble barra

9. ¿Cuál es el intervalo de esta gráfica?

   A 25 C 10
   B 20 D 5

10. ¿Qué escala se usa en esta gráfica?

    F 20–25 H 0–20
    G 0–30 J 5–35

Sigue

Para 11–14, elige el par ordenado de cada punto.

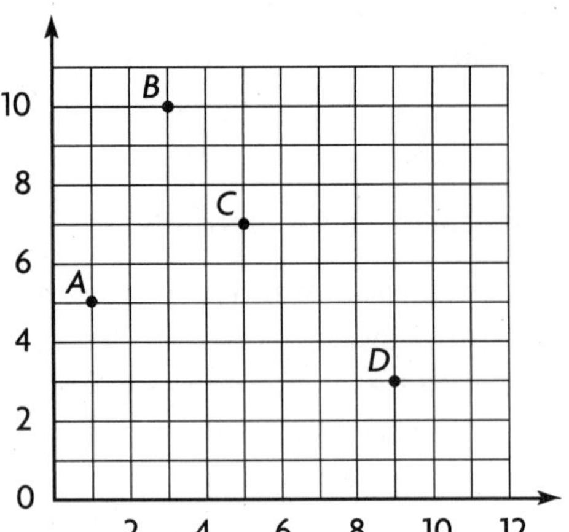

11. *A*

A (5, 1)
B (0, 4)
C (1, 5)
D (4, 1)

12. *B*

F (2, 10)
G (3, 10)
H (10, 2)
J (10, 3)

13. *C*

A (5, 7)
B (5, 8)
C (7, 5)
D (8, 5)

14. *D*

F (9, 2)
G (3, 9)
H (2, 9)
J (9, 3)

15. ¿Qué tipo de gráfica representaría mejor los siguientes datos?

EDAD	NÚMERO DE PERSONAS
6–8 años	3
9–11 años	5
12–14 años	10
15–17 años	4

A gráfica de doble barra
B histograma
C diagrama de puntos
D gráfica circular

16. Elige cuatro intervalos que sean razonables de usar al hacer un histograma para este conjunto de datos.

MINUTOS INVERTIDOS PRACTICANDO DEPORTES						
16	7	12	9	11	34	24
25	38	18	14	12	32	17
36	40	11	6	10	2	24

F 0–5, 6–10, 11–15, 16–20
G 0–10, 11–20, 21–30, 31–40
H 0–10, 11–20, 21–40, 41–60
J 0–20, 21–40, 41–60, 61–80

17. ¿Qué tipo de gráfica es mejor para mostrar los cambios en la población?

A gráfica circular
B gráfica de doble barra
C gráfica lineal
D diagrama de tallo y hojas

18. ¿Qué tipo de gráfica es mejor para comparar los números de latas de comida recogidas por cinco clases diferentes?

F gráfica circular
G gráfica de doble barra
H diagrama de puntos
J gráfica de barras

19. ¿Qué tipo de gráfica es mejor para mostrar las puntuaciones de una prueba?

A gráfica circular
B gráfica de doble barra
C diagrama de puntos
D diagrama de tallo y hojas

20. ¿Qué tipo de gráfica es mejor para comparar los tipos de películas favoritos de dos clases de quinto grado?

F gráfica de barras
G gráfica de doble barra
H gráfica lineal
J diagrama de tallo y hojas

Alto

Para 1–3, escribe el intervalo más razonable para cada conjunto de datos.

1. 3, 4, 6, 7, 8, 3, 2, 1

____

2. 5, 20, 15, 35, 20, 18, 22

____

3. 100, 127, 201, 25, 49, 71

____

Para 4–7, usa la siguiente información.

Los estudiantes de todas las clases de quinto grado votaron por su excursión favorita.

EXCURSIÓN	NIÑOS	NIÑAS
museo de arte	8	28
centro natural	24	16
viaje en tren	20	12

4. ¿Qué tipo de gráfica es mejor para mostrar los datos de esta tabla?

____

5. ¿Qué intervalo es razonable para los datos de esta tabla?

____

6. ¿Qué escala es razonable para los datos de esta tabla?

____

7. ¿Tienen las niñas y los niños las mismas preferencias? Explica.

____

____

____

Para 8–10, usa la siguiente gráfica.

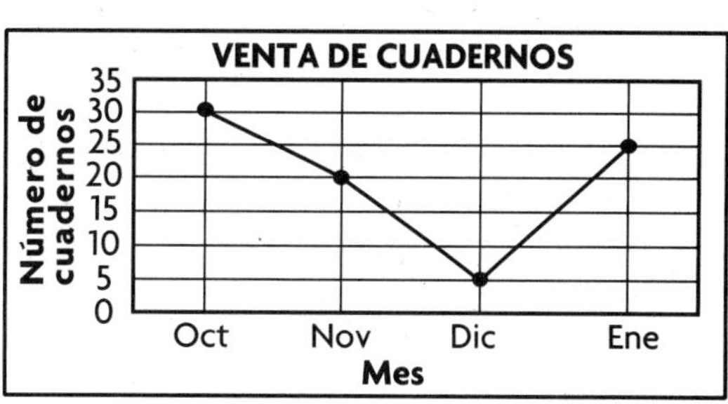

8. ¿Qué tipo de gráfica se muestra?

____

9. ¿Cuál es el intervalo de esta gráfica?

____

10. ¿Qué escala se usa en esta gráfica?

____

Sigue

Para 11–14, elige el par ordenado de cada punto.

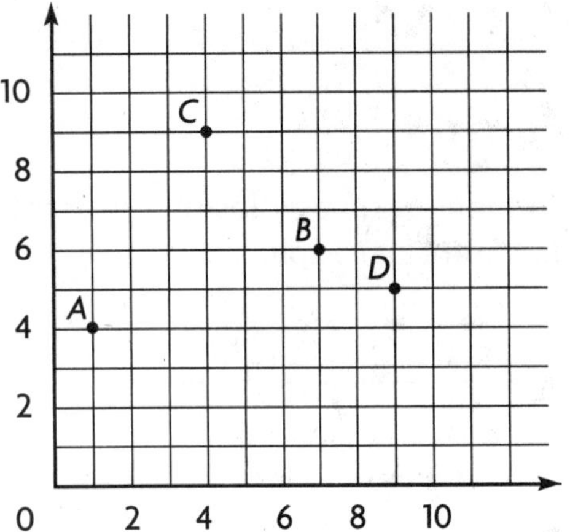

11 *A*

____

12. *B*

____

13. *C*

____

14. *D*

____

15. ¿En qué tipo de gráfica se representan mejor los siguientes datos?

EDAD	NÚMERO DE ESTUDIANTES
6–8 años	6
9–11 años	11
12–14 años	9
15–17 años	7

____

16. ¿Cuáles son cuatro intervalos que son razonables de usar al hacer un histograma para este conjunto de datos.

MINUTOS INVERTIDOS AL PRACTICAR UN INSTRUMENTO						
18	9	16	9	12	32	24
25	40	18	14	12	35	19

____

Para 17–20, nombra el tipo de gráfica que es mejor para representar los datos.

17. temperaturas altas mensuales para una ciudad durante un período de un año

____

18. animales favoritos de los estudiantes de cuarto y quinto grados

____

19. puntuaciones de una prueba

____

20. encuesta del número de mascotas que tienen tus amigos

____

Alto

Elige la mejor respuesta.

1. Halla el valor de $n - 17$ para $n = 240$.

   A 223 C 247
   B 233 D 257

2. Resuelve la ecuación.

   $24 + n = 79$

   F $n = 103$ H $n = 56$
   G $n = 65$ J $n = 55$

3. Nombra la propiedad de la suma que se usa en la ecuación.

   $27 + (50 + 9) = (27 + 50) + 9$

   A Propiedad conmutativa
   B Propiedad distributiva
   C Propiedad del cero
   D Propiedad asociativa

4. Los lados largos de un rectángulo miden 7 m. El perímetro es de 24 m. ¿Qué ecuación se puede usar para hallar *c*, la medida de los lados cortos?

   F $24 = c + 7$
   G $24 = c + 5 + 7$
   H $24 = 2 \times (c + 7)$
   J $24 = (2 \times 5) + 7$

5. Ruth tenía 19 postales. Ella le dio 3 a Tess. ¿Qué expresión representa la situación?

   A $3 - 16$ C $16 + 3$
   B $16 - 3$ D 16×3

6. La temperatura a las 8:00 a.m. era de 55°F. A las 5:00 p.m., la temperatura era de 78°F. ¿Qué ecuación representa el cambio en la temperatura?

   F $55 + 78 = n$
   G $n - 55 = 78$
   H $55 + n = 78$
   J $n - 78 = 55$

7. Completa la tabla.

n	$n + 15$
6	21
8	23
11	■
15	■

   A 25, 15 C 25, 40
   B 26, 30 D 26, 40

8. Ted construye un jardín cuadrado. Cada lado mide 6 pies. ¿Cuál es el perímetro del jardín?

   F 36 pies H 22 pies
   G 24 pies J 18 pies

9. Evalúa $(11 + n) - 12$ para $n = 5$

   A 1 C 6
   B 4 D 23

10. Halla el valor de cada variable.

    $s + 8 = 20$ y $s + t = 15$

    F $s = 12; t = 5$
    G $s = 3; t = 12$
    H $s = 28; t = 13$
    J $s = 12; t = 3$

Sigue

Para 11–13, elige la expresión que corresponde con las palabras.

11. Cindy tenía 11 animales de peluche. Luego regaló 2.

A $14 - 12$ C $14 - 2$
B $16 - 2$ D $14 + 2$

12. El viernes la mamá de Kayla llenó varias bandejas con 15 emparedados cada una.

F $15 \times t$ H $t - 15$
G $15 + t$ J $15 \div t$

13. Hay 24 estudiantes en la clase de la Sra. Brewer. En el día de los abuelos, 9 abuelos los visitaron.

A $24 - 9$ C $24 \div 9$
B $24 + 9$ D 9×24

Para 14–15, elige la propiedad de la multiplicación que se usó.

14. $17 \times 22 = 22 \times 17$

F asociativa H del uno
G conmutativa J del cero

15. $35 \times 1 = 35$

A asociativa C del uno
B conmutativa D del cero

16. Evalúa $(n \times 2) \times 8$ para $n = 3$.

F 54 H 44
G 48 J 40

17. Resuelve la ecuación.

$(5 \times n) \times 9 = 5 \times (4 \times 9)$

A $n = 180$ C $n = 4$
B $n = 36$ D $n = 2$

18. Vuelve a plantear la expresión 3×12 usando la propiedad distributiva.

F $(3 \times 10) + (3 \times 2)$
G $(3 \times 10) + 2$
H $3 \times 10 \times 2$
J $(3 \times 10) \times (3 + 2)$

Para 19–20, elige una ecuación que corresponda con las palabras.

19. Jenny recibió 84 puntos en su prueba. ¿Cuántas preguntas, *p*, contestó correctamente si cada pregunta valía 3 puntos?

A $p = 84 + 3$ C $p = 84 \times 3$
B $84 - 3 = p$ D $p = 84 \div 3$

20. Jack tiene 9 pilas de monedas de 5¢. Cada pila tiene 7 monedas de 5¢. ¿Cuánto dinero, *d*, tiene Jack?

F $d = 9 \times 7$
G $d = 9 \times 5$
H $d = (9 \times 7) \div 5$
J $d = 9 \times (5 \times 7)$

Para 21–22, completa la tabla de frecuencia acumulada para el número de carteles vendidos cada día.

Día	Número	Frecuencia acumulada
Lunes	12	
Martes	16	
Miércoles	11	
Jueves	20	
Viernes	9	

21. ¿Cuántos carteles se habían vendido el miércoles?

A 11 C 28
B 27 D 39

Sigue

22. ¿Cuál es el rango para el número de carteles vendidos?

F 11 **G** 20 **H** 56 **J** 59

Para 23–24, usa el diagrama de puntos.

Shana hizo una encuesta a sus compañeros de clase y recopiló la siguiente información.

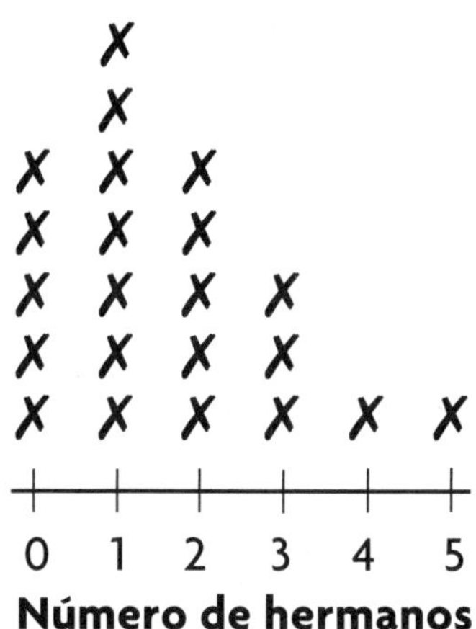

23. ¿Cuántos estudiantes tienen más de 1 hermano?

A 17 **C** 10
B 11 **D** 5

24. ¿A cuántos estudiantes entrevistó Shana?

F 17 **H** 22
G 20 **J** 25

Para 25–26, usa el diagrama de tallos y hojas.

Tallo	Hojas
7	5 8 8
8	0 1 2 2 5 8 9
9	0 0 2 3 4 4 7

Puntajes de las pruebas

25. ¿Cuántos estudiantes tomaron la prueba?

A 13 **C** 20
B 17 **D** 22

26. ¿Cuál es el rango de los puntajes de las pruebas?

F 20 **H** 28
G 22 **J** 30

Para 27–28, usa la tabla.

VELOCIDAD DE LOS ANIMALES	
Animal	**Velocidad máxima (mph)**
Guepardo	70
León	50
Coyote	43
Cebra	40
Jirafa	32

27. Halla la media de las velocidades máximas de la tabla.

A 43 mph **C** 47 mph
B 45 mph **D** 50 mph

28. ¿Cuál es el rango de las velocidades de los animales?

F 32 mph **H** 38 mph
G 35 mph **J** 70 mph

29. ¿Qué tipo de gráfica sería mejor para mostrar la parte del día escolar que se pasa en cada actividad?

A diagrama de puntos
B diagrama de tallo y hojas
C gráfica lineal
D gráfica circular

30. Halla la mediana para el conjunto de datos.

71, 63, 54, 78, 58, 64, 79

F 64 **G** 71 **H** 78 **J** 79

31. Elige el intervalo más razonable para una gráfica de los datos.

15, 12, 10, 17, 5, 11, 8, 13

A 10 **B** 7 **C** 2 **D** 1

Sigue

Para 32–35, usa la siguiente información.

Los estudiantes de todas las clases de sexto grado votaron por sus deportes favoritos.

DEPORTE FAVORITO		
Deporte	**Niños**	**Niñas**
fútbol	20	21
béisbol	17	11
basquetbol	22	14

32. ¿Qué tipo de gráfica sería mejor para comparar los datos para los niños y las niñas?

F gráfica lineal
G gráfica circular
H gráfica de barras
J gráfica de doble barra

33. ¿Qué intervalo sería mejor para una gráfica de los datos?

A 3 **B** 5 **C** 10 **D** 15

34. ¿Qué escala sería mejor para una gráfica de los datos?

F 0–25 **H** 0–30
G 10–30 **J** 15–25

35. ¿Qué enunciado **no** es verdadero?

A A más estudiantes les gusta el béisbol que el basquetbol.
B El fútbol es el deporte más popular.
C El béisbol lo prefieren más los niños que las niñas.
D El fútbol es el deporte favorito de las niñas.

36. ¿Qué tipo de gráfica es mejor para mostrar los cambios en las precipitaciones?

F gráfica de barra
G gráfica de doble barra
H gráfica lineal
J diagrama de tallo y hojas

37. ¿Qué tipo de gráfica es mejor para mostrar las ventas mensuales de una librería?

A gráfica de barra
B gráfica circular
C gráfica de doble barra
D diagrama de tallo y hojas

38. Nombra el par ordenado que se muestra en el punto *A*.

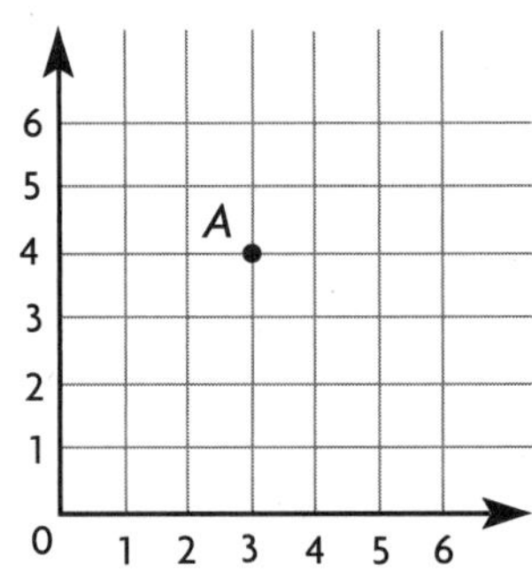

F (4,4) **H** (3,4)
G (4,3) **J** (3,3)

Para 39–40, usa la siguiente gráfica.

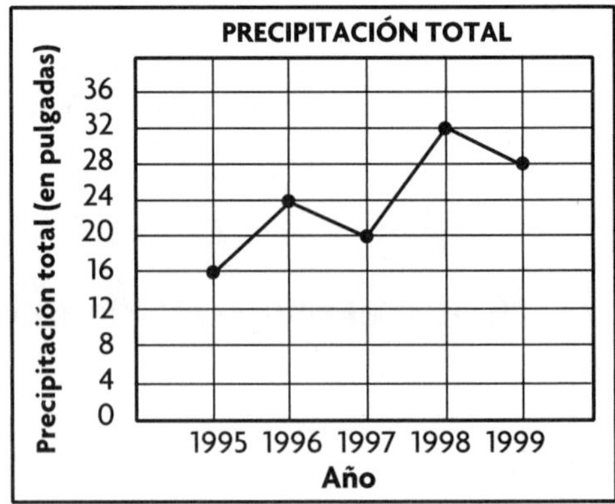

39. ¿Cuál es el intervalo de la gráfica?

A 10 **C** 5
B 8 **D** 4

40. ¿Qué escala se usa en la gráfica?

F 0–36 **H** 0–50
G 4–36 **J** 16–32

Alto

Escribe la respuesta correcta.

1. Evalúa $n - 94$ para $n = 311$.

____

2. Resuelve la ecuación.

$79 + n = 96$

____

3. Nombra la propiedad de la suma que se usó en la ecuación.

$18 + 76 = 76 + 18$

____

4. Escribe una ecuación para hallar la longitud del lado desconocido de este cuadrilátero. El perímetro es 34 m.

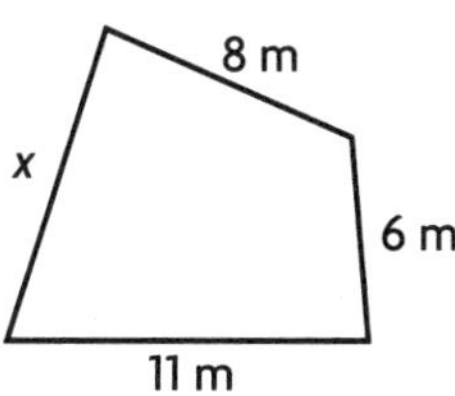

____

5. Chris tenía 107 conchas de mar. Él le dio 39 a Aliyah. Escribe una expresión para representar la situación.

____

6. Jonas comenzó una caminata a una altura de 152 pies sobre el nivel del mar. Después de una hora había alcanzado una altura de 272 pies sobre el nivel del mar. Escribe una ecuación usando una variable *a* para representar el cambio en la altura de Jonas.

____

7. Usa la expresión para completar la tabla.

n	$11 + n$
5	16
7	18
14	■
21	■

____

8. Seiko hace cuadros para una colcha. El lado de cada cuadro mide 12 pulgadas. ¿Cuál es el perímetro de cada cuadro?

____

9. Evalúa $(22 - n) + 18$ para $n = 19$.

____

10. Halla el valor de cada variable.

$s + 114 = 165$ y $s - t = 13$

____

Para 11–13, escribe una expresión que corresponda con las palabras.

11. Gina preparó 12 emparedados. Ella regaló 8 de ellos.

____

12. El papá de Jordan preparó algunas bandejas de galletas para meterlas en el horno. Cada bandeja tenía 24 galletas.

____

Sigue

13. Había 29 estudiantes en el patio de recreo. Después del almuerzo, se incorporaron 19 estudiantes.

____

Para 14–15, escribe la propiedad de la multiplicación que se usó.

14. $5 \times (20 \times 37) = (5 \times 20) \times 37$

____

15. $35 \times 0 = 0$

____

16. Evalúa $(n \times 4) \times 5$ para $n = 7$.

____

17. Resuelve la ecuación.

$(22 \times n) \times 34 = 22 \times (15 \times 34)$

____

18. Vuelve a escribir la expresión 7×22 usando la propiedad distributiva.

____

Para 19–20, escribe una ecuación que se pueda usar para contestar la pregunta. Luego resuelve.

19. Joseph tenía $198 en donaciones para la caminata caritativa. ¿Cuántos patrocinantes tenía si cada uno donó $6?

____

20. Erika colocó monedas de 25¢ en 6 rollos. Cada rollo tiene 40 monedas de 25¢. ¿Cuánto dinero tiene Erika?

____

Para 21–22, completa y usa la tabla de frecuencia acumulada. Ésta muestra el número de libras de basura recogida cada día por los voluntarios que limpian lotes baldíos.

DÍA	PESO DE LA BASURA EN LIBRAS	FRECUENCIA ACUMULADA
Lunes	43	
Martes		64
Miércoles	19	
Juéves	31	
Viernes	10	

21. ¿Cuántas libras de basura se habían recogido al finalizar el miércoles?

____

22. ¿Cuál es el rango para el número de libras de basura recogida?

____

Sigue

Nombre ______________________

Para 23–24, usa el diagrama de puntos.

Bruce entrevistó a personas en un cine local y recopiló la siguiente información.

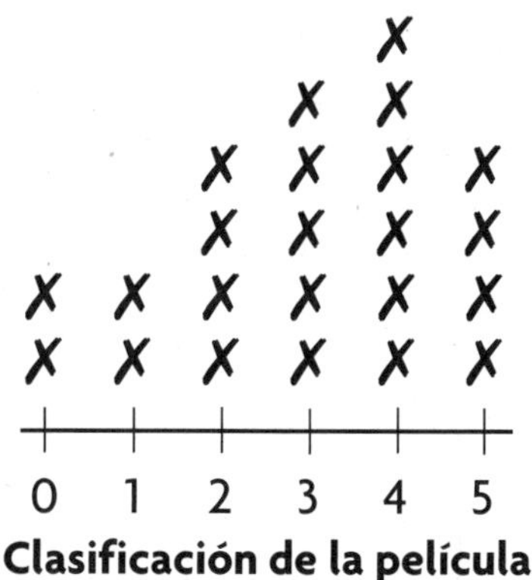

23. ¿Cuántas personas le dieron a la película una clasificación de menos de 3?

____

24. ¿A cuántas personas entrevistó Bruce?

____

Para 25–26, usa el diagrama de tallos y hojas.

Tallo	Hojas
6	5 6 6 6 7 7 7 9
7	2 4 7 8 8 8 8 9 9
8	1 2 2 2 3 3 3 3 6
9	0 0 0 1

Temperatura media diurna

25. ¿Durante cuántos días se recopilaron los datos?

____

26. ¿Cuál es el rango de las temperaturas?

____

Para 27–28, usa la tabla de registro de temperaturas altas de algunos estados.

ESTADO	REGISTRO DE TEMPERATURA ALTA EN °F
Alaska	100
California	134
Hawaii	100
Montana	117
Oregon	119

27. ¿Cuál es la media de las temperaturas de la tabla?

____

28. ¿Cuál es el rango de las temperaturas?

____

29. ¿Qué tipo de gráfica mostraría mejor las cantidades de frutas y vegetales vendidas en un mercado?

____

30. Halla la mediana para los datos.

113, 117, 133, 124, 119, 112, 105

____

31. ¿Cuál es el intervalo más razonable para los siguientes datos?

15, 25, 30, 75, 80, 40, 55, 60

____

Sigue

Para 32–35, usa la siguiente información.

Después de una serie de reportes, los estudiantes de todas las clases de sexto grado de una escuela votaron por el animal que ellos pensaban era el más interesante.

ANIMAL	NIÑOS	NIÑAS
Pulpo	25	7
Uombat	9	14
Ornitorrinco	11	19
Pájaro lira	9	24

32. ¿Qué tipo de gráfica sería mejor para los datos de esta tabla?

____

33. ¿Qué intervalo sería mejor para hacer una gráfica para esta tabla?

____

34. ¿Qué escala sería mejor para hacer una gráfica para esta tabla?

____

35. ¿Qué animal fue el más interesante de acuerdo con la mayoría de los estudiantes?

____

36. ¿Qué tipo de gráfica es mejor para mostrar los cambios en el precio de una acción?

____

37. ¿Qué tipo de gráfica es mejor para mostrar las donaciones diarias de comida para una despensa de comida local en una semana?

____

38. Nombra el par ordenado que se halla en el punto *A*.

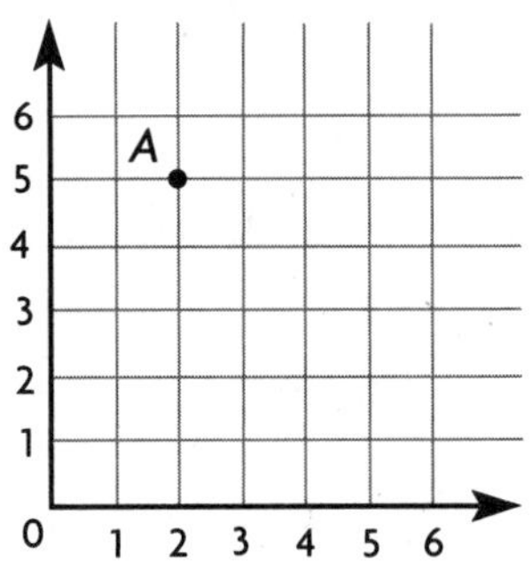

____

Para 39–40, usa la siguiente gráfica.

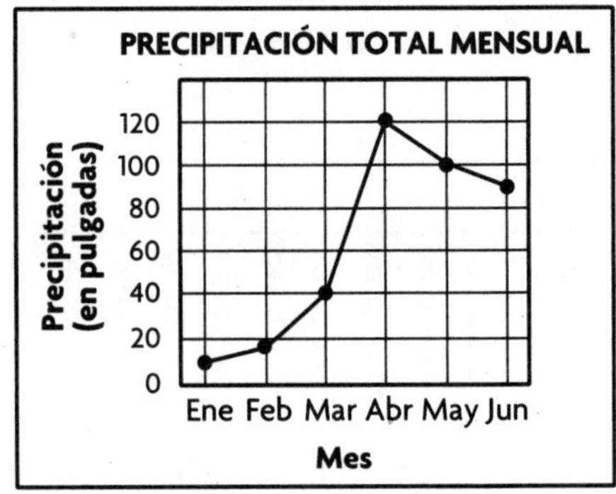

39. ¿Cuál es el intervalo de esta gráfica?

____

40. ¿Qué escala se usa en la gráfica?

____

Alto

Elige la mejor respuesta.

Para 1–4, estima cada producto.

1. 497×29

   A 12,000
   B 15,000
   C 16,000
   D 20,000

2. 723×8

   F 4,800
   G 5,600
   H 6,300
   J 6,400

3. $5{,}923 \times 71$

   A 350,000
   B 400,000
   C 420,000
   D 480,000

4. 857×42

   F 32,000
   G 36,000
   H 40,000
   J 45,000

Para 5–13, halla el producto.

5. $6{,}823 \times 9$

   A 61,407
   B 61,287
   C 54,727
   D 54,287

6. $372{,}321 \times 4$

   F 1,189,284
   G 1,288,284
   H 1,489,284
   J 1,588,284

7. 97×23

   A 2,231
   B 2,111
   C 223
   D 211

8. 637×34

   F 216,580
   G 21,658
   H 21,338
   J 2,138

9. $57{,}924 \times 81$

   A 4,691,844
   B 4,120,544
   C 469,184
   D 412,524

10. 623×313

   F 18,399
   G 19,499
   H 183,999
   J 194,999

11. $8{,}432 \times 28$

   A 25,096
   B 84,320
   C 225,096
   D 236,096

Sigue

12. 6,824 × 773

F 5,274,952
G 5,163,852
H 512,920
J 115,808

13. 437 × 324

A 3,923
B 11,789
C 15,632
D 141,588

Para 14–17, elige el símbolo que haga verdadero el enunciado numérico.

14. 77,234 × 4 ● 31,746 × 8

F < G = H >

15. 3,675 × 73 ● 6,431 × 43

A < B = C >

16. 423 × 9 ● 587 × 8

F < G = H >

17. 422,875 × 5 ● 608,528 × 3

A < B = C >

Para 18 – 20, elige la respuesta más razonable sin resolverlos.

18. En el año 1996, el Gateway National Recreation Area recibió 6,381,502 visitantes. Otro parque recibió cerca de tres veces más visitantes que Gateway. ¿Cuántos visitantes recibió el otro parque?

F 14,144,506
G 15,144,506
H 19,144,506
J 22,144,506

19. La familia Williams viajó 240 millas hasta el océano. Una milla equivale a 5,280 pies. ¿Cuántos pies viajó la familia Williams?

A 12,672,000 pies
B 1,267,200 pies
C 126,720 pies
D 12,672 pies

20. El promedio de circulación diaria de un periódico es 232,112. ¿Cuál es un número razonable de periódicos para imprimir en una semana?

F 1,392,672
G 1,624,784
H 13,926,720
J 16,247,840

Alto

Nombre ________________________

Escribe la respuesta correcta.

1. Escribe $<$, $>$ o $=$ en el $\bigcirc$.

   $425 \times 9 \bigcirc 597 \times 8$

Para 2–5, redondea y usa los patrones de ceros para estimar cada producto.

2. $\begin{array}{r} 24 \\ \times\ 387 \\ \hline \end{array}$

   ____

3. 612×7

   ____

4. $\begin{array}{r} 7{,}373 \\ \times\quad 91 \\ \hline \end{array}$

   ____

5. 921×87

   ____

6. Escribe $<$, $>$ o $=$ en el $\bigcirc$.

   $6{,}231 \times 42 \bigcirc 3{,}875 \times 72$

7. $\begin{array}{r} 8{,}723 \\ \times\quad 9 \\ \hline \end{array}$

   ____

8. $462{,}321 \times 3$

   ____

9. $\begin{array}{r} 93 \\ \times\ 24 \\ \hline \end{array}$

   ____

10. 675×37

    ____

11. Escribe $<$, $>$ o $=$ en el $\bigcirc$.

    $610{,}798 \times 3 \bigcirc 428{,}234 \times 5$

Sigue

12. $\begin{array}{r} 33{,}624 \\ \times \quad 79 \\ \hline \end{array}$

____

13. 521×212

____

14. $\begin{array}{r} 8{,}132 \\ \times \quad 23 \\ \hline \end{array}$

____

15. $6{,}524 \times 673$

____

16. Escribe $<$, $>$ o $=$ en el ◯.

$78{,}234 \times 4$ ◯ $31{,}246 \times 8$

17. 597×412

____

18. Nueva Zelanda produce alrededor de 304,000 toneladas de lana por año. Penny predice que en 17 años, Nueva Zelanda producirá alrededor de 6,000,000 de toneladas de lana. ¿Es razonable su respuesta? Explica.

____

____

19. Michael corrió 3.5 millas cada día por 30 días. Una milla equivale a 1,760 yardas. ¿Cuántas yardas corrió Michael?

____

20. El promedio de circulación diaria del periódico de una ciudad es de 378,112, Cecile dice que en una semana se venderán alrededor de 1,800,000 periódicos. ¿Es razonable su respuesta? Explica.

____

____

Alto

Nombre ______________________________

Elige la mejor respuesta.

Para 1–3, halla el valor de *n*.

1. $0.74 \times 10 = n$

   A 0.074
   B 0.74
   C 7.4
   D 74

2. $0.036 \times 100 = n$

   F 0.36
   G 3.6
   H 36
   J 360

3. $n = 100 \times 0.4$

   A 0.04
   B 0.4
   C 4
   D 40

4. ¿Qué producto muestra el modelo?

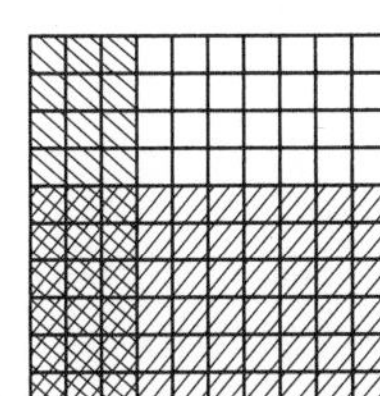

   F 0.2×0.6
   G 0.8×0.3
   H 0.3×0.3
   J 0.3×0.6

Para 5–7, halla el producto.

5. 0.8×0.7

   A 56
   B 5.6
   C 0.056
   D No está

6. 2.3×1.4

   F 0.322
   G 3.22
   H 32.2
   J 322

7. 97×0.8

   A 77.6
   B 7.076
   C 0.776
   D 0.7076

Para 8–10, halla el producto con el punto decimal colocado correctamente.

8. $\begin{array}{r} 0.45 \\ \times\ 0.7 \\ \hline \end{array}$

   F 0.315 H 31.5
   G 3.15 J 315

9. $\begin{array}{r} 5.7 \\ \times\ 4.4 \\ \hline \end{array}$

   A 2.508 C 250.8
   B 25.08 D 2,508

10. $\begin{array}{r} 5.32 \\ \times\ 8.54 \\ \hline \end{array}$

   F 45432.8 H 45.4328
   G 4543.28 J 4.54328

Sigue

Para 11–18, halla el producto.

11. 0.24×0.5
    A 0.012
    B 0.12
    C 1.2
    D 12

12. 3.2×0.7
    F 224
    G 22.4
    H 2.24
    J 0.224

13. 0.14×8
    A 1.12
    B 0.112
    C 1.012
    D 0.0112

14. 2.43×0.7
    F 17.01
    G 14.81
    H 1.41
    J No está

15. 6.5×0.33
    A 21.45
    B 2.145
    C 0.2145
    D 0.02145

16. 0.004×5
    F 0.02
    G 0.2
    H 0.20
    J 2

17. 0.09×0.13
    A 1.17
    B 0.117
    C 0.0117
    D 0.000117

18. 0.0034×5.5
    F 0
    G 0.0001870
    H 0.001870
    J 0.01870

Para 19–20, usa la información en la tabla.

	TIENDA A	TIENDA B	TIENDA C
Elásticos de cabello	1.29	1.59	1.19
Ganchos	0.79	0.59	0.75
Cinta de cabello	2.69	2.19	2.79
Peine	0.80	0.95	0.99

19. Mary quiere comprar 4 ganchos y 2 elásticos de cabello. ¿En qué tienda costarán más estos artículos?
    A Tienda A
    B Tienda B
    C Tienda C
    D cuesta lo mismo en todas las tiendas

20. Tiffany quiere comprar un peine y 3 cintas de cabello. ¿En qué tienda cuestan menos estos artículos?
    F Tienda A
    G Tienda B
    H Tienda C
    J cuesta lo mismo en todas las tiendas

Alto

Nombre ______________________

Escribe la respuesta correcta.

1. ¿Qué producto muestra el modelo?

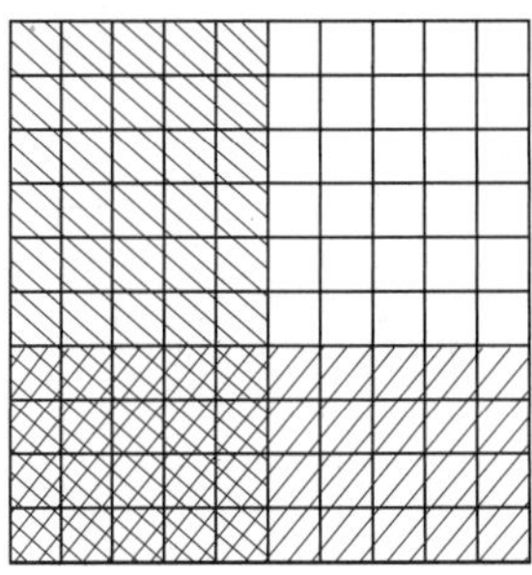

____

Para 2–4, halla el valor de n.

2. $0.56 \times 10 = n$

$n =$ ________

3. $0.027 \times 100 = n$

$n =$ ________

4. $n = 100 \times 0.6$

$n =$ ________

Para 5–10, halla el producto.

5. 0.7×0.9

____

6. 9.8×1.6

____

7. 73×0.4

____

8. $\begin{array}{r} 0.43 \\ \times\ 0.4 \\ \hline \end{array}$

____

9. $\begin{array}{r} 9.2 \\ \times\ 6.4 \\ \hline \end{array}$

____

10. $\begin{array}{r} 6.35 \\ \times\ 4.17 \\ \hline \end{array}$

____

Sigue

Nombre ______________________

Para 11–18, halla el producto.

11. 0.47×0.3

____

12. 2.3×0.8

____

13. 0.12×7

____

14. 1.34×0.6

____

15. 5.6×0.44

____

16. 0.006×8

____

17. 0.08×0.12

____

18. 0.0024×5.5

____

Para 19–20, usa la información de la tabla.

	TIENDA A	TIENDA B
Papel	\$0.89	\$0.99
Lápiz	\$0.30	\$0.15
Bolígrafo	\$1.09	\$1.19

19. William quiere comprar 2 bolígrafos y una resma de papel. ¿En que tienda costarían más estos artículos?

____

20. Macy quiere comprar 2 resmas de papel y un lápiz. ¿En qué tienda costarían menos estos artículos?

____

Alto

Nombre ______________________________

Elige la mejor pregunta.

Para 1–4, estima cada producto.

1. $\begin{array}{r} 387 \\ \times\ 52 \\ \hline \end{array}$

A 1,500
B 2,000
C 15,000
D 20,000Ï

2. $\begin{array}{r} 827 \\ \times\ \ 8 \\ \hline \end{array}$

F 5,600
G 6,400
H 7,200
J 8,000

3. $\begin{array}{r} 6,845 \\ \times\ \ \ 83 \\ \hline \end{array}$

A 480,000
B 540,000
C 560,000
D 630,000

4. $\begin{array}{r} 868 \\ \times\ 44 \\ \hline \end{array}$

F 32,000
G 36,000
H 40,000
J 45,000

Para 5–13, halla el producto.

5. $\begin{array}{r} 5,731 \\ \times\ \ \ \ 7 \\ \hline \end{array}$

A 40,117
B 39,917
C 35,917
D 35,117

6. $467,217 \times 6$

F 2,403,302
G 2,462,262
H 2,803,262
J 2,803,302

7. $\begin{array}{r} 86 \\ \times\ 33 \\ \hline \end{array}$

A 2,838
B 2,738
C 2,728
D 2,618

8. 728×43

F 31,004
G 31,304
H 32,004
J 32,304

9. $\begin{array}{r} 67,295 \\ \times\ \ \ \ 92 \\ \hline \end{array}$

A 5,562,630
B 6,183,140
C 6,186,040
D 6,191,140

10. 479×214

F 102,506
G 102,406
H 92,506
J 91,506

Sigue

11. $\begin{array}{r} 7{,}325 \\ \times \quad 39 \\ \hline \end{array}$

A 274,675
B 275,035
C 275,675
D 285,675

12. 5,739 × 632

F 3,627,048
G 3,627,348
H 3,527,548
J 3,525,048

13. 629 × 317

A 199,493
B 199,393
C 188,493
D 188,393

Para 14–17, compara. Elige <, > o = para cada ●.

14. 83,234 × 5 ● 92,746 × 4

F < G > H =

15. 7,675 × 32 ● 5,431 × 43

A < B > C =

16. 324 × 9 ● 457 × 8

F < G > H =

17. 597,234 × 4 ● 398,156 × 6

A < B > C =

Para 18–20, elige la respuesta más razonable, sin resolver.

18. Dimarra está estudiando la historia reciente de la población de las costas este y oeste. Durante su estudio descubrió que en 1980, la población de Connecticut era de 3,107,564. La población de California era alrededor de 8 veces mayor. ¿Aproximadamente qué tamaño tenía la población de California?

F 16,000,000
G 20,000,000
H 24,000,000
J 28,000,000

19. El Sr. Said maneja un autobús. Él maneja 160 millas cada día. Una milla es igual a 5,280 pies. ¿Alrededor de cuántos pies maneja diariamente el Sr. Said?

A 1,000,000
B 600,000
C 550,000
D 200,000

20. El promedio del grupo de lectores de una revista es de 160,521. ¿Alrededor de cuántas revistas se imprimirán en un año si hay 6 ejemplares por año?

F 120,000
G 600,000
H 700,000
J 1,200,000

Sigue

Nombre ______________________

21. 0.26×10

A 0.026 **C** 2.6
B 0.26 **D** 26

22. 0.087×100

F 0.87 **H** 87
G 8.7 **J** 870

23. Halla el valor de *n*.

$n = 100 \times 0.8$

A $n = 0.08$ **C** $n = 8$
B $n = 0.8$ **D** $n = 80$

24. ¿Qué modelo muestra el producto 0.4×0.5?

F 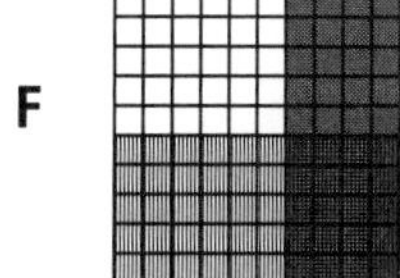

H 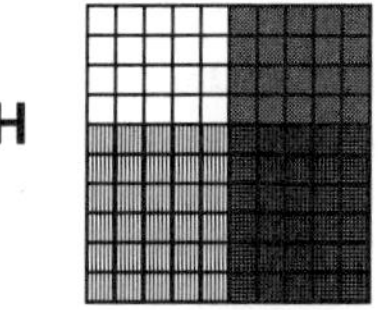

G 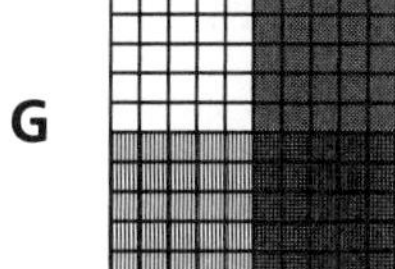

J 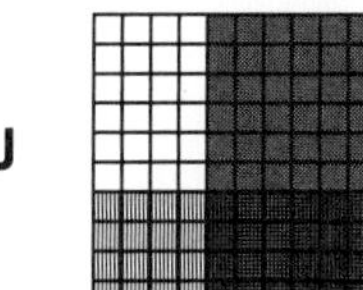

25. 0.9×0.7

A 63 **C** 0.63
B 6.3 **D** 0.063

Para 26–27, estima el producto.

26. 98×0.7

F 7 **H** 700
G 70 **J** 7,000

27. 8.4×0.5

A 4 **C** 40
B 32 **D** 400

Para 28–29, halla el producto.

28. 48×0.6

F 288
G 28.8
H 2.88
J 0.288

29. 5.7×0.6

A 0.342
B 3.42
C 34.2
D 342

Para 30–31, elige el producto con el punto decimal correctamente colocado.

30.
$$\begin{array}{r} 0.53 \\ \times\ 0.9 \\ \hline 477 \end{array}$$

F 477 **H** 0.477
G 4.77 **J** 0.0477

Sigue

31. $\begin{array}{r} 3.6 \\ \times\ 2.4 \\ \hline 864 \end{array}$

A 86.4
B 8.64
C 0.864
D 0.0864

Para 32–38, halla el producto.

32. 2.2×0.8

F 0.166
G 0.176
H 1.66
J 1.76

33. 0.17×9

A 1.53
B 1.43
C 0.153
D 0.143

34. 5.63×0.6

F 0.3068
G 0.3378
H 3.068
J 3.378

35. 7.4×0.42

A 3.008
B 3.108
C 30.08
D 31.08

36. 0.002×7

F 0.00014
G 0.0014
H 0.014
J 0.14

37. 0.07×0.19

A 0.0133
B 0.133
C 1.33
D 13.3

38. 0.0029×4.4

F 0.0001276
G 0.001276
H 0.01276
J 0.12760

Para 39–40, usa la información de la tabla.

LISTA DE PRECIOS		
	Tienda A	Tienda B
Bolígrafo	$1.15	$1.25
Lápiz	$0.39	$0.27
Libreta	$1.69	$1.59

39. Mareena quiere comprar 4 bolígrafos y 2 libretas. ¿En qué tienda cuestan menos estos artículos?

A Tienda A
B Tienda B
C cuestan lo mismo en ambas tiendas

40. Mareena tiene un cupón de 50¢ de la Tienda A. ¿Cuánto puede ahorrar al comprar 4 bolígrafos y 2 libretas allí en vez de en la Tienda B?

F 40¢
G 50¢
H 60¢
J 70¢

Alto

Escribe la respuesta correcta.

Para 1–4, estima el producto.

1. $\begin{array}{r} 493 \\ \times\ 67 \\ \hline \end{array}$

____

2. 927×9

____

3. $\begin{array}{r} 7{,}994 \\ \times\ \ 94 \\ \hline \end{array}$

____

4. 229×39

____

Para 5–13, halla el producto.

5. $\begin{array}{r} 5{,}562 \\ \times\ \ \ 4 \\ \hline \end{array}$

____

6. $583{,}609 \times 8$

____

7. $\begin{array}{r} 79 \\ \times 56 \\ \hline \end{array}$

____

8. 611×73

____

9. $\begin{array}{r} 89{,}123 \\ \times\ \ \ 75 \\ \hline \end{array}$

____

10. 383×179

____

Sigue

Nombre ____________________

11. $\begin{array}{r} 7{,}179 \\ \times \quad 47 \\ \hline \end{array}$

____

12. $6{,}891 \times 804$

____

13. 881×412

____

Para 14–17, compara. Elige $<$, $>$ o $=$ para cada ◯.

14. $73{,}928 \times 6$ ◯ $88{,}678 \times 5$

15. $3{,}921 \times 43$ ◯ $2{,}568 \times 59$

16. 756×4 ◯ 504×6

17. $413{,}791 \times 4$ ◯ $296{,}998 \times 6$

Para 18–20, comprueba si las respuestas son razonables sin resolver.

18. Xingu estudia la historia de los automóviles y el manejo en Estados Unidos. Él leyó que en 1920 había 8,131,522 carros registrados. La misma fuente le informó que para 1950 el número era 5 veces mayor. Xingu calculó que para 1950 había 40,657,610 carros registrados. ¿Es razonable la respuesta de Xingu?

____

19. A fin de calcular el presupuesto del año, el director de servicios públicos necesita calcular cuántos pies de carreteras del condado serán repavimentadas este año. Los proyectistas del condado han pedido que repavimenten 428 mi de carreteras. Una milla es igual a 5,280 pies. El director ha calculado que 22,598,400 pies de carreteras se necesitarán repavimentar. ¿Es razonable el cálculo del director? Explica.

____

20. Durante una reciente encuesta ecológica, Shana descubrió que cada uno de 9 lagos tenía un área total promedio de 172,565 m^2. Ella calculó que el área total de todos los lagos era 1,553,085. ¿Era razonable su respuesta? Explica.

____

Sigue

21. 0.39×10

____

22. 0.014×100

____

23. Halla el valor de *n*.

$n = 100 \times 0.6$

____

24. Haz un modelo para hallar el producto.

0.3×0.6

25. 0.8×0.6

____

Para 26–27, estima el producto.

26. 79×0.5

____

27. 6.3×0.6

____

Para 28–29, halla el producto.

28. 96×0.3

____

29. 7.4×0.7

____

Para 30–31, escribe el producto para que muestre la ubicación correcta del punto decimal.

30.

$$\begin{array}{r} 0.68 \\ \times\ 0.4 \\ \hline 272 \end{array}$$

____

Sigue

31. $\begin{array}{r} 4.9 \\ \times\ 2.1 \\ \hline 1029 \end{array}$

____

Para 32–38, halla el producto.

32. 1.4×0.9

____

33. 0.27×6

____

34. 8.83×0.4

____

35. 6.8×0.59

____

36. 0.009×8

____

37. 0.03×0.71

____

38. 0.0045×5.9

____

Para 39–40, usa la información de la tabla.

	TIENDA A	TIENDA B
Cinta (por yarda)	\$2.29	\$2.39
Carrete de hilo	\$0.67	\$0.75
Agujas de coser	\$1.79	\$1.69

39. Lawanda quiere comprar 4 yardas de cinta y 2 paquetes de agujas de coser. Si ella quiere gastar el menor dinero posible, ¿en qué tienda debe comprar los materiales? Explica.

____

____

40. Si Lawanda tuviera un cupón para la Tienda B para las compras de más de \$10.00, ¿qué tienda sería más económica? Explica.

____

____

Alto

Nombre ______________________

Elige la mejor respuesta.

Para 1–3, elige la estimación que usa los números compatibles para el problema.

1. $6\overline{)65,345}$

   A $54,000 \div 6 = 9,000$
   B $60,000 \div 6 = 10,000$
   C $66,000 \div 6 = 11,000$
   D $72,000 \div 6 = 12,000$

2. $4,473 \div 9$

   F $6,300 \div 9 = 700$
   G $5,400 \div 9 = 600$
   H $4,500 \div 9 = 500$
   J $3,600 \div 9 = 400$

3. $8\overline{)573}$

   A $480 \div 8 = 60$
   B $560 \div 8 = 70$
   C $640 \div 8 = 80$
   D $720 \div 8 = 90$

4. $379 \div 4$

   F 94 r3
   G 94 r7
   H 93 r3
   J 93 r7

5. $737 \div 8$

   A 92 r1
   B 92 r9
   C 93 r1
   D 93 r9

6. $8\overline{)744}$

   F 91
   G 91 r4
   H 92 r5
   J 93

7. $409 \div 6$

   A 68 r1
   B 68 r3
   C 69 r1
   D 67 r3

8. $7\overline{)753}$

   F 107 r11
   G 107 r8
   H 107 r6
   J 107 r4

9. $5\overline{)447}$

   A 89 r1
   B 89 r2
   C 90
   D 90 r1

10. Halla el valor de *n*.

    $n \div 8 = 110$ r5

    F $n = 8,840$
    G $n = 920$
    H $n = 885$
    J $n = 880$

Sigue

11. ¿Cuál es la regla para la tabla?

Entrada, n	56	107	227	124
Salida	7	13 r3	28 r3	15 r4

A $n \div 8$
B $n - 8$
C $n \times 8$
D $n + 8$

12. 934,343 ÷ 8

F 117,242
G 116,792 r7
H 116,792 r3
J 116,542 r3

13. 7)321,037

A 54,433 r6
B 48,719 r4
C 45,862 r3
D 45,576 r5

14. 38,070 ÷ 9

F 4,230 r1
G 4,230
H 4,296 r6
J 4,296 r4

15. Evalúa $n \div 7$ para $n = 343$.

A 49
B 47
C 39
D 37

Para 16–18, resuelve la ecuación.

16. $n \div 6 = 12$

F $n = 6$
G $n = 18$
H $n = 72$
J $n = 82$

17. $72 \div n = 8$

A $n = 6$
B $n = 7$
C $n = 8$
D $n = 9$

18. $n \div 7 = 6$

F $n = 42$
G $n = 46$
H $n = 54$
J $n = 76$

19. El florista vende claveles en ramos de 6. Él tiene 74 claveles y determina que puede hacer 12 ramos. ¿Qué enunciado sobre la división del florista es verdadero?

A No hay residuo.
B Él usó el residuo.
C Él redondeó al número más alto.
D Él bajó el residuo.

20. Dave tomó 143 fotografías durante su paseo. Planea colocar las fotografías en un álbum. A cada página del álbum le caben 6 fotografías. ¿Cuántas páginas del álbum se llenarán con las fotografías del paseo?

F 24 páginas
G 24 páginas con 5 fotos que sobran
H 23 páginas
J 23 páginas con 5 fotos que sobran

Alto

Escribe la respuesta correcta.

Para 1–3, usa números compatibles para estimar.

1. $8\overline{)89{,}345}$

____

2. 5,723 ÷ 8

____

3. $7\overline{)417}$

____

Para 4–9, divide.

4. 334 ÷ 4

____

5. 826 ÷ 9

____

6. $8\overline{)744}$

____

7. 407 ÷ 6

____

8. $6\overline{)625}$

____

9. $9\overline{)902}$

____

10. Halla el valor de *n*.

$n \div 7 = 110$ r6

$n =$ ________

Sigue

11. ¿Cuál es la regla para la tabla?

Entrada, *n*	36	107	227	124
Salida	6	17 r5	37 r5	20 r4

____

12. 938,353 ÷ 7

____

13. 8)331,035

____

14. 35,080 ÷ 9

____

15. ¿Cuál es el valor de $n \div 4$ si $n = 312{,}340$?

____

Para 16–18, resuelve la ecuación.

16. $n \div 8 = 12$

$n =$ ________

17. $49 \div n = 7$

$n =$ ________

18. $n \div 9 = 6$

$n =$ ________

Para 19–20, resuelve. Explica cómo interpretaste el residuo.

19. Phil dividió una cuerda de 57 pies en 6 pedazos iguales. ¿De qué largo era cada pedazo?

____

____

20. Lawrence tiene 19 tazas de azúcar. Si usa 3 tazas de azúcar para hacer un galón de ponche, ¿cuántos galones completos de ponche puede hacer?

____

____

Alto

Nombre ______________________

Elige la mejor respuesta.

Para 1–3, usa operaciones básicas y patrones para despejar *n*.

1. $3{,}000 \div 60 = n$

   A $n = 600$ C $n = 60$
   B $n = 500$ D $n = 50$

2. $18{,}000 \div n = 30$

   F $n = 60$ H $n = 800$
   G $n = 600$ J $n = 540{,}000$

3. $n \div 90 = 60$

   A $n = 6{,}300$ C $n = 630$
   B $n = 5{,}400$ D $n = 540$

Para 4–5, compara. Elige <, > o = para el ●.

4. 7,200 ÷ 80 ● 720 ÷ 8

   F >   G <   H =

5. 4,900 ÷ 70 ● 49,000 ÷ 7,000

   A >   B <   C =

Para 6–7, estima el cociente.

6. $82\overline{)423}$

   F 5   H 50
   G 7   J 70

7. $93\overline{)53{,}762}$

   A 50   C 500
   B 60   D 600

Para 8–9, elige los números compatibles que se usaron para hallar la estimación.

8. 2,152 ÷ 28

   estimación: 70

   F 2,000 ÷ 30   H 2,100 ÷ 30
   G 2,000 ÷ 20   J 2,100 ÷ 20

9. 43,973 ÷ 87

   estimación: 500

   A 44,000 ÷ 90   C 43,000 ÷ 80
   B 45,000 ÷ 90   D 45,000 ÷ 80

Para 10–11, elige la posición del primer dígito del cociente.

10. $89\overline{)54{,}723}$

    F posición de las unidades
    G posición de las decenas
    H posición de las centenas
    J posición de los millares

Sigue

11. $43\overline{)59{,}202}$

A posición de las unidades
B posición de las decenas
C posición de las centenas
D posición de los millares

12. 873 ÷ 24

F 36 r9
G 36 r11
H 37 r5
J 40 r13

13. $63\overline{)3{,}745}$

A 61 r2
B 60 r45
C 59 r32
D 59 r28

Para 14–15, elige la mejor estimación para el cociente.

14. $64\overline{)423}$

F 4 **H** 6
G 5 **J** 7

15. $58\overline{)36{,}523}$

A 400 **C** 600
B 500 **D** 700

16. 43,781 ÷ 19

F 2,830 r11
G 2,462 r3
H 2,307 r11
J 2,304 r5

17. $43\overline{)27{,}923}$

A 649 r16
B 649 r24
C 672 r27
D 672 r33

18. $22\overline{)6{,}275}$

F 285 r5
G 262 r11
H 257 r21
J 235 r5

19. Kurt gastó $32.50 en dos camisas. Una camisa costó $3.50 más que la otra. ¿Cuánto costó la más cara de las camisas?

A $14.50 **C** $17.00
B $18.00 **D** $18.50

20. La suma de dos números es 39. Su producto es 224. ¿Cuál es uno de los dos números?

F 8 **H** 6
G 7 **J** 5

Alto

Escribe la respuesta correcta.

Para 1–3, usa operaciones básicas y patrones para despejar *n*.

1. $4{,}900 \div 70 = n$

____

2. $21{,}000 \div n = 30$

____

3. $n \div 60 = 80$

____

Para 4–5, compara. Escribe <, > o = en el ◯.

4. $6{,}400 \div 80$ ◯ $640 \div 8$

5. $6{,}300 \div 90$ ◯ $63{,}000 \div 9{,}000$

Para 6–7, estima el cociente.

6. $42\overline{)354}$

____

7. $73\overline{)51{,}762}$

____

Para 8–9, escribe los números compatibles que se usaron para hallar la estimación.

8. $2{,}752 \div 28$

estimación: 90

____

9. $41{,}973 \div 77$

estimación: 500

____

Para 10–11, nombra la posición del primer dígito del cociente.

10. $98\overline{)56{,}834}$

____

11. $56\overline{)67{,}592}$

____

Sigue

12. 893 ÷ 27

____

13. $57\overline{)4{,}763}$

____

14. 53,478 ÷ 17

____

15. $42\overline{)25{,}873}$

____

16. $33\overline{)5{,}087}$

____

Para 17–18, escribe *muy alto*, *muy bajo* o *justo* para cada estimación.

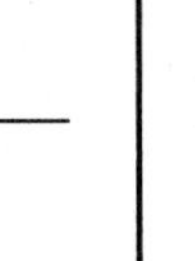

17. $\begin{array}{r} 9 \\ 64\overline{)487} \end{array}$

____

18. $\begin{array}{r} 600 \\ 58\overline{)35{,}523} \end{array}$

____

Para 19–20, resuelve.

19. Kathleen gastó $30.50 en dos camisas. Una camisa costó $3.50 más que la otra. ¿Cuánto costó cada camisa?

____

20. La suma de dos números es de 42. Su producto es 185. ¿Cuáles son los dos números?

____

Alto

Nombre ______________________________

Elige la mejor respuesta.

1. ¿Cuál de los números completa el patrón que se muestra?

   4,800 ÷ 6 = ■
   480 ÷ 6 = ■
   48 ÷ 6 = ■
   4.8 ÷ 6 = ■

   A 8,000, 800, 80, 8
   B 800, 80, 8, 0.8
   C 7,000, 700, 70, 7
   D 700, 70, 7, 0.7

2. ¿Qué ecuación **no** es verdadera?

   F 32,000 ÷ 400 = 80
   G 320 ÷ 40 = 8
   H 3,200 ÷ 40 = 800
   J 3.2 ÷ 4 = 0.8

3. ¿Qué ecuación **no** es verdadera?

   A 6,300 ÷ 900 = 70
   B 63,000 ÷ 90 = 700
   C 630 ÷ 9 = 70
   D 63 ÷ 9 = 7

Para 4–5, elige la letra del enunciado numérico que corresponde con el modelo.

4.

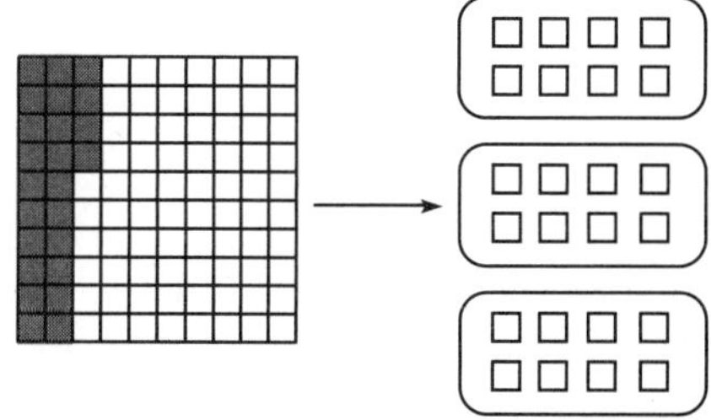

   F 0.24 ÷ 4 = 0.06
   G 0.32 ÷ 4 = 0.08
   H 0.24 ÷ 3 = 0.08
   J 0.24 ÷ 3 = 0.8

5.

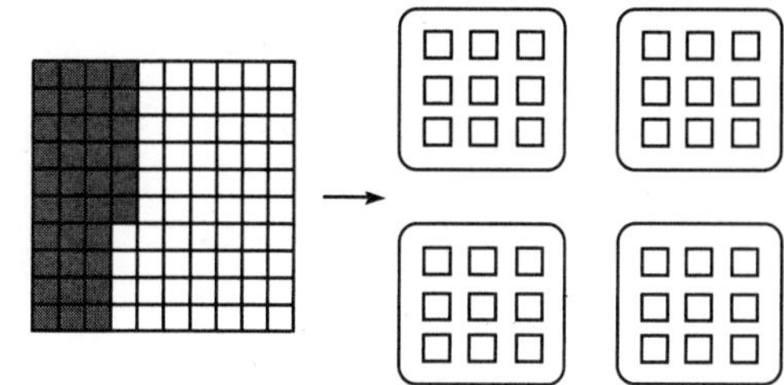

   A 0.36 ÷ 9 = 0.04
   B 0.36 ÷ 9 = 0.4
   C 0.36 ÷ 4 = 0.9
   D 0.36 ÷ 4 = 0.09

6. 273.52 ÷ 8

   F 32.94
   G 34.1775
   H 34.19
   J 46.69

7. $7\overline{)\$2.59}$

   A $0.35
   B $0.37
   C $0.45
   D $0.51

8. $12\overline{)111.0}$

   F 9.35
   G 9.25
   H 8.35
   J 8.25

9. 35.49 ÷ 7

   A 5.70
   B 5.60
   C 5.07
   D 5.06

10. $23\overline{)\$293.94}$

   F $12.78
   G $12.76
   H $12.69
   J $12.68

Sigue

11. $24.51 \div 3$

A 817
B 81.7
C 8.17
D 0.817

12. $966 \div 70$

F 14.6
G 14.2
H 13.9
J 13.8

Para 13–16, elige el decimal equivalente para cada fracción.

13. $\frac{3}{16}$

A 0.18775 **C** 0.53
B 0.1875 **D** 5.3

14. $\frac{11}{20}$

F 0.55 **H** 5.5
G 0.505 **J** 0.555

15. $\frac{1}{5}$

A 0.4 **C** 0.2
B 0.3 **D** 0.1

16. $\frac{17}{25}$

F 0.62 **H** 0.66
G 0.64 **J** 0.68

17. Chase, Laura, Jeremy y Jonathan quieren compartir equitativamente el costo de una pizza. La pizza cuesta $12.80 más $1.00 por el envío. ¿Con cuánto dinero necesitaría contribuir cada uno para pagar por la pizza y el envío?

A $3.45 **C** $3.10
B $3.20 **D** $2.95

18. Kyle llegó del centro comercial a la casa con $1.64. Él gastó $16.74 en un sombrero, $3.45 en un bocadillo y $23.17 en un regalo. ¿Cuánto dinero tenía Kyle antes de ir al centro comercial?

F $35 **H** $43.36
G $40.05 **J** $45

19. En la tienda de víveres, las manzanas cuestan $3.70 por 5 libras. ¿Cuánto cuesta una libra?

A $0.64 **C** $0.74
B $0.72 **D** $0.78

20. Ben necesita $140 para comprar una bicicleta. Él tiene $25. Si ahorra $6 a la semana, ¿cuántas semanas tardará en ahorrar suficiente dinero para comprar la bicicleta?

F 24 semanas **H** 21 semanas
G 23 semanas **J** 20 semanas

Alto

Nombre ______________________

Escribe la respuesta correcta.

1. ¿Qué números completan el patrón que se muestra?

n	*n* ÷ 30
21,000	■
■	70
210	■
■	0.7

____

2. Completa el siguiente patrón.

3,000 ÷ 6 = ________

300 ÷ 6 = ________

30 ÷ 6 = ________

3 ÷ 6 = ________

3. Escribe una manera de comprobar el siguiente problema de división.

4,200 ÷ 70 = 60

____

4. 297.28 ÷ 8

____

5. $7\overline{)\$3.22}$

____

6. $12\overline{)51.0}$

____

7. 42.56 ÷ 7

____

8. $21\overline{)\$282.45}$

____

9. 28.76 ÷ 4

____

10. 852 ÷ 60

____

Sigue

Para 11–12, escribe un enunciado numérico que corresponda con el modelo.

11. 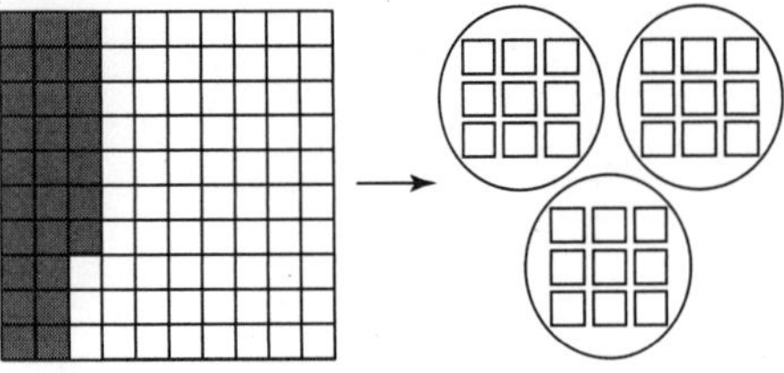

____

12. 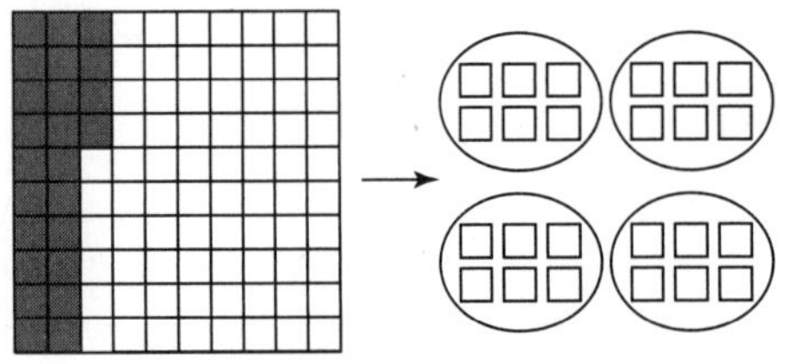

____

Para 13–16, escribe el decimal equivalente para cada fracción.

13. $\frac{5}{16}$

____

14. $\frac{13}{20}$

____

15. $\frac{3}{5}$

____

16. $\frac{21}{25}$

____

17. Kara, Jenny, Peter y Joshua quieren compartir el costo de un regalo para su mamá. El regalo cuesta $13.88. ¿Con cuánto dinero necesita contribuir cada uno para comprar el regalo?

____

18. Kyle llegó del cine a la casa con $3.15. Él gastó $4.50 por una entrada y $2.35 en bocadillos. ¿Cuánto dinero tenía Kyle antes de ir al cine?

____

19. En la tienda de víveres, las papas cuestan $2.48 por 4 libras. ¿Cuánto cuesta una libra?

____

20. Jason necesita $120 para comprar una bicicleta. Él tiene $35. Si ahorra $7 a la semana, ¿cuántas semanas tardará en ahorrar suficiente dinero para comprar la bicicleta?

____

Alto

Elige la mejor respuesta.

Para 1–5, usa operaciones básicas y patrones para despejar *n*.

1. $0.12 \div 0.02 = n$

   A $n = 60$ C $n = 0.6$
   B $n = 6$ D $n = 0.06$

2. $n \div 0.08 = 6$

   F $n = 0.048$ H $n = 4.08$
   G $n = 0.48$ J $n = 4.8$

3. $1.4 \div n = 2$

   A $n = 70$ C $n = 0.7$
   B $n = 7$ D $n = 0.07$

4. $4.5 \div 0.05 = n$

   F $n = 90$ H $n = 0.9$
   G $n = 9$ J $n = 0.09$

5. $0.63 \div n = 9$

   A $n = 7$ C $n = 0.07$
   B $n = 0.7$ D $n = 0.007$

Para 6–8, elige la ecuación que corresponde con el modelo.

6. 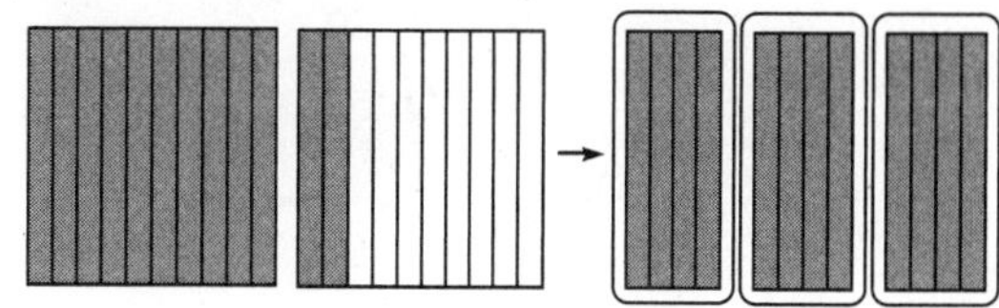

   F $12 \div 4 = 3$
   G $1.2 \div 0.4 = 0.3$
   H $0.12 \div 0.04 = 3$
   J $1.2 \div 0.4 = 3$

7. 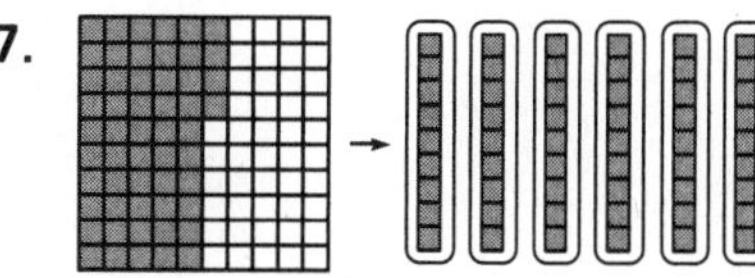

   A $54 \div 9 = 6$
   B $5.4 \div 0.9 = 6$
   C $0.54 \div 0.09 = 6$
   D $0.54 \div 0.9 = 0.6$

8. 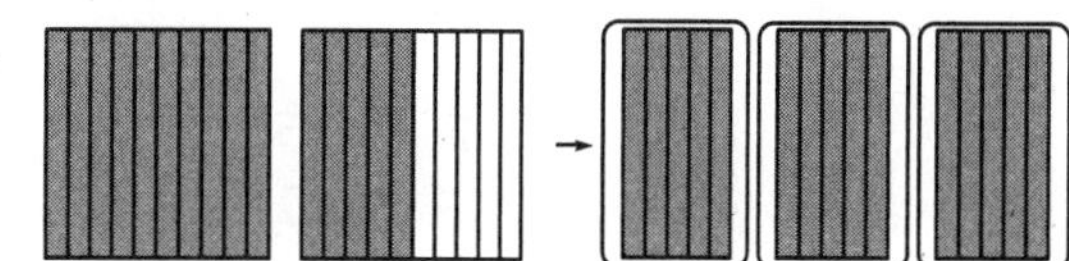

   F $15 \div 3 = 5$
   G $1.5 \div 0.05 = 3$
   H $1.5 \div 0.5 = 3$
   J $1.5 \div 0.5 = 0.3$

9. $0.7\overline{)2.73}$

   A 3.9
   B 3.8
   C 0.39
   D 0.38

10. $1.3\overline{)22.36}$

   F 1.72
   G 1.87
   H 17.2
   J 18.7

Sigue

11. $\$0.16\overline{)\$1.44}$

A 0.80
B 0.90
C 8
D 9

12. $0.25\overline{)0.475}$

F 19
G 1.9
H 0.19
J 0.019

13. $\$4.09\overline{)\$28.63}$

A 0.007
B 0.07
C 0.7
D 7

14. $3.7\overline{)1.85}$

F 0.05
G 0.07
H 0.5
J 0.7

15. $0.6\overline{)3.54}$

A 5.9
B 5.4
C 0.59
D 0.54

16. $0.43\overline{)7.74}$

F 1.6
G 1.8
H 16
J 18

Para 17–18, usa la siguiente información.

El planeta Neptuno tarda 16.1 horas en completar una rotación. Marte tarda 24.6 horas en completar una rotación.

17. ¿Qué operación sería mejor usar para hallar cuánto más tiempo que Neptuno tarda Marte en completar una rotación?

A multiplicación
B división
C resta
D suma

18. ¿Cuánto más tiempo que Neptuno tarda Marte en completar una rotación?

F 8.5 horas
G 12.5 horas
H 40.7 horas
J 396 horas

Para 19–20, usa la siguiente información.

John ahorra $3.75 cada semana.

19. ¿Qué operación sería mejor usar para hallar cuánto dinero tendrá John al final de 9 semanas?

A multiplicación
B división
C resta
D suma

20. ¿Cuánto dinero tendrá John al final de 9 semanas?

F $12.75
G $27.35
H $27.75
J $33.75

Alto

Nombre ________________________

Escribe la respuesta correcta.

Para 1–5, usa operaciones básicas y patrones para despejar *n*.

1. $0.08 \div 0.02 = n$

   $n =$ ________

2. $n \div 0.03 = 7$

   $n =$ ________

3. $1.8 \div n = 2$

   $n =$ ________

4. $2.0 \div 0.5 = n$

   $n =$ ________

5. $0.72 \div n = 9$

   $n =$ ________

Para 6–8, escribe una ecuación que corresponda con el modelo.

6.

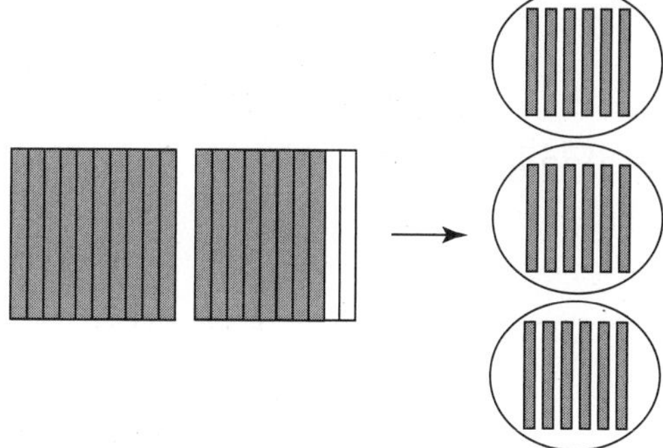

____

7.

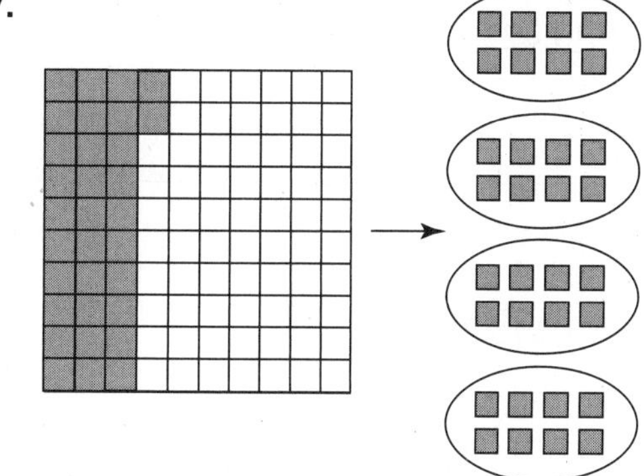

____

8.

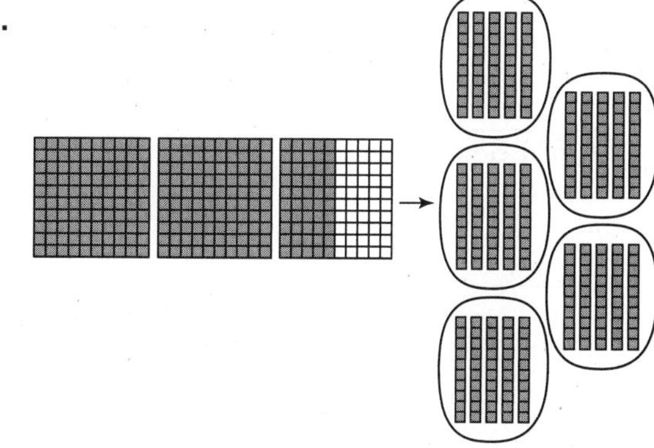

____

Sigue

Nombre ______________________________

9. $0.7\overline{)2.66}$

____

10. $1.3\overline{)22.62}$

____

11. $\$0.16\overline{)\$1.12}$

____

12. $0.25\overline{)0.425}$

____

13. $\$4.09\overline{)\$16.36}$

____

14. $3.7\overline{)1.11}$

____

15. $0.6\overline{)4.68}$

____

16. $0.43\overline{)7.31}$

____

Para 17–18, nombra la operación u operaciones que usaste.

17. James ahorra $3.25 cada semana. Si ahorra durante 7 semanas, ¿cuánto dinero tendrá?

____

18. Katie necesita una pedazo de cinta de 40 cm de largo para un proyecto de manualidades. Ella sabía que un pedazo de cinta medía 16 pulgadas. 1 pulgada es alrededor de 2.54 cm. ¿Es la cinta lo suficientemente larga para el proyecto?

____

Para 19–20, resuelve. Nombra la operación u operaciones que usaste.

19. Rachel trabajó tres días esta semana después de la escuela y ganó $19.32. Ella ganó la misma cantidad cada día. ¿Cuánto dinero ganó cada día?

____

20. El planeta Júpiter tarda 10.9 horas en completar una rotación. Urano tarda 17.2 horas en completar una rotación. ¿Cuánto más tiempo que Júpiter tarda Urano en completar una rotación?

____

Alto

Nombre ______________________

Elige la mejor respuesta.

Para 1–2, estima el cociente.

1. $8\overline{)86{,}989}$

A 9,000
B 10,000
C 11,000
D 14,000

2. 3,972 ÷ 8

F 400
G 500
H 600
J 700

Para 3–4, halla el cociente.

3. 472 ÷ 9

A 62 r3
B 53 r4
C 52 r7
D 52 r4

4. 560 ÷ 6

F 94 r8
G 94 r2
H 93 r2
J 92 r8

5. Halla el valor de *n* para *n* ÷ 6 = 149 r2.

A *n* = 896
B *n* = 884
C *n* = 25
D *n* = 23

6. 67,204 ÷ 8

F 840 r2
G 840 r4
H 8,400 r2
J 8,400 r4

7. Evalúa *n* ÷ 4 para *n* = 144.

A 35
B 36
C 85
D 86

Para 8–9, despeja *n*.

8. *n* ÷ 8 = 16

F 0.5
G 8
H 128
J 0156

9. 63 ÷ *n* = 7

A 6
B 7
C 8
D 9

10. Maya vende lirios en ramos de 8. Ella tiene 98 lirios y decide que puede hacer 11 ramos. Explica cómo Maya interpretó el residuo.

F No hay residuo.
G Ignoró el residuo
H Redondeó al número mayor más próximo.
J Usó el residuo.

Sigue

Para 11–12, usa operaciones básicas y patrones para despejar *n*.

11. 4,000 ÷ 80 = *n*

A 40 C 400
B 50 D 500

12. 30,000 ÷ *n* = 50

F 600 H 1,500
G 60 J 150,000

13. Estima el cociente.

$87\overline{)53{,}345}$

A 30 C 300
B 60 D 600

14. Compara. Elige <, > o = para el ●.

6,300 ÷ 70 ● 630 ÷ 7

F < G > H =

Para 15, nombra los números compatibles usados para hallar la estimación dada.

15. 4,095 ÷ 36

estimación: 100

A 4,000 ÷ 40 C 4,100 ÷ 40
B 4,000 ÷ 30 D 4,100 ÷ 30

16. Nombra la posición del primer dígito del cociente.

$78\overline{)43{,}121}$

F posición de las unidades
G posición de las decenas
H posición de las centenas
J posición de los millares

17. $55\overline{)3{,}585}$

A 67 r8
B 65 r10
C 60 r45
D 59 r32

18. 61,948 ÷ 28

F 2,212 r4
G 2,212 r12
H 2,312 r4
J 2,312 r12

19. Estima el cociente.

$42\overline{)31{,}832}$

A 8 C 800
B 80 D 8,000

20. La suma de dos números es 48. Su producto es 252. ¿Cuál es uno de los dos números?

F 5 H 7
G 6 J 8

Sigue

Nombre 

21. ¿Qué ecuación **no** es verdadera?

A $36{,}000 \div 90 = 400$
B $3{,}600 \div 900 = 40$
C $360 \div 9 = 40$
D $3.6 \div 0.9 = 4$

22. ¿Qué ecuación **no** es verdadera?

F $81{,}000 \div 900 = 90$
G $8{,}100 \div 90 = 900$
H $810 \div 90 = 9$
J $8.1 \div 9 = 0.9$

23. $48.51 \div 7$

A 6.93
B 6.83
C 5.93
D 5.83

24. $77.28 \div 6$

F 12.98
G 12.88
H 11.98
J 11.88

25. $27\overline{)\$503.28}$

A \$17.54
B \$18.54
C \$18.64
D \$19.64

26. $1{,}150.76 \div 52$

F 22.03
G 22.13
H 22.23
J 23.13

Para 27–28, escribe la fracción como un decimal.

27. $\frac{3}{5}$

A 0.2
B 0.4
C 0.6
D 0.8

28. $\frac{19}{25}$

F 0.70
G 0.72
H 0.74
J 0.76

29. Cloud, Clay y Clarence quieren compartir el costo de una comida. La comida cuesta \$13.25 y el envío cuesta \$1.00. ¿Cuánto dinero necesitará cada uno para contribuir para la comida y el envío?

A \$4.55
B \$4.75
C \$4.95
D \$5.15

30. En la tienda de víveres, los espárragos cuestan \$9.95 por 5 libras. ¿Cuánto cuesta una libra?

F \$0.99
G \$1.49
H \$1.99
J \$2.49

Sigue

Para 31–33, usa operaciones básicas y patrones para despejar *n*.

31. $0.15 \div 0.03 = n$

A 50
B 5
C 0.5
D 0.05

32. $n \div 0.09 = 6$

F 54
G 5.4
H 5.04
J 0.54

33. $2.2 \div n = 2$

A 110
B 11
C 1.1
D 0.11

34. $1.7\overline{)36.21}$

F 2.13
G 2.36
H 21.3
J 23.6

35. $0.6\overline{)3.42}$

A 5.7
B 5.6
C 0.57
D 0.56

36. $\$0.14\overline{)\$0.98}$

F 0.60
G 0.70
H 6
J 7

37. $\$3.07\overline{)\$27.63}$

A 90
B 9
C 0.9
D 0.09

38. $6.3\overline{)2.52}$

F 0.6
G 0.4
H 0.06
J 0.04

Para 39–40, usa la siguiente información.

Courtney ahorra $4.25 cada semana. Ella ahorra por 12 semanas.

39. ¿Qué operación es la mejor para saber cuánto dinero tendrá después de 12 semanas?

A multiplicación
B división
C resta
D suma

40. ¿Cuánto dinero tendrá Courtney después de 12 semanas?

F $46.25
G $48.00
H $51.00
J $52.25

Alto

Nombre ______________________

Escribe la respuesta correcta.

Para 1–2, estima el cociente.

1. $7\overline{)41{,}989}$

____

2. 34,654 ÷ 5

____

Para 3–5, divide.

3. 377 ÷ 7

____

4. 656 ÷ 9

____

5. Halla el valor de *n* para *n* ÷ 3 = 224 r2.

____

6. 22,897 ÷ 5

____

7. Evalúa *n* ÷ 7 para *n* = 441.

____

Para 8–9, despeja *n*.

8. *n* ÷ 6 = 14

____

9. 51 ÷ *n* = 3

____

10. Deena empaqueta azulejos en una fábrica. Se empacan 8 azulejos por paquete y se envían en cajas que contienen 12 paquetes por caja. Hay 91 azulejos en su estación ¿Puede llenar una caja? Explica cómo interpretaste el residuo.

____

Sigue

Para 11–12, usa operaciones básicas y patrones para despejar *n*.

11. $5{,}400 \div 60 = n$

____

12. $36{,}000 \div n = 40$

____

13. Estima.

$66\overline{)55{,}930}$

____

14. Compara. Escribe <, > o = en el ◯.

$540 \div 9$ ◯ $54{,}000 \div 90$

Para 15, escribe un par de números compatibles. Luego escribe una estimación.

15. $26{,}304 \div 91$

____

Para 16, nombra la posición del primer dígito del cociente.

16. $41\overline{)33{,}679}$

____

Para 17–18, divide.

17. $88\overline{)6{,}301}$

18. $73{,}609 \div 67$

____

Para 19, escribe *muy alto*, *muy bajo* o *justo* para la estimación del cociente.

19. $\begin{array}{r} 800 \\ 35\overline{)24{,}002} \end{array}$

____

20. La abuela de Melinda le dio 107 cuadros de colcha que Melinda quiere usar para hacer 4 colchas. Después de que hizo las colchas, usó 11 cuadros que sobraron para hacer un adorno para la pared. ¿Cuántos cuadros había en cada colcha?

____

Sigue

Para 21–22, completa cada patrón.

21. $490 \div 7 = ■$

$49 \div 7 = ■$

$4.9 \div 7 = ■$

____

22. $300 \div 4 = ■$

$30 \div 4 = ■$

$3 \div 4 = ■$

____

Para 23–26, divide.

23. $19.71 \div 9$

____

24. $54.64 \div 4$

____

25. $33\overline{)\$722.37}$

____

26. $2{,}248.46 \div 61$

____

Para 27–28, escribe como un decimal.

27. $\frac{5}{8}$

____

28. $\frac{37}{40}$

____

29. Delaney tiene $36.75 en efectivo y un cheque de su tía por $15.00. Ella quiere dividir el dinero equitativamente entre tres cuentas bancarias diferentes después de comprar un bomba de bicicleta que cuesta $9.78. ¿Cuánto dinero pondrá en cada cuenta?

____

30. Melanie tenía $42.30. Ella fue a cuatro tiendas diferentes en las que gastó la misma cantidad de dinero. Cuando llegó a la casa, tenía $1.66. ¿Cuánto dinero gastó en cada tienda?

____

Sigue

Para 31–33, usa operaciones básicas y patrones para despejar *n*.

31. $0.42 \div 0.07 = n$

____

32. $n \div 0.03 = 8$

____

33. $3.2 \div n = 4$

____

34. $2.1\overline{)76.02}$

35. $0.3\overline{)2.31}$

36. $\$0.26\overline{)\$0.78}$

37. $\$6.09\overline{)\$42.63}$

38. $8.7\overline{)2.61}$

Para 39–40, resuelve. Nombra la operación u operaciones que usaste.

39. Danira y Nina fueron a la tienda con $25.00. Danira gastó $21.72 y Nina gastó $23.07. ¿Cuánto más dinero que Nina tiene Danira después de las compras?

____

40. Keisha pesó tres conchas diferentes y determinó que pesaban 6.01 oz, 2.13 oz y 1.19 oz. ¿Cuál era el peso promedio de las conchas?

____

Alto

Nombre ____________________

Elige la mejor respuesta.

Para 1–3, elige el número que divide el número dado equitativamente.

1. 1,239

   A 3 **C** 5
   B 4 **D** 9

2. 2,050

   F 3 **H** 9
   G 4 **J** 10

3. 18,045

   A 2 **C** 6
   B 4 **D** 9

Para 4–6, elige el mínimo común múltiplo para cada conjunto de números.

4. 2, 4, 9

   F 18 **H** 36
   G 27 **J** 72

5. 2, 3, 5

   A 15 **C** 45
   B 30 **D** 60

6. 3, 4, 12

   F 12 **H** 26
   G 24 **J** 36

Para 7–9, elige el máximo común divisor para cada conjunto de números.

7. 64, 72

   A 2 **C** 6
   B 4 **D** 8

8. 15, 45

   F 15 **H** 5
   G 9 **J** 3

9. 12, 16, 32

   A 4 **C** 8
   B 6 **D** 12

Para 10–12, elige el número primo.

10. **F** 1 **H** 28
    G 17 **J** 33

11. **A** 81 **C** 45
    B 51 **D** 41

12. **F** 27 **H** 47
    G 33 **J** 63

Sigue

13. ¿Cómo se escribe 100,000 en forma exponencial?

A 10^3 C 10^5
B 10^4 D 10^6

14. ¿Cuál es el valor de 10^8?

F 1,000,000,000 H 10,000,000
G 100,000,000 J 80

Para 15–16, elige el símbolo que hace verdadero el enunciado numérico.

15. 10^5 ● 10,000

A = B < C >

16. 100,000 ● 10^6

F = G < H >

17. Halla la expresión equivalente.

$17 \times 17 \times 17 \times 17 \times 17$

A 17^5 C $17 + 5$
B 17×5 D 5^{17}

Para 18–19, halla el valor de cada expresión.

18. 1^{31}

F 1 H 31
G 30 J 32

19. 4^4

A 8 C 64
B 16 D 256

Para 20–22, elige la descomposición en factores primos del número dado.

20. 220

F $2 \times 5 \times 11$ H $2^2 \times 5 \times 11$
G 10×11 J $2 \times 5^2 \times 11$

21. 315

A $2 \times 3 \times 7$ C $3 \times 5^2 \times 7$
B $3^2 \times 5 \times 7$ D $3 \times 5 \times 7$

22. 135

F $2 \times 3 \times 5 \times 7$ H $3 \times 5 \times 7$
G $3^2 \times 5$ J $3^3 \times 5$

23. El m.c.m. de 12 y 36 es 36. ¿Cuál es el M.C.D. de 12 y 36?

A 4 C 8
B 6 D 12

24. El M.C.D. del número 6 y otro número es 1. El m.c.m. de los dos números es 30. ¿Cuál es el otro número?

F 3 H 5
G 4 J 6

25. ¿Cuál describe una relación entre 12 y 26?

A El M.C.D. es 6.
B El m.c.m. es 156.
C Ambos números son impares.
D M.C.D. × m.c.m. = 302

Alto

Nombre ____________________

Escribe la respuesta correcta.

Para 1–3, indica si cada número es divisible entre 2, 3, 4, 5, 6, 9 o 10. Puedes escribir más de un número.

1. 1,248

____

2. 2,070

____

3. 13,045

____

4. ¿Cómo se escribe 10,000 en forma normal?

____

5. Escribe $<$, $>$ o $=$ en el ◯.

100,000 ◯ 10^6

6. ¿Cómo se escribe 10^{10} en forma normal?

____

7. Escribe una expresión equivalente usando exponentes.

$14 \times 14 \times 14 \times 14 \times 14$

____

Para 8–10, escribe *primo* o *compuesto*.

8. 9

____

9. 71

____

10. 51

____

Para 11–12, hallar el valor de cada expresión.

11. 1^{23}

____

12. 5^4

____

Sigue

Nombre ______________________

Para 13–15, escribe el mínimo común múltiplo para cada conjunto de números.

13. 2, 4, 7

____

14. 2, 4, 5

____

15. 2, 4, 6

____

Para 16–18, escribe el máximo común divisor para cada conjunto de números.

16. 54, 63

____

17. 60, 84

____

18. 10, 12, 24

____

Para 19–21, usa las relaciones entre los números dados para contestar la pregunta.

19. El m.c.m. de 12 y 48 es 48. ¿Cuál es el M.C.D. de 12 y 48?

____

20. El M.C.D. de 6 y otro número es 1. El m.c.m. es 42. ¿Cuál es el otro número?

____

21. El M.C.D. de 9 y 36 es 9. ¿Cuál es el m.c.m. de 9 y 36?

____

Para 22–24, escribe la descomposición en factores primos del número.

22. 48

____

23. 54

____

24. 56

____

25. Escribe $<$, $>$ o $=$ en el ◯.

$10 \times 10 \times 10 \times 10$ ◯ 10^5

Alto

Elige la mejor respuesta.

1. ¿Qué fracción es equivalente a 0.06?

A $\frac{6}{10}$ C $\frac{6}{100}$

B $\frac{3}{5}$ D $\frac{4}{50}$

2. ¿Qué fracción es equivalente a 0.231?

F $\frac{231}{10,000}$ H $\frac{231}{100}$

G $\frac{231}{1,000}$ J $\frac{231}{10}$

3. ¿Qué decimal es equivalente a $\frac{3}{100}$?

A 0.3 C 0.003

B 0.03 D 0.33

4. ¿Qué decimal es equivalente a $\frac{1}{8}$?

F 0.18 H 0.12

G 0.275 J 0.125

5. ¿Qué fracción **no** es equivalente a $\frac{3}{8}$?

A $\frac{7}{12}$ C $\frac{12}{32}$

B $\frac{6}{16}$ D $\frac{15}{40}$

6. ¿Qué fracción **no** es equivalente a $\frac{4}{14}$?

F $\frac{2}{7}$ H $\frac{8}{28}$

G $\frac{12}{42}$ J $\frac{14}{24}$

7. ¿Qué fracción es equivalente a $\frac{10}{22}$?

A $\frac{5}{17}$ C $\frac{5}{11}$

B $\frac{20}{32}$ D $\frac{30}{76}$

Para 8–9, compara las fracciones usando el m.c.m.

8. $\frac{7}{12}$ ● $\frac{3}{5}$

F $\frac{35}{60} < \frac{36}{60}$ H $\frac{28}{48} < \frac{24}{8}$

G $\frac{21}{36} < \frac{21}{35}$ J $\frac{42}{72} < \frac{42}{70}$

9. $\frac{7}{9}$ ● $\frac{6}{8}$

A $\frac{49}{72} < \frac{54}{72}$ C $\frac{42}{63} > \frac{42}{56}$

B $\frac{56}{72} > \frac{54}{72}$ D $\frac{42}{63} > \frac{42}{54}$

10. ¿Cuál muestra las fracciones de *mayor* a *menor*?

F $\frac{2}{5}, \frac{1}{3}, \frac{3}{10}$ H $\frac{3}{10}, \frac{1}{3}, \frac{2}{5}$

G $\frac{3}{10}, \frac{2}{5}, \frac{1}{3}$ J $\frac{1}{3}, \frac{2}{5}, \frac{3}{10}$

Sigue

11. ¿Cuál muestra las fracciones de *menor* a *mayor*?

A $\frac{3}{4}, \frac{3}{8}, \frac{5}{6}$
C $\frac{3}{4}, \frac{5}{6}, \frac{3}{8}$
B $\frac{5}{6}, \frac{3}{4}, \frac{3}{8}$
D $\frac{3}{8}, \frac{3}{4}, \frac{5}{6}$

Para 12–14, elige la mínima expresión de cada fracción.

12. $\frac{30}{40}$

F $\frac{15}{20}$
H $\frac{1}{10}$
G $\frac{10}{20}$
J $\frac{3}{4}$

13. $\frac{72}{80}$

A $\frac{36}{40}$
C $\frac{18}{20}$
B $\frac{19}{20}$
D $\frac{9}{10}$

14. $\frac{24}{36}$

F $\frac{12}{18}$
H $\frac{8}{12}$
G $\frac{2}{3}$
J $\frac{4}{6}$

Para 15–16, elige la fracción que es equivalente a cada número mixto.

15. $3\frac{4}{11}$

A $\frac{37}{11}$
C $\frac{37}{4}$
B $\frac{33}{4}$
D $\frac{33}{11}$

16. $4\frac{5}{9}$

F $\frac{65}{9}$
H $\frac{41}{9}$
G $\frac{36}{5}$
J $\frac{18}{9}$

Para 17–18, elige el número mixto que es equivalente a cada fracción.

17. $\frac{33}{6}$

A $5\frac{1}{2}$
C $5\frac{2}{3}$
B $5\frac{1}{6}$
D $5\frac{5}{6}$

18. $\frac{74}{9}$

F $9\frac{8}{9}$
H $8\frac{1}{9}$
G $8\frac{2}{9}$
J $7\frac{8}{9}$

19. La receta de Colleen para los panecillos de mora requiere $2\frac{2}{3}$ tazas de harina, $1\frac{3}{4}$ tazas de azúcar, $2\frac{1}{4}$ tazas de agua y $1\frac{7}{8}$ tazas de moras. ¿Cuál ingrediente representa la menor cantidad?

A harina
C azúcar
B moras
D agua

20. Philip compró $1\frac{5}{8}$ libras de hojas de lechuga, $2\frac{3}{8}$ libras de pepinos, $2\frac{5}{16}$ libras de tomates y $2\frac{2}{5}$ libras de pimientos rojos. ¿Qué vegetal representa el mayor peso?

F hojas de lechuga
G pimientos rojos
H pepinos
J tomates

Alto

Nombre ______

Escribe la mejor respuesta.

Para 1–2, escribe un decimal equivalente.

1. $\frac{7}{100}$

______

2. $\frac{3}{8}$

______

Para 3–4, escribe una fracción equivalente.

3. 0.12

______

4. 0.323

______

Para 5–7, escribe una fracción equivalente.

5. $\frac{3}{5}$

______

6. $\frac{10}{22}$

______

7. $\frac{8}{14}$

______

Para 8–9, escribe las fracciones en orden de *menor* a *mayor.*

8. $\frac{2}{3}, \frac{7}{9}, \frac{3}{4}$

______

9. $\frac{5}{6}, \frac{7}{12}, \frac{5}{8}$

______

Para 10–11, convierte usando el m.c.m. Luego compara. Escribe $<$, $>$ o $=$ para ●.

10. $\frac{5}{6}$ ● $\frac{3}{4}$

______

11. $\frac{2}{9}$ ● $\frac{1}{6}$

______

Sigue

Para 12–14, escribe cada fracción en su mínima expresión.

12. $\frac{22}{24}$

____

13. $\frac{36}{48}$

____

14. $\frac{48}{56}$

____

Para 15–16, escribe cada fracción como un número mixto.

15. $\frac{32}{5}$

____

16. $\frac{75}{7}$

____

Para 17–18, escribe cada número mixto como una fracción.

17. $7\frac{7}{11}$

____

18. $6\frac{2}{9}$

____

19. La receta de Erin para la sopa de vegetales requiere $2\frac{2}{3}$ tazas de zanahorias, $2\frac{3}{4}$ tazas de papas y $1\frac{3}{4}$ tazas de apio. ¿Qué ingrediente es el que más usa Erin?

____

20. Elías compró $1\frac{7}{8}$ libras de arvejas, $2\frac{5}{8}$ libras de frijoles y $2\frac{3}{5}$ libras de pimientos rojos. ¿Qué fue lo que más compró Elias?

____

Alto

Elige la mejor respuesta.

Para 1–2, usa la siguiente figura.

1. ¿Cuál es la razón de estrellas a triángulos?

   A 4:7 C 4:3
   B 3:4 D 7:4

2. ¿Cuál es la razón de triángulos al total de figuras?

   F 3:7 H 4:3
   G 3:4 J 7:3

Para 3–5, usa la gráfica circular.

3. ¿Cuál es la razón de camiones a carros?

   A 30:13 C 13:47
   B 30:30 D 13:30

4. ¿Cuál es la razón de carros a camionetas?

   F 30:30 H 30:17
   G 17:30 J 30:60

5. ¿Cuál es la razón de camionetas a todos los vehículos?

   A 17:43 C 17:60
   B 17:30 D 60:17

6. ¿Cuál de las siguientes razones es equivalente a 3:6?

   F 6:3 H 2:3
   G 3:2 J 4:8

7. ¿Cuál de las siguientes razones es equivalente a 6:4?

   A 2:3 C 12:6
   B 9:6 D 18:8

8. ¿Cuál de las siguientes razones **no** es equivalente a las otras?

   F 3:2 H 12:8
   G 9:6 J 12:9

9. ¿Cuál de las siguientes razones **no** es equivalente a las otras?

   A 5:2 C 10:4
   B 15:5 D 20:8

10. ¿Cuál de las siguientes razones **no** es equivalente a las otras?

    F 2:3 H 3:4
    G 6:9 J 8:12

Sigue

11. ¿Cuál de las siguientes razones **no** es equivalente a las otras?

A 3:4 C 8:10
B 4:5 D 20:25

12. ¿Cuál de las siguientes razones **no** es equivalente a las otras?

F 7:3 H 14:6
G 9:4 J 21:9

Para 13–14, usa la tabla de razones.

Longitud de la escala (pulg)	1	2	3
Longitud real (pulg)	8	16	24

13. ¿Cuál sería la longitud real si la longitud de la escala fuera 5?

A 48 C 32
B 40 D 30

14. ¿Cuál sería la longitud de la escala si la longitud real fuera 56?

F 7 H 9
G 8 J 10

Para 15–16, usa el mapa de escalas de 2 pulgadas = 100 millas.

15. ¿Cuál es la distancia real entre dos ciudades que están a 5 pulgadas de distancia en el mapa?

A 500 millas C 200 millas
B 250 millas D 50 millas

16. Pittsburgh, PA y Columbus, OH se encuentran a 200 millas de distancia. ¿Qué distancia sería ésta en el mapa?

F 4 pulg H 8 pulg
G 6 pulg J 10 pulg

17. La razón de estudiantes a computadoras en la escuela de Janet es 3:2. ¿Cuántas computadoras tiene la escuela de Janet?

A 120 C 20
B 30 D muy poca información

Para 18–20, usa la siguiente información.

En una exhibición local de perros, Tom anotó esta información:

Escoceses a perros esquimales	4:1
Perros esquimales a caniches	2:5
Número de perros esquimales	6

18. ¿Cuántos caniches había en la exhibición?

F 30 H 15
G 24 J muy poca información

19. ¿Qué información **no** se necesita para hallar el número de caniches?

A la razón de escoceses a esquimales
B la razón de esquimales a caniches
C número de esquimales
D número de caniches por cada 2 esquimales

20. ¿Cuántos escoceses había en la exhibición local de perros?

F 6
G 12
H 24
J muy poca información

Alto

Nombre ______________________

Escribe la respuesta correcta.

Para 1–2, usa la siguiente figura.

1. ¿Cuál es la razón de círculos a cuadrados?

____

2. ¿Cuál es la razón de cuadrados al total de figuras?

____

Para 3–5, usa la gráfica circular.

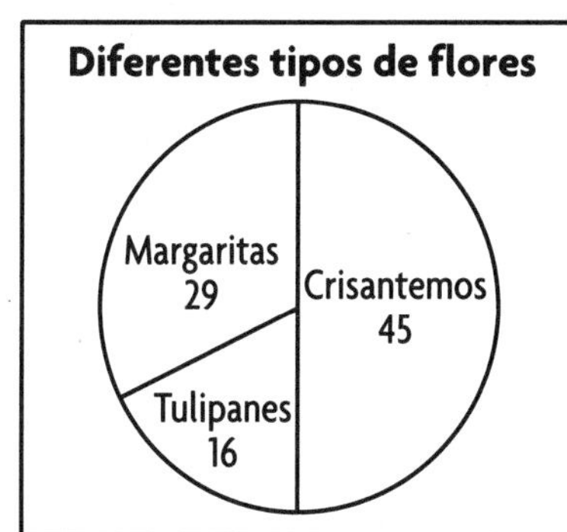

3. ¿Cuál es la razón de margaritas a crisantemos?

____

4. ¿Cuál es la razón de tulipanes a todas las flores?

____

5. ¿Cuál es la razón de crisantemos a tulipanes?

____

Para 6–8, indica si las razones son equivalentes. Escribe *sí* o *no*.

6. $\frac{3}{6}$ y $\frac{4}{8}$

____

7. 2:5 y 10:4

____

8. 5 a 8 y 15 a 16

____

Para 9–12, escribe tres razones que sean equivalentes a la razón dada.

9. $\frac{3}{4}$

____

10. 5 a 8

____

11. 6:4

____

12. $\frac{7}{12}$

____

Sigue

Para 13–14, usa la tabla de razones.

Longitud de la escala (pulg)	2
Longitud real (pies)	5

13. ¿Cuál es la longitud real para una longitud de escala de 6 pulgadas?

____

14. ¿Qué longitud debería tener una escala para representar 20 pies?

____

Para 15–16, usa la escala del mapa de 1 cm = 50 kilómetros (km).

15. ¿Cuál es la distancia real entre dos ciudades que están a 7 cm de distancia en el mapa?

____

16. Dos ciudades están a 250 km de distancia, ¿cuál es la distancia entre ellas en el mapa?

____

Para 17–18, usa la tabla.

CARROS EN EL LOTE DEL ESTACIONAMIENTO	
razón de carros rojos a carros azules	7:2
razón de carros azules a todos los carros	2:9
número de carros	36

¿Cuántos carros azules hay en el estacionamiento?

17. ¿Hay demasiada o muy poca información?

____

18. Resuelve el problema o escribe qué información se necesita para resolverlo.

____

Para 19–20, usa la siguiente información.

La razón de niños a perros mascotas en el vecindario de Brian es 4:1. ¿Cuántos niños hay en el vecindario?

19. ¿Hay demasiada o muy poca información?

____

20. Resuelve el problema o escribe la información necesaria para resolverlo.

____

Alto

Elige la mejor respuesta.

Para 1–4, elige el porcentaje equivalente.

1. 0.74

A 740% C 7.4%
B 74% D 0.74%

2. 0.6

F 0.06% H 60%
G 6% J 600%

3. $\frac{2}{5}$

A 4% C 25%
B 20% D 40%

4. $\frac{11}{20}$

F 55% H 16%
G 22% J 5%

Para 5–8, elige el decimal equivalente.

5. 43%

A 0.43 C 43
B 4.3 D 430

6. 9%

F 9 H 0.09
G 0.9 J 0.009

7. $\frac{3}{5}$

A 0.06 C 0.53
B 0.35 D 0.6

8. $\frac{16}{25}$

F 0.16 H 0.32
G 0.25 J 0.64

Para 9–12, elige la fracción equivalente.

9. 0.81

A $\frac{8}{10}$ C $\frac{81}{10}$
B $\frac{81}{100}$ D $\frac{1}{8}$

10. 0.3

F $\frac{3}{1}$ H $\frac{3}{100}$
G $\frac{3}{10}$ J $\frac{3}{1,000}$

11. 29%

A $\frac{29}{1,000}$ C $\frac{29}{10}$
B $\frac{29}{100}$ D $\frac{29}{1}$

12. 7%

F $\frac{7}{1}$ H $\frac{7}{100}$
G $\frac{7}{10}$ J $\frac{7}{1,000}$

13. Halla el 15% de 60.

A 90 C 9
B 12 D 3

14. Halla el 44% de 70.

F 28.9 H 38
G 30.8 J 56

15. ¿Cuál de los siguientes sería más fácil calcular mentalmente?

A 37% de 71 C 19% de 44
B 29% de 63 D 25% de 44

Sigue

16. ¿Cuál de los siguientes sería más fácil calcular mentalmente?

F 10% de 130 H 58% de 309
G 57% de 60 J 26% de 18

17. Halla el 50% de 86.

A 43 C 17.2
B 34 D 4.3

18. Halla el 25% de 28.

F 70 H 6.25
G 7 J 5

19. Halla el descuento de una camisa de $28 en una oferta del 20% de descuento.

A $56 C $22.40
B $27.44 D $5.60

20. ¿Cuál es el impuesto sobre las ventas de $9 si la tasa de impuesto es de 6%?

F $5.40 H $0.59
G $1.50 J $0.54

Para 21–23, usa la información en la tabla.

COLOR FAVORITO	NÚMERO DE VOTOS
rojo	18
azul	12
verde	6
amarillo	4

21. ¿Qué porcentaje de una gráfica circular se usaría para el rojo?

A $22\frac{1}{2}$% C 45%
B 40% D 162%

22. ¿Qué porcentaje de una gráfica circular se usaría para el azul?

F 4% H 40%
G 30% J 50%

23. ¿Qué porcentaje de una gráfica circular se usaría para el verde?

A 85% C 20%
B 36% D 15%

Para 24–25, usa la información en las gráficas circulares. Las gráficas indican qué tipos de mascotas tienen los estudiantes.

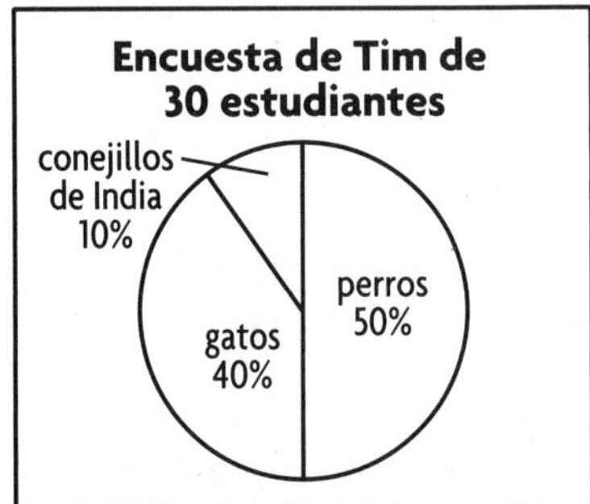

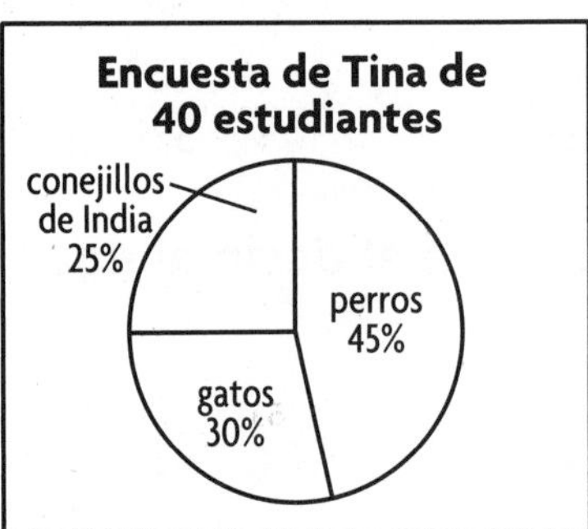

24. ¿En qué encuesta más estudiantes tenían más gatos?

F encuesta de Tim
G encuesta de Tina
H el mismo número en cada una
J no hay suficiente información

25. ¿En qué encuesta más estudiantes tenían más perros?

A encuesta de Tim
B encuesta de Tina
C el mismo número en cada una
D no hay suficiente información

Alto

Nombre ______________________

Escribe la respuesta correcta.

Para 1–4, escribe un decimal equivalente.

1. 23%

____

2. 8%

____

3. $\frac{4}{5}$

____

4. $\frac{14}{25}$

____

Para 5–6, escribe el porcentaje equivalente.

5. 0.64

____

6. 0.7

____

Para 7–10, escribe una fracción equivalente en su mínima expresión.

7. 0.91

____

8. 0.7

____

9. 23%

____

10. 9%

____

Para 11–12, escribe un porcentaje equivalente.

11. $\frac{3}{5}$

____

12. $\frac{13}{20}$

____

Sigue

13. Halla el 15% de 80.

____

14. ¿Cuál es el descuento de una chaqueta de $23 en una oferta del 20% de descuento?

____

15. Halla el 44% de 60.

____

16. Halla el 50% de 46.

____

17. Halla el 25% de 48.

____

18. Halla el 20% de 88.

____

19. Halla el 150% de 50.

____

20. ¿Cuál es el impuesto sobre las ventas de $18.40 si la tasa de impuesto es de 6%. Redondea al céntimo más próximo.

____

Para 21–23, usa la tabla.

MASCOTA	NÚMERO DE VOTOS
perros	24
gatos	18
conejos	12
conejillos de India	6

21. ¿Qué porcentaje de una gráfica circular se usaría para la categoría de conejillos de India?

____

22. ¿Qué porcentaje de una gráfica circular se usaría para la categoría de perros?

____

23. ¿Qué porcentaje de una gráfica circular se usaría para la categoría de gatos?

____

Para 24–25, usa las gráficas circulares.

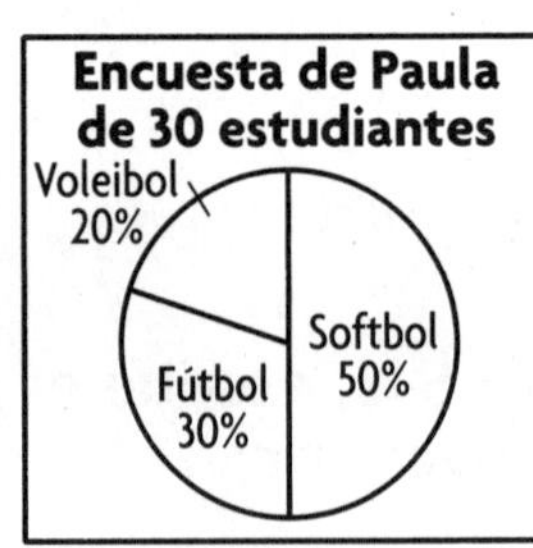

24. ¿En qué encuesta los estudiantes votaron más por fútbol? Explica.

____

25. ¿En qué encuesta más estudiantes votaron por softbol? Explica.

____

Alto

Escribe la mejor respuesta.

1. ¿Qué número **no** divide 4,284 equitativamente?

   A 2 C 8
   B 3 D 9

2. ¿Qué número divide 7,730 equitativamente?

   F 3 H 7
   G 4 J 10

Para 3–4, elige el mínimo común múltiplo para cada conjunto de números.

3. 2, 4, 6

   A 8 C 24
   B 12 D 48

4. 3, 5, 30

   F 3 H 30
   G 20 J 60

Para 5–6, elige el máximo común divisor para cada conjunto de números.

5. 48, 60

   A 2 C 6
   B 4 D 12

6. 18, 27, 36

   F 36 H 4
   G 9 J 3

7. ¿Qué número es un número primo?

   A 2 C 63
   B 21 D 77

8. ¿Qué número es un número primo?

   F 93 H 73
   G 81 J 51

9. ¿Cuál es 1,000,000 en forma exponencial?

   A 10^6 C 10^4
   B 10^5 D 10^3

10. ¿Cuál es el valor de 10^4?

   F 100,000 H 1,000
   G 10,000 J 40

Sigue

11. Halla una expresión equivalente a $12 \times 12 \times 12 \times 12$.

A 12×4
B 12^4
C $4 + 12$
D 4^{12}

12. ¿Cuál es el valor de 2^5?

F 64
G 32
H 16
J 10

13. ¿Cuál es el valor de 5^4?

A 20
B 125
C 625
D 3,125

14. ¿Cuál es la descomposición en factores primos de 252?

F $2 \times 3 \times 5$
G $2 \times 3 \times 7$
H $3 \times 5 \times 7$
J $2^2 \times 3^2 \times 7$

15. ¿Cuál es la descomposición en factores primos de 350?

A $2 \times 5^2 \times 7$
B $3 \times 5 \times 7$
C $2^2 \times 5 \times 7$
D $2 \times 5 \times 7$

16. El m.c.m. de 15 y 60 es 60. ¿Cuál es M.C.D. de 15 y 60?

F 3
G 5
H 15
J 60

17. El M.C.D. de 9 y otro número es 1. El m.c.m. es 90. ¿Cuál es el otro número?

A 3
B 4
C 5
D 10

18. ¿Qué fracción es equivalente a 0.08?

F $\frac{8}{10}$
G $1\frac{4}{5}$
H $\frac{8}{100}$
J $\frac{3}{50}$

19. ¿Qué decimal es equivalente a $\frac{3}{8}$?

A 0.375
B 0.325
C 0.266
D 0.125

20. ¿Qué fracción es equivalente a $\frac{22}{24}$?

F $\frac{11}{12}$
G $\frac{12}{14}$
H $\frac{32}{34}$
J $\frac{44}{46}$

Sigue

Nombre ________________________________

Para 21–22, compara las fracciones usando el m.c.m.

21. $\frac{7}{12} \bullet \frac{4}{7}$

A $\frac{49}{84} > \frac{48}{84}$
C $\frac{21}{36} > \frac{20}{35}$
B $\frac{14}{19} < \frac{16}{19}$
D $\frac{47}{84} > \frac{46}{84}$

22. ¿Cuál muestra las fracciones en orden de *mayor* a *menor*?

F $\frac{3}{8}, \frac{2}{5}, \frac{5}{12}$
H $\frac{3}{8}, \frac{5}{12}, \frac{2}{5}$
G $\frac{5}{12}, \frac{2}{5}, \frac{3}{8}$
J $\frac{2}{5}, \frac{3}{8}, \frac{5}{12}$

Para 23–24, elige la mínima expresión de cada fracción.

23. $\frac{40}{48}$

A $\frac{2}{3}$
C $\frac{4}{5}$
B $\frac{3}{4}$
D $\frac{5}{6}$

24. $\frac{10}{36}$

F $\frac{5}{18}$
H $\frac{2}{7}$
G $\frac{5}{16}$
J $\frac{4}{30}$

25. Elige la fracción que es equivalente a $5\frac{3}{11}$.

A $\frac{48}{11}$
C $\frac{53}{11}$
B $\frac{58}{11}$
D $\frac{57}{11}$

26. Elige el número mixto que es equivalente a $\frac{71}{8}$.

F $8\frac{5}{8}$
H $9\frac{1}{8}$
G $8\frac{7}{8}$
J $9\frac{3}{8}$

27. La receta de pan de maíz de Emma requiere $2\frac{1}{3}$ tazas de harina de maíz, $1\frac{2}{3}$ tazas de azúcar y $1\frac{7}{9}$ tazas de harina. ¿Qué ingrediente es el que Emma usa en menor cantidad?

A harina
B harina de maíz
C azúcar
D pan

Para 28–29, usa las figuras a continuación.

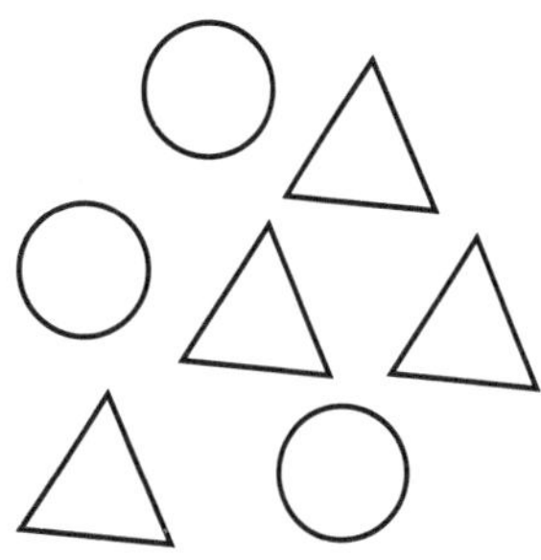

28. ¿Cuál es la razón de círculos a triángulos?

F 7:4
H 3:7
G 4:3
J 3:4

29. ¿Cuál es la razón de triángulos a todas las figuras?

A 4:7
C 4:3
B 3:4
D 7:3

Sigue

30. ¿Cuál razón es equivalente a 4:6?

F 6:3
G 3:2
H 2:3
J 8:10

Para 31–32, usa la escala del mapa.

longitud de la escala (pulg)	1
longitud real (mi)	50

31. ¿Cuál es la distancia actual entre dos ciudades que están a 7 pulgadas de separación en el mapa?

A 500 millas
B 350 millas
C 250 millas
D 200 millas

32. Pittsburg, PA, y Columbus, OH, están a 4 pulgadas de separación en el mapa. ¿Cuánto sería la distancia real?

F 200 millas
G 250 millas
H 350 millas
J 400 millas

33. La razón de estudiantes a libros de la biblioteca en la escuela de Jenny es 4:7. ¿Cuántos libros de la biblioteca tiene la escuela de Jenny?

A 120
B 30
C muy poca información
D demasiada información

34. Expresa 0.7 como un porcentaje.

F 700%
G 70%
H 7%
J 0.7%

35. Expresa $\frac{9}{20}$ como un porcentaje.

A 45%
B 29%
C 9%
D 5%

36. Expresa 6% como un decimal.

F 6
G 0.6
H 0.06
J 0.006

37. Expresa 3% como una fracción.

A $\frac{3}{10}$
B $\frac{3}{100}$
C $\frac{3}{1,000}$
D $\frac{3}{1}$

38. ¿Cuál es el 25% de 48?

F 4
G 12
H 24
J 36

39. Karen tuvo una puntuación de 95% en la prueba. La prueba tenía 20 preguntas. ¿Cuántas preguntas contestó mal?

A 19
B 5
C 2
D 1

40. ¿Cuál es el impuesto sobre las ventas para un objeto de $12 si la tasa de impuesto es de 6%?

F $11.28
G $7.20
H $0.94
J $0.72

Alto

Nombre ________________________________

Escribe la respuesta correcta.

Para 1–2, indica si cada número es divisible entre 2, 3, 4, 5, 6, 7, 8, 8, 9 o 10.

1. 4,284

____

2. 2,210

____

Para 3–4, halla el mínimo común múltiplo para cada conjunto de números.

3. 2, 5, 6

____

4. 2, 5, 45

____

Para 5–6, halla el máximo común divisor para cada conjunto de números.

5. 34, 51

____

6. 21, 35, 56

____

7. Haz una lista de los números primos entre 20 y 40.

____

8. Escribe *primo* o *compuesto* para 77.

____

9. Escribe 100,000 en forma exponencial.

____

10. Halla el valor de 10^6.

____

Sigue

11. Escribe $9 \times 9 \times 9 \times 9$ usando un exponente.

____

Para 12–13, halla el valor.

12. 4^5

____

13. 9^4

____

Para 14–15, escribe la descomposición en factores primos del número. Usa exponentes cuando sea posible.

14. 351

____

15. 189

____

16. El M.C.D. de 7 y otro número es 1. El m.c.m. es 19. ¿Cuál es el otro número?

____

17. El M.C.D. de 8 y otro número es 1. El m.c.m. es 24. ¿Cuál es el otro número?

____

18. Escribe una fracción equivalente a 0.63.

____

19. Escribe $\frac{3}{25}$ como un decimal.

____

20. Escribe una fracción equivalente a $\frac{3}{14}$.

____

Sigue

Nombre ______________________

21. Compara las fracciones usando el m.c.m. Escribe <, > o = en el ●.

$\frac{5}{9}$ ● $\frac{7}{12}$

____

22. Escribe las fracciones en orden de *mayor* a *menor*.

$\frac{2}{9}, \frac{5}{18}, \frac{1}{3}$

____

Para 23–24, escribe la mínima expresión para cada fracción.

23. $\frac{20}{36}$

____

24. $\frac{5}{35}$

____

25. Escribe una fracción equivalente a $3\frac{3}{8}$.

____

26. Escribe un número mixto equivalente a $\frac{29}{9}$.

____

27. Genevieve fue a un mercado agrícola. Ella compró $1\frac{3}{8}$ libras de zanahorias, $2\frac{1}{16}$ libras de guisantes, $1\frac{5}{16}$ libras de judías y $1\frac{1}{2}$ libras de tomates. ¿De cuál alimento Genevieve compró menos?

____

Para 28–29, usa las siguientes figuras.

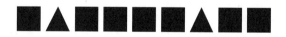

28. Escribe la razón de cuadrados a triángulos.

____

29. ¿Cuál es la razón de triángulos a todas las figuras?

____

30. Escribe una razón equivalente a 6:20.

____

Sigue

Para 31–32, usa la escala del mapa.

longitud de la escala (pulg)	1
longitud real (mi)	67

31. ¿Cuál es la distancia entre dos ciudades que se hallan a 9 pulgadas de separación en el mapa?

______

32. Dos aeropuertos se hallan a casi 4 pulgadas de separación en el mapa. ¿Cuánto sería esto en distancia real?

______

Para 33, escribe si el problema tiene *demasiada* o *muy poca información*. Luego, si es posible, resuelve el problema o describe la información adicional necesaria.

33. La razón de niños a niñas en la escuela de Jenny es de 3:2. Hay 150 estudiantes en la escuela de Jenny. Alrededor de la mitad de ellos disfruta la clase de computación. ¿Cuántas niñas hay en la escuela?

______

34. Escribe 0.27 como un porcentaje.

______

35. Escribe $\frac{15}{40}$ como un porcentaje.

______

36. Escribe 47% como un decimal.

______

37. Escribe 18% como una fracción en su mínima expresión.

______

38. ¿Cuál es el 40% de 65?

______

39. Paúl tuvo una puntuación de 85% en la prueba. La prueba tenía 40 preguntas. ¿Cuántas preguntas contestó mal?

______

40. ¿Cuál es el impuesto sobre las ventas para un objeto de $54 si la tasa de impuesto es de 8.5%?

______

Alto

Nombre ______________________

Elige el mejor resultado.

1. ¿Qué número está más cerca de $\frac{7}{10}$?

   A 0   C 1

   B $\frac{1}{2}$ D $1\frac{1}{2}$

Para 2–5, estima cada suma o diferencia.

2. $\frac{7}{12} + \frac{3}{8}$

   F 0   H 1

   G $\frac{1}{2}$ J $1\frac{1}{2}$

3. $\frac{2}{10} - \frac{1}{6}$

   A 0   C 1

   B $\frac{1}{2}$ D $1\frac{1}{2}$

4. $\frac{8}{9} + \frac{2}{5}$

   F 0   H 1

   G $\frac{1}{2}$ J $1\frac{1}{2}$

5. $\frac{11}{12} - \frac{4}{7}$

   A 0   C 1

   B $\frac{1}{2}$ D $1\frac{1}{2}$

Para 6–16, halla la suma o la diferencia en su mínima expresión.

6. $\frac{1}{12} + \frac{7}{12}$

   F $\frac{4}{3}$ H $\frac{8}{24}$

   G $\frac{2}{3}$ J $\frac{1}{3}$

7. $\frac{4}{7} + \frac{2}{7}$

   A $\frac{6}{7}$ C $\frac{2}{7}$

   B $\frac{6}{14}$ D $\frac{2}{14}$

8. $\frac{5}{8} - \frac{3}{8}$

   F $\frac{8}{16}$ H $\frac{2}{16}$

   G $\frac{1}{4}$ J $\frac{1}{8}$

9. $\frac{5}{9} - \frac{2}{9}$

   A $\frac{2}{18}$ C $\frac{1}{3}$

   B $\frac{3}{18}$ D $\frac{7}{9}$

10. $\frac{5}{16} + \frac{3}{8}$

    F $\frac{8}{24}$ H $\frac{11}{16}$

    G $\frac{8}{16}$ J 1

Sigue

11. $\frac{1}{4} + \frac{5}{6}$

A $\frac{6}{10}$ C $\frac{3}{5}$

B $\frac{13}{24}$ D $1\frac{1}{12}$

12. $1 - \frac{5}{9}$

F $1\frac{5}{9}$ H $\frac{3}{9}$

G $\frac{7}{9}$ J $\frac{4}{9}$

13. $\frac{3}{5} - \frac{1}{2}$

A $\frac{1}{20}$ C $\frac{4}{7}$

B $\frac{1}{10}$ D $\frac{2}{3}$

14. $\frac{7}{9} + \frac{2}{3}$

F $1\frac{4}{9}$ H $\frac{9}{12}$

G 1 J $\frac{13}{18}$

15. $\frac{13}{15} - \frac{2}{3}$

A $\frac{11}{12}$ C $\frac{3}{5}$

B $\frac{11}{15}$ D $\frac{1}{5}$

16. $\frac{1}{8} + \frac{2}{3}$

F $\frac{3}{11}$ H $\frac{13}{24}$

G $\frac{19}{48}$ J $\frac{19}{24}$

Para 17–20, usa la estrategia *calcular al revés.*

17. Katrina caminó desde su casa a la biblioteca. Luego caminó $\frac{1}{3}$ de milla a casa de su amiga. Cuando se fue de casa de su amiga, caminó $\frac{2}{5}$ de milla de regreso a su casa. Si Katrina caminó un total de 1 milla, ¿qué distancia caminó de su casa a la biblioteca?

A $\frac{4}{15}$ de milla C $\frac{5}{8}$ de milla

B $\frac{3}{8}$ de milla D $\frac{11}{15}$ de milla

18. Joe y Claire jugaron un juego numérico. Joe le dijo a Claire que eligiera un número. Luego le dijo que multiplicara su número por 8, le sumara 4, lo dividiera entre 2 y le restara 10. El resultado fue 16. ¿Con qué número comenzó Claire?

F 10 H 6

G 8 J 4

19. Tony se fue a comprar regalos de cumpleaños. Él devolvió un objeto a la tienda de música y recibió $12. Gastó $13 en el regalo de su hermana y $12 en el regalo de su amigo. Tony tenía $16 al final de su compra. ¿Cuánto dinero tenía al principio?

A $24 C $26

B $25 D $27

20. Frank le dio la $\frac{1}{2}$ de su colección de monedas a su hermana. Le dio parte de su colección a un amigo y se quedó con $\frac{2}{5}$ de su colección. ¿Qué parte de su colección le dio a su amigo?

F $\frac{9}{10}$ H $\frac{1}{10}$

G $\frac{9}{20}$ J $\frac{1}{20}$

Alto

Nombre ______________________

Escribe el resultado correcto.

1. ¿Está $\frac{5}{8}$ más cerca de 0, $\frac{1}{2}$ o 1?

____

Para 2–5, estima cada suma o diferencia.

2. $\frac{11}{12} + \frac{1}{8}$

____

3. $\frac{9}{10} - \frac{3}{5}$

____

4. $\frac{7}{8} + \frac{2}{3}$

____

5. $\frac{8}{10} - \frac{3}{7}$

____

Para 6–16, halla la suma o diferencia. Escribe el resultado en su mínima expresión.

6. $\frac{5}{12} + \frac{1}{12}$

____

7. $\frac{3}{7} + \frac{2}{7}$

____

8. $\frac{7}{8} - \frac{5}{8}$

____

9. $\frac{7}{9} - \frac{1}{9}$

____

10. $\frac{7}{16} + \frac{3}{8}$

____

11. $\frac{1}{2} + \frac{5}{6}$

____

Sigue

12. $1 - \frac{5}{7}$

____

13. $\frac{6}{7} - \frac{1}{2}$

____

14. $\frac{8}{9} + \frac{2}{3}$

____

15. $\frac{8}{15} - \frac{1}{3}$

____

16. $\frac{3}{4} + \frac{2}{3}$

____

Para 17–20, resuelve.

17. Susan caminó de su casa a la biblioteca. Luego caminó $\frac{1}{4}$ de milla de la biblioteca a casa de su amiga. Cuando se fue de casa de su amiga, caminó $\frac{2}{5}$ de milla de regreso a su casa. Si Susan caminó un total de 1 milla, ¿qué distancia caminó de su casa a la biblioteca?

____

18. Mark y Jane jugaron un juego numérico. Mark le dijo a Jane que eligiera un número. Luego le pidió que lo multiplicara por 6, le sumara 8, lo dividiera entre 2 y le restara 8. Jane dijo que después de hacer todas las operaciones, ella obtuvo 20. ¿Con qué número comenzó Jane?

____

19. Tony se fue a comprar regalos de cumpleaños. Gastó $12 en el regalo de su hermana y $10 en el regalo de su amigo. Él devolvió un objeto a la tienda de música y recibió $8. Tony tenía $11 al final de su compra. ¿Cuánto dinero tenía al principio?

____

20. Gavin le dio la $\frac{1}{2}$ de su colección de estampillas a su hermana. Le dio parte de su colección a un amigo y se quedó con $\frac{3}{8}$ ¿Qué parte de su colección le dio a su amigo?

____

Alto

Nombre ______________________

Elige la mejor respuesta.

Para 1–4, halla la suma. Recuerda expresar el resultado en su mínima expresión.

1. $3\frac{1}{5} + 3\frac{2}{3}$

A $6\frac{3}{15}$ C $6\frac{3}{8}$

B $6\frac{1}{5}$ D $6\frac{13}{15}$

2. $5\frac{3}{4} + 6\frac{1}{12}$

F $11\frac{4}{16}$ H $11\frac{4}{12}$

G $11\frac{1}{4}$ J $11\frac{5}{6}$

3. $7\frac{2}{3} + 9\frac{5}{12}$

A $17\frac{1}{12}$ C $16\frac{7}{15}$

B $16\frac{7}{12}$ D $16\frac{1}{12}$

4. $5\frac{5}{12} + 2\frac{1}{2}$

F $7\frac{13}{14}$ H $7\frac{1}{2}$

G $7\frac{11}{12}$ J $7\frac{3}{7}$

5. Halla el valor de *n*.

$n + 3\frac{3}{7} = 8$

A $n = 4\frac{4}{7}$ C $n = 11\frac{3}{7}$

B $n = 5\frac{4}{7}$ D $n = 11\frac{4}{7}$

Para 6–9, halla la diferencia. Recuerda expresar el resultado en su mínima expresión.

6. $7\frac{7}{12} - 5\frac{1}{4}$

F $2\frac{5}{12}$ H $2\frac{1}{3}$

G $2\frac{3}{4}$ J $2\frac{1}{2}$

7. $7\frac{5}{8} - 2\frac{1}{4}$

A $4\frac{3}{8}$ C $5\frac{3}{8}$

B $4\frac{1}{2}$ D $5\frac{1}{2}$

8. $6\frac{2}{3} - 3\frac{1}{4}$

F $3\frac{7}{12}$ H $3\frac{5}{12}$

G $3\frac{3}{7}$ J $3\frac{1}{7}$

9. $7\frac{4}{5} - 5\frac{3}{10}$

A $2\frac{1}{2}$ C $2\frac{1}{5}$

B $2\frac{7}{15}$ D $2\frac{1}{10}$

10. Halla el valor de *n*.

$n - 2\frac{3}{5} = 4\frac{2}{5}$

F $n = 7$ H $n = 1\frac{4}{5}$

G $n = 6$ J $n = \frac{4}{5}$

Sigue

Para 11–12, estima.

11. $8\frac{13}{16} + 3\frac{11}{16}$

A 11
B $11\frac{1}{2}$
C 12
D $12\frac{1}{2}$

12. $9\frac{5}{6} - 4\frac{11}{12}$

F 5
G $5\frac{1}{2}$
H 6
J $6\frac{1}{2}$

Para 13–17, halla la suma o la diferencia. Recuerda expresar tu resultado en su mínima expresión.

13. $5\frac{2}{3} + 7\frac{3}{4}$

A $12\frac{5}{12}$
B $12\frac{5}{7}$
C $13\frac{5}{12}$
D $14\frac{5}{12}$

14. $7\frac{1}{2} - 5\frac{1}{3}$

F $2\frac{5}{6}$
G $2\frac{1}{6}$
H 2
J $1\frac{1}{6}$

15. $3\frac{2}{7} + 4\frac{1}{2} + 2\frac{3}{7}$

A $9\frac{3}{14}$
B $9\frac{3}{8}$
C $9\frac{6}{7}$
D $10\frac{3}{14}$

16. $7\frac{1}{3} - 5\frac{5}{6}$

F $2\frac{4}{6}$
G $2\frac{1}{2}$
H $1\frac{7}{6}$
J $1\frac{1}{2}$

17. $9\frac{3}{7} - 6\frac{5}{7}$

A $2\frac{3}{7}$
B $2\frac{5}{7}$
C $3\frac{2}{7}$
D $3\frac{5}{7}$

Para 18–20, usa la tabla.

En la floristería Maple Heights, Martha anota cuántas docenas de rosa de cada color se venden cada día. Faltan algunas anotaciones en su libro para las ventas de hoy.

ROSAS (EN DOCENAS)			
Color	**Comienzo**	**Vendidas**	**Quedan**
Rojo	$3\frac{3}{4}$	$1\frac{1}{3}$	■
Amarillo	$6\frac{1}{2}$	■	$2\frac{1}{3}$
Blanco	■	■	$2\frac{1}{4}$
Total	14	■	■

18. ¿Cuántas docenas de rosas quedaban al final del día?

F 6 docenas
G 7 docenas
H $8\frac{3}{12}$ docenas
J $8\frac{7}{12}$ docenas

19. ¿Cuántas docenas de rosas blancas se vendieron al final del día?

A $1\frac{1}{4}$ docenas
B $1\frac{1}{2}$ docenas
C $2\frac{1}{2}$ docenas
D 6 docenas

20. ¿Cuántas docenas de rosas amarillas se vendieron al final del día?

F $3\frac{1}{6}$ docenas
G 4 docenas
H $4\frac{1}{6}$ docenas
J $8\frac{2}{5}$ docenas

Alto

Nombre ______________________

Escribe la respuesta correcta.

Para 1–4, halla la suma. Recuerda expresar el resultado en su mínima expresión.

1. $3\frac{1}{4} + 3\frac{5}{8}$

____

2. $5\frac{3}{4} + 6\frac{5}{12}$

____

3. $8\frac{1}{3} + 9\frac{1}{12}$

____

4. $5\frac{1}{2} + 2\frac{3}{16}$

____

5. Halla el valor de *n*.

$n + 2\frac{4}{7} = 8$

____

6. Halla el valor de *n*.

$n - 2\frac{3}{4} = 2\frac{1}{4}$

____

Para 7–10, halla la diferencia. Recuerda expresar el resultado en su mínima expresión.

7. $8\frac{11}{12} - 5\frac{3}{4}$

____

8. $9\frac{7}{8} - 3\frac{1}{4}$

____

9. $7\frac{2}{3} - 4\frac{1}{4}$

____

10. $6\frac{3}{5} - 2\frac{1}{10}$

____

Sigue

Nombre ______________________

Para 11–17, halla la suma o la diferencia. Recuerda expresar tu resultado en su mínima expresión.

11. $5\frac{1}{3} + 4\frac{3}{4}$

____

12. $7\frac{3}{4} - 5\frac{1}{3}$

____

13. $3\frac{1}{5} + 3\frac{1}{2} + 2\frac{3}{5}$

____

14. $7\frac{2}{3} - 4\frac{5}{6}$

____

15. $7\frac{4}{7} - 2\frac{5}{7}$

____

16. $6\frac{3}{8} + 5\frac{11}{16}$

____

17. $7\frac{1}{6} - 3\frac{2}{3}$

____

Para 18–20, usa la tabla.

En la floristería Bedford, Dan anota cuántas docenas de claveles de cada color se venden cada día. Faltan algunas anotaciones en el libro de Dan para las ventas de hoy.

SUMINISTRO DE CLAVELES (EN DOCENAS)			
Color	**Comienzo**	**Vendidas**	**Quedan**
Rojo	$3\frac{1}{2}$	$2\frac{1}{2}$	■
Rosado	$5\frac{3}{4}$	■	$2\frac{1}{4}$
Blanco	■	■	$2\frac{1}{3}$
Total	12	■	■

18. ¿Cuántas docenas de claveles quedaban al final del día?

____

19. ¿Cuántas docenas de claveles se vendieron al final del día?

____

20. ¿Cuántas docenas de claveles blancos se vendieron al final del día?

____

Alto

Elige la mejor respuesta.

1. ¿Qué enunciado numérico está representado por el modelo?

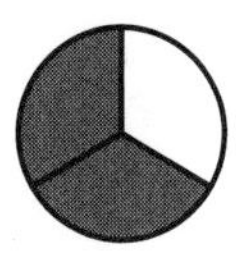 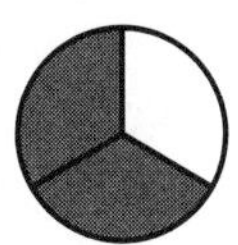 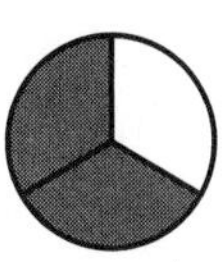 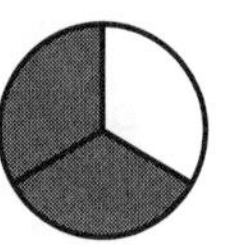

A $4 \times \frac{1}{3} = 1\frac{1}{3}$ C $4 \times \frac{1}{4} = 1$

B $4 \times \frac{2}{3} = 2\frac{2}{3}$ D $4 \times \frac{2}{3} = 1\frac{2}{3}$

2. $\frac{3}{5} \times 45$

F 9 H 27

G 18 J 29

Para 3–4, evalúa cada expresión. Luego elige el símbolo correcto para cada ●.

3. $\frac{3}{4} \times 16$ ● $\frac{1}{3} \times 36$

A $<$ B $>$ C $=$

4. $\frac{1}{5} \times 35$ ● $\frac{2}{3} \times 15$

F $<$ G $>$ H $=$

5. ¿Qué enunciado numérico está representado por el modelo?

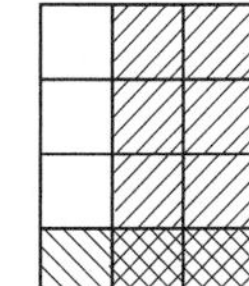

A $\frac{2}{3} \times \frac{1}{4} = \frac{2}{12}$ C $\frac{1}{4} \times \frac{1}{3} = \frac{1}{12}$

B $\frac{2}{3} \times \frac{1}{4} = \frac{2}{6}$ D $\frac{1}{4} \times \frac{2}{4} = \frac{2}{16}$

Para 6–17, halla el producto. Recuerda expresar el resultado en la más mínima expresión.

6. $\frac{3}{5} \times \frac{5}{6}$

F $\frac{1}{5}$ H $\frac{1}{2}$

G $\frac{1}{3}$ J $\frac{8}{11}$

7. $\frac{1}{6} \times \frac{2}{3}$

A $\frac{1}{9}$ C $\frac{2}{9}$

B $\frac{2}{18}$ D $\frac{1}{3}$

8. $\frac{7}{12} \times \frac{2}{3}$

F $\frac{14}{9}$ H $\frac{3}{5}$

G $\frac{14}{15}$ J $\frac{7}{18}$

9. $\frac{4}{9} \times 1\frac{3}{5}$

A $\frac{4}{15}$ C $\frac{1}{2}$

B $\frac{12}{45}$ D $\frac{32}{45}$

10. $4\frac{2}{3} \times \frac{1}{4}$

F $1\frac{1}{3}$ H $1\frac{1}{6}$

G 1 J $1\frac{1}{12}$

11. $3\frac{1}{4} \times \frac{4}{9}$

A $1\frac{4}{9}$ C $3\frac{4}{36}$

B $1\frac{5}{9}$ D $3\frac{1}{9}$

Sigue

12. $\frac{2}{7} \times 2\frac{3}{5}$

F $2\frac{6}{35}$ H $\frac{4}{7}$

G $\frac{26}{35}$ J $\frac{20}{35}$

13. $1\frac{2}{5} \times 1\frac{2}{3}$

A $1\frac{4}{15}$ C $2\frac{1}{3}$

B $2\frac{4}{15}$ D $2\frac{1}{2}$

14. $2\frac{1}{4} \times 1\frac{2}{5}$

F $2\frac{2}{20}$ H $2\frac{3}{20}$

G $2\frac{1}{10}$ J $3\frac{3}{20}$

15. $2\frac{1}{5} \times 1\frac{3}{4}$

A $2\frac{3}{20}$ C $3\frac{11}{20}$

B $2\frac{17}{20}$ D $3\frac{17}{20}$

16. $2\frac{1}{2} \times 3\frac{2}{3}$

F $9\frac{1}{6}$ H $6\frac{1}{3}$

G 7 J $6\frac{1}{6}$

17. $3\frac{2}{5} \times 2\frac{1}{4}$

A $6\frac{1}{10}$ C $7\frac{6}{10}$

B $6\frac{2}{20}$ D $7\frac{13}{20}$

Para 18–20, usa esta información.

El disco compacto se inventó 12 años después del láser. El láser se inventó en 1960. El fonógrafo se inventó 21 años después de la grabadora de cintas. La grabadora de cintas se inventó 74 años antes del disco compacto.

18. ¿Qué información se necesita primero para saber el año de cada invención?

F El fonógrafo se inventó 22 años antes que la grabadora de cintas.
G El láser se inventó en 1960.
H La grabadora de cintas se inventó 73 años antes que el disco compacto.
J El primer objeto que se inventó.

19. ¿Cuál lista muestra los inventos desde el primero hasta el más reciente?

A fonógrafo, grabadora de cintas, láser, disco compacto
B grabadora de cintas, fonógrafo, láser, disco compacto
C disco compacto, grabadora de cintas, láser, fonógrafo
D láser, grabadora de cintas, fonógrafo, disco compacto

20. ¿Qué enunciado es verdadero?

F El disco compacto se inventó en 1952.
G El fonógrafo se inventó en 1887.
H La grabadora de cintas se inventó en 1898.
J La grabadora se inventó antes del fonógrafo.

Alto

Nombre ______________________

Escribe el resultado correcto.

1. Escribe el enunciado numérico para el modelo.

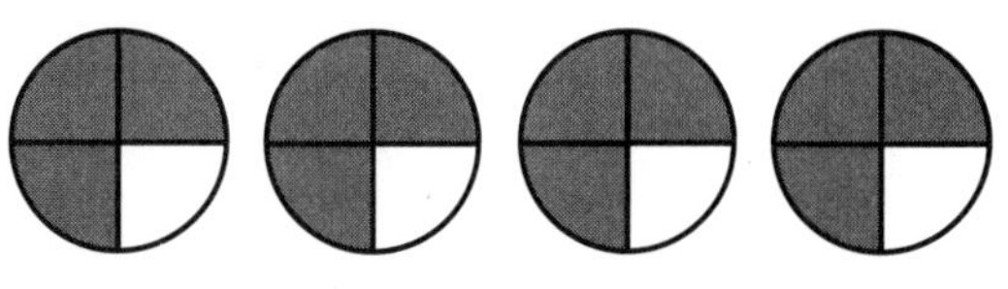

____

2. $\frac{2}{5} \times 35$

____

Para 3–4, evalúa cada expresión. Luego escribe $<$, $>$ o $=$ en el ◯.

3. $\frac{1}{3} \times 21$ ◯ $\frac{1}{2} \times 18$

4. $\frac{3}{4} \times 24$ ◯ $\frac{1}{5} \times 60$

5. Escribe un enunciado numérico para el modelo.

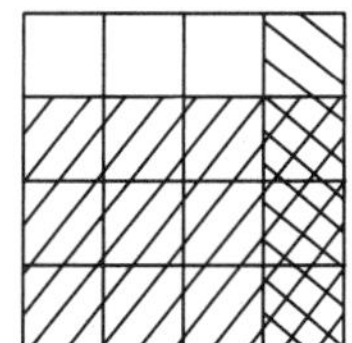

____

Para 6–17, halla el producto. Expresa el resultado en su mínima expresión.

6. $\frac{3}{4} \times \frac{2}{5}$

____

7. $\frac{1}{5} \times \frac{2}{3}$

____

8. $\frac{7}{10} \times \frac{4}{7}$

____

9. $\frac{3}{4} \times 1\frac{1}{5}$

____

10. $3\frac{2}{3} \times \frac{1}{7}$

____

Sigue

11. $2\frac{1}{3} \times 1\frac{2}{9}$

____

12. $1\frac{2}{7} \times 2\frac{1}{5}$

____

13. $3\frac{2}{3} \times 1\frac{1}{4}$

____

14. $3\frac{1}{4} \times 2\frac{2}{5}$

____

15. $2\frac{1}{6} \times 1\frac{2}{3}$

____

16. $4\frac{1}{2} \times 5\frac{2}{3}$

____

17. $2\frac{2}{5} \times 2\frac{1}{4}$

____

Para 18–20, usa la información.

La aspirina se descubrió después de que se realizara la primera operación antiséptica. La penicilina, el primer antibiótico se descubrió en 1928. Joseph Lister realizó operaciones antisépticas 61 años antes de que se descubriera la penicilina. La insulina se descubrió seis años antes que la penicilina.

18. ¿Qué información se necesita primero para hallar las fechas de todos los sucesos?

____

19. Haz una lista de los avances médicos desde el primero hasta el más reciente.

____

20. ¿Qué suceso ocurrió primero en 1867?

____

Alto

Elige el mejor resultado.

1. ¿Qué enunciado numérico corresponde con el modelo?

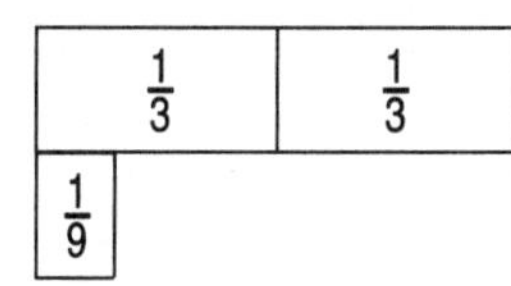

A $\frac{2}{3} \div \frac{1}{9} = 6$ C $\frac{2}{3} \div \frac{1}{9} = 4$

B $\frac{1}{9} \div \frac{2}{3} = 6$ D $\frac{1}{9} \div \frac{2}{3} = 4$

2. $\frac{4}{5} \div \frac{1}{10}$

F $\frac{4}{50}$ H $\frac{1}{6}$

G $\frac{1}{8}$ J 8

3. ¿Qué enunciado numérico corresponde con el modelo?

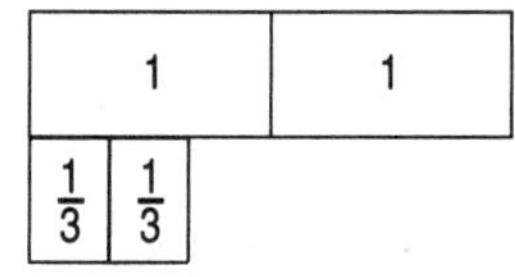

A $2 \div \frac{2}{3} = 6$ C $\frac{2}{3} \div 2 = 6$

B $2 \div \frac{2}{3} = 3$ D $2 \div \frac{1}{3} = 3$

4. El quiosco tiene $\frac{3}{4}$ de taza de jalapeños. Si cada orden de nachos usa $\frac{1}{12}$ de taza de jalapeños, ¿cuántas órdenes de nachos se pueden hacer?

F 6 H 8
G 7 J 9

5. ¿Qué par tiene fracciones que **no** son recíprocas?

A $\frac{1}{2}$ y $\frac{2}{1}$ C $1\frac{5}{7}$ y $\frac{7}{13}$

B $2\frac{1}{3}$ y $\frac{3}{7}$ D $\frac{5}{7}$ y $\frac{7}{5}$

6. ¿Cuál es el recíproco de $2\frac{3}{4}$?

F $\frac{11}{4}$ H $\frac{4}{9}$

G $\frac{4}{8}$ J $\frac{4}{11}$

7. ¿Qué fracción es menor que su recíproco?

A $\frac{1}{2}$ C $\frac{10}{2}$

B $\frac{13}{12}$ D $\frac{4}{3}$

8. ¿Cuál es el valor de *n*?

$\frac{n}{9} \times \frac{9}{7} = 1$

F $n = 1$ H $n = 6$
G $n = 4$ J $n = 7$

Para 9–18, divide. Recuerda expresar el resultado en su mínima expresión.

9. $9 \div \frac{3}{7}$

A 21 C $\frac{3}{63}$

B $\frac{7}{27}$ D $\frac{1}{21}$

10. $10 \div \frac{3}{5}$

F $\frac{3}{50}$ H 6

G $\frac{1}{6}$ J $16\frac{2}{3}$

Sigue

11. $50 \div \frac{5}{7}$

A 70 C $\frac{7}{250}$
B $\frac{250}{7}$ D $\frac{1}{70}$

12. ¿Cuántos tercios hay en 12?

F 36 H 6
G 24 J 4

13. ¿Cuántos cuatros hay en once?

A 44 C 2
B $2\frac{3}{4}$ D $1\frac{3}{4}$

14. ¿Qué número hace esta ecuación verdadera?

$\blacksquare \div \frac{1}{3} = 6$

F 18 H 2
G 16 J $\frac{1}{2}$

Para 15–16, usa recíprocos para escribir un problema de multiplicación para la división.

15. $\frac{2}{5} \div \frac{7}{9}$

A $\frac{2}{5} \times \frac{7}{9}$ C $\frac{5}{2} \times \frac{7}{9}$
B $\frac{2}{5} \times \frac{9}{7}$ D $\frac{5}{2} \times \frac{9}{7}$

16. $2\frac{3}{7} \div 3\frac{1}{2}$

F $\frac{12}{7} \times \frac{2}{6}$ H $\frac{17}{7} \times \frac{2}{7}$
G $\frac{7}{12} \times \frac{6}{2}$ J $\frac{7}{17} \times \frac{7}{2}$

Para 17–18, divide. Recuerda expresar el resultado en su mínima expresión.

17. $2\frac{1}{3} \div 3\frac{1}{5}$

A $\frac{15}{112}$ C $1\frac{13}{35}$
B $\frac{35}{48}$ D $3\frac{3}{5}$

18. $\frac{7}{10} \div \frac{3}{4}$

F $\frac{40}{21}$ H $\frac{14}{15}$
G $\frac{15}{14}$ J $\frac{21}{40}$

Para 19–20, resuelve cada problema.

19. El área de West Virginia es de casi 24,000 millas cuadradas. Massachusetts es casi $\frac{1}{3}$ del tamaño de West Virginia. ¿Aproximadamente de qué tamaño es Massachusetts?

A 7,000 millas cuadradas
B 7,200 millas cuadradas
C 7,800 millas cuadradas
D 8,000 millas cuadradas

20. Un camión puede cargar 9,000 libras. ¿Cuántas cajas, con un peso de $\frac{3}{4}$ de libra cada una, puede cargar el camión?

F 10,000
G 12,000
H 13,000
J 14,000

Alto

Escribe la respuesta correcta.

1. Stacie tiene $\frac{3}{4}$ de taza de nevado de pastel. Si cada pastelito redondo lleva $\frac{1}{8}$ de taza de nevado, ¿cuántos pastelitos puede cubrir?

____

2. Escribe un enunciado numérico para el modelo.

1	1	1
$\frac{3}{4}$		

____

3. Escribe un enunciado numérico para el modelo.

$\frac{1}{5}$	$\frac{1}{5}$	$\frac{1}{5}$	$\frac{1}{5}$
$\frac{1}{10}$			

____

4. $\frac{2}{3} \div \frac{1}{9}$

____

5. ¿Cuál es el recíproco de $3\frac{1}{4}$?

____

6. ¿Cuál es el valor de *n*?

$\frac{n}{7} \times \frac{7}{3} = 1$

____

7. ¿Cuál es mayor, $\frac{8}{9}$ o su recíproco?

____

8. ¿Cuál es el recíproco de $\frac{12}{5}$?

____

Para 9–11, divide. Recuerda expresar el resultado en su mínima expresión.

9. $8 \div \frac{5}{6}$

____

10. $8 \div \frac{6}{7}$

____

11. $40 \div \frac{2}{3}$

____

Sigue

12. ¿Cuántos tercios hay en 10?

____

13. ¿Qué número hace esta ecuación verdadera?

$\_\_\_\_\_ \div \frac{1}{2} = 18$

14. ¿Cuántos tres hay en 10?

____

Para 15–16, divide. Recuerda expresar el resultado en su mínima expresión.

15. $2\frac{1}{2} \div 3\frac{1}{4}$

____

16. $\frac{5}{12} \div \frac{2}{3}$

____

Para 17–18, usa recíprocos para escribir un problema de multiplicación para la división.

17. $\frac{3}{7} \div \frac{5}{8}$

____

18. $2\frac{3}{7} \div 3\frac{1}{2}$

____

Para 19–20, resuelve cada problema.

19. El parque histórico nacional Saratoga en New York es casi un décimo del tamaño del parque histórico nacional Chaco en New Mexico. El parque histórico nacional Chaco tiene un tamaño de casi 34,000 acres. ¿Alrededor de cuántas acres tiene el parque histórico nacional Saratoga?

____

20. En 1998, la población de California era de casi 32,000,000. El mismo año la población de New Jersey era casi un cuarto de la de California. ¿Alrededor de cuántas personas vivían en New Jersey en 1998?

____

Alto

Nombre ______________________

Elige la mejor respuesta.

1. ¿Qué número está más próximo a $\frac{2}{10}$?

A 0 C 1

B $\frac{1}{2}$ D $1\frac{1}{2}$

2. ¿Cuál es una mejor estimación?

$\frac{1}{12} + \frac{5}{9}$

F 0 H 1

G $\frac{1}{2}$ J $1\frac{1}{2}$

3. ¿Cuál es la estimación de la diferencia?

$\frac{9}{10} - \frac{1}{8}$

A 0 C 1

B $\frac{1}{2}$ D $1\frac{1}{2}$

Para 4–8, halla la suma o la diferencia en su mínima expresión.

4. $\frac{2}{9} + \frac{4}{9}$

F $\frac{6}{18}$ H $\frac{5}{9}$

G $\frac{2}{3}$ J $\frac{7}{9}$

5. $\frac{7}{8} - \frac{3}{8}$

A $\frac{3}{8}$ C $\frac{1}{2}$

B $\frac{10}{16}$ D $\frac{1}{4}$

6. $\frac{3}{16} + \frac{1}{8}$

F $\frac{4}{16}$ H $\frac{4}{24}$

G $\frac{1}{6}$ J $\frac{5}{16}$

7. $1 - \frac{2}{7}$

A $1\frac{2}{7}$ C $\frac{5}{7}$

B $1\frac{1}{7}$ D $\frac{1}{7}$

8. $\frac{3}{4} - \frac{2}{3}$

F $\frac{1}{24}$ H $\frac{1}{8}$

G $\frac{1}{12}$ J $\frac{1}{7}$

Para 9–10, calcula al revés para resolver.

9. Hannah le dijo a Corey que eligiera un número, lo multiplicara por 6, le sumara 8, lo dividiera entre 2 y le restara 4. Corey dijo que el resultado fue 9. ¿Cuál fue el número de Corey al principio?

A 3 C 5
B 4 D 6

10. Alvin gastó $9 en artículos de arte y $8 en cuadernos, bolígrafos y lápices. Él devolvió un artículo a la tienda y le devolvieron $11. Alvin tenía $15 al final de su compra. ¿Cuánto tenía al comienzo?

F $24 H $22
G $23 J $21

Sigue

11. $2\frac{3}{4} + 3\frac{1}{3}$

A $5\frac{13}{24}$ C $5\frac{5}{6}$

B $5\frac{4}{7}$ D $6\frac{1}{12}$

12. Halla el valor de *n* para $n + 2\frac{2}{9} = 9$.

F $6\frac{5}{9}$ H $7\frac{7}{9}$

G $6\frac{7}{9}$ J $11\frac{2}{9}$

13. $8\frac{11}{12} - 2\frac{1}{4}$

A $6\frac{10}{8}$ C $6\frac{2}{3}$

B $6\frac{8}{12}$ D $6\frac{1}{3}$

14. Halla el valor de *n* para $n - 2\frac{3}{7} = 3\frac{4}{7}$.

F 7 H 5

G 6 J $1\frac{1}{7}$

Para 15–18, halla la suma o la diferencia en su mínima expresión.

15. $7\frac{1}{6} - 3\frac{7}{12}$

A $3\frac{7}{24}$

B $3\frac{7}{12}$

C $4\frac{5}{12}$

D $4\frac{1}{2}$

16. $4\frac{7}{8} + 5\frac{3}{4}$

F $10\frac{5}{8}$

G $9\frac{13}{16}$

H $9\frac{5}{6}$

J $9\frac{5}{8}$

17. $7\frac{1}{3} - 4\frac{3}{4}$

A $2\frac{7}{24}$ C $2\frac{7}{12}$

B $2\frac{5}{12}$ D $3\frac{5}{12}$

18. $\frac{1}{7} + 2\frac{1}{2} + 3\frac{5}{7}$

F $5\frac{5}{14}$ H $6\frac{2}{7}$

G $5\frac{7}{16}$ J $6\frac{5}{14}$

Para 19–20, usa la tabla.

En la venta de rosquillas de Barry, Barry anota cuántas docenas de cada tipo de rosquillas se venden cada día. Faltan algunos registros de su libro de anotaciones para las ventas de hoy.

SUMINISTRO DE ROSQUILLAS (EN DOCENAS)			
Tipo	**Comienzo**	**Vendidos**	**Quedan**
Simple	$2\frac{2}{3}$	$1\frac{1}{4}$	■
Trigo	$4\frac{1}{2}$	■	$2\frac{1}{4}$
Pasas	■	■	$1\frac{1}{3}$
Total	10	■	■

19. ¿Cuántas docenas de rosquillas quedaron al final del día?

A $3\frac{2}{7}$ docenas C 5 docenas

B 4 docenas D $5\frac{1}{12}$ docenas

20. ¿Cuántas docenas de rosquillas de trigo se vendieron al final del día?

F $2\frac{1}{4}$ docenas H $3\frac{1}{2}$ docenas

G 3 docenas J $3\frac{2}{3}$ docenas

Sigue

21. ¿Cuál es el enunciado numérico representado por el modelo?

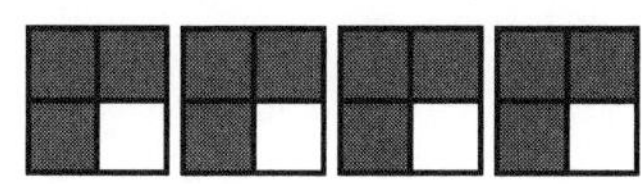

A $4 \times \frac{1}{4} = 1$

B $4 \times \frac{3}{4} = 3$

C $4 \times \frac{1}{4} = 1\frac{1}{4}$

D $4 \times \frac{3}{4} = 3\frac{1}{4}$

22. Elige $<$, $>$ o $=$ para ●.

$\frac{1}{7} \times 28$ ● $\frac{2}{7} \times 14$

F $<$ G $>$ H $=$

23. $\frac{2}{9} \times 36$

A 8

B 7

C 6

D 4

Para 24–28, multiplica. Halla el resultado en su mínima expresión.

24. $\frac{1}{4} \times \frac{2}{7}$

F $\frac{3}{11}$

G $\frac{2}{14}$

H $\frac{3}{28}$

J $\frac{1}{14}$

25. $\frac{7}{9} \times 1\frac{1}{2}$

A $\frac{3}{18}$

B $1\frac{1}{6}$

C $1\frac{7}{18}$

D $1\frac{5}{9}$

26. $2\frac{2}{5} \times \frac{3}{4}$

F $2\frac{3}{10}$

G $2\frac{1}{10}$

H $1\frac{4}{5}$

J $1\frac{7}{20}$

27. $2\frac{3}{4} \times 3\frac{1}{3}$

A $9\frac{1}{6}$

B 9

C $6\frac{1}{12}$

D $6\frac{1}{4}$

28. $2\frac{3}{5} \times 1\frac{3}{4}$

F $2\frac{9}{20}$

G $2\frac{11}{20}$

H $3\frac{3}{10}$

J $4\frac{11}{20}$

Para 29–30, usa la siguiente información.

La cinta transparente se inventó 21 años antes del líquido corrector. El líquido corrector se inventó en 1951. La máquina de escribir se inventó 63 años antes que la cinta transparente. Las notas adhesivas se inventaron 44 años después que la cinta transparente.

29. ¿Qué fecha de un invento usarías para hallar las fechas de los demás?

A cinta transparente

B líquido corrector

C máquina de escribir

D notas adhesivas

30. ¿Qué lista tiene los inventos del más antiguo al más reciente?

F máquina de escribir, cinta transparente, líquido corrector, notas adhesivas

G notas adhesivas, líquido corrector, cinta transparente, máquina de escribir

H cinta transparente, líquido corrector, notas adhesivas, máquina de escribir

J líquido corrector, cinta transparente, notas adhesivas, máquina de escribir

Sigue

31. ¿Qué enunciado de división corresponde con el modelo?

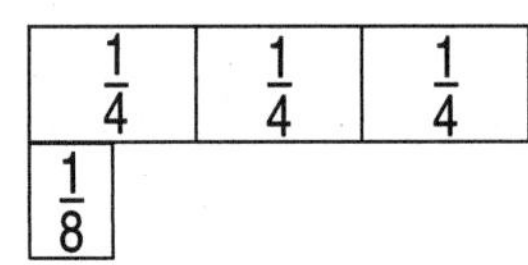

A $\frac{3}{4} \div \frac{1}{8} = 6$

B $\frac{1}{8} \div \frac{3}{4} = \frac{1}{2}$

C $\frac{3}{4} \div \frac{1}{8} = 4$

D $\frac{1}{8} \div \frac{3}{4} = \frac{1}{6}$

32. ¿Cuántos tercios hay en 9?

F 27
G 18
H 7
J 3

33. ¿Qué fracciones **no** son recíprocas?

A $\frac{1}{5}$ y $\frac{5}{1}$

B $2\frac{1}{8}$ y $\frac{8}{11}$

C $1\frac{3}{7}$ y $\frac{7}{10}$

D $\frac{7}{9}$ y $\frac{9}{7}$

34. El puesto de ventas tiene $\frac{2}{3}$ de taza de sprinkles. Si cada helado lleva $\frac{1}{12}$ de taza de sprinkles, ¿cuántos helados puede preparar el puesto de ventas?

F 6 helados
G 7 helados
H 8 helados
J 9 helados

Para 35–36, divide. Halla el resultado en su mínima expresión.

35. $16 \div \frac{4}{7}$

A $\frac{1}{28}$

B $9\frac{1}{7}$

C 24

D 28

36. $25 \div \frac{5}{9}$

F 45

G $13\frac{8}{9}$

H $\frac{9}{125}$

J $\frac{1}{45}$

37. Usa recíprocos para escribir un problema de multiplicación para la división.

$3\frac{2}{9} \div 1\frac{2}{3}$

A $\frac{29}{9} \times \frac{5}{3}$

B $\frac{9}{29} \times \frac{3}{5}$

C $\frac{29}{9} \times \frac{3}{5}$

D $\frac{9}{29} \times \frac{3}{8}$

Para 38–39, divide.

38. $1\frac{2}{3} \div 2\frac{3}{5}$

F $\frac{20}{39}$

G $\frac{25}{39}$

H $4\frac{1}{3}$

J $11\frac{1}{5}$

39. $\frac{7}{12} \div \frac{3}{4}$

A $2\frac{2}{7}$

B $1\frac{2}{7}$

C $\frac{7}{9}$

D $\frac{7}{16}$

40. La tienda de música posee 30,000 CD. Si $\frac{1}{5}$ de los CD son de música clásica, ¿cuántos CD **no** son clásicos?

F 26,000 CD
G 24,000 CD
H 8,000 CD
J 6,000 CD

Alto

Nombre ______________________________

Escribe la respuesta correcta.

1. Escribe si $\frac{1}{3}$ está más próximo a 0, $\frac{1}{2}$, o 1.

____

Para 2–3, estima la suma o la diferencia.

2. $\frac{1}{16} + \frac{1}{3}$

____

3. $\frac{2}{5} - \frac{1}{3}$

____

Para 4–8, halla la suma o la diferencia. Escribe el resultado en su mínima expresión.

4. $\frac{3}{16} + \frac{9}{16}$

5. $\frac{9}{25} - \frac{4}{25}$

6. $\frac{3}{4} + \frac{1}{16}$

7. $\frac{23}{36} - \frac{5}{12}$

8. $\frac{3}{4} - \frac{3}{8}$

9. Al tercer día después de que Samantha primero lo midió, el carámbano sobre su cerca medía $\frac{17}{18}$ de yd de largo. Esto era $\frac{5}{9}$ de yd más largo que el día 2. La longitud en el día 2 era $\frac{1}{3}$ de yd más larga que el día 1. ¿Cuál era la longitud del carámbano el día 1?

____

10. Daniel caminó de su casa a tres lugares diferentes. En el tercer lugar, estaba a $\frac{11}{12}$ mi de su casa. Esto era $\frac{3}{8}$ de mi más lejos que el segundo lugar. El segundo lugar estaba a $\frac{5}{12}$ mi más lejos que el primer lugar. ¿A qué distancia de su casa estaba el primer lugar?

____

11. $1\frac{7}{8} + 4\frac{1}{4}$

12. Halla el valor de *n*.

$n + 9\frac{2}{3} = 11\frac{5}{9}$

____

13. $7\frac{1}{6} - 3\frac{1}{2}$

14. Halla el valor de *n*.

$n - 4\frac{3}{4} = 7\frac{1}{8}$

____

Para 15–18, escribe el resultado en su mínima expresión.

15. $4\frac{3}{8} - 1\frac{15}{16}$

16. $8\frac{5}{8} + 11\frac{5}{12}$

17. $13\frac{1}{7} - 5\frac{1}{2}$

18. $\frac{8}{9} + 7\frac{1}{4} + 3\frac{4}{9}$

Para 19–20, completa y usa la tabla.

En la tienda de rosquillas dulces de Debbie, ella anota cuántas docenas de cada tipo de rosquillas se vendieron cada día. Faltan algunos registros de su libro de anotaciones para las ventas de hoy.

SUMINISTRO DE ROSQUILLAS (EN DOCENAS)			
Tipo	**Comienzo**	**Vendidos**	**Quedan**
Simple	$4\frac{1}{3}$	$3\frac{5}{12}$	■
Chocolate	$3\frac{3}{4}$	■	$2\frac{1}{3}$
Mermelada	■	■	$2\frac{3}{4}$
Total	15	■	■

19. ¿Cuántas docenas de rosquillas se habían vendido al final del día?

____

20. ¿Cuántas docenas de rosquillas con mermelada se habían vendido al final del día?

____

Sigue

21. Escribe el enunciado numérico representado por el modelo.

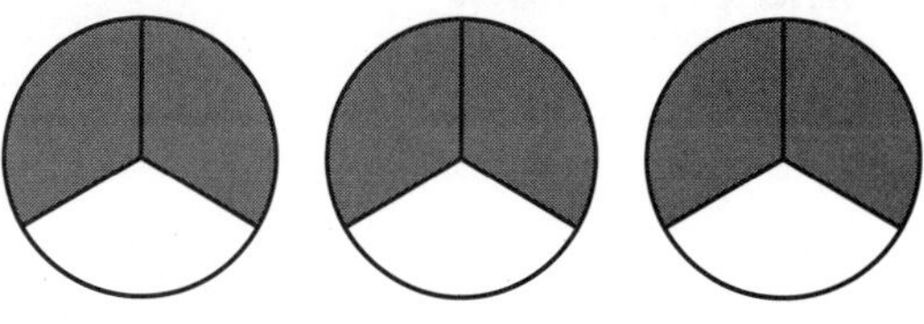

____

22. Compara. Escribe $<$, $>$ o $=$ en el ○.

$\frac{1}{3} \times 18 \bigcirc \frac{2}{3} \times 9$

23. $\frac{5}{12} \times 24$

Para 24–28, multiplica. Escribe el resultado en su mínima expresión.

24. $\frac{1}{4} \times \frac{2}{9}$

25. $\frac{4}{7} \times \frac{1}{3}$

26. $\frac{1}{6} \times \frac{4}{5}$

27. $4\frac{1}{8} \times 3\frac{2}{3}$

28. $3\frac{7}{8} \times 2\frac{1}{2}$

Para 29–30, usa la siguiente información.

Raymundo depositó $\frac{1}{8}$ de su salario en el banco. Le prestó $\frac{1}{3}$ de lo que le quedaba a un amigo. Usó $\frac{1}{4}$ de lo que le quedaba de dinero para comprar patines en línea. Después gastó $\frac{2}{7}$ de lo que quedaba en cuatro boletos para un juego de pelota. Finalmente, gastó $\frac{1}{2}$ del dinero restante en víveres. Su cheque era de $480.00.

29. ¿Cuánto gastó Raymundo en víveres?

____

30. ¿Cuál era el costo de un boleto para el juego de pelota?

____

Sigue

Nombre ______________________

31. Escribe un enunciado numérico que corresponda con el modelo.

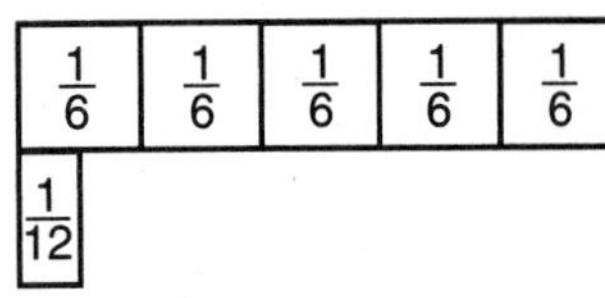

____

32. ¿Cuántos octavos hay en 16?

____

33. Escribe el recíproco de $\frac{22}{23}$.

____

34. La tienda de yogur tiene $\frac{3}{4}$ de taza de pacanas. Si cada yogur lleva $\frac{1}{24}$ de taza de pacanas como cubierta, ¿cuántas porciones puede hacer la tienda?

____

Para 35–36, usa los recíprocos para dividir. Escribe el resultado en su mínima expresión.

35. $12 \div \frac{3}{16}$

36. $35 \div \frac{5}{7}$

Para 37–39, divide. Escribe el resultado en su mínima expresión.

37. $3\frac{2}{5} \div 1\frac{7}{15}$

38. $2\frac{3}{4} \div 6\frac{3}{5}$

39. $\frac{17}{24} \div \frac{3}{8}$

40. Elisa corrió $1\frac{3}{4}$ mi. Esto es $\frac{2}{3}$ de la distancia que Xinia corrió. ¿Cuántas millas más debe correr Elisa para igualar la distancia de Xinia?

____

Alto

Nombre ______________________________

Elige la mejor respuesta.

1. ¿Qué entero representa una pérdida de 300 puntos en un juego?

   A $^{+}300$ B $^{-}300$

2. ¿Qué entero representa un depósito de $20?

   F $^{-}20$ G $^{+}20$

3. ¿Cuál es el opuesto de $^{+}6$?

   A $|^{+}6|$ C $^{-}6$
   B $|^{-}6|$ D $^{+}6$

4. ¿Cuál de los siguientes números **no** es igual a los demás?

   F $^{-}9$ H $|^{-}9|$
   G $^{+}9$ J 9

5. ¿Cuál de los siguientes números **no** es igual a los demás?

   A opuesto a $^{+}4$
   B valor absoluto de $^{-}4$
   C $^{-}4$
   D pérdida de 4

Para 6–7, elige el símbolo que hace verdadero el enunciado numérico.

6. $^{-}2$ ● $^{-}3$

   F $<$ G $>$ H $=$

7. $^{-}4$ ● $^{+}2$

   A $<$ B $>$ C $=$

Para 8–9, elige los enteros que están ordenados de *menor* a *mayor*.

8. $^{-}3, ^{+}2, ^{-}4$

   F $^{+}2, ^{-}3, ^{-}4$ H $^{-}3, ^{-}4, ^{+}2$
   G $^{+}2, ^{-}4, ^{-}3$ J $^{-}4, ^{-}3, ^{+}2$

9. $^{-}2, ^{-}5, ^{+}1$

   A $^{+}1, ^{-}5, ^{-}2$ C $^{-}5, ^{-}2, ^{+}1$
   B $^{+}1, ^{-}2, ^{-}5$ D $^{-}2, ^{-}5, ^{+}1$

Para 10–14, halla la suma.

10. $^{+}5 + ^{-}3$

   F $^{-}8$ H $^{+}2$
   G $^{-}2$ J $^{+}8$

Sigue

11. $^-5 + ^-3$

A $^-8$
B $^-2$
C $^+2$
D $^+8$

12. $^-5 + ^+3$

F $^-8$
G $^-2$
H $^+2$
J $^+8$

13. $^-1 + ^-5$

A $^-6$
B $^-4$
C $^+6$
D $^+4$

14. $^-6 + ^+4$

F $^-10$
G $^-2$
H $^+2$
J $^+10$

Para 15–18, halla cada diferencia.

15. $^+3 - ^+5$

A $^-8$
B $^-2$
C $^+2$
D $^+8$

16. $^-3 - ^+5$

F $^-8$
G $^-2$
H $^+2$
J $^+8$

17. $^+2 - ^+3$

A $^-5$
B $^-1$
C $^+1$
D $^+5$

18. $^-2 - ^+3$

F $^-5$
G $^-1$
H $^+1$
J $^+5$

Para 19–20, resuelve cada problema.

19. A las 7 a.m. la temperatura era de $^-3°$. A la 1 p.m. la temperatura había aumentado 7°. Para las 10 p.m. había descendido 5° de la temperatura de la 1 p.m. ¿Cuál era la temperatura a las 10 p.m.?

A $^+6°$
B $^+1°$
C 0°
D $^-1°$

20. Un hombre compró una estampilla especial por \$20. La vendió por \$30. Luego la compró de nuevo por \$40. Finalmente la vendió por \$50. ¿Cuánto dinero ganó?

F $^-$\$20
G \$0
H $^+$\$10
J $^+$\$20

Alto

Escribe la respuesta correcta.

1. ¿Qué entero representa un descenso de 359 pies desde la cumbre de una montaña?

____

2. ¿Qué entero representa un depósito de $15?

____

3. ¿Cuál es el opuesto de $^{-}5$?

____

Para 4–5, da el valor absoluto para cada entero.

4. $^{-}6$

____

5. $^{+}4$

____

Para 6–7, compara. Escribe <, > o = en cada ◯.

6. $^{-}3$ ◯ $^{-}5$

7. $^{-}3$ ◯ $^{+}2$

Para 8–9, ordena cada conjunto de enteros de *mayor* a *menor*.

8. $^{-}3$, $^{+}4$, $^{-}1$

____

9. $^{-}2$, $^{-}5$, $^{+}3$

____

Para 10–14, halla cada suma.

10. $^{-}7 + {}^{+}2$

____

11. $4 + {}^{+}3$

____

Sigue

12. $^{+}6 + {}^{-}9$

____

13. $^{-}5 + {}^{+}14$

____

14. $^{-}4 + {}^{-}7$

____

Para 15–18, halla cada diferencia.

15. $^{+}5 - {}^{+}7$

____

16. $^{-}5 - {}^{+}7$

____

17. $^{+}3 - {}^{+}5$

____

18. $^{-}3 - {}^{+}5$

____

Para 19–20, resuelve cada problema.

19. A las 8 a.m. la temperatura era de $^{-}6°$. Al mediodía había aumentado 10°. Para las 11 p.m. la temperatura había bajado 7° desde la temperatura del mediodía. ¿Cuál era la temperatura a las 11 p.m.?

____

20. En un programa de juegos, la primera concursante perdió 300 puntos. Luego ganó 100 puntos. Después de una pérdida de 200 puntos, ella ganó 400 puntos. ¿Cuál fue su puntaje después de lo último que ganó?

____

Alto

Elige la mejor respuesta.

Para 1–2, usa la tabla.

Entrada, *x*	1	2	3	4
Salida, *y*	5	7	9	11

1. ¿Cuál de los siguientes **no** es un par ordenado para la relación que se muestra?

   A (1,5) **C** (4,11)
   B (2,7) **D** (3,5)

2. ¿Cuál es la ecuación para la relación que se muestra?

   F $y = x + 4$ **H** $y = 3x + 2$
   G $y = 2x + 3$ **J** $y = x + 5$

Para 3–4, usa la tabla.

Entrada, *x*	0	1	3	4
Salida, *y*	2	3	5	■

3. ¿Cuál de los siguientes **no** es un par ordenado para la relación que se muestra?

   A (0,2) **C** (1,3)
   B (2,3) **D** (3,5)

4. Halla el valor de salida de *y* cuando el valor de entrada de *x* es 4.

   F 3 **H** 5
   G 4 **J** 6

5. ¿Cuál es la ecuación para la relación que se muestra?

   A $y = x - 2$ **C** $y = x + 2$
   B $y = 2x + 1$ **D** $y = 2x - 1$

Para 6–11, identifica el punto o el par ordenado.

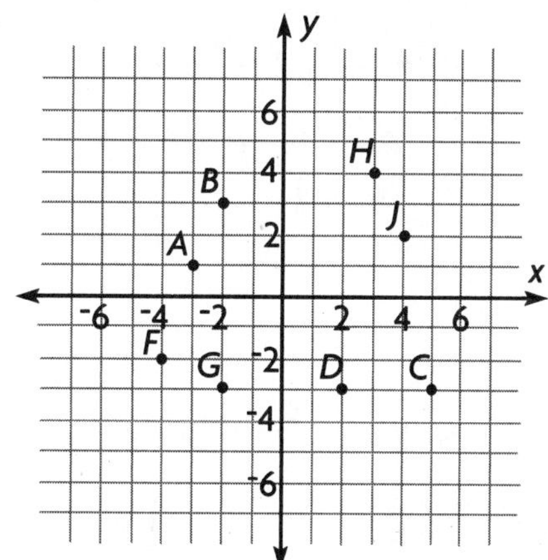

6. (3,4)

   F *F* **H** *H*
   G *G* **J** *J*

7. ($^-2$,3)

   A *A* **C** *C*
   B *B* **D** *D*

8. ($^-4$,$^-2$)

   F *F* **H** *H*
   G *G* **J** *J*

9. Punto *A*

   A (1,3) **C** ($^-3$,1)
   B (1,$^-3$) **D** ($^-3$,$^-1$)

10. Punto *G*

    F ($^-2$,$^-3$) **H** ($^-3$,$^-2$)
    G (2,$^-3$) **J** ($^-3$,2)

11. Punto *D*

    A ($^-2$,3) **C** (3,2)
    B (3,$^-2$) **D** (2,$^-3$)

Sigue

Nombre ______________________

12. Elige la ecuación para la tabla.

Entrada, x	$^-5$	$^-3$	$^-1$	1	3
Salida, y	$^-1$	1	3	5	7

F $y = x + 4$ H $y = 4 - x$
G $y = x - 4$ J $y = 4x$

13. Elige la ecuación para la tabla.

Entrada, x	$^-3$	$^-1$	0	1	3	5
Salida, y	$^-6$	$^-4$	$^-3$	$^-2$	0	2

A $y = 2x$ C $y = x + 3$
B $y = x - 3$ D $y = x + 2$

Para 14–15, usa esta información.

1. Trina está haciendo 8 problemas de matemáticas.
2. La ecuación en el primer problema es $y = x + 5$.
3. Un par ordenado es (4,9).
4. ¿Cuál es el valor de y cuando $x = {}^-3$?

14. ¿Qué enunciados tienen información relevante?

F 1, 2, y 3 H 1 y 3
G 2, 3, y 4 J 2 y 4

15. Resuelve el problema.

A $^-8$ C $^+2$
B $^-2$ D $^+8$

Para 16–18, usa las gráficas.

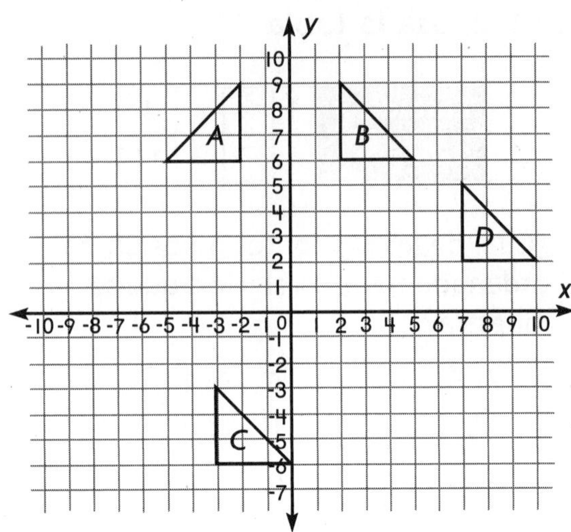

16. Elige el triángulo con las vértices (2,6), (2,9) y (5,6)?

F triángulo *A* H triángulo *C*
G triángulo *B* J triángulo *D*

17. ¿Qué figura es el resultado de la traslación del triángulo *B* cinco unidades a la derecha y cuatro unidades hacia abajo?

A triángulo *A* C triángulo *C*
B triángulo *B* D triángulo *D*

18. ¿Qué figura es el resultado de reflejar el triángulo *B* al convertir en negativas todas las coordenadas *x* de los vértices?

F triángulo *A* H triángulo *C*
G triángulo *B* J triángulo *D*

Alto

Nombre ____________________

Escribe la respuesta correcta.

Para 1–2, usa la tabla.

Entrada, x	1	2	3	4
Salida, y	2	4	6	8

1. ¿Cuáles son los pares ordenados para la relación de la tabla?

____

2. ¿Cuál es la regla para la relación?

____

Para 3–5, usa la tabla.

Entrada, x	1	2	3	4
Salida, y	0	1	2	■

3. ¿Cuáles son los pares ordenados para la relación en la tabla?

____

4. ¿Cuál es el resultado de salida de y cuando el valor de entrada de x es 4?

____

5. ¿Cuál es la ecuación para la relación?

____

Para 6–11, identifica el punto o el par ordenado.

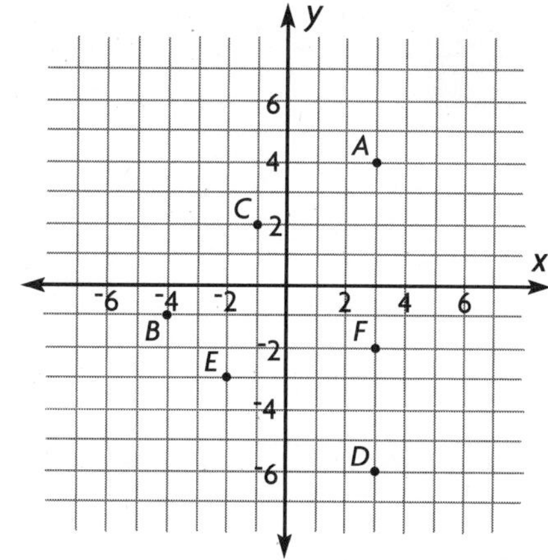

6. Punto *A*

____

7. Punto *B*

____

8. Punto *D*

____

9. $(^-1, ^+2)$

____

10. $(^-2, ^-3)$

____

11. $(^+3, ^-2)$

____

Sigue

12. ¿Cuál es la ecuación para la relación en la tabla?

Entrada, x	$^-4$	$^-2$	0	2	4	6	8
Salida, y	$^-1$	1	3	5	7	9	■

____

13. ¿Cuál es la ecuación para la relación en la tabla?

Entrada, x	$^-2$	$^-1$	0	$^+1$	$^+2$	$^+3$
Salida, y	$^-4$	$^-3$	$^-2$	$^-1$	0	■

____

Para 14–15, indica qué enunciados tienen la información relevante.

14. Tim está haciendo un problema de matemáticas. La ecuación es $y = x - 4$. Un par ordenado para la ecuación es (7,3). ¿Cuál es el valor de y cuando x es 1?

____

15. Tina está haciendo 10 problemas de matemáticas. La ecuación en el primer problema es $y = 2x + 3$. ¿Cuál es el valor de y cuando $x = 4$?

____

Para 16–18, usa la gráfica.

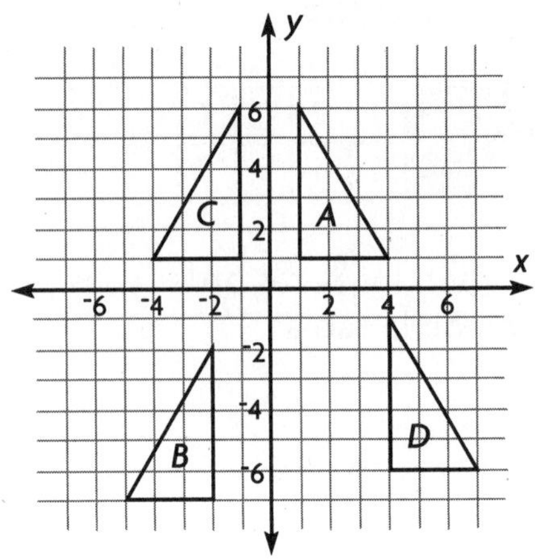

16. ¿Qué triángulo tiene vértices $(7, ^-6)$, $(4, ^-1)$ y $(4, ^-6)$?

____

17. Si trasladaras el triángulo C ocho unidades hacia abajo y una unidad hacia la izquierda, ¿qué triángulo resultaría?

____

18. Si reflejaras el triángulo C sobre el eje y haciendo positivas todas las coordenadas x de los vértices, ¿qué triángulo resultaría?

____

Alto

Nombre ______________________________

Elige la mejor respuesta.

Para 1–6, usa la siguiente figura.

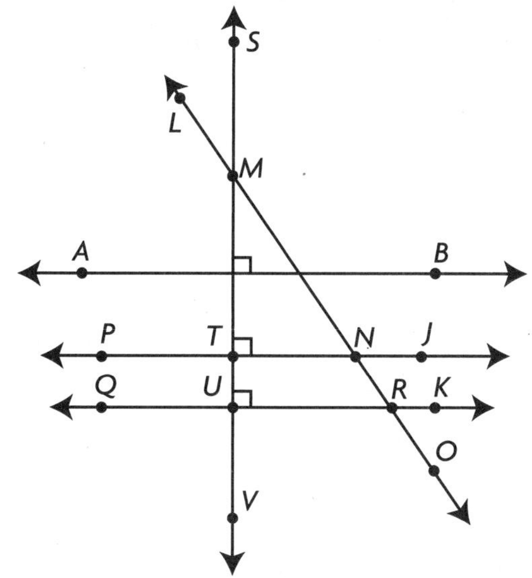

1. ¿Cuáles son las rectas que se cortan?

   A $\overleftrightarrow{AB}$ y $\overleftrightarrow{PJ}$ C $\overleftrightarrow{QK}$ y $\overleftrightarrow{PJ}$
   B $\overleftrightarrow{LO}$ y $\overleftrightarrow{SV}$ D $\overleftrightarrow{QK}$ y $\overleftrightarrow{AB}$

2. ¿Cuál **no** es un ángulo recto?

   F $\angle MTN$ H $\angle KRO$
   G $\angle QUV$ J $\angle PTM$

3. ¿Cuál **no** es un ángulo agudo?

   A $\angle SMN$ C $\angle TNM$
   B $\angle KRO$ D $\angle NRU$

4. ¿Cuáles son rectas paralelas?

   F $\overleftrightarrow{LO}$ y $\overleftrightarrow{SV}$ H $\overleftrightarrow{QK}$ y $\overleftrightarrow{LO}$
   G $\overleftrightarrow{PJ}$ y $\overleftrightarrow{SV}$ J $\overleftrightarrow{QK}$ y $\overleftrightarrow{PJ}$

5. ¿Cuáles son rectas perpendiculares?

   A $\overleftrightarrow{AB}$ y $\overleftrightarrow{PJ}$ C $\overleftrightarrow{SV}$ y $\overleftrightarrow{PJ}$
   B $\overleftrightarrow{LO}$ y $\overleftrightarrow{SV}$ D $\overleftrightarrow{QK}$ y $\overleftrightarrow{PJ}$

6. ¿Cuál es un ángulo obtuso?

   F $\angle QUV$ H $\angle KRO$
   G $\angle MNJ$ J $\angle TNM$

Para 7–8, halla la medida de cada ángulo desconocido.

7.

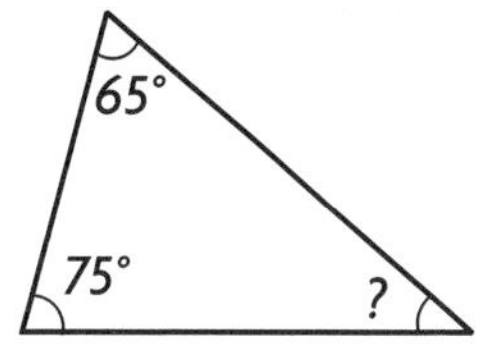

   A 55° C 45°
   B 50° D 40°

8.

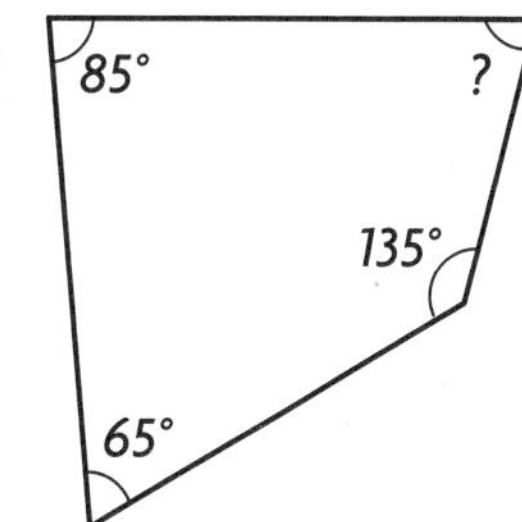

   F 75° H 85°
   G 80° J 90°

Para 9–10, usa un transportador para medir cada ángulo.

9.

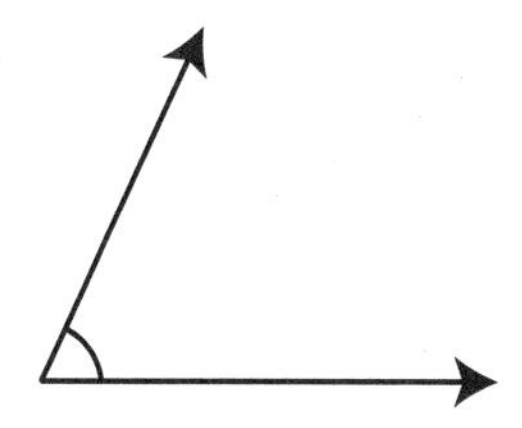

   A 55° C 70°
   B 65° D 115°

10.

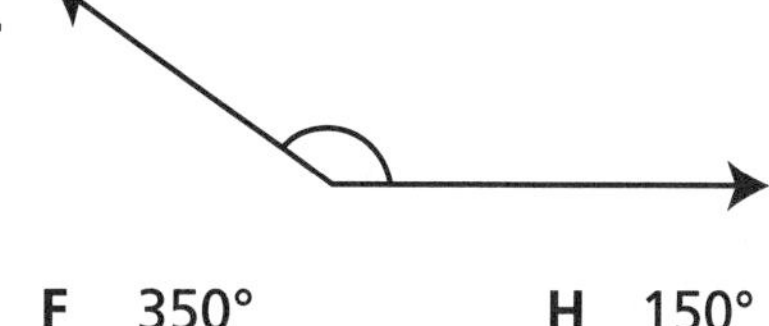

   F 350° H 150°
   G 155° J 145°

Sigue

Nombre ______________________________

Para 11–14, usa el círculo.

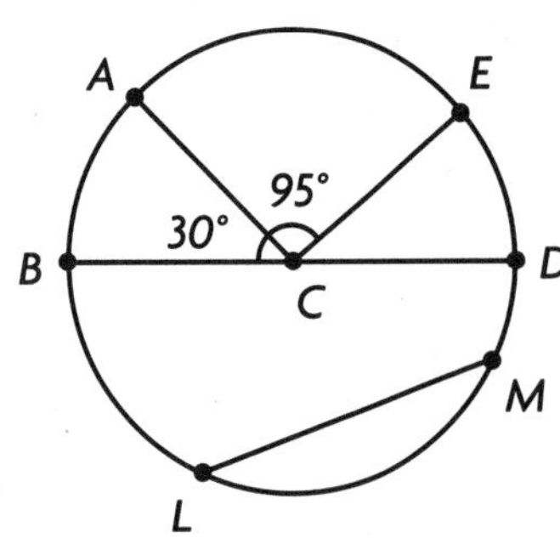

11. ¿Cuál es una cuerda?

A $\overline{LM}$ C $\overline{AC}$
B $\overline{DC}$ D $\overline{EC}$

12. ¿Cuál **no** es un radio?

F $\overline{AC}$ H $\overline{CD}$
G $\overline{BC}$ J $\overline{LM}$

13. ¿Cuál es un diámetro?

A $\overline{AC}$ C $\overline{LM}$
B $\overline{BD}$ D $\overline{EC}$

14. ¿Cuál es la medida de $\angle ECD$?

F 45° H 55°
G 50° J 60°

15. Esta figura tiene simetría rotacional. Indica la fracción y la medida del ángulo de giro.

A $\frac{3}{4}$ de giro, 180° C $\frac{1}{3}$ de giro, 60°
B $\frac{1}{2}$ giro, 90° D $\frac{1}{4}$ de giro, 90°

Para 16–17, usa estas figuras.

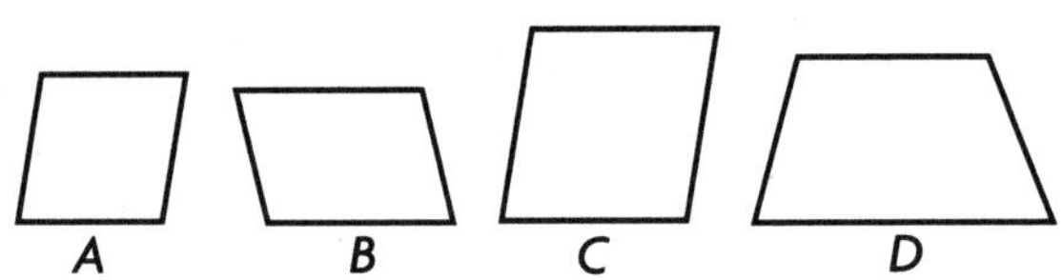

16. ¿Cuáles dos figuras son semejantes?

F A y B H A y D
G A y C J D y C

17. ¿Qué figura es congruente con la figura que se muestra?

A A C C
B B D D

18. Considera las letras L, M, O, P, Q, R, S, T, U, V y W. ¿Cuál **no** tiene simetría axial?

F O, P y Q H R, S, T
G M, R, P J L, P, Q, R

Para 19–20, resuelve cada problema.

19. ∪ ↑ ⊂ → ∩

¿Cuáles son los dos próximos símbolos para este patrón?

A ↓ ⊃ C ⊃ ↓
B ⊃ ← D ← ∪

20. 3 ? 6 ! 9 ? 12 ! 15 ? 18 ! ¿Cuáles son los próximos tres objetos en la secuencia?

F 21 ! 24 H 21 ! 25
G 21 ? 24 J 21 ? 25

Alto

Nombre ________________________________

Escribe la respuesta correcta.

Para 1–6, usa la siguiente figura.

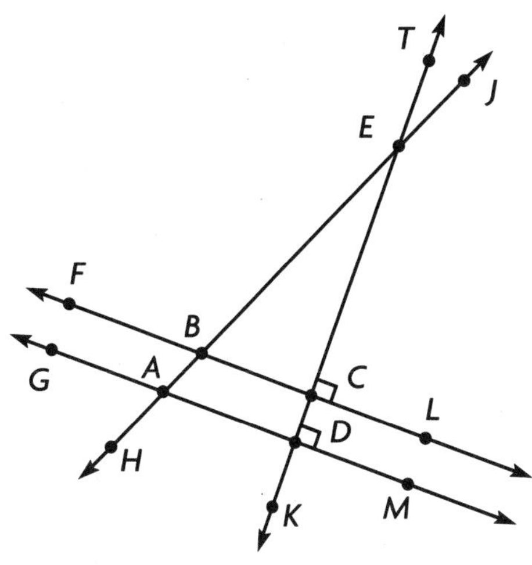

1. Nombra dos rectas que se cortan.

____

2. Nombra un ángulo recto.

____

3. Nombra un ángulo agudo.

____

4. Nombra dos rectas paralelas.

____

5. Nombra dos rectas perpendiculares.

____

6. Nombra un ángulo obtuso.

____

Para 7–8, halla la medida del ángulo desconocido.

7.

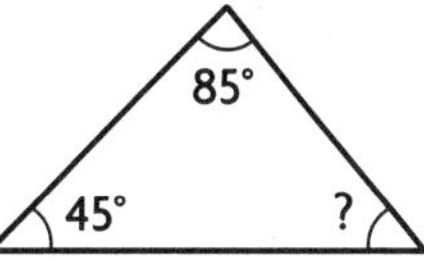

____

8.

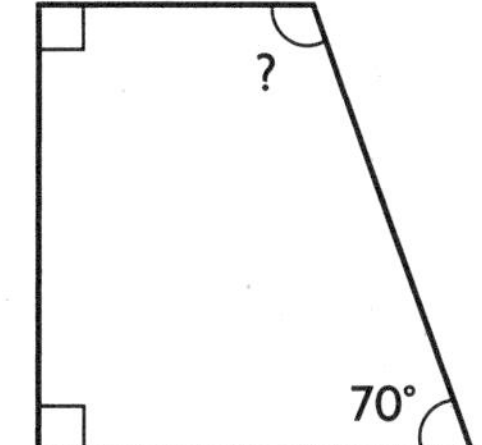

____

Para 9–10, clasifica el ángulo. Luego usa un transportador para hallar su medida.

9.

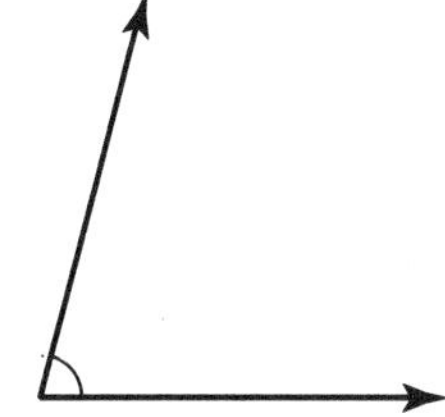

____

10.

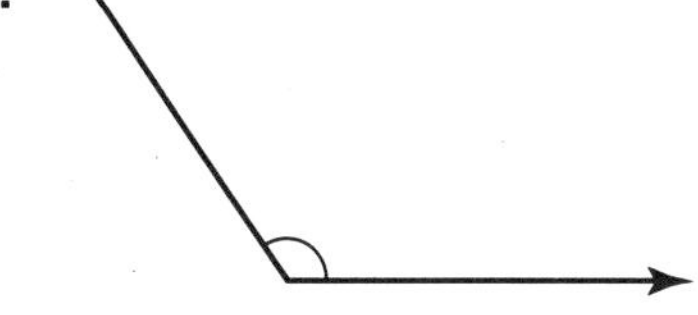

____

Sigue

Para 11–14, usa el círculo.

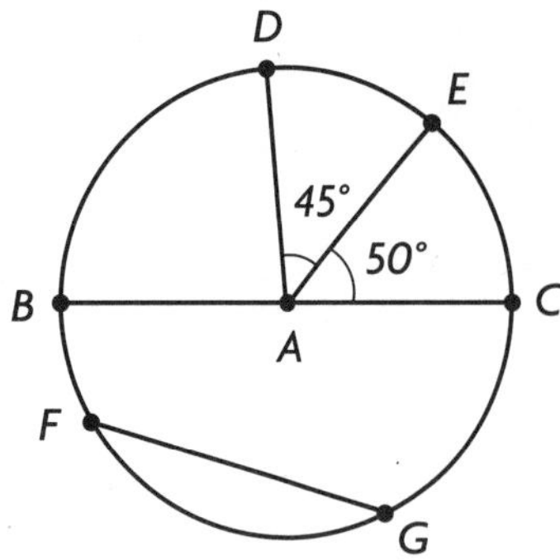

11. Nombra 2 cuerdas.

____

12. Nombra 3 radios.

____

13. Nombra un diámetro.

____

14. ¿Cuál es la medida de $\angle BAD$?

____

Para 15–16, usa estas figuras.

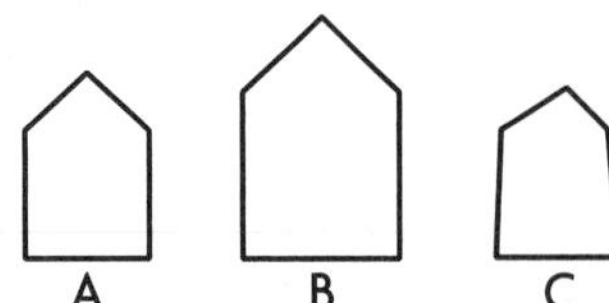

15. ¿Qué figura es congruente con esta?

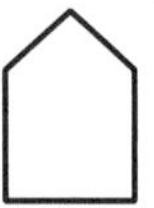

____

16. ¿Cuáles dos polígonos son similares?

____

17. Considera las letras A, B, C, D, E, F, G, H, I y J. ¿Cuál tiene simetría axial?

____

18. Esta figura tiene simetría rotacional. Indica la fracción y la medida del ángulo de giro.

____

Para 19–20, resuelve cada problema.

19. 2 ! 4 # 6 !

¿Cuáles son los próximos dos símbolos?

____

20. ⇑ ↑ ⇒ → ⇓

¿Cuáles son las tres próximas figuras en la secuencia?

____

Alto

Nombre ______________________

Elige la mejor respuesta

Para 1–3, clasifica cada triángulo.

1. 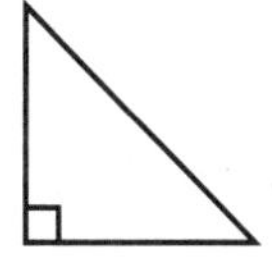

A rectánulo
B acutángulo
C obtusángulo

2. 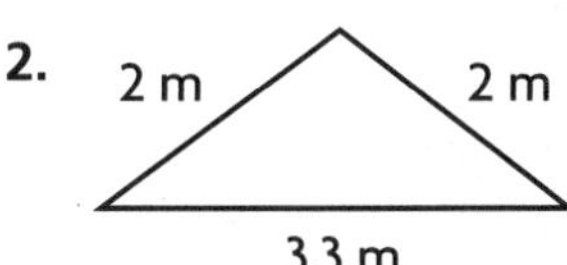

F escaleno
G equilátero
H isósceles

3. 

A rectángulo
B acutángulo
C obtusángulo

Para 4–5, halla la medida desconocida del ángulo.

4. 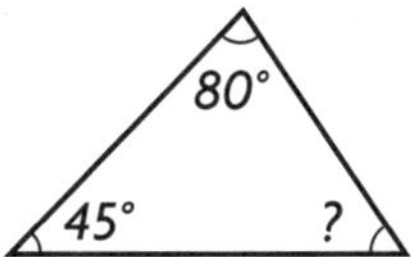

F 45°
G 55°
H 60°
J 65°

5. 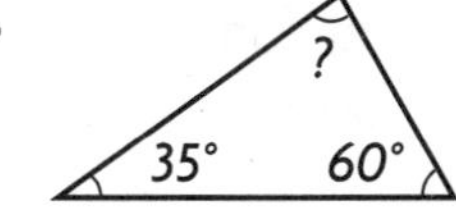

A 70°
B 75°
C 80°
D 85°

Para 6–8, elige el mejor nombre para cada figura.

6. 

F trapecio
G rectángulo
H paralelogramo
J rombo

7. 

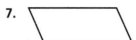

A rombo
B cuadrado
C paralelogramo
D trapecio

8. 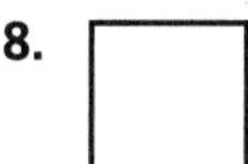

F cuadrado
G paralelogramo
H rombo
J trapecio

9. ¿Cuál es la medida desconocida del ángulo?

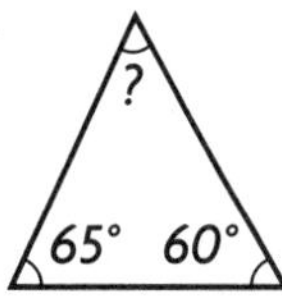

A 50°
B 55°
C 60°
D 65°

Para 10–12, usa un triángulo con vértices en (1,0), (4,0) y (1,2). Elige la transformación que describe el movimiento de los vértices dados.

10. (4,0), (7,0), (7,2)

F traslación
G reflexión
H rotación

Sigue

11. (1,1), (4,1), (1,3)

A traslación **C** rotación
B reflexión

12. (1,2), (3,2), (3,5)

F traslación **H** rotación
G reflexión

Para 13–14, elige el número de caras, vértices y aristas que tiene la figura dada.

13. prisma rectangular

A 6 caras, 8 vértices, 12 aristas
B 8 caras, 10 vértices, 24 aristas
C 8 caras, 12 vértices, 16 aristas
D 10 caras, 14 vértices, 30 aristas

14. pirámide octagonal

F 7 caras, 8 vértices, 14 aristas
G 7 caras, 9 vértices, 14 aristas
H 9 caras, 9 vértices, 16 aristas
J 9 caras, 111 vértices, 18 aristas

Para 15–16, nombra el cuerpo geométrico descrito.

15. Tiene 2 bases que son círculos congruentes y 1 superficie curva.

A cono
B cilindro
C esfera
D prisma rectangular

16. Tiene 2 bases que son pentágonos congruentes y 5 caras rectangulares.

F pirámide rectangular
G prisma octagonal
H cono
J prisma pentagonal

17. Clasifica el cuerpo geométrico.

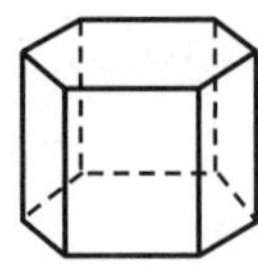

A cilindro
B pirámide hexagonal
C prisma rectangular
D prisma hexagonal

18. Identifica el cuerpo geométrico que tiene las vistas dadas.

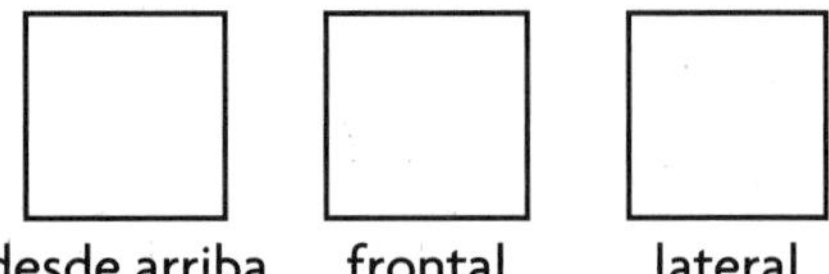

F pirámide triangular
G pirámide cuadrada
H prisma triangular
J prisma cuadrado

19. Dos marcas de helado se empaquetan en recipientes congruentes. La primera marca contiene 8 onzas en cada recipiente. ¿Cuántas onzas hay en un cartón de 12 recipientes de la segunda marca?

A 112 **C** 96
B 108 **D** 92

20. La base de una pirámide con una cara menos que una pirámide cuadrada tiene un perímetro de 963 pies. ¿Qué largo es un lado de la base?

F 231 pies **H** 311 pies
G 263 pies **J** 321 pies

Alto

Nombre ______________________

Escribe la respuesta correcta.

Para 1–2, identifica cada triángulo. Escribe *rectángulo, acutángulo* u *obtusángulo*.

1.
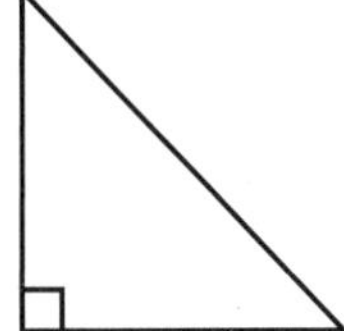

____

2.
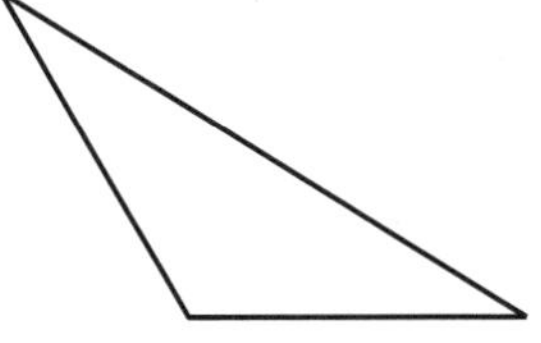

____

3. Clasifica el triángulo. Escribe *isósceles, escaleno* o *equilátero*.

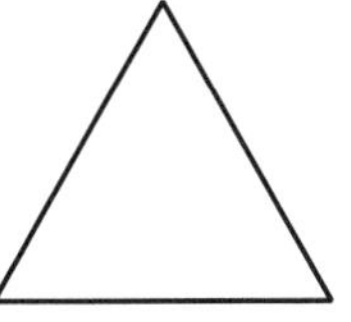

____

Para 4–6, halla la medida desconocida del ángulo.

4.
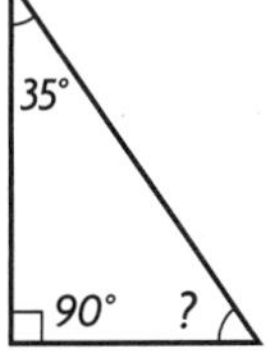

____

5.
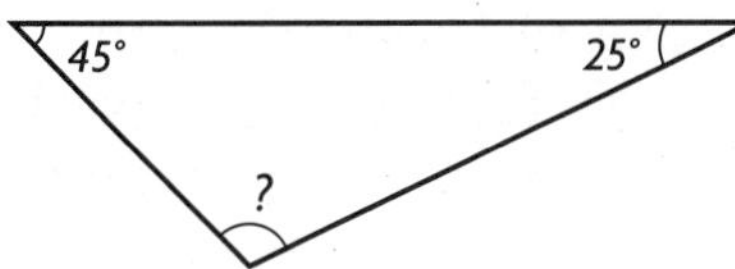

____

6.
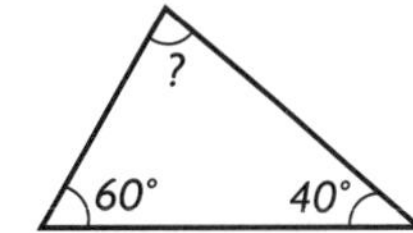

____

Para 7–9, escribe el mejor nombre para cada figura.

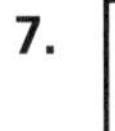
7.

____

8.
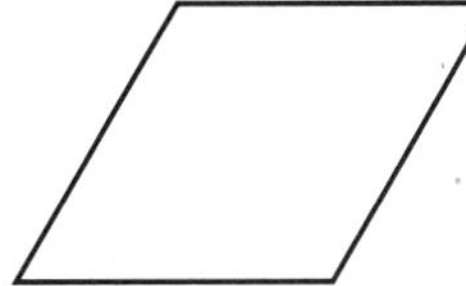

____

9.
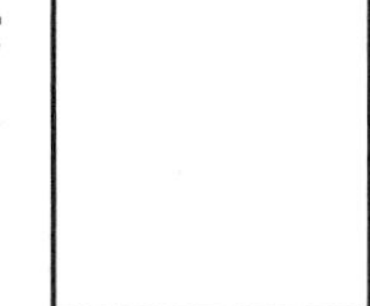

____

Sigue

Para 10–12, usa el triángulo con vértices en (1,1), (5,1) y (3,3). Escribe la transformación que mejor describe el movimiento de los vértices dados.

10. (1,5), (5,5), (3,3)

____

11. (6,3), (10,3), (8,5)

____

12. $(1,^{-}3)$, (1,1), $(3,^{-}1)$

____

Para 13–14, nombra cada cuerpo geométrico descrito.

13. Tiene una base circular plana y una superficie curva.

____

14. No tiene bases y una superficie curva.

____

Para 15–16, escribe el número de caras, vértices y aristas que tiene la figura dada.

15.

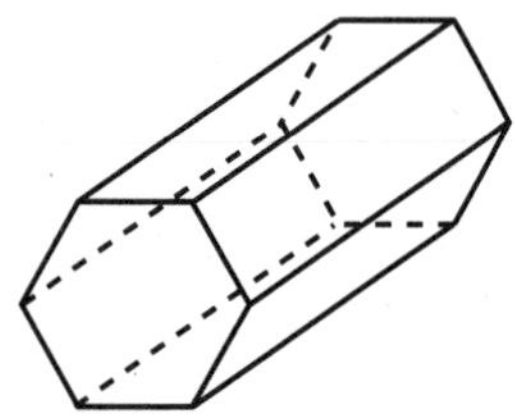

____ caras, ____ vértices, ____ aristas

16.

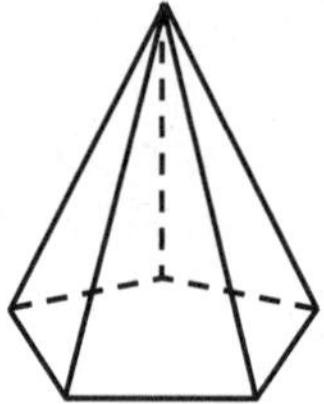

____ caras, ____ vértices, ____ aristas

Para 17–18, identifica el cuerpo geométrico de las vistas dadas.

17.

frontal lateral desde arriba

____

18.

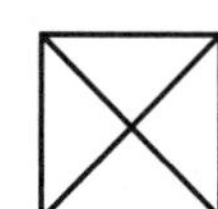

____

19. Una figura plana tiene 4 lados congruentes. Uno de los ángulos de la figura tiene una medida de 90°. ¿Cuál es la forma de la figura?

____

20. Una pirámide con una cara más que una pirámide cuadrada tiene un perímetro de 1,025 pies. ¿Qué largo tiene un lado de la base?

____

Alto

Nombre ____________________

Elige la mejor respuesta.

1. ¿Qué entero representa 174 pies por debajo del nivel del mar?

   A 174 C $^{+}174$
   B $^{-}174$ D No está

2. ¿Cuál es el opuesto de $^{+}17$?

   F $|^{+}17|$ H $^{-}17$
   G $|^{-}17|$ J $^{+}17$

3. ¿Cómo se lee "$|^{-}2|$"?

   A negativo 2
   B negativo $|2|$
   C valor absoluto de negativo 2
   D el opuesto de 2

4. ¿Qué entero es 1 menos que $^{-}1$?

   F $^{-}2$ H $^{+}1$
   G 0 J $^{+}2$

5. Ordena los enteros de *menor* a *mayor*.

   5, $^{-}2$, 2, $^{-}4$

   A $^{+}5$, $^{+}2$, $^{-}2$, $^{-}4$
   B $^{-}2$, 2, $^{-}4$, $^{+}5$
   C $^{-}2$, $^{-}4$, 2, $^{+}5$
   D $^{-}4$, $^{-}2$, 2, $^{+}5$

Para 6–7, halla la suma.

6. $^{-}4 + {}^{-}2$

   F $^{+}6$ H $^{-}2$
   G $^{+}2$ J $^{-}6$

7. $^{-}2 + 4$

   A $^{-}6$ C $^{+}2$
   B $^{-}2$ D $^{+}6$

Para 8–9, halla la diferencia.

8. $^{+}4 - {}^{+}5$

   F $^{-}9$ H $^{+}1$
   G $^{-}1$ J $^{+}9$

9. $^{-}3 - {}^{+}4$

   A $^{-}7$ C $^{+}1$
   B $^{-}1$ D $^{+}7$

10. El punto más alto en California es el monte Whitney a 14,494 pies sobre el nivel del mar. El punto más bajo es Death Valley a 282 pies por debajo del nivel del mar. Halla la diferencia en estas elevaciones.

    F 14,212 H 14,766
    G 14,216 J 14,776

Para 11–12, usa la tabla.

Entrada, x	4	5	6	7
Salida, y	8	10	12	14

11. ¿Cuál no es un par ordenado para la relación que se muestra?

    A (1,2) C (10,20)
    B (2,4) D (8,18)

12. ¿Qué ecuación muestra la relación de x e y?

    F $y = x + 4$ H $y = 2x$
    G $y = x - 5$ J $y = x + 6$

Sigue

Para 13–14, usa el plano de coordenadas.

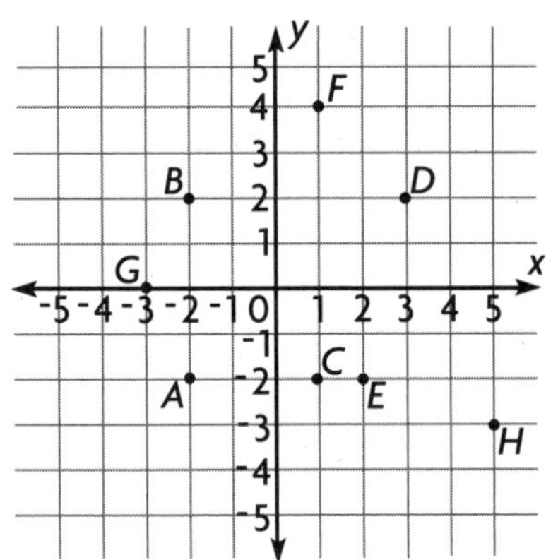

13. ¿Cuáles son las coordenadas del punto *C*?

A $(^{+}2,^{+}1)$ C $(^{+}1,^{-}2)$
B $(^{+}22,^{+}1)$ D $(^{+}21,^{+}2)$

14. Identifica el par ordenado en el punto *G*.

F $(^{+}3,0)$ H $(^{-}2,^{+}2)$
G $(^{-}3,0)$ J $(^{-}3,^{+}3)$

15. ¿Qué punto está en $(^{-}2,^{-}2)$?

A Punto *A* C Punto *D*
B Punto *B* D Punto *E*

Para 16–18, usa la tabla.

Entrada, *x*	$^{-}2$	$^{-}1$	0	$^{+}1$
Salida , *y*	$^{+}1$	$^{+}2$	$^{+}3$	$^{+}4$

16. ¿Cuál no es un par ordenado para los datos?

F $(^{-}2,^{+}1)$ H $(0,^{+}3)$
G $(^{+}3,^{+}4)$ J $(^{+}1,^{+}4)$

17. Elige una gráfica para esta tabla.

A
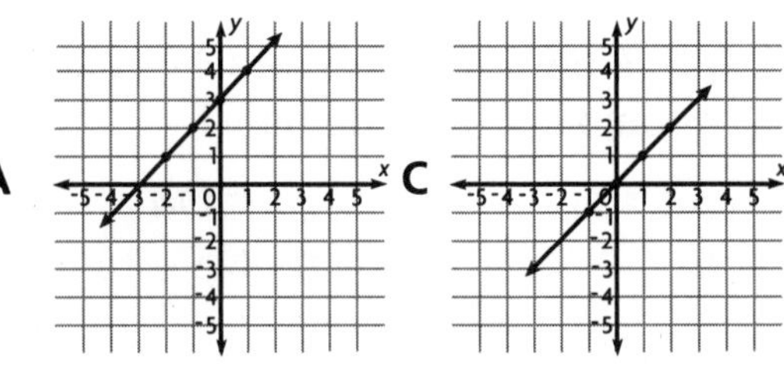
C

B
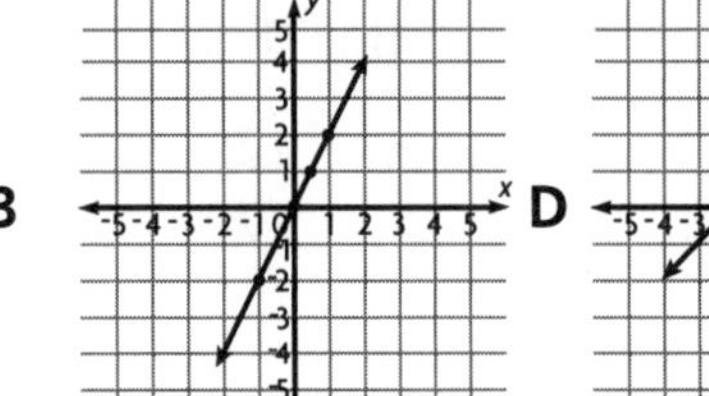
D
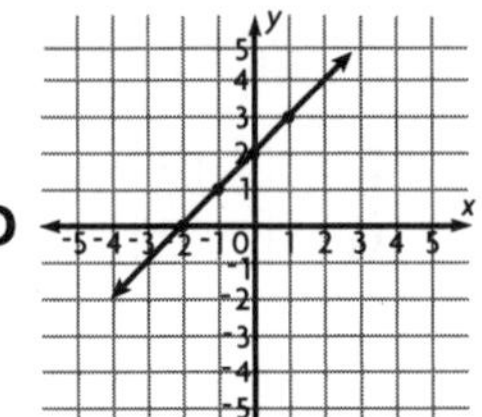

18. Elige una ecuación para esta tabla.

F $y = 3x$ H $y = x - 3$
G $y = {}^{-}3x$ J $y = x + 3$

Para 19–20, usa este plano de coordenadas y la información en el siguiente párrafo.

San Benito y Watertown se encuentran en la misma coordenada *x*. San Benito está al norte de Fall City. La coordenada *y* de Abbyville es 3 veces mayor que la de San Benito.

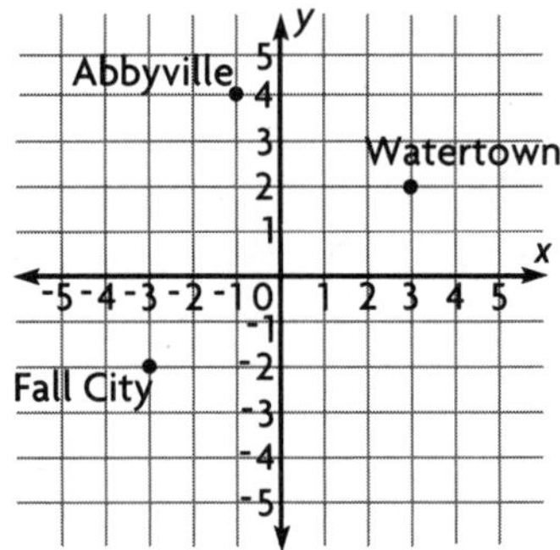

19. ¿Qué oraciones tienen información relevante?

A 1 y 2 C 2 y 3
B 1 y 3 D 3 y 4

20. Resuelve el problema.

F $(^{+}3,^{-}1)$ H $(^{+}1,^{+}3)$
G $(^{-}3,^{+}1)$ J $(^{+}3,^{+}1)$

Sigue

Elige la mejor respuesta.

Para 21–22, usa la siguiente figura.

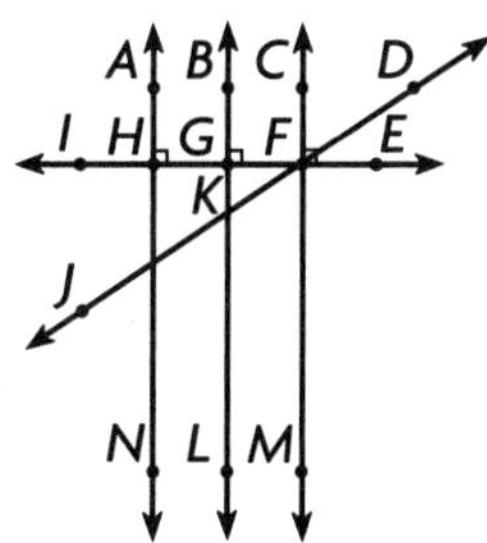

21. ¿Cuál no es un ángulo agudo?

A $\angle LKF$ C $\angle FKG$
B $\angle KFM$ D $\angle DFE$

22. ¿Cuáles son rectas paralelas?

F $\overleftrightarrow{IE}$ y $\overleftrightarrow{BL}$ H $\overleftrightarrow{IE}$ y $\overleftrightarrow{AN}$
G $\overleftrightarrow{CM}$ y $\overleftrightarrow{JD}$ J $\overleftrightarrow{BL}$ y $\overleftrightarrow{CM}$

23. Halla la medida del ángulo desconocido.

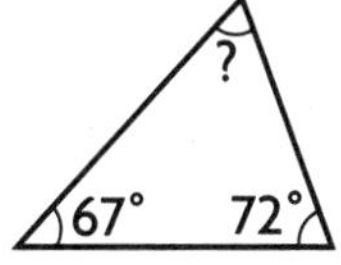

A 52° C 48°
B 50° D 41°

24. Usa un transportador para medir y clasificar el ángulo.

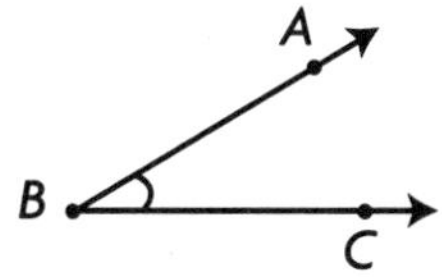

F 38° obtuso H 30° agudo
G 35° obtuso J 25° agudo

Para 25–26, usa el círculo *E*.

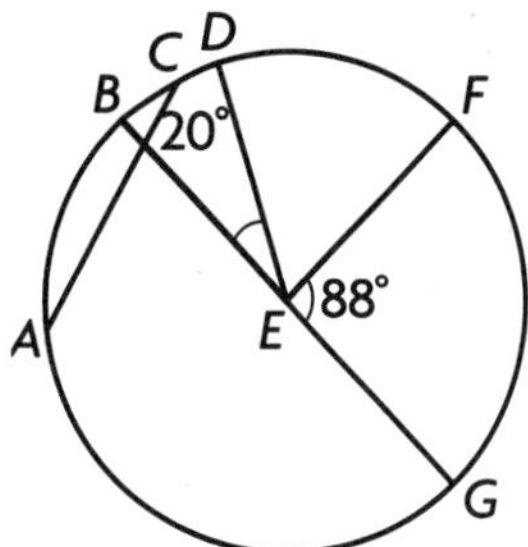

25. ¿Cuál es una cuerda?

A $\overline{AC}$ C $\overline{BE}$
B $\overline{ED}$ D $\overline{EF}$

26. ¿Cuál es un diámetro?

F $\overline{AB}$ H $\overline{EF}$
G $\overline{BG}$ J $\overline{ED}$

27. ¿Qué figura es congruente con ésta?

A B C D

28. Considera las letras A, B, G, H, J, M, Q y R. ¿Cuál no tiene simetría axial?

F B, G, J, Q H B, G, Q, R
G G, J, M, R J G, J, Q, R

29. Halla el patrón. Elige la siguiente figura del patrón.

A C
B D

30. Halla el patrón.

F H
G J

Sigue

Para 31–32, halla la medida del ángulo desconocido.

31. A 74°
B 77°
C 82°
D 84°

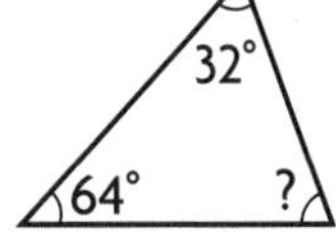

32. F 63°
G 60°
H 59°
J 57°

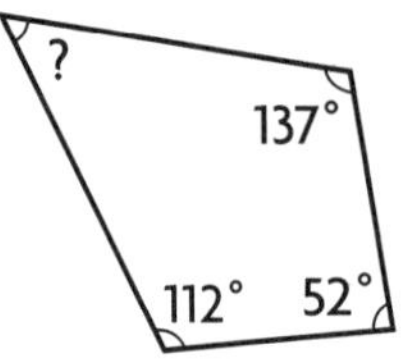

33. Nombra el polígono.

A cuadrilátero
B rectángulo
C paralelogramo
D rombo

34. Clasifica el triángulo.

F rectángulo
G acutángulo
H obtusángulo

Para 35–36, representa un triángulo con los vértices en (2,1), (6,1) y (4,4). Elige la transformación que describe el movimiento hacia los nuevos vértices dados.

35. (0,0), ($^+$4,0), ($^+$2,$^+$3)

A traslación
B reflexión
C rotación

36. ($^+$2,$^+$1), ($^+$4,$^-$2), ($^+$6,$^+$1)

F traslación
G reflexión
H rotation

37. Elige el número de caras, vértices y aristas.

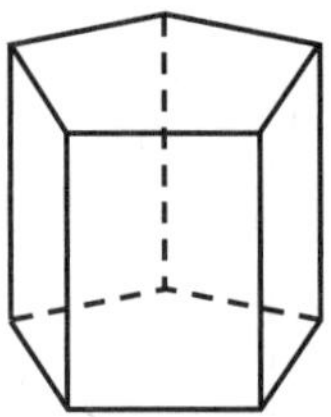

A 5 caras, 6 vértices, 10 aristas
B 6 caras, 6 vértices, 12 aristas
C 7 caras, 8 vértices, 14 aristas
D 7 caras, 10 vértices, 15 aristas

38. ¿Este dibujo podría ser la vista desde arriba de qué cuerpo?

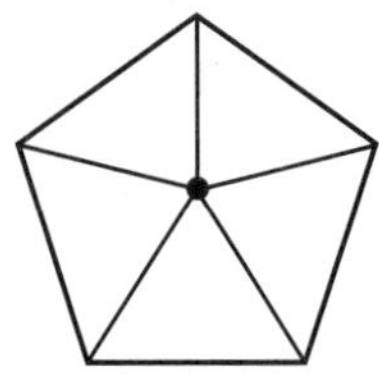

F pirámide octagonal
G prisma hexagonal
H prisma pentagonal
J pirámide pentagonal

39. Dos marcas de limpiavidrios están empaquetadas en cilindros que son congruentes. La primera marca contiene 18 onzas. ¿Cuántas onzas hay en un cartón de 24 empaques de la segunda marca?

A 424 oz　　C 444 oz
B 432 oz　　D 532 oz

40. Una pirámide, con dos veces tantas caras como una pirámide cuadrada, tiene un perímetro base de 72 pies. ¿Qué longitud tiene un lado de la base?

F 6 pies　　H 8 pies
G 7 pies　　J 12 pies

Alto

Nombre ____________________

Escribe la respuesta correcta.

1. Escribe un entero para representar una caída de 30 pies

   ____

2. Escribe el opuesto de $^{-}13$.

   ____

3. ¿Qué valores puede tener *n* si $|n| = 121$?

   ____

4. Compara. Escribe $<$, $>$ o $=$ en el ◯.

   $^{-}11$ ◯ $^{-}23$

5. Ordena los números de *menor* a *mayor*.
   $^{-}7$, $^{+}9$, 0, $^{-}2$, $^{+}3$, $^{-}5$

   ____

Para 6–7, halla la suma.

6. $^{-}3 + {}^{-}5$

   ____

7. $^{-}9 + 8$

   ____

Para 8–9, halla la diferencia.

8. $^{+}7 - {}^{+}9$

   ____

9. $^{-}4 - {}^{+}5$

   ____

10. El punto más alto en la Tierra es el monte Everest a 29,022 pies sobre el nivel del mar. El punto más bajo en la Tierra se encuentra en las Marianas Trench a 36,198 pies por debajo del nivel del mar. ¿Cuál es la diferencia entre estas elevaciones?

    ____

Para 11–12, usa la tabla.

Entrada, *x*	3	4	5	6	7	8
Salida, *y*	9	12	15	18	■	■

11. Usa una regla para completar la siguiente tabla. Luego escribe la ecuación en la línea de abajo.

    ____

12. Escribe los pares ordenados para la relación.

    ____

Para 13–15, identifica el par ordenado para cada punto.

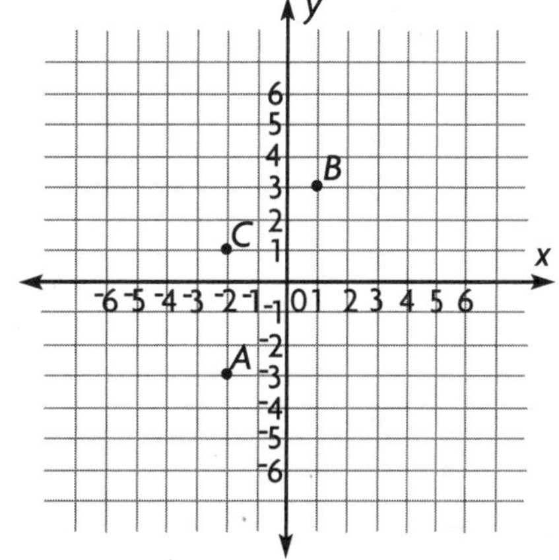

13. Punto *A*

    ____

Sigue

14. Punto *B*

____

15. Punto *C*

____

Para 16–17, usa la tabla.

Entrada, *x*	$^{-}2$	$^{-}1$	0	$^{+}1$	$^{+}2$
Salida, *y*	$^{-}3$	$^{-}2$	$^{-}1$	0	$^{+}1$

16. Escribe los pares ordenados para la relación.

____

17. Escribe una ecuación para la tabla de arriba. Luego representa la siguiente relación.

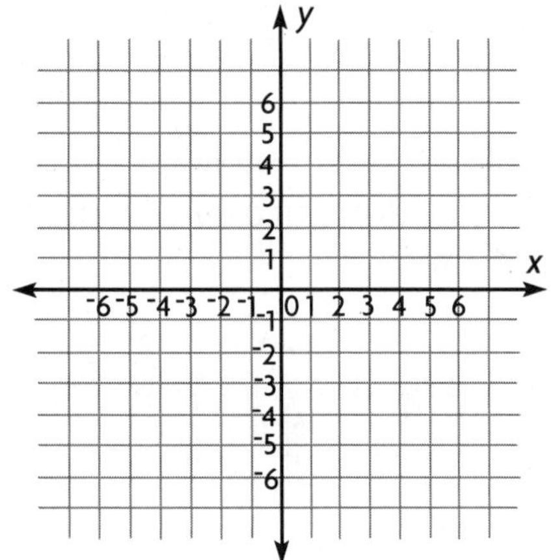

Ecuación ___________

18. Escribe una ecuación para esta tabla.

Entrada, *x*	$^{-}2$	$^{-}1$	0	$^{+}1$	$^{+}2$
Salida, *y*	$^{-}12$	$^{-}6$	0	$^{+}6$	$^{+}12$

____

Para 19–20, usa esta gráfica de coordenadas y la información del siguiente párrafo.

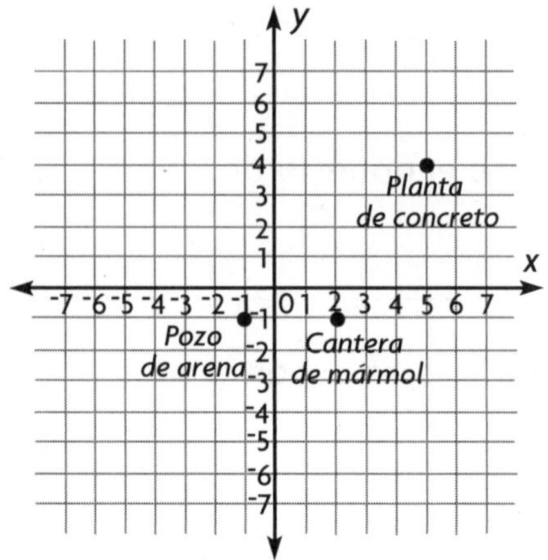

Las minas de sal tienen una coordenada *x* que es 6 veces mayor que la del pozo de arena. La coordenada *y* de la planta de concreto es 5 veces mayor que la de las minas de sal. Las minas de sal se encuentran al este de la cantera de mármol. ¿Dónde se encuentran las minas de sal?

19. Indica la información relevante.

____

____

____

20. Escribe el par ordenado para las minas de sal y luego represéntalo.

____

Sigue

Para 21–22, usa la siguiente figura.

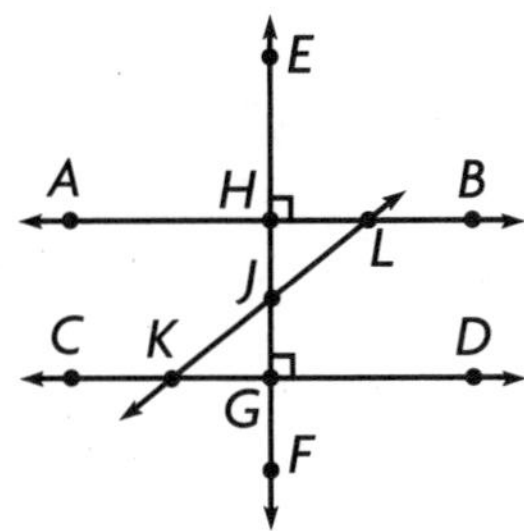

21. Nombra un ejemplo de rectas perpendiculares.

____

22. Nombra un ángulo agudo.

____

23. Halla la medida del ángulo desconocido.

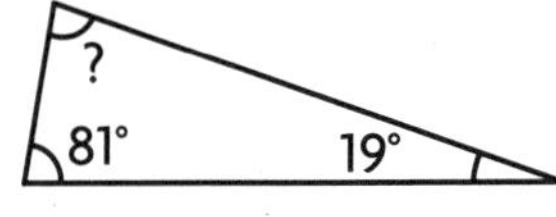

____

24. Usa un transportador para medir el ángulo.

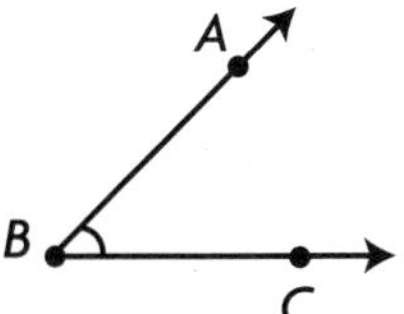

____

Para 25–26, usa el círculo *W*.

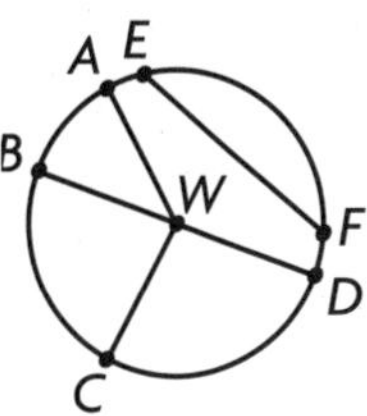

25. Nombra una cuerda.

____

26. Nombra un radio.

____

27. ¿Son las figuras semejantes, congruentes o ninguna de las dos?

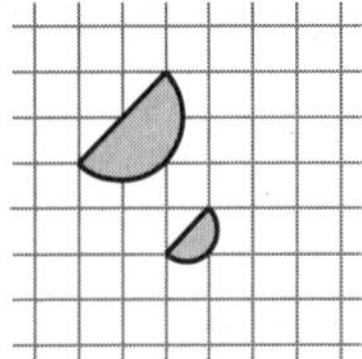

____

28. Traza ejes de simetría. Indica si la figura tiene simetría rotacional. Escribe *sí* o *no*.

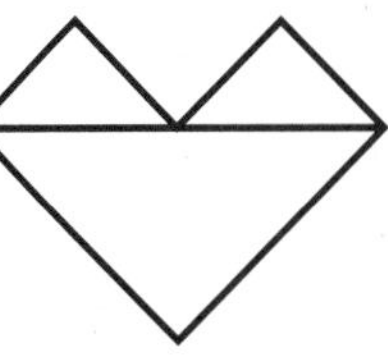

____

29. ¿Qué símbolos completan el patrón? Dibújalos en las casillas.

30. Dibuja las tres figuras siguientes en el patrón.

△▽□⬡○

Sigue

Nombre ______________________

Para 31–32, halla la medida del ángulo desconocido.

31. 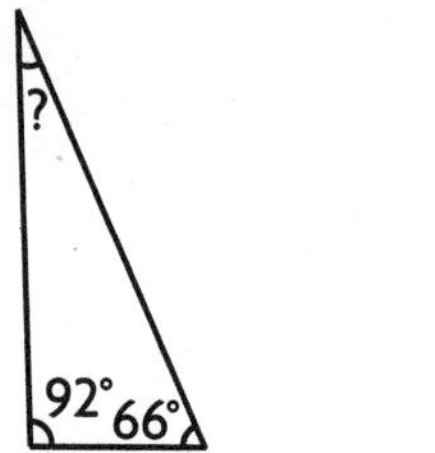

____

32. 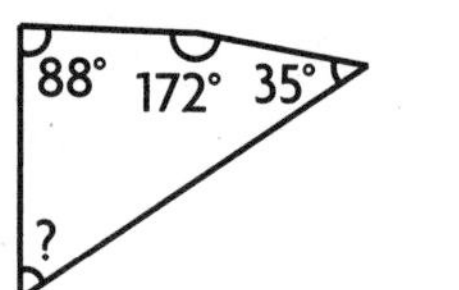

____

33. Clasifica la figura de tantas maneras como sea posible. Escribe *cuadrilátero, paralelogramo, cuadrado, rectángulo, rombo* o *trapecio.*

____

34. Clasifica el triángulo. Escribe *isósceles, escaleno* o *equilátero.*

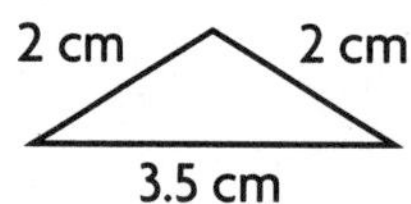

____

Para 35–36, representa un triángulo con vértices en $(^-1, ^+1)$, $(^+2, ^+1)$. Luego transforma el triángulo con los nuevos vértices. Escribe *traslación, reflexión* o *rotación* para describir cada movimiento.

35. $(^+5, ^+1)$, $(^+2, ^+1)$, $(^+2, ^+5)$

____

36. $(^-2, ^-1)$, $(^-2, ^-5)$, $(^+1, ^-1)$

____

37. Escribe el número de caras, vértices y aristas que tiene la figura.

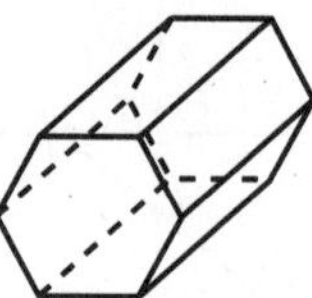

____

38. Identifica el cuerpo geométrico que tiene las siguientes vistas.

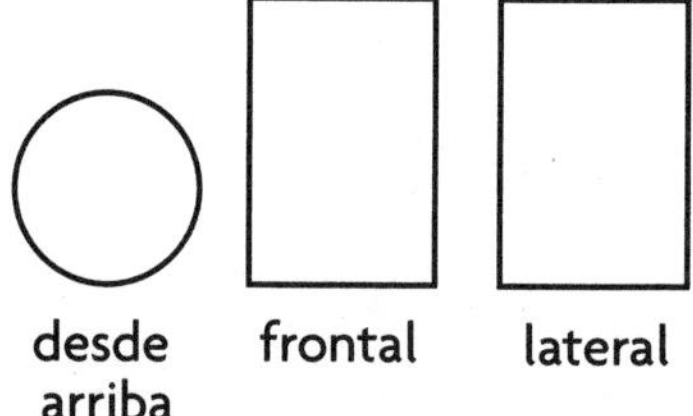

____

39. Dos marcas de cereal están empaquetadas en cajas en forma de cilindro congruente. La primera marca contiene 24 onzas. ¿Cuántas onzas hay en un cajón de 36 cajas de la segunda marca?

____

40. Una pirámide pentagonal regular tiene un perímetro de la base de 1,805 pies. ¿Qué longitud tiene un lado de la base?

____

Alto

Nombre ________________________________

Elige la mejor respuesta.

1. Mide al $\frac{1}{8}$ de pulgada más próximo.

A $2\frac{1}{2}$ pulg
B $2\frac{7}{8}$ pulg
C $3\frac{1}{2}$ pulg
D $3\frac{3}{8}$ pulg

2. Mide al centímetro más próximo.

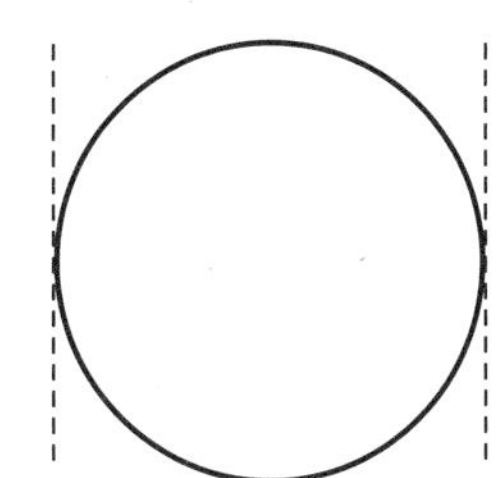

F 2 cm
G 2.5 cm
H 3 cm
J 3.5 cm

3. ¿Cuántos pies hay en 48 pulgadas?

A 16
B 12
C 8
D 4

4. ¿Cuántas pulgadas hay en 4 yardas?

F 144
G 48
H 36
J 24

5. ¿Cuántos metros hay en 6.5 km?

A 6.50
B 65
C 650
D 6,500

6. ¿Cuál de éstos **no** es igual a 60 pulgadas?

F 4 pies y 12 pulg
G 3 yd
H $1\frac{2}{3}$ yd
J 5 pies

Para 7–8, halla la suma o la diferencia.

7.
$$\begin{array}{r} 11 \text{ yd} \\ -\ 8 \text{ yd } 2 \text{ pies} \\ \hline \end{array}$$

A 19 yd 2 pies
B 3 yd 2 pies
C 3 yd 1 pie
D 2 yd 1 pie

8.
$$\begin{array}{r} 25 \text{ cm } 6 \text{ mm} \\ +\ 9 \text{ cm } 8 \text{ mm} \\ \hline \end{array}$$

F 16 cm 2 mm
G 17 cm 4 mm
H 35 cm 4 mm
J 36

9. ¿Cuál es una manera correcta de convertir 9 cm y 15 mm?

A 10 cm 5 mm
B 11 cm 3 mm
C 11 cm 5 mm
D 11 cm 10 mm

10. ¿Cuál es una manera correcta de convertir 10,560 pies?

F 3 mi
G 2 mi
H 1 mi
J 1,760 pies

Sigue

Para 11–14, convierte las unidades.

11. 3 ct = ■ tazas

A 6 **C** 12
B 8 **D** 24

12. 3.4 kg = ■ g

F 0.34 **H** 340
G 34 **J** 3,400

13. 5 lb = ■ oz

A 80 **C** 60
B 75 **D** 50

14. 3.5 T = ■ lb

F 3,500 **H** 7,000
G 5,000 **J** 14,000

Para 15–16, elige la mejor estimación.

15. La cantidad de gasolina que le cabe a un carro es _____ .

A 20 galones **C** 20 tazas
B 20 pintas **D** 20 cuartos

16. La masa de una cereza es _____ .

F 8 kg **H** 8 mg
G 150 kg **J** 8 g

17. Halla la hora de comienzo.

Comienzo: ■

Tiempo transcurrido: 8 h 50 min

Final: 6:05 p.m.

A 9:25 a.m. **C** 8:45 a.m.
B 9:15 a.m. **D** 8:15 a.m.

18.

$$\begin{array}{r} 5 \text{ h } 23 \text{ min} \\ +\ 8 \text{ h } 52 \text{ min} \\ \hline \end{array}$$

F 15 h 29 min
G 14 h 15 min
H 13 h 29 min
J 13 h 15 min

19. Erik hizo tres mandados desde su casa hasta la casa de Jodie. Tardó 12 minutos en el primer mandado, 17 minutos en el segundo mandado y 45 minutos en el último mandado. Él llegó a casa de Jodie a las 3:25 p.m. ¿A qué hora salió de su casa?

A 2:49 p.m. **C** 2:11 p.m.
B 2:21 p.m. **D** 2:01 p.m.

20. Glynis tardó 3 veces más tiempo que Mark en caminar cierto camino. Mark comenzó a la 1:15 p.m. y terminó a la 1:35 p.m. Glynis comenzó a las 2:10 p.m. ¿A qué hora terminó?

F 2:50 p.m. **H** 3:35 p.m.
G 3:10 p.m. **J** 4:10 p.m.

Alto

Nombre ______________________

Escribe la respuesta correcta.

1. Mide el diámetro al $\frac{1}{8}$ de pulgada más próximo.

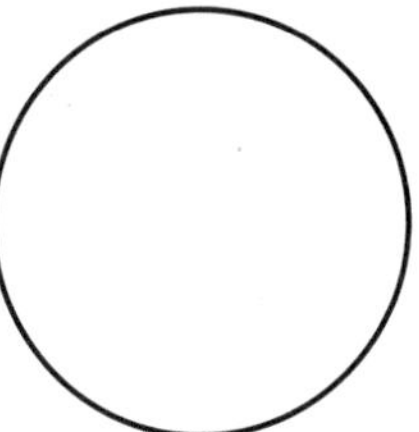

____

2. Mide la longitud del diámetro al centímetro más próximo.

____

Para 3–8, convierte la unidad.

3. 5 km = ■ m

____

4. 2 mi y 5,292 pies = 3 mi y ■ yd

____

5. 6 pies = ■ pulg

____

6. 4 yd = ■ pulg

____

7. 3 pies = ■ pulg

____

8. 53 mm = 5 cm y ■ mm

____

Para 9–10, halla la suma o diferencia.

9. 12 yd
− 3 yd y 1pie

____

10. 7 cm 8 mm
+ 5 cm 9 mm

____

Sigue

Para 11–16, convierte la unidad.

11. 8 ct = ■ pt

____

12. 24 tazas métricas = ■ L

____

13. 128 oz = ■ lb

____

14. 4 gal = ■ tz

____

15. 218 kL = ■ L

____

16. 2.7 kg = ■ g

____

17. Halla el tiempo final.

Comienzo: 10:40 a.m.
4 h y 25 min de tiempo transcurrido

Final: ____________

18.
```
   7 h y 12 min
 − 3 h y 49 min
```

____

19. Jill practicó con su flauta desde las 2:45 p.m. hasta las 3:20 p.m. Esa noche, ella practicó otra vez desde las 8:17 hasta las 8:42. ¿Cuánto tiempo practicó Jill ese día?

____

20. Antonio necesita estar en la escuela a las 8 a.m. Él necesita detenerse en casa de Mike en el camino. Tarda 18 minutos en caminar hasta la casa de Mike. Tarda 8 minutos en caminar desde la casa de Mike hasta la escuela. Si Antonio se queda en casa de Mike por 15 minutos, ¿cuándo necesita salir de la casa?

____

Alto

Nombre ______________________

Escoge la mejor respuesta.

Para 1–4, halla el perímetro de cada polígono.

1.

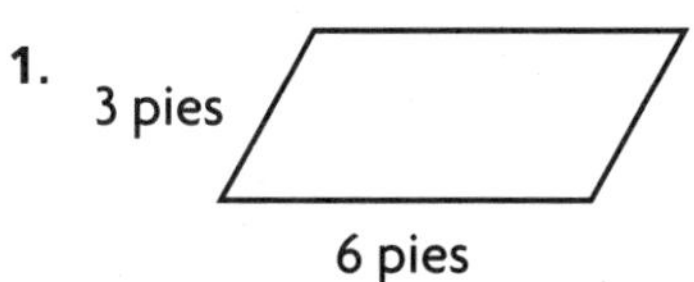

A 9 pies
B 12 pies
C 15 pies
D 18 pies

2.

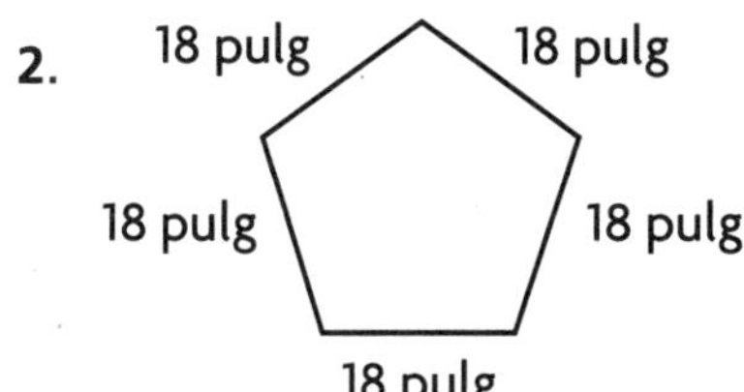

F 90 pulg
G 95 pulg
H 105 pulg
J 108 pulg

3.

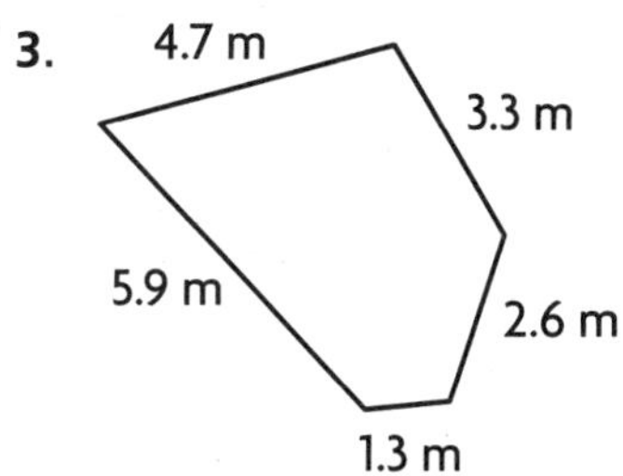

A 15.4 m
B 15.8 m
C 17.6 m
D 17.8 m

4.

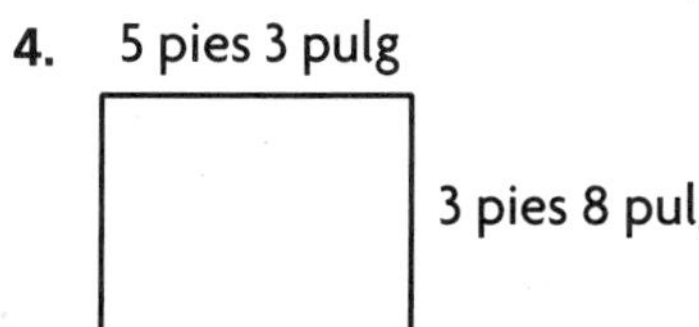

F 8 pies 8 pulg
G 12pies 4 pulg
H 13 pies 8 pulg
J 17 pies 10 pulg

Para 5–6, halla la circunferencia de cada círculo. Redondea al número entero más próximo. Usa 3.14 para el valor de π.

5. un círculo con un diámetro de 7 pulg

A 154 pulg
B 22 pulg
C 11 pulg
D 10 pulg

6. un círculo con un radio de 4 pies

F 25 pies
G 24 pies
H 13 pies
J 7 pies

Para 7–10, halla el área de cada figura.

7. 8 pulg

7 pulg

A 15 pulg^2
B 30 pulg^2
C 54 pulg^2
D 56 pulg^2

8. un cuadrado con un lado de $4\frac{1}{2}$ pies

F $20\frac{1}{4}$ pies^2
G $16\frac{2}{3}$ pies^2
H $8\frac{2}{3}$ pies^2
J $8\frac{1}{9}$ pies^2

9. un rectángulo con una longitud de 7 cm y un ancho de 4.3 cm

A 11.3 cm^2
B 18.45 cm^2
C 30.1 cm^2
D 49 cm^2

10. un rectángulo con un perímetro de 28 yd y una longitud de 10 yd.

F 280 yd^2
G 80 yd^2
H 90 yd^2
J 40 yd^2

Sigue

Para 11–12, halla las dimensiones en números enteros de un rectángulo que tiene el área dada y el menor perímetro posible.

11. 42 cm^2

A 2 cm × 21 cm C 6 cm × 7 cm
B 4 cm × 10 cm D 3 cm × 14 cm

12. 36 cm^2

F 2 cm × 18 cm H 4 cm × 9 cm
G 6 cm × 6 cm J 3 cm × 12 cm

Para 13–15, halla la medida desconocida de cada triángulo.

13. base = 4.0 cm y altura = 3.5 cm

área = ?

A 6 cm^2 C 12 cm^2
B 7 cm^2 D 14 cm^2

14. base = 10 pies y área = 30 $pies^2$

altura = ?

F 3 pies H 6 pies
G 4 pies J 8 pies

15. altura = $4\frac{1}{2}$ pulg y área = $7\frac{7}{8}$ $pulg^2$

base = ?

A $48\frac{1}{2}$ pulg C $3\frac{1}{2}$ pulg

B $48\frac{1}{16}$ pulg D $3\frac{1}{4}$ pulg

Para 16–18, halla la medida para cada paralelogramo.

16. base = 7 pies y área = 56 $pies^2$

altura = ?

F 7 pies H 385 pies
G 8 pies J 392 pies

17. base = 8.2 cm y altura = 4.5 cm

área = ?

A 36.9 cm^2 C 18.45 cm^2
B 35.7 cm^2 D 17.85 cm^2

18. altura = $5\frac{1}{4}$ yd y área = $34\frac{1}{8}$ yd^2

base = ?

F $3\frac{1}{4}$ H $6\frac{1}{4}$

G $3\frac{1}{2}$ J $6\frac{1}{2}$

Para 19–20, halla cada área.

19. la porción sombreada de la figura

A 48 $pies^2$
B 40 $pies^2$
C 32 $pies^2$
D 20 $pies^2$

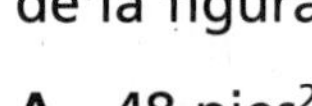

2 pies
12 pies
2 pies
2 pies
2 pies
9 pies

20. la figura completa que se muestra

F 27 $pies^2$
G 36 $pies^2$
H 90 $pies^2$
J 120 $pies^2$

14 pies
10 pies
10 pies

Alto

Nombre ______________________

Para 1–4, halla el perímetro de cada polígono.

1. 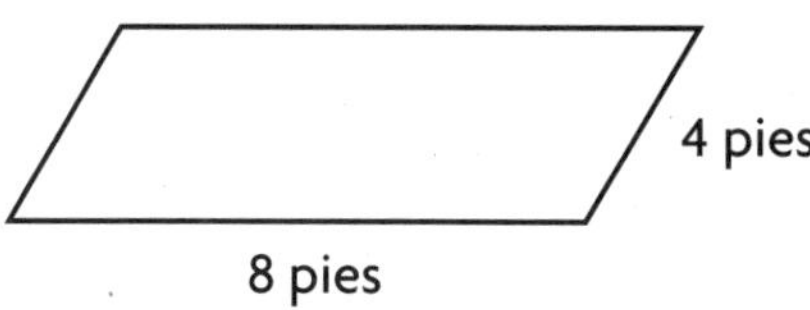

____

2. 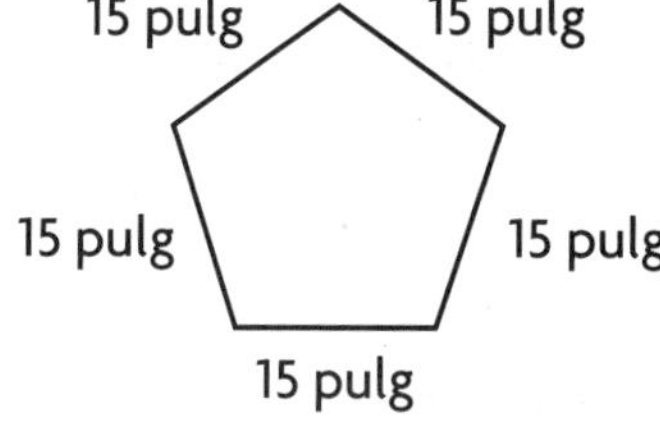

____

3. 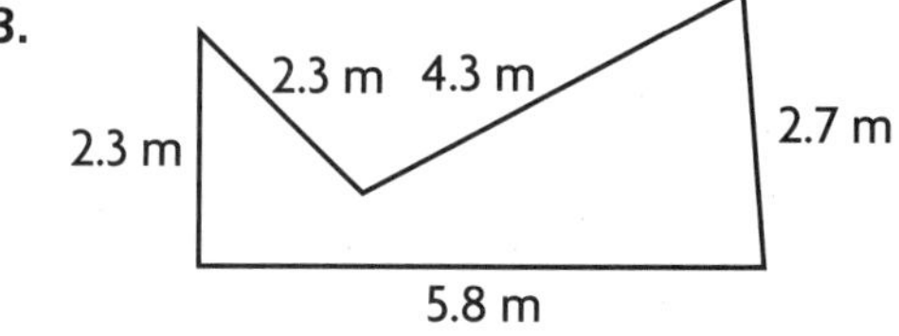

____

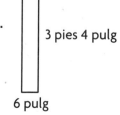

4. 3 pies 4 pulg

6 pulg

____

Para 5–6, halla la circunferencia al número entero más próximo. Usa 3.14 para el valor de π.

5. Un círculo con un diámetro de 5 pulg

____

6. Un círculo con un radio de 3 pies

____

Para 7–9, halla el área de cada figura.

7. un cuadrado con un lado de $5\frac{1}{2}$ pies

____

8. un rectángulo con una longitud = 5 cm y un ancho = 6.8 cm

____

9. un rectángulo con un perímetro de 24 yd y una longitud = 9 yd

____

10. Halla el área de la figura.

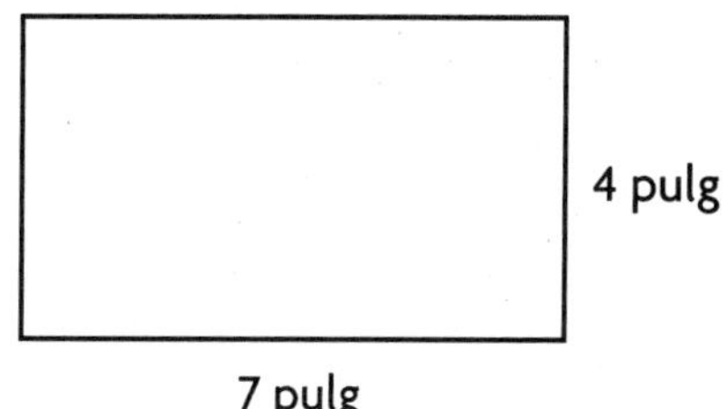

____

Sigue

Para 11–12, halla las dimensiones en números enteros de un rectángulo que tiene el área dada y el menor perímetro.

11. 48 cm^2

____

12. 16 cm^2

____

Para 13–15, halla la medida desconocida para cada triángulo.

13. base = 4.3 cm y altura = 3.8 cm

área = ___?___

____

14. base = 8 pies y área = 20 $pies^2$

altura = ___?___

____

15. altura = $2\frac{1}{2}$ pulg y área = $10\frac{1}{4}$ $pulg^2$

base = ___?___

____

Para 16–18, halla la medida desconocida para cada paralelogramo.

16. base = 8 pies y área = 32 $pies^2$

altura = ___?___

____

17. base = 9.3 cm y altura = 5.1 cm

área = ___?___

____

18. altura = 513 yd y área = $1{,}795\frac{1}{2}$ yd^2

base = ___?___

____

Para 19–20, resuelve un problema más simple para hallar cada área.

19. Halla el área de la porción sombreada de la figura.

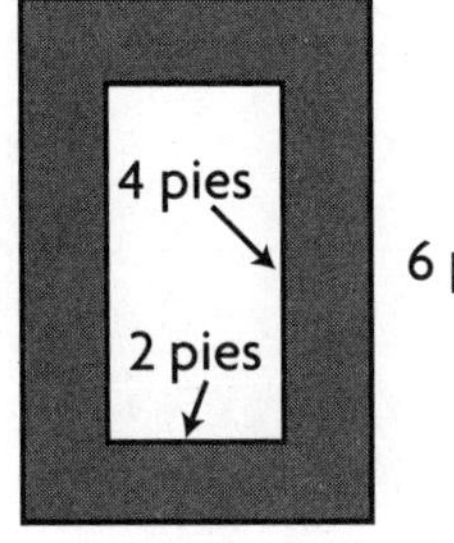

____

20. Halla el área de la figura que se muestra.

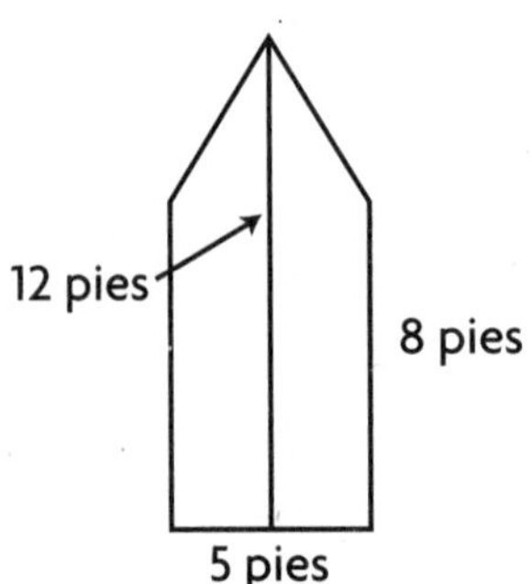

____

Alto

Elige la mejor respuesta.

Para 1–4, empareja cada cuerpo geométrico con su plantilla.

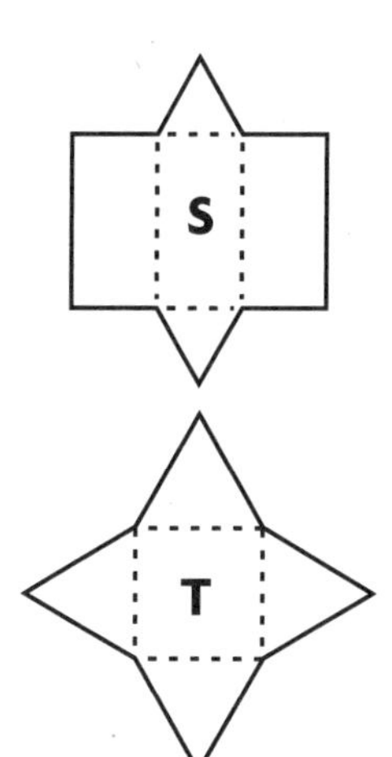

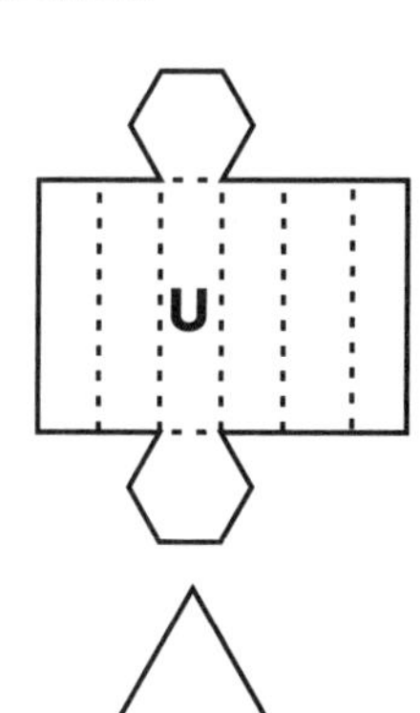

1. **A** S **B** T **C** U **D** V

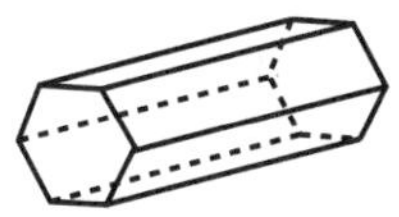

2. **F** S **G** T **H** U **J** V

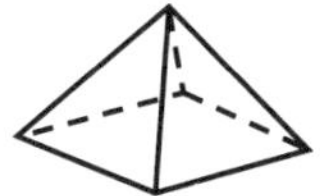

3. **A** S **B** T **C** U **D** V

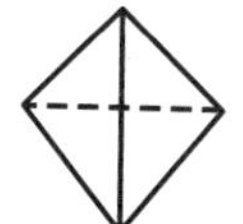

4. **F** S **G** T **H** U **J** V

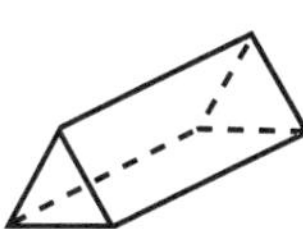

Para 5–9, halla el área total en cm².

5. **A** $148\ cm^2$ **B** $158\ cm^2$ **C** $168\ cm^2$ **D** $188\ cm^2$

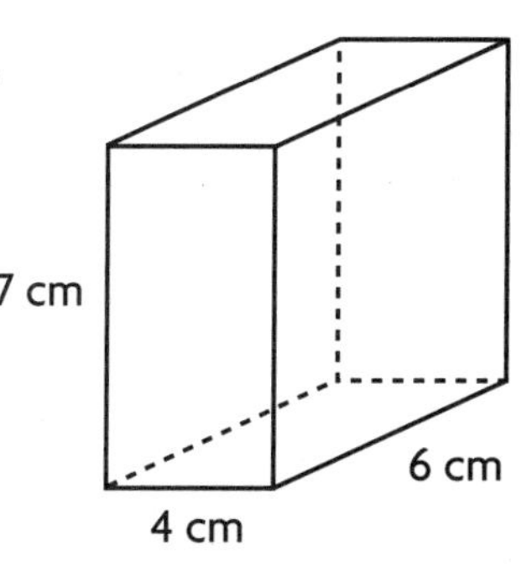

6. **F** $112\ cm^2$ **G** $104\ cm^2$ **H** $80\ cm^2$ **J** $64\ cm^2$

4 cm
5 cm
4 cm

7. **A** $198\ cm^2$ **B** $204\ cm^2$ **C** $216\ cm^2$ **D** $234\ cm^2$

6 cm
11 cm
3 cm

8. **F** $96\ cm^2$ **G** $132\ cm^2$ **H** $144\ cm^2$ **J** $180\ cm^2$

3 cm
8 cm
6 cm

9. **A** $300\ cm^2$ **B** $307\ cm^2$ **C** $330\ cm^2$ **D** $363\ cm^2$

5.5 cm
12 cm
5 cm

Para 10–12, halla el volumen de cada prisma rectangular.

10. **F** $42\ pies^3$ **G** $84\ pies^3$ **H** $126\ pies^3$ **J** $204\ pies^3$

3 pies
7 pies
6 pies

11.

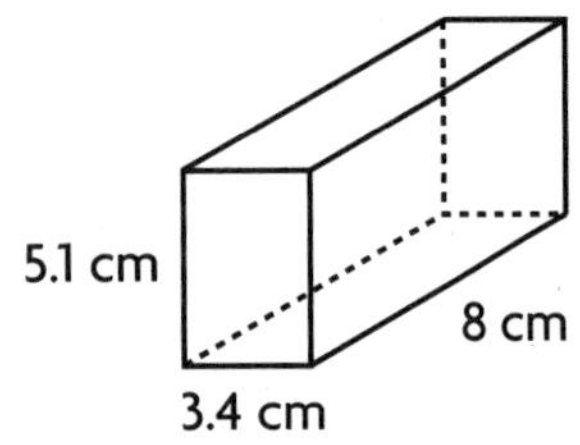

A 138.72 cm^3
B 143.48 cm^3
C 153.48 cm^3
D 183.72 cm^3

12.

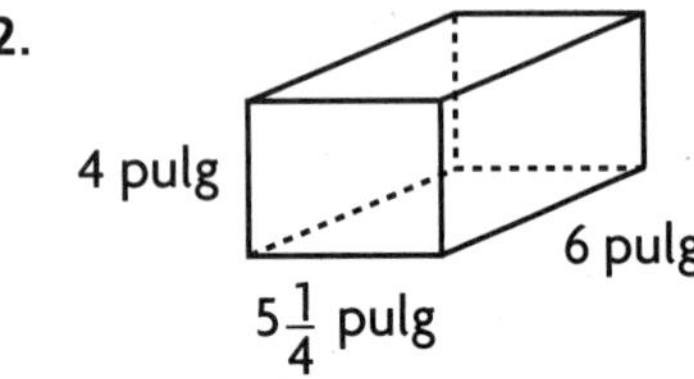

F 31 $pulg^3$
G 84 $pulg^3$
H 126 $pulg^3$
J 130 $pulg^3$

Para 13–15, halla la medida desconocida para cada prisma rectangular.

13. $l = 10$ pies, $a = 7$ pies, $V = 210$ pies ^{3}

$h = ?$

A 2 pies
B 3 pies
C 4 pies
D 5 pies

14. $l = 13$ m, $h = 8$ m, $V = 624$ m^3

$a = ?$

F 6 m
G 6.5 m
H 7 m
J 7.5 m

15. $a = 12$ pulg, $h = 3$ pulg, $V = 468$ pulg ^{3}

$l = ?$

A 11 pulg
B 12 pulg
C 13 pulg
D 14 pulg

Para 16–18, halla la mejor unidad para medir cada uno.

16. el área total de un prisma pentagonal medido en pulgadas

F pulg
G $pulg^2$
H $pulg^3$
J $pies^2$

17. la distancia alrededor de un jardín medido en yardas

A yd
B yd^2
C yd^3
D pies

18. el espacio dentro de una habitación medido en metros

F m
G m^2
H m^3
J km

Para 19–20, usa una fórmula para resolver.

19. Lydia necesita llenar su nueva pecera. Mide 12 pulg de largo, 8 pulg de ancho y 6 pulg de profundidad. ¿Cuál es el volumen de la pecera?

A 576 $pulg^3$
B 480 $pulg^3$
C 444 $pulg^3$
D 384 $pulg^3$

20. Andy necesita comprar un baúl con un volumen de 84 $pies^3$. Cada uno de los tres tamaños vendidos es 6 pies de largo y 4 pies de ancho. ¿De qué alto necesita ser el baúl?

F 3 pies
G 3.5 pies
H 4 pies
J 4.5 pies

Alto

Escribe la respuesta correcta.

Para 1–2, nombra el cuerpo geométrico para la plantilla.

1. 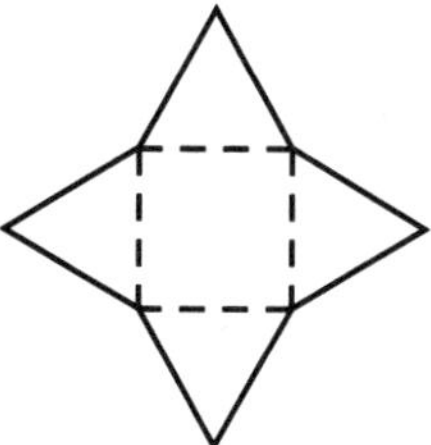

____

2. 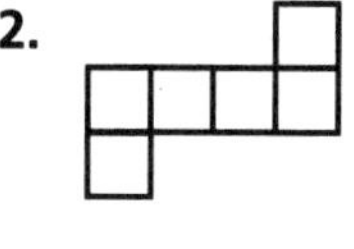

____

3. 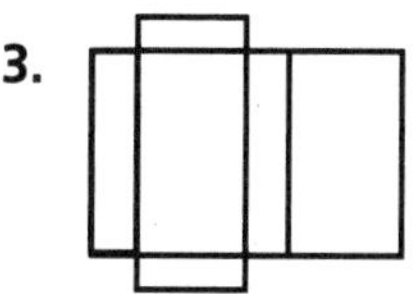

____

4. 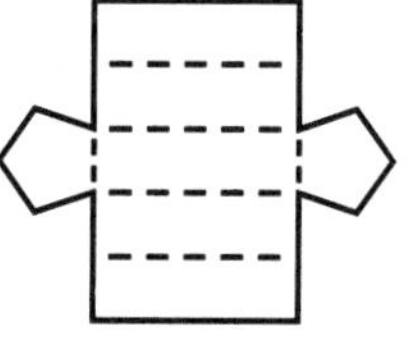

____

Para 5–9, halla el área total en cm^2.

5. 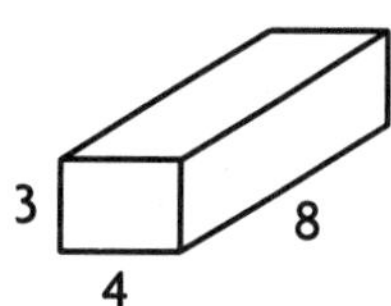

____

6. 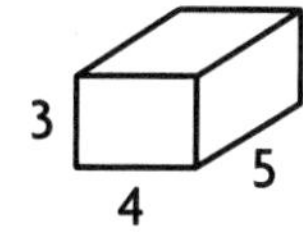

____

7. 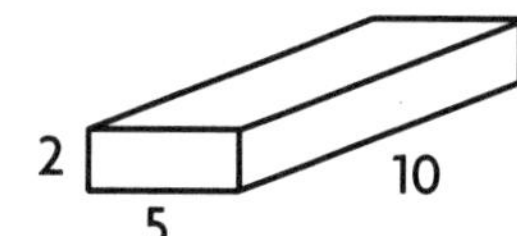

____

8. 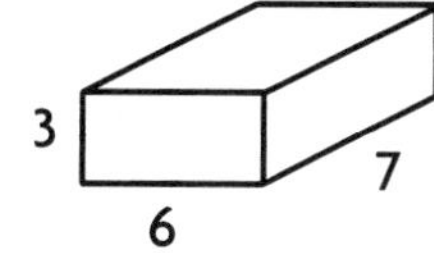

____

9. 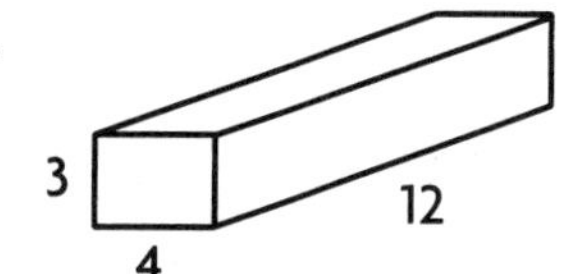

____

Sigue

Para 10–12, halla la dimensión desconocida de cada prisma rectangular.

10. $l = 12$ pies, $a = 8$ pies, $V = 288$ pies^3

$h =$ ___?___

____

11. $l = 10$ m, $h = 5$ m, $V = 450$ m^3

$a =$ ___?___

____

12. $a = 7$ pulg, $h = 5$ pulg, $V = 420$ pulg^3,

$l =$ ___?___

____

Para 13–15, halla el volumen de cada prisma rectangular.

13.

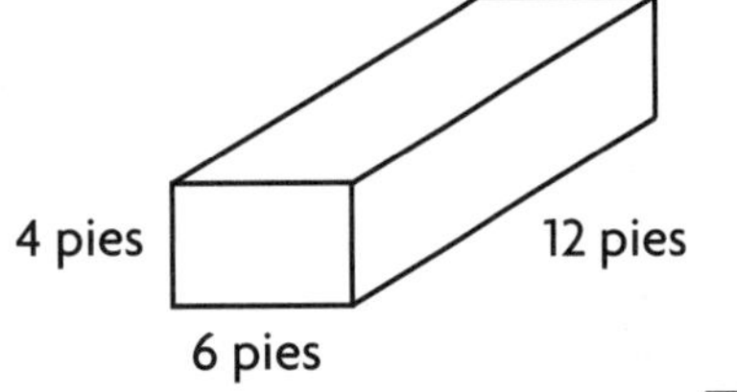

____

14.

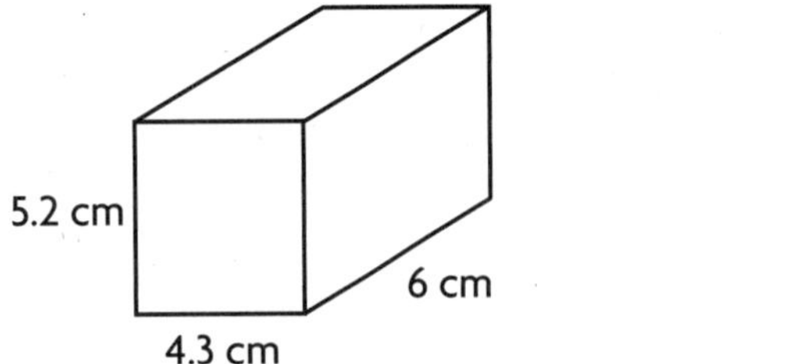

____

15.

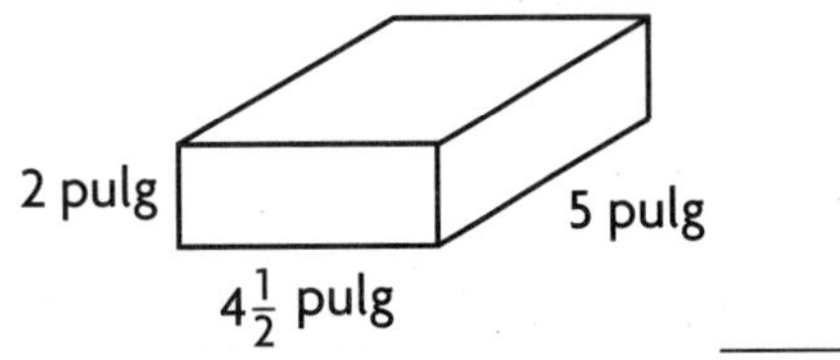

____

Para 16–18, escribe las mejores unidades para medir cada uno.

16. el área total de un prisma rectangular medido en pulgadas

____

17. la distancia alrededor de una mesa medida en cm

____

18. el espacio dentro de un cartón medido en pies

____

Para 19–20, usa una fórmula para resolver.

19. Janice necesita llenar su nueva pecera. Mide 15 pies de largo, 9 pies de ancho y 3 pies de profundidad. ¿Cuánta agua contendrá?

____

20. Andy necesita comprar un baúl con un volumen de 52.5 pies^3. Los tres tamaños que se ofrecen miden 5 pies de largo y 3.5 pies de ancho. ¿De qué alto necesita ser el baúl?

____

Alto

Nombre ____________________

Elige la mejor respuesta.

1. ¿Cuál es la mejor estimación?

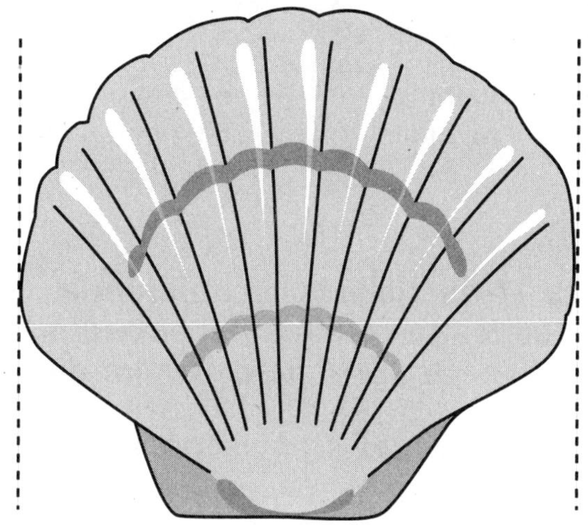

A $2\frac{1}{4}$ pulg　　C $2\frac{1}{2}$ pulg

B $2\frac{1}{3}$ pulg　　D $2\frac{3}{4}$ pulg

2. ¿Qué estimación es mejor?

F 5 cm　　H 3 cm

G 4 cm　　J 2 cm

3. ¿Cuántas pulgadas hay en 5 yardas?

A 15　　C 180

B 60　　D 225

4. ¿Cuál de las siguientes **no** es igual a 60 pulgadas?

F 3 yd　　H $1\frac{2}{3}$ yd

G 4 pies 12 pulg　　J 5 pies

Para 5–6, halla la suma o la diferencia.

5. 15 yd
 − 8 yd 1 pie

A 6 yd 2 pies
B 7 yd 1 pie
C 7 yd 2 pies
D 23 yd 1 pie

6. 35 cm 7 mm
 + 8 cm 9 mm

F 26 cm 8 mm
G 27 cm 2 mm
H 44 cm 6 mm
J 45 cm 2 mm

7. Al convertir 7,040 yd, ¿cuál es correcto?

A 7 mi　　C 3 mi

B 4 mi　　D 2 mi

Para 8–10, convierte la unidad.

8. 1 galón = ■ tazas

F 8　　H 16

G 12　　J 24

9. 112 oz = ■ lb

A 4　　C 6

B 5　　D 7

10. 5.5 T = ■ lb

F 7,500　　H 9,000

G 10,500　　J 11,000

Sigue

11. Elige la mejor estimación. Un tanque para peces contiene __?__ .

A 50 galones
B 50 cuartos
C 50 pintas
D 50 tazas

12. 7 h 42 min + 9 h 37 min

F 16 h 5 min
G 16 h 19 min
H 17 h 19 min
J 18 h 19 min

13. Mark hace dos mandados en la vía hacia la casa de Glynis. Tarda 37 minutos en el primer mandado y 45 minutos en el segundo mandado. Él llega a la casa de Glynis a la 1:07 p.m. ¿A qué hora salió Mark de su casa?

A 11:15 a.m.
B 11:27 a.m.
C 11:35 a.m.
D 11:45 a.m.

Para 14–16, halla el perímetro de la figura que se muestra.

14.

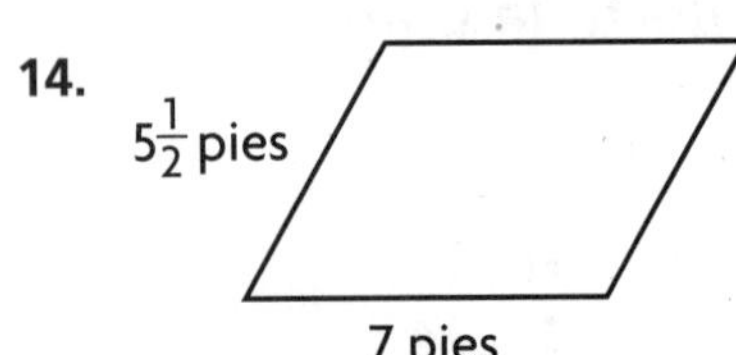

F 17 pies
G 19 pies
H $23\frac{1}{2}$ pies
J 25 pies

15.

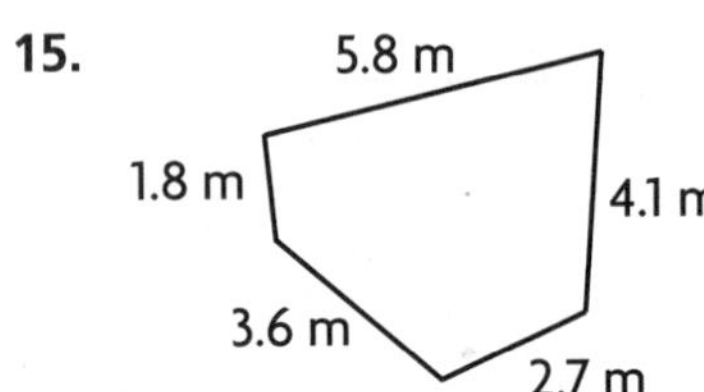

A 19.6 m
B 18.0 m
C 16.0 m
D 15.8 m

16.

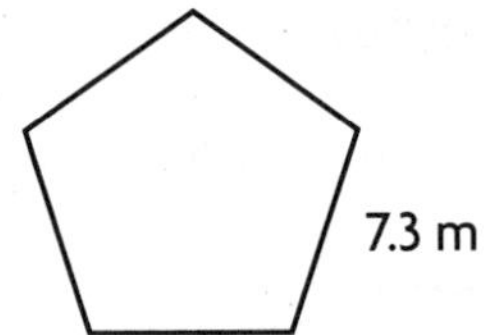

F 36.0 m
G 36.5 m
H 43.8 m
J 58.4 m

Para 17–18, halla la circunferencia. Redondea tu resultado al entero más próximo. Usa 3.14 para el valor de π.

17. Un círculo con un diámetro de 8

A 25
B 30
C 35
D 40

18. Un círculo con un radio de 5

F 16
G 19
H 31
J 38

19. Halla el área de la figura.

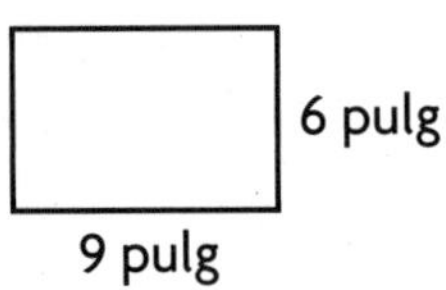

A 27 $pulg^2$
B 30 $pulg^2$
C 42 $pulg^2$
D 54 $pulg^2$

Para 20–21, halla cada medida que falta.

20. Un rectángulo con $b = 9$ cm y $h = 6.4$ cm. $A =$ __?__

F 28.8 cm^2
G 30.8 cm^2
H 57.6 cm^2
J 65 cm^2

Sigue

21. Un rectángulo con $P = 34$ yd y $l = 11$ yd. $A =$ __?__

A 66 yd^2
B 90 yd^2
C 124 yd^2
D 253 yd^2

22. Halla las dimensiones del rectángulo con el menor perímetro para el área dada. (Usa números enteros.)

$A = 56\ m^2$

F 1 m × 56 m
G 2 m × 28 m
H 4 m × 14 m
J 7 m × 8 m

Para 23–24, halla la medida que falta para cada triángulo.

23. $b = 5.0$ cm y $h = 2.9$ cm, $A =$ __?__

A 14.5 cm^2
B 9.8 cm^2
C 7.25 cm^2
D 6.5 cm^2

24. $b = 12$ pies y $A = 48\ pies^2$, $h =$ __?__

F 12 pies
G 8 pies
H 6 pies
J 4 pies

Para 25–27, halla la medida que falta para cada paralelogramo.

25. $b = 9$ pies y $A = 63\ pies^2$, $h =$ __?__

A 6 pies
B 7 pies
C 8 pies
D 9 pies

26. $b = 7.2$ cm y $h = 5.5$ cm, $A =$ __?__

F 18.45 cm^2
G 19.8 cm^2
H 36.9 cm^2
J 39.6 cm^2

27. $h = 4\frac{1}{4}$ yd y $A = 36\frac{1}{8}\ yd^2$, $b =$ __?__

A $7\frac{1}{4}$ yd
B $8\frac{1}{8}$ yd
C $8\frac{1}{2}$ yd
D $9\frac{1}{4}$ yd

28. Halla el área de la figura.

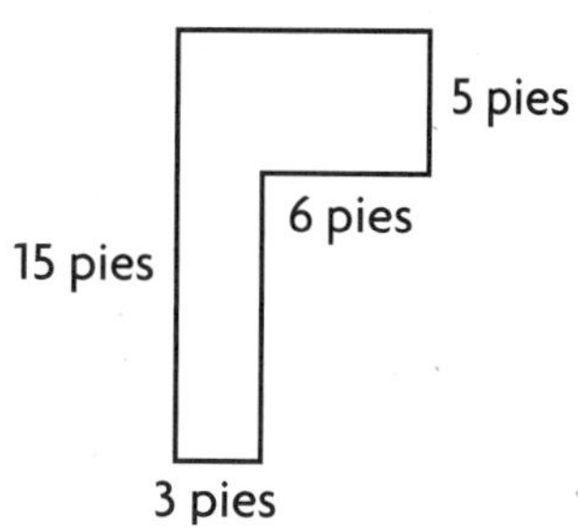

F 135 $pies^2$
G 90 $pies^2$
H 75 $pies^2$
J 45 $pies^2$

Para 29–31, halla el área total. Quizás quieras hacer la plantilla.

29.

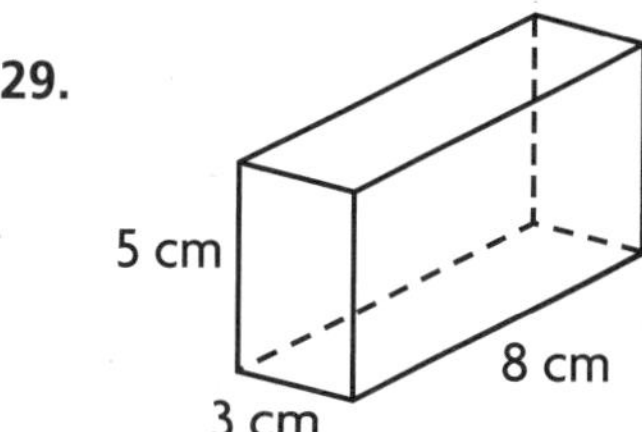

A 158 cm^2
B 128 cm^2
C 120 cm^2
D 79 cm^2

30.

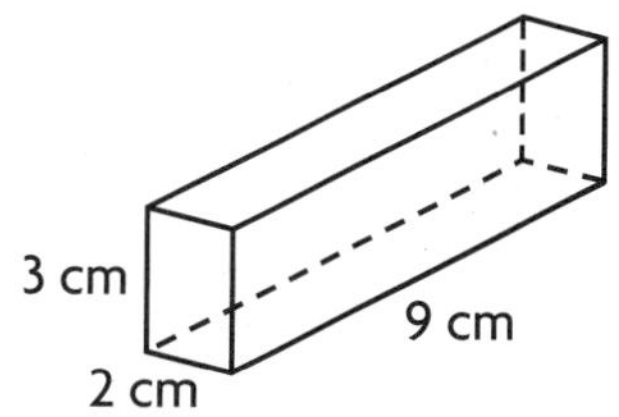

F 102 cm^2
G 54 cm^2
H 51 cm^2
J 42 cm^2

Sigue

31.

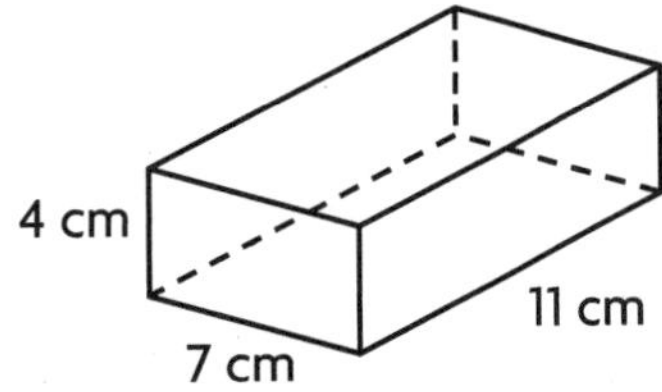

A 234 cm² **C** 298 cm²
B 276 cm² **D** 308 cm²

Para 32–33, empareja un cuerpo geométrico con su plantilla. Elige de las siguientes plantillas.

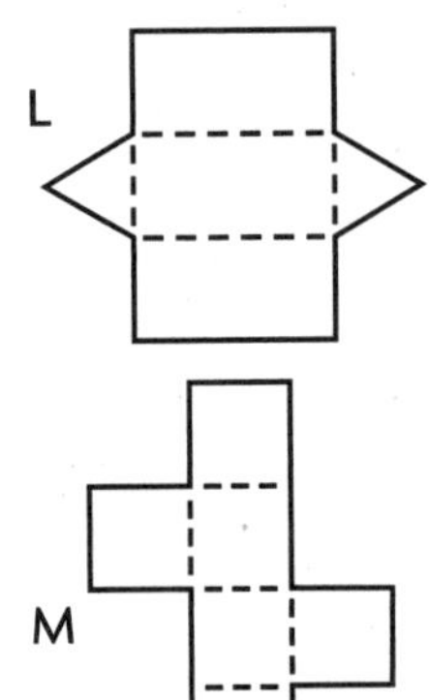

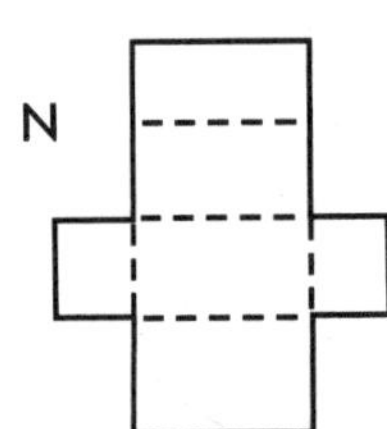

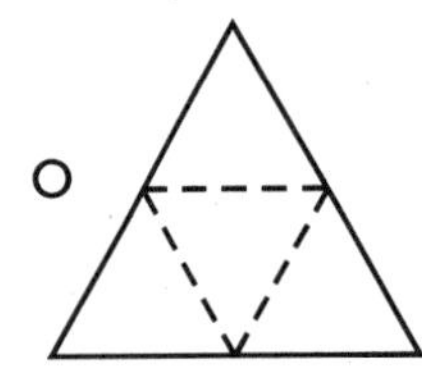

32.

F L **H** N
G M **J** O

33.

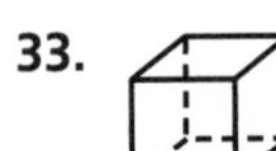

A L **C** N
B M **D** O

Para 34–35, halla el volumen de cada prisma rectangular.

34. **F** 72 pies³
G 84 pies³
H 120 pies³
J 172 pies³

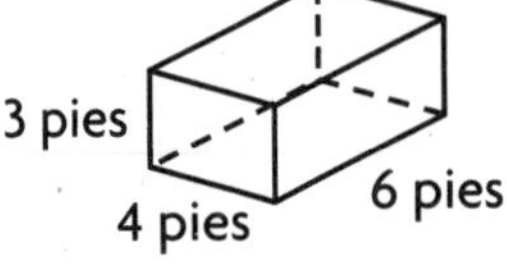

35. **A** 186.4 cm³
B 198.6 cm³
C 235.4 cm³
D 259.2 cm³

4 cm
7.2 cm
9 cm

Para 36–37, halla la dimensión que falta para cada prisma rectangular.

36. $l = 12$ m, $h = 6$ m, $V = 576$ m³,
$a =$ __?__

F 6 m **H** 7.5 m
G 6.5 m **J** 8 m

37. $a = 6$ pulg, $h = 3$ pulg, $V = 288$ pulg³,
$l =$ __?__

A 16 pulg **C** 13 pulg
B 14 pulg **D** 11 pulg

Para 38–39, elige las unidades que usarías para medir cada una.

38. El área total de un prisma hexagonal medido en pies.

F pies **G** pies² **H** pies³

39. El espacio ocupado por un tanque de agua medido en metros.

A m **B** m² **C** m³

40. Frances necesita llenar su nevera. Ésta mide 18 pulg de largo, 10 pulg de ancho y 8 pulg de profundidad. ¿Cuánta agua contendrá?

F 1,280 pulg³ **H** 1,560 pulg³
G 1,440 pulg³ **J** 1,680 pulg³

Alto

Nombre ______________________

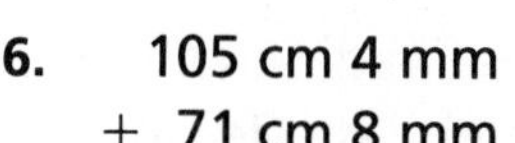

Escribe la respuesta correcta.

1. Mide al $\frac{1}{8}$ de pulg más próximo.

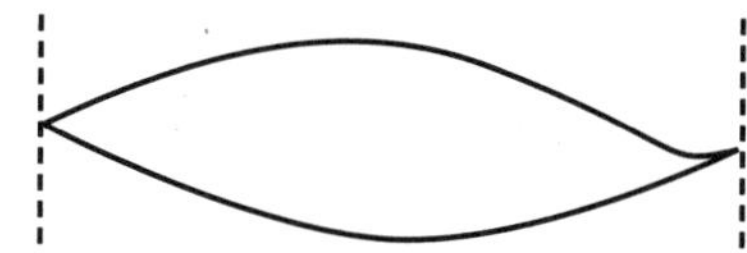

____

2. Mide al centímetro más próximo, luego al milímetro más próximo.

____

3. ¿Cuántas pulgadas hay en 12 yardas?

____

4. Convierte la unidad.

   7 yd 2 pies = ■ pulg

____

5. 38 yd
   − 14 yd 2 pies

6. 105 cm 4 mm
   + 71 cm 8 mm

Para 7–10, convierte la unidad.

7. 2 mi = ■ pulg

____

8. 4 gal = ■ ct

____

9. 1,792 oz = ■ lb

____

10. 430,000 lb = ■ T

____

Sigue

11. ¿Cuál es la unidad de medida común más apropiada para el peso de un camión lleno de cemento?

____

12.
$$\begin{array}{r} 6 \text{ h } 54 \text{ min} \\ +\ 11 \text{ h } 48 \text{ min} \\ \hline \end{array}$$

13. Ramona fue a una fiesta en casa de Linda. Ella se detuvo en dos tiendas para recoger provisiones. Ramona tardó 29 minutos en la primera tienda y 47 minutos en la segunda tienda. Si tardó 5 minutos en ir de la segunda tienda a casa de Linda y Ramona llegó a las 5:15 p.m., ¿cuándo salió Ramona de su casa?

____

Para 14–16, halla el perímetro de la figura que se muestra.

14.

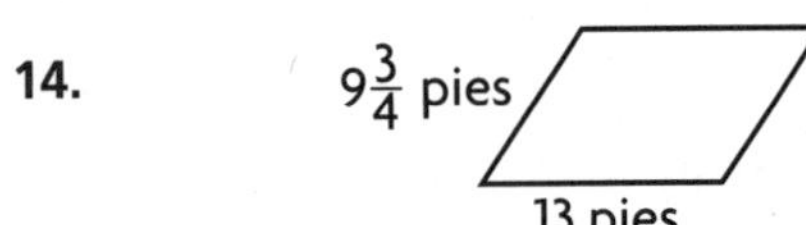

____

15.

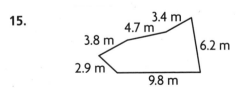

3.4 m
4.7 m
3.8 m
6.2 m
2.9 m
9.8 m

____

16.

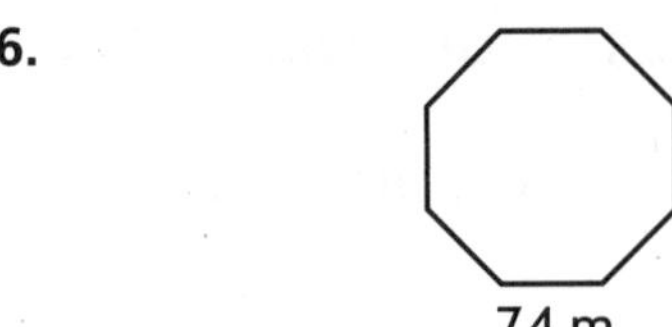

____

Para 17–18, halla la circunferencia. Redondea tu respuesta al número entero más próximo. Usa 3.14 para el valor de π.

17. Un círculo con un diámetro de 19 cm

____

18. Un círculo con un radio de 11 pulg

____

19. Halla el área de la figura.

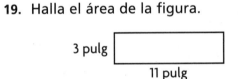

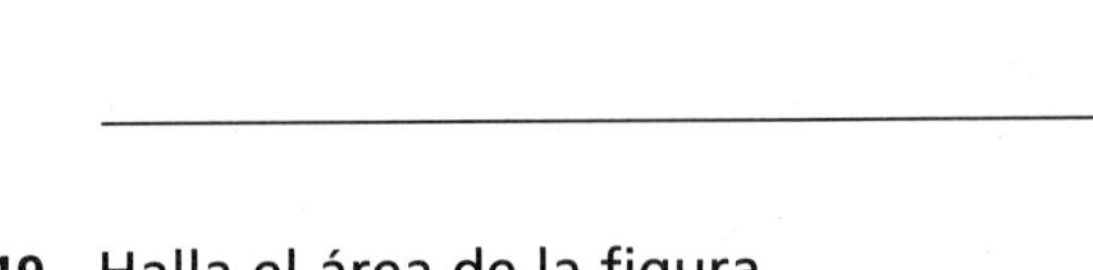

____

Para 20–21, halla cada medida que falta.

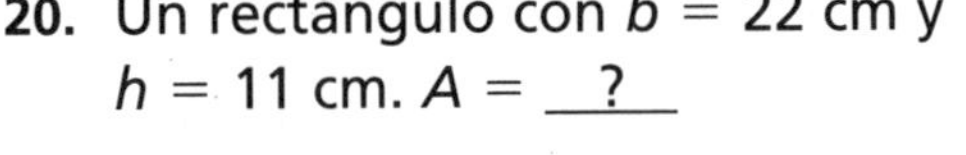

20. Un rectángulo con $b = 22$ cm y $h = 11$ cm. $A =$ __?__

____

21. Un rectángulo con $P = 21$ yd y $l = 3$ yd. $A =$ __?__

____

Sigue

Nombre ______________________

22. Halla las dimensiones de un rectángulo con el menor perímetro para el área dada usando números enteros.
$A = 81\ m^2$

____

Para 23–24, halla la medida que falta para cada triángulo.

23. $b = 3.6$ cm, $h = 3$ cm, $A =$ __?__

____

24. $b = 5$ pies, $A = 30$ pies^2, $h =$ __?__

____

Para 25–27, halla la medida que falta para cada paralelogramo.

25. $b = 22$ pies, $A = 242$ pies^2, $h =$ __?__

____

26. $b = 3.25$ cm, $h = 16$ cm, $A =$ __?__

____

27. $h = 2\frac{1}{4}$ yd, $A = 10\frac{1}{8}$ yd^2, $b =$ __?__

____

28. Halla el área de la figura

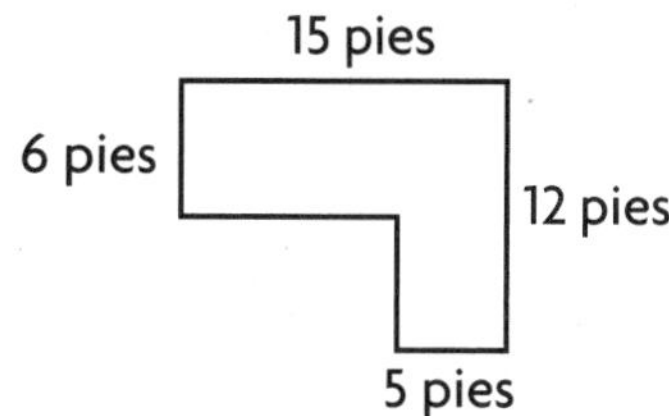

____

Para 29–31, halla el área total. Quizás quieras hacer la plantilla.

29.

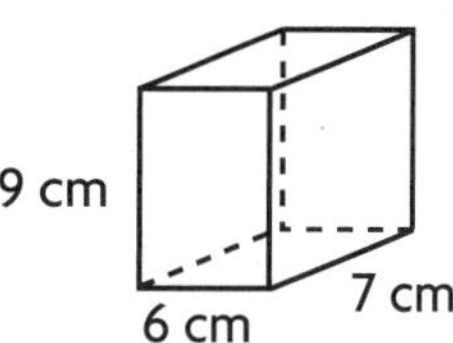

____

30.

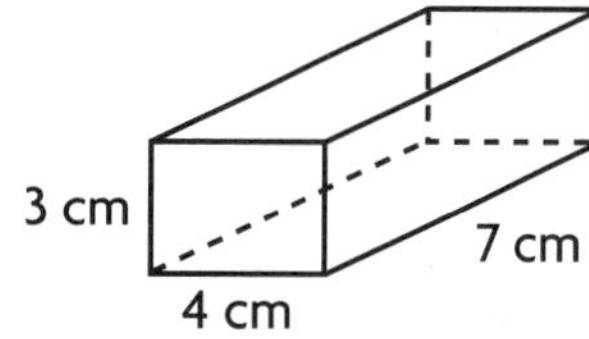

____

31.

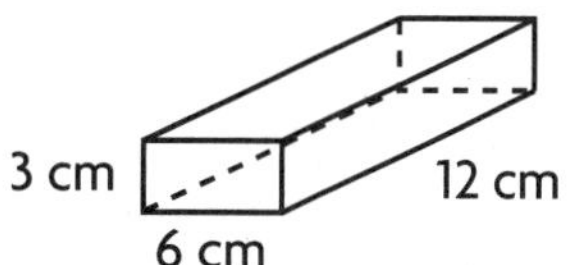

____

Sigue

Para 32–33, empareja el cuerpo geométrico con su plantilla. Elige de las siguientes plantillas.

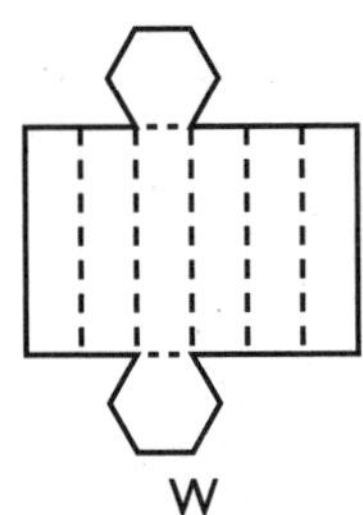
W

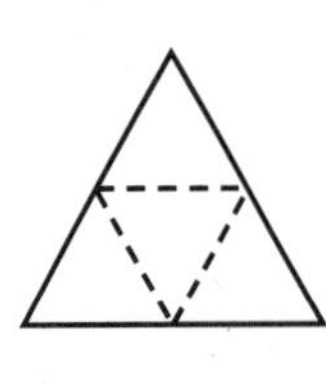
X

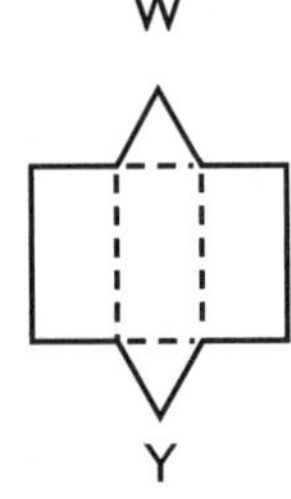
Y

Z

32.  ______________________

33.  ______________________

Para 34–35, halla el volumen del prisma rectangular.

34. 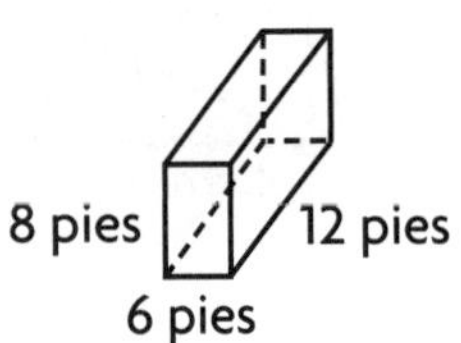

____

35. 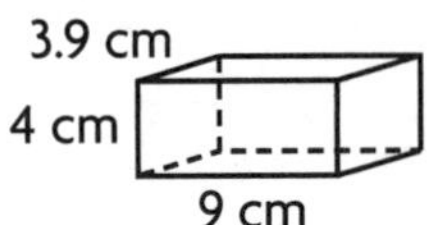

____

Para 36–37, halla la dimensión desconocida para cada prisma rectangular.

36. $l = 7$ m, $h = 8$ m, $V = 784$ m^3,
$a =$ __?__

____

37. $a = 11$ pulg, $h = 5$ pulg, $V = 495$ pulg^3,
$l =$ __?__

____

Para 38–39, escribe las unidades que usarías para medir cada uno.

38. El perímetro de la base de la siguiente figura.

____

39. El espacio para una caja para un refrigerador medido en centímetros.

____

40. Dermott necesita llenar un acuario en el vestíbulo de un edificio. Mide 108 pulg de largo, 20 pulg de ancho y 22 pulg de alto. ¿Cuánta agua, en pulgadas cúbicas, contendrá?

____

Alto

Elige la mejor respuesta.

Para 1–2, usa la siguiente información.

Jennifer tiene una falda negra y una falda roja. Ella también tiene 4 blusas: negra, blanca, roja y verde.

1. ¿Qué paso debes hacer primero cuando haces un diagrama de árbol para mostrar las opciones de Jennifer de los conjuntos de blusa y falda?

   A Lista de colores de faldas
   B Lista de colores de blusas
   C Lista del número de faldas
   D A o B

2. ¿Cuántas opciones de falda y blusa tiene Jennifer?

   F 6 **H** 12
   G 8 **J** 15

Para 3–4, Jimmy puede elegir un panecillo, una bebida y un vegetal para la cena. Sus opciones son las siguientes:

Panecillo: blanco o trigo entero

Bebida: leche o té frío

Vegetales: maíz, arvejas o zanahorias

3. ¿En qué orden debes trazar las opciones de Jimmy en un diagrama de árbol?

   A panecillo, bebida, vegetal
   B bebida, vegetal, panecillo
   C vegetal, panecillo, bebida
   D No importa.

4. ¿Cuántas comidas diferentes puede elegir Jimmy?

   F 2 **H** 12
   G 3 **J** 24

Para 5–7, una bolsa tiene 4 fichas cuadradas rojas, 2 azules y 3 verdes. Escribe un fracción para la probabilidad de cada suceso.

5. sacar una ficha azul

   A $\frac{7}{9}$ **C** $\frac{2}{7}$
   B $\frac{1}{2}$ **D** $\frac{2}{9}$

6. sacar una ficha verde

   F $\frac{3}{9}$ o $\frac{1}{3}$ **H** $\frac{3}{4}$
   G $\frac{3}{6}$ o $\frac{1}{2}$ **J** $\frac{3}{2}$

7. sacar una ficha que **no** sea azul

   A $\frac{2}{7}$ **C** $\frac{7}{9}$
   B $\frac{5}{7}$ **D** $\frac{4}{9}$

8. ¿Cuál es la probabilidad de sacar un 4 al lanzar un cubo numerado rotulado 1–6?

   F $\frac{2}{3}$ **H** $\frac{1}{6}$
   G $\frac{1}{2}$ **J** $\frac{1}{12}$

9. ¿Cuál es la probabilidad de sacar un número menor que 5 al lanzar un cubo rotulado 1–6?

   A $\frac{5}{6}$ **C** $\frac{1}{2}$
   B $\frac{2}{3}$ **D** $\frac{1}{3}$

10. ¿Cuál **no** es un resultado posible al lanzar una moneda tres veces?

   F 3 caras **H** 2 caras y 1 sello
   G 3 sellos **J** 2 caras y 2 sellos

Sigue

11. ¿Cuántos resultados posibles hay al lanzar una moneda 2 veces?

A 1 **C** 3
B 2 **D** 4

12. ¿Cuántos resultados posibles hay de que salga una vez cara y una vez sello al lanzar una moneda dos veces?

F 1 **H** 3
G 2 **J** 4

13. ¿Cuál es la probabilidad de que salgan 2 caras en 2 lanzamientos de monedas?

A $\frac{2}{3}$ **C** $\frac{1}{3}$
B $\frac{1}{2}$ **D** $\frac{1}{4}$

14. ¿Cuál suceso es más probable?

F sacar cara al lanzar una moneda
G sacar un 5 en un cubo numerado rotulado 1–6
H sacar un 3 o 4 en un cubo numerado rotulado 1–6
J sacar un número mayor que 6 en un cubo numerado rotulado 1–6

15. ¿Cuál suceso es menos probable?

A sacar cara al lanzar una moneda
B sacar sello al lanzar una moneda
C sacar un número mayor que 5 en un cubo numerado rotulado 1–6
D sacar un número menor que 5 en un cubo numerado rotulado 1–6

16. ¿Qué suceso es más probable?

F sacar un número par al lanzar un cubo numerado rotulado 1–6
G sacar un número impar al lanzar un cubo numerado rotulado 1–6
H sacar un número menor que 7 al lanzar un cubo numerado rotulado 1–6
J sacar un número mayor que 6 al lanzar un cubo numerado rotulado 1–6

Para 17–18, Ann está haciendo un experimento de probabilidades al lanzar un cubo numerado rotulado 1–6 y una moneda.

17. ¿Cuántos resultados posibles hay para el experimento de Ann?

A 12 **B** 8 **C** 6 **D** 4

18. ¿Cuál es la probabilidad de sacar un 5 y cara?

F $\frac{5}{12}$ **H** $\frac{1}{6}$
G $\frac{1}{4}$ **J** $\frac{1}{12}$

Para 19–20, una bolsa tiene 5 fichas cuadradas: 2 rojas, 2 azules y 1 verde. Una flecha giratoria tiene el disco dividido en secciones iguales numeradas 1, 2 y 3.

19. ¿Cuántos resultados posibles hay de sacar una ficha cuadrada y sacar un número al girar la flecha giratoria?

A 5 **B** 8 **C** 12 **D** 15

20. ¿Cuál es la probabilidad de sacar una ficha cuadrada roja y que la flecha caiga en 3?

F $\frac{1}{15}$ **H** $\frac{1}{5}$
G $\frac{2}{15}$ **J** $\frac{4}{15}$

Alto

Escribe la respuesta correcta.

1. ¿Cuántos resultados posibles hay al lanzar una moneda 3 veces?

____

2. ¿Cuántos resultados posibles hay de sacar 2 caras al lanzar una moneda 3 veces?

____

Para 3–4, Julie puede elegir una papa, un vegetal y una sopa para su cena. Sus opciones son las siguientes:

Papa: papa asada o papas fritas
Vegetal: brócoli, zanahorias o maíz
Sopa: vegetales o pollo con tallarines

3. ¿En qué orden trazarías las opciones de Julie en el diagrama de árbol?

____

4. ¿Cuántas comidas diferentes puede elegir Julie?

____

Para 5–7, una bolsa tiene 4 fichas cuadradas moradas, 1 negra y 3 amarillas. Escribe una fracción para la probabilidad de cada suceso.

5. sacar una ficha cuadrada amarilla

____

6. sacar una ficha cuadrada morada

____

7. sacar una ficha que no sea negra

____

8. Escribe la probabilidad de obtener un 5 en un cubo numerado rotulado 1–6.

____

9. Escribe la probabilidad de obtener un número mayor que 3 en un cubo numerado rotulado 1–6.

____

10. ¿Cuáles son los resultados posibles al lanzar una moneda 2 veces?

____

Sigue

Para 11–12, usa la siguiente información.

Molly tiene un sombrero azul y uno rojo. Ella también tiene 4 pares de zapatos: azul, blanco, rojo y verde.

11. ¿Qué objeto pondrías en la lista primero cuando hagas un diagrama de árbol para mostrar las opciones de Molly de un sombrero y un par de zapatos?

____

12. ¿Cuántos conjuntos que incluyan un sombrero y un par de zapatos tiene Molly?

____

13. ¿Cuál es la probabilidad de sacar 2 caras exactamente en 3 lanzamientos de monedas?

____

Para 14–16, halla la probabilidad de cada suceso. Luego indica qué suceso es más probable.

14. suceso 1: sacar cara en un lanzamiento
suceso 2: sacar un 3 en un cubo numerado rotulado 1–6

____

15. suceso 1: sello en un lanzamiento de moneda
suceso 2: sacar un número menor que 6 en un cubo numerado rotulado 1–6

____

16. suceso 1: sacar un número par en un cubo numerado rotulado 1–6
suceso 2: sacar una canica roja de una bolsa de 20 canicas, 7 de las cuales son rojas

____

Para 17–18, Chelsea está haciendo un experimento de probabilidades al lanzar una moneda y un cubo numerado rotulado 1–6.

17. ¿Cuántos resultados posibles hay para el experimento de Chelsea?

____

18. ¿Cuál es la probabilidad de sacar sello y un número mayor que 2?

____

Para 19–20, una bolsa tiene 3 fichas cuadradas: una roja, una azul y una amarilla. Una flecha giratoria con el disco dividido en 3 secciones iguales numeradas 1, 2 y 3.

19. ¿Cuántos resultados posibles hay de sacar una ficha cuadrada y un número al girar la flecha giratoria?

____

20. ¿Cuál es la probabilidad de sacar una ficha cuadrada que **no** sea amarilla y sacar el número 2 al girar la flecha giratoria?

____

Alto

Nombre ______________________

Elige la mejor respuesta.

Para 1–2, usa la siguiente información.

Jennifer tiene una falda negra y una roja. También tiene 3 blusas: una negra, una blanca y una roja.

1. Para hacer un diagrama de árbol de los conjuntos de falda y blusa de Jennifer, debes comenzar con __?__.

   A faldas
   B blusas
   C las faldas o las blusas
   D conjuntos

2. ¿Cuántos conjuntos de falda y blusa tiene Jennifer?

   F 6 H 12
   G 8 J 15

Para 3–4, Luis tiene 3 opciones para cenar.

panecillo: blanco o centeno

bebida: leche, té frío o agua

vegetal: frijoles, zanahorias o maíz

3. Para hacer un diagrama de árbol de las opciones de Luis, tienes que seguir este orden:

   A panecillo, bebida, vegetal
   B bebida, vegetal, panecillo
   C vegetal, panecillo, bebida
   D cualquier orden

4. ¿De cuántas cenas diferentes puede elegir Luis?

   F 8 H 14
   G 12 J 18

Para 5–7, una caja contiene 7 bloques blancos, 6 rojos, 5 azules y 2 amarillos. Escribe una fracción para cada suceso.

5. sacar un bloque amarillo

   A $\frac{1}{10}$ C $\frac{1}{4}$
   B $\frac{1}{6}$ D $\frac{1}{3}$

6. sacar un bloque azul

   F $\frac{5}{15}$ H $\frac{1}{4}$
   G $\frac{5}{18}$ J $\frac{1}{20}$

7. sacar un bloque que **no** sea amarillo

   A $\frac{9}{10}$ C $\frac{3}{5}$
   B $\frac{4}{5}$ D $\frac{2}{5}$

Para 8–9, elige la fracción que muestre la probabilidad de sacar cada suceso en un cubo numerado rotulado del 1 al 6.

8. sacar un número mayor que 2

   F $\frac{1}{6}$ H $\frac{1}{2}$
   G $\frac{1}{3}$ J $\frac{2}{3}$

9. sacar otro número que no sea 3

   A $\frac{11}{12}$ C $\frac{1}{2}$
   B $\frac{5}{6}$ D $\frac{1}{3}$

Sigue

10. ¿Cuál de los siguientes no es un resultado posible al lanzar una moneda 4 veces?

F 2 sellos y 2 caras
G 2 sellos y 3 caras
H 3 caras y un sello
J 4 sellos

Para 11–13, una bolsa tiene 4 fichas cuadradas rojas, 2 azules y 2 verdes.

11. ¿Cuál es la probabilidad de sacar una ficha cuadrada azul?

A $\frac{1}{2}$ C $\frac{1}{4}$
B $\frac{1}{3}$ D $\frac{1}{8}$

12. ¿Cuál es la probabilidad de sacar una ficha cuadrada roja?

F $\frac{1}{2}$ H $\frac{3}{4}$
G $\frac{2}{3}$ J $\frac{7}{8}$

13. ¿Cuál es la probabilidad de sacar una ficha cuadrada que **no** sea azul?

A $\frac{7}{8}$ C $\frac{1}{4}$
B $\frac{3}{4}$ D $\frac{1}{8}$

14. ¿Cuál es la probabilidad de sacar un número menor que 4 en un cubo numerado?

F $\frac{5}{6}$ H $\frac{1}{2}$
G $\frac{2}{3}$ J $\frac{1}{3}$

15. ¿Cuál es la probabilidad de sacar 3 sellos en 3 lanzamientos de moneda?

A $\frac{1}{8}$ C $\frac{1}{2}$
B $\frac{1}{3}$ D $\frac{2}{3}$

Para 16–18, Rene y Stefan juegan un juego con esta flecha giratoria. Rene gana 2 puntos si la flecha cae en rojo. Stefan gana 2 puntos si la flecha cae en verde o azul.

16. ¿Cuál es la probabilidad de que Stefan ganará puntos en un giro?

F $\frac{2}{3}$ H $\frac{1}{3}$
G $\frac{1}{2}$ J $\frac{1}{4}$

17. ¿Cuál es la probabilidad de que Rene ganará puntos en un giro?

A $\frac{2}{3}$ C $\frac{1}{3}$
B $\frac{1}{2}$ D $\frac{1}{4}$

18. El juego es

F justo porque ambos tienen la misma probabilidad de ganar puntos.

G justo porque ambos tienen al menos una sección.

H no es justo porque Stefan tiene 2 secciones.

J no es justo porque Rene tiene la sección más grande.

Sigue

Para 19–20, usa esta flecha giratoria.

19. ¿Cuál suceso es menos probable?

A caer en un número par
B caer en un número impar
C caer en un número menor que 3
D caer en un número mayor que 1

20. ¿Qué suceso es más probable?

F caer en un número mayor que 2
G caer en un número menor que 2
H caer en un número par
J caer en un número impar

Para 21–22, Janice lanzó un cubo numerado rotulado del 1 al 6.

21. ¿Cuál es la probabilidad de que el cubo caiga en un número par?

A $\frac{2}{3}$ **C** $\frac{1}{3}$
B $\frac{1}{2}$ **D** $\frac{1}{4}$

22. ¿Cuál es la probabilidad de sacar un número mayor que 4?

F $\frac{1}{3}$ **H** $\frac{1}{12}$
G $\frac{1}{4}$ **J** $\frac{1}{18}$

23. ¿Qué suceso es más probable?

A sacar cara al lanzar una moneda
B sacar un 2 en un cubo numerado rotulado 1–6
C sacar un 4 en un cubo numerado rotulado 1–6
D sacar un número mayor que 4 en un cubo numerado rotulado 1–6

24. ¿Qué suceso es más probable?

F sacar cara al lanzar una moneda
G sacar sello al lanzar una moneda
H sacar un número mayor que 2 en un cubo numerado rotulado 1–6
J todos son igualmente probables

25. ¿Qué suceso es el más probable?

A sacar un número par al lanzar un cubo numerado rotulado 1–6
B sacar un número impar al lanzar un cubo numerado rotulado 1–6
C sacar un número menor que 5 al lanzar un cubo numerado rotulado 1–6
D todos son igualmente probables

Para 26–27, una bolsa contiene 5 fichas cuadradas: 2 rojas, 2 azules, 1 verde. Una flecha giratoria tiene 4 secciones iguales numeradas 1, 2, 3 y 4.

26. ¿Cuántos resultados posibles debe tener una lista organizada para sacar una ficha cuadrada y sacar un número al girar la flecha?

F 5 **H** 10
G 9 **J** 20

27. ¿Cuál es la probabilidad de sacar una ficha cuadrada roja y sacar un 3 al girar la flecha?

A $\frac{1}{20}$ **C** $\frac{3}{20}$
B $\frac{1}{10}$ **D** $\frac{1}{5}$

Sigue

Elige la mejor respuesta.

Para 28–29, Liam está realizando un experimento de probabilidad al lanzar una moneda y un cubo con las letras A–F.

28. ¿Cuántos resultados posibles hay en el experimento de Liam?

F 4
G 6
H 8
J 12

29. ¿Cuál es la probabilidad de sacar una B y sacar sello?

A $\frac{1}{15}$
B $\frac{1}{12}$
C $\frac{1}{6}$
D $\frac{1}{4}$

30. Usando los dígitos 3, 5 y 7, ¿cuántos números de dos dígitos puedes hacer sin repetir ninguno de los dígitos en el mismo número?

F 4
G 6
H 8
J 10

31. Tory lanza una moneda y saca una canica de una bolsa. Hay 4 canicas, una roja, una azul, una amarilla y una verde. ¿Cuál es la probabilidad de sacar cara y una canica verde?

A $\frac{3}{4}$
B $\frac{1}{2}$
C $\frac{1}{4}$
D $\frac{1}{8}$

32. Colin tiene 3 pares de pantalones de diferentes colores y 5 camisas de diferentes colores. ¿Cuántos conjuntos diferentes puede hacer?

F 8
G 10
H 15
J 20

33. En una flecha giratoria, que está dividida en 8 secciones iguales, 2 secciones son rojas, 3 son azules y 3 son amarillas. ¿Cuál es la probabilidad de sacar un color que no sea amarillo?

A $\frac{1}{8}$
B $\frac{1}{4}$
C $\frac{3}{8}$
D $\frac{5}{8}$

Alto

Escribe la respuesta correcta.

Para 1–2, usa la siguiente información.

Dora está haciendo conjuntos de ropa para osos de juguete que quiere vender. Ella tiene gorras de pelota rojas, azules y verdes. También tiene 4 pares de pantalones cortos de diferentes colores: blanco, negro, rojo y azul.

1. Haz un diagrama de árbol de los posibles conjuntos de gorra y pantalón corto que los osos pueden tener.

2. ¿Cuántos conjuntos de gorra y pantalón corto habrían si Dora pudiera hallar otro color de gorra?

____

Para 3–4, usa la siguiente información.

Danielle tiene 3 opciones que hacer para la cena.

sopa: pollo con fideos, cebolla o carne con vegetales

bebidas: leche o agua

plato principal: pavo, lasaña de vegetales o roast beef

3. Haz un diagrama de árbol que muestre las opciones de Danielle para la cena.

4. ¿Cómo cambiaría el número de opciones de Danielle si pudiera elegir entre té frío y leche en vez de leche y agua? Explica.

____

____

Sigue

Para 5–7, una bolsa tiene 9 canicas rojas, 2 amarillas, 3 verdes y 6 negras. Escribe una fracción para la probabilidad de cada suceso.

5. sacar una canica negra

____

6. sacar una canica amarilla o verde

____

7. sacar una canica que no sea verde

____

Para 8–9, escribe una fracción que muestre la probabilidad de cada suceso cuando se lanza un cubo numerado 1, 2, 2, 3, 3, 3.

8. sacar un 3

____

9. sacar un número que no sea 2

____

10. Si una moneda se lanza 3 veces, ¿cuál es la probabilidad de que sacarás 2 caras y un sello?

____

Para 11–13, hay ocho tarjetas con el número 6, cinco con el número 5, diez con el número 4 y siete con el número 3 boca abajo en una mesa. Escribe una fracción para la probabilidad de cada suceso.

11. voltear una carta con el número 6

____

12. voltear una carta con el número 3

____

13. voltear una carta con un número que no sea 5

____

14. ¿Cuál es la probabilidad de sacar un número mayor que 2 en un cubo numerado rotulado 1–6?

____

15. Escribe la posibilidad de sacar 2 caras en 2 lanzamientos de moneda.

____

Sigue

Para 16–18, Hannah y George juegan un juego con una flecha giratoria. Hannah gana 2 puntos si la aguja cae en verde o amarillo. George gana 2 puntos si la aguja cae en rojo, verde o azul.

16. Escribe una fracción para la probabilidad de que Hannah ganará puntos al girar la aguja.

____

17. Escribe una fracción para la probabilidad de que George ganará puntos al girar la aguja.

____

18. ¿Es justo el juego? Si no, ¿qué se puede hacer para hacerlo justo?

____

____

Para 19–20, usa la flecha giratoria. Escribe cada probabilidad como una fracción. Indica qué suceso es más probable.

19. Sacas un número par; sacas un número primo

____

20. Sacas un número divisible entre 3; sacas un número menor que o igual a 2^3.

____

Para 21–22, Ian lanzó un cubo numerado rotulado 1–6.

21. ¿Cuál es la probabilidad de que el cubo caiga en un número menor que el 5?

____

22. ¿Cuál es la probabilidad de sacar un número par o un número impar?

____

Para 23–25, escribe la probabilidad para cada suceso. Di qué suceso es más probable.

23. Sacar un número menor que 3 en un cubo numerado rotulado 1–6; lanzar una moneda dos veces y sacar cara las dos veces

____

24. Sacar un 6 en un cubo numerado rotulado 1–6; sacar cara al lanzar una moneda

____

25. Sacar un número impar al lanzar un cubo numerado rotulado 1–6; sacar una cara y un sello al lanzar dos veces una moneda

____

Sigue

Para 26, una bolsa tiene 2 fichas cuadradas rojas, 2 azules y 1 ficha verde. Una flecha giratoria tiene 4 secciones iguales numeradas 1, 2, 3 y 4.

26. ¿Cuántos resultados posibles debe tener una lista organizada para sacar una ficha cuadrada y un número al girar la aguja?

____

Para 27–28, una bolsa tiene 3 fichas cuadradas, roja, azul y verde; y una flecha giratoria tiene cuatro secciones iguales con las letras A, B, C, D.

27. ¿Cuántos resultados posibles hay de sacar una ficha y una letra al girar la aguja?

____

28. ¿Cuál es la probabilidad de sacar una ficha cuadrada azul y una consonante al girar la aguja?

____

Para 29–30, LaTanya está realizando un experimento de probabilidad sacando una canica de una bolsa con una canica roja y una azul y una flecha giratoria con seis divisiones iguales numeradas 1, 3, 5, 8, 9,10.

29. ¿Cuántos resultados son posibles?

____

30. ¿Cuál es la probabilidad de sacar un número par y una canica roja?

____

31. Usando los dígitos 1, 4 y 8 haz una lista de los números con dos dígitos que puedes hacer sin usar el mismo dígito dos veces en el mismo número.

____

32. Sarah lanza una moneda y saca una letra de una bolsa con cinco tiras de papel con las letras A, D, E, U, Z. Escribe la probabilidad de sacar cara y una vocal.

____

33. Marita puede elegir una camiseta roja, azul o amarilla. Puede elegir zapatos café o negro y elegir una camisa de cuadros, sólida o a rayas. ¿Cuántos diferentes conjuntos puede hacer?

____

34. En una flecha giratoria con secciones iguales hay 5 secciones verdes, 5 amarillas, 2 negras, 4 rojas y 9 azules. Escribe la probabilidad de un color que no sea rojo o verde.

____

Alto

Elige la mejor respuesta.

1. ¿Cuál es el valor posicional del dígito 7 en el número 315.607?

A 7 millares **C** 7 centésimos
B 7 décimos **D** 7 milésimos

2.
$$\begin{array}{r} 8.461 \\ +\ 3.930 \\ \hline \end{array}$$

F 12.401
G 12.391
H 12.381
J 11.391

3. ¿Cuál es el valor de *x* en x + 13 = 29?

A 6 **C** 26
B 16 **D** 42

4. La asistencia en el zoológico en una semana fue de 256,447. A la siguiente semana fue de 302,986. ¿Cuántas personas más fueron al zoológico la segunda semana?

F 45,541 **H** 46,539
G 46,439 **J** 559,433

5. ¿Cuál lista los números en orden de menor a mayor?

A 15.00; 13.049; 13.15; 15.36
B 13.049; 15.36; 15.00; 13.15
C 15.36; 15.00; 13.15; 13.049
D 13.049; 13.15; 15.00; 15.36

6. ¿Qué número es la moda para este conjunto de datos?

15, 13, 12, 15, 22, 19

F 22 **H** 16
G 18 **J** 15

7. 0.7×0.4

A 28.0 **C** 0.28
B 2.8 **D** 0.028

8. ¿Cuál es el volumen de la caja?

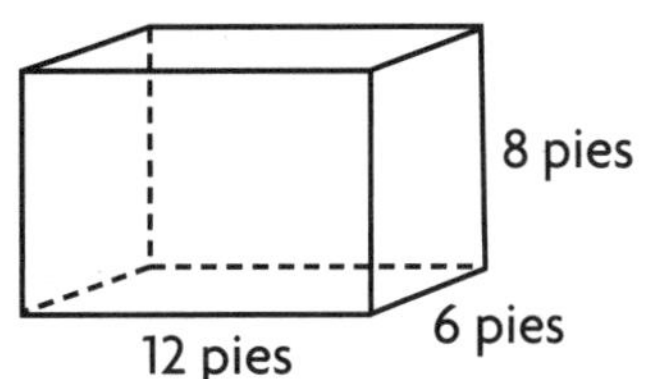

F 550 pies^3 **H** 580 pies^3
G 576 pies^3 **J** 612 pies^3

9. Un camión de reparto tiene 730 hogazas de pan para entregar a 8 tiendas de víveres diferentes. Cada tienda recibe casi el mismo número de hogazas de pan. ¿Alrededor de cuántas hogazas de pan recibe cada tienda?

A alrededor de 90
B alrededor de 70
C alrededor de 80
D alrededor de 100

10. $6\overline{)14.76}$

F 2.46
G 2.36
H 2.04
J 0.24

Sigue

11. Jane tenía 15 monedas, 7 de las cuales eran monedas de 1¢. ¿Qué fracción de las monedas de Jane eran monedas de 1¢?

A $\frac{1}{2}$ C $\frac{2}{3}$
B $\frac{7}{15}$ D $\frac{7}{8}$

12. ¿Cómo se escribe 67% como un decimal?

F 0.067 H 6.70
G 0.67 J 67.0

13. ¿Cuál es la medida equivalente?

35 g = __?__ mg

A 0.035 C 3,500
B 350 D 35,000

14. ¿Qué tipo de gráfica sería mejor para comparar tu crecimiento y el de tu hermana cada año durante un período de 5 años?

F gráfica de barras
G gráfica de doble barra
H gráfica de doble línea
J gráfica circular

15. $37\overline{)816}$

A 22 r12
B 22 r2
C 21 r32
D 20 r37

16. $\begin{array}{r} 839 \\ \times\ 207 \\ \hline \end{array}$

F 22,653
G 172,673
H 173,473
J 173,673

17. ¿Ésta es la vista desde arriba de qué figura?

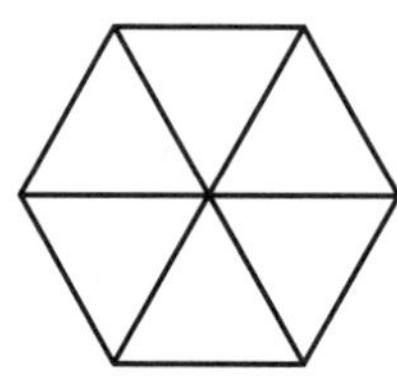

A prisma pentagonal
B pirámide pentagonal
C prisma hexagonal
D pirámide hexagonal

18. Lisa pagó su boleto para el cine y el de dos amigos. El costo total fue $14.25. ¿Cuánto costó cada boleto?

F $4.15 H $4.75
G $4.50 J $4.95

19. ¿Qué triángulos son semejantes?

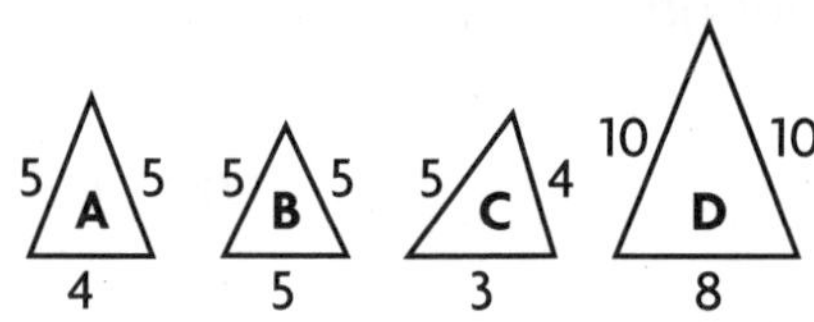

A A y D C B y C
B A y B D C y D

20. ¿Cómo se escribe $\frac{75}{100}$ como un porcentaje?

F 0.75% H 70.5%
G 7.5% J 75%

Sigue

21. Erin se está vistiendo. Puede elegir entre pantalones cortos blancos o azules. Ella tiene cuatro camisas limpias: roja, azul, amarilla y verde. ¿De cuántos conjuntos diferentes puede elegir?

A 4
B 6
C 8
D 12

22. Estima.

$4\frac{1}{5} + 5\frac{8}{9}$

F alrededor de $8\frac{1}{2}$
G alrededor de 9
H alrededor de $8\frac{1}{2}$
J alrededor de 10

23. ¿Cuál es la mínima expresión de $\frac{15}{18}$?

A $\frac{5}{9}$
B $\frac{3}{4}$
C $\frac{5}{6}$
D $1\frac{1}{5}$

24. El 5 de agosto es un jueves. ¿Qué día de la semana es el 23 de agosto?

F lunes
G sábado
H miércoles
J domingo

25. $\frac{1}{4} \times 3\frac{2}{3} = n$

A $n = \frac{5}{6}$
B $n = \frac{11}{12}$
C $n = \frac{11}{3}$
D $n = \frac{14}{3}$

26. ¿Cómo se escribe $4\frac{3}{5}$ como una fracción?

F $\frac{12}{5}$
G $\frac{15}{5}$
H $\frac{18}{5}$
J $\frac{23}{5}$

27. $\frac{7}{8} - \frac{1}{4}$

A $\frac{5}{4}$
B $\frac{6}{8}$
C $\frac{5}{8}$
D $\frac{1}{2}$

28. La clase de Anna tiene 24 estudiantes. 17 de ellos son niños. ¿Cuál es la razón de niñas al total de estudiantes?

F 17:24
G 7:41
H 7:24
J 7:17

29. Una bolsa tiene 6 fichas cuadradas verdes y 12 amarillas. ¿Cuál es la razón de todas las fichas a las fichas amarillas?

A 24:12
B 18:12
C 12:6
D 6:12

30. ¿Cuál es la ecuación para esta tabla de funciones?

Entrada, x	1	2	4	5	7
Salida, y	1	3	7	9	13

F $y = 2x - 1$
G $y = 2x$
H $y = 2x + 1$
J $y = 3x - 2$

Sigue

31. Resuelve la ecuación.

$(21 \times 11) \times 7 = t \times (11 \times 7)$

A $t = 1$ **C** $t = 11$
B $t = 7$ **D** $t = 21$

32. ¿Cuál es el valor de 4^4?

F 16 **H** 256
G 128 **J** 314

33. Halla la circunferencia de este círculo. Usa $\pi = 3.14$.

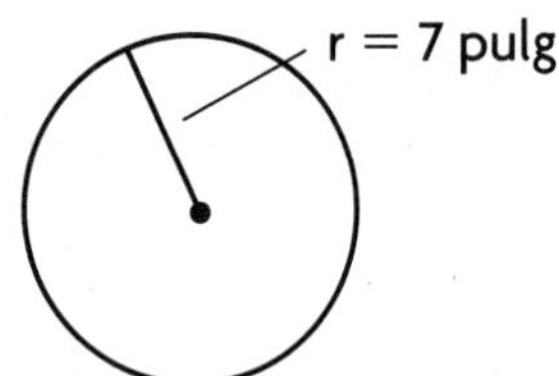

A alrededor de 43.96 pulg
B alrededor de 34.54 pulg
C alrededor de 21.98 pulg
D alrededor de 10.99 pulg

34. ¿Cuál es el producto en su mínima expresión?

$\frac{8}{3} \times 9$

F $\frac{17}{3}$ **H** 24
G 36 **J** $\frac{72}{9}$

35. $^{-}7 + {}^{-}3$

A 10 **C** $^{-}4$
B 4 **D** $^{-}10$

36. ¿Cuál es la probabilidad de que saques un número par al lanzar un cubo rotulado 1–6?

F $\frac{1}{2}$ **H** $\frac{1}{6}$
G $\frac{1}{3}$ **J** $\frac{2}{3}$

37. ¿Cuál es el máximo común divisor para los números 48 y 72?

A 8 **C** 24
B 12 **D** 18

38. $0.98 \div 0.7$

F 14 **H** 0.14
G 1.4 **J** 0.014

39. ¿Cuál es recíproco de $\frac{12}{16}$?

A $\frac{4}{12}$ **C** $\frac{3}{4}$
B $\frac{16}{12}$ **D** $\frac{4}{16}$

40. ¿Cuál es el área total del prisma rectangular?

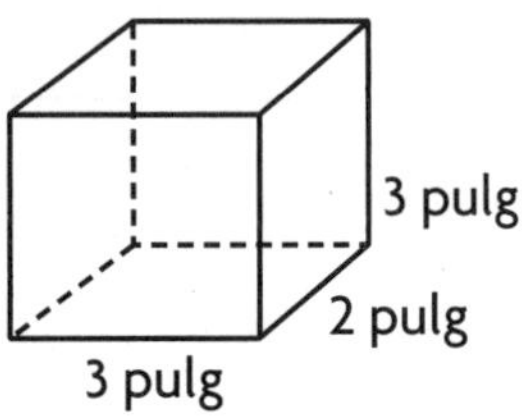

F 54 $pulg^2$ **H** 48 $pulg^2$
G 36 $pulg^2$ **J** 42 $pulg^2$

Alto

Escribe la respuesta correcta.

1. ¿Qué dígito está en la posición de los centésimos en 389.674?

____

2. $\begin{array}{r} 26.302 \\ -\ 17.985 \\ \hline \end{array}$

____

3. Resuelve para *x*.

$x - 18 = 18$

____

4. El sábado 255,603 personas asistieron a la feria estatal. Al día siguiente asistieron 287,440. ¿Cuántas personas más asistieron el domingo que el sábado?

____

5. Ordena los números de mayor a menor.

44.073, 44.801, 43.986 y 44.607

____

6. Halla la media para los datos.

25, 33, 28, 38, 35, 27

____

7. 0.6×1.1

____

8. ¿Cuál es el volumen de un cubo cuyos lados miden 8 cm cada uno?

____

9. Hay 6 concesionarios de carros con un total de 410 carros nuevos para vender. Cada concesionario tiene casi el mismo número de carros para vender. ¿Alrededor de cuántos carros nuevos tiene cada concesionario para vender?

____

10. $7\overline{)22.68}$

____

Sigue

11. Chris posee 14 pares de medias. 7 pares son blancos y 3 pares son negros. El resto son azules. ¿Qué fracción de las medias son azules?

____

12. Escribe 0.09 como un porcentaje.

____

13. ¿Cuántos metros hay en 12 kilómetros?

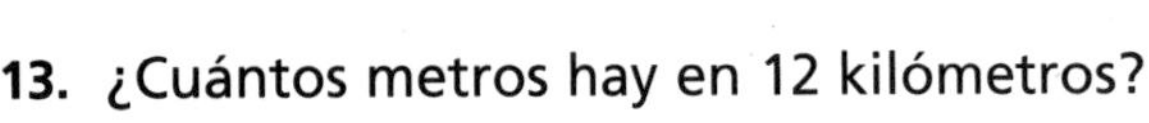

____

14. ¿Qué tipo de gráfica sería la mejor para comparar los diferentes elementos que componen la corteza de la Tierra?

____

15. $43\overline{)971}$

____

16.
$$\begin{array}{r} 664 \\ \times\ 380 \\ \hline \end{array}$$

____

17. ¿Qué figura tendría las siguientes vistas?

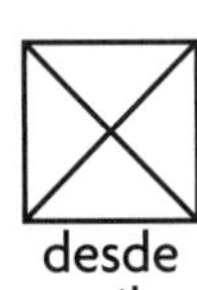

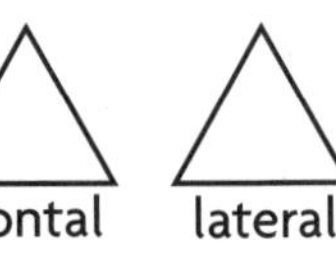

desde arriba | frontal | lateral

____

18. Michael compró tres cuadernos nuevos para la escuela. El costo total fue \$7.65. ¿Cuánto costó cada cuaderno?

____

19. Encierra en un círculo las dos figuras congruentes.

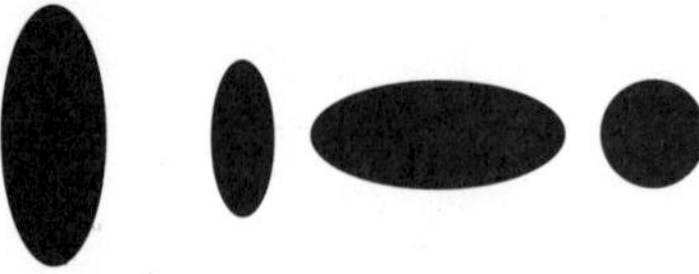

20. Escribe $\frac{9}{10}$ como un porcentaje.

____

Sigue

21. Susan está haciendo una tarjeta. Puede elegir entre papel rojo, rosado o blanco. Ella puede decorar la tarjeta con encajes, cintas o lana. ¿Cuántas tarjetas puede hacer eligiendo un color de papel y un tipo de decoración?

____

22. Estima.

$1\frac{4}{8} + 6\frac{1}{7}$

____

23. Escribe $\frac{20}{25}$ en su mínima expresión.

____

24. El 2 de abril del 2000 fue un domingo. ¿Qué día de la semana fue el 21 de abril del 2000?

____

25. Despeja *n*.

$\frac{2}{3} \times 4\frac{1}{5} = n$

____

26. Escribe $\frac{34}{9}$ como un número mixto.

____

27. $\frac{2}{3} - \frac{1}{12}$

____

28. En el club de baile, 13 miembros bailan tap, 9 bailan jazz y 6 bailan ballet. ¿Cuál es la razón de los bailarines de tap a todos los bailarines?

____

29. La perrera de Richard hospeda 18 perros y 13 gatos por el fin de semana. ¿Cuál es la razón del total de mascotas que se hospedan al número de perros?

____

30. Escribe una ecuación para describir la función.

Entrada, *x*	1	2	3	4	5
Salida, *y*	5	8	11	14	17

____

Sigue

31. Despeja c.

$c \times (8 \times 4) = (6 \times 8) \times 4$

____

32. Evalúa 3^3.

____

33. Halla el diámetro de un círculo con una circunferencia de 28.26 pies. Usa $\pi = 3.14$.

____

34. Escribe el producto en su mínima expresión.

$\frac{16}{6} \times 4$

____

35. $4 + {}^{-}8$

____

36. Lynda tiene 5 canicas rojas, 4 verdes y 8 azules en una bolsa. ¿Cuál es la probabilidad de sacar una canica verde de la bolsa?

____

37. ¿Cuál es el máximo común divisor de 21 y 56?

____

38. $0.84 \div 0.6$

____

39. Escribe el recíproco de $\frac{8}{15}$.

____

40. ¿Cuál es el área total del prisma rectangular?

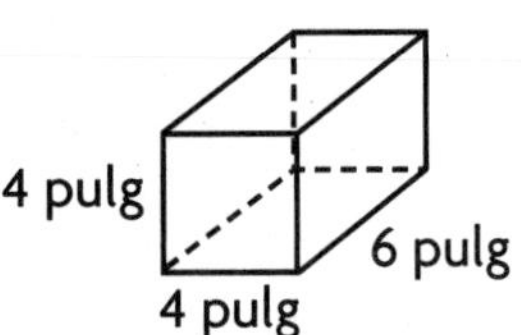

____

Alto

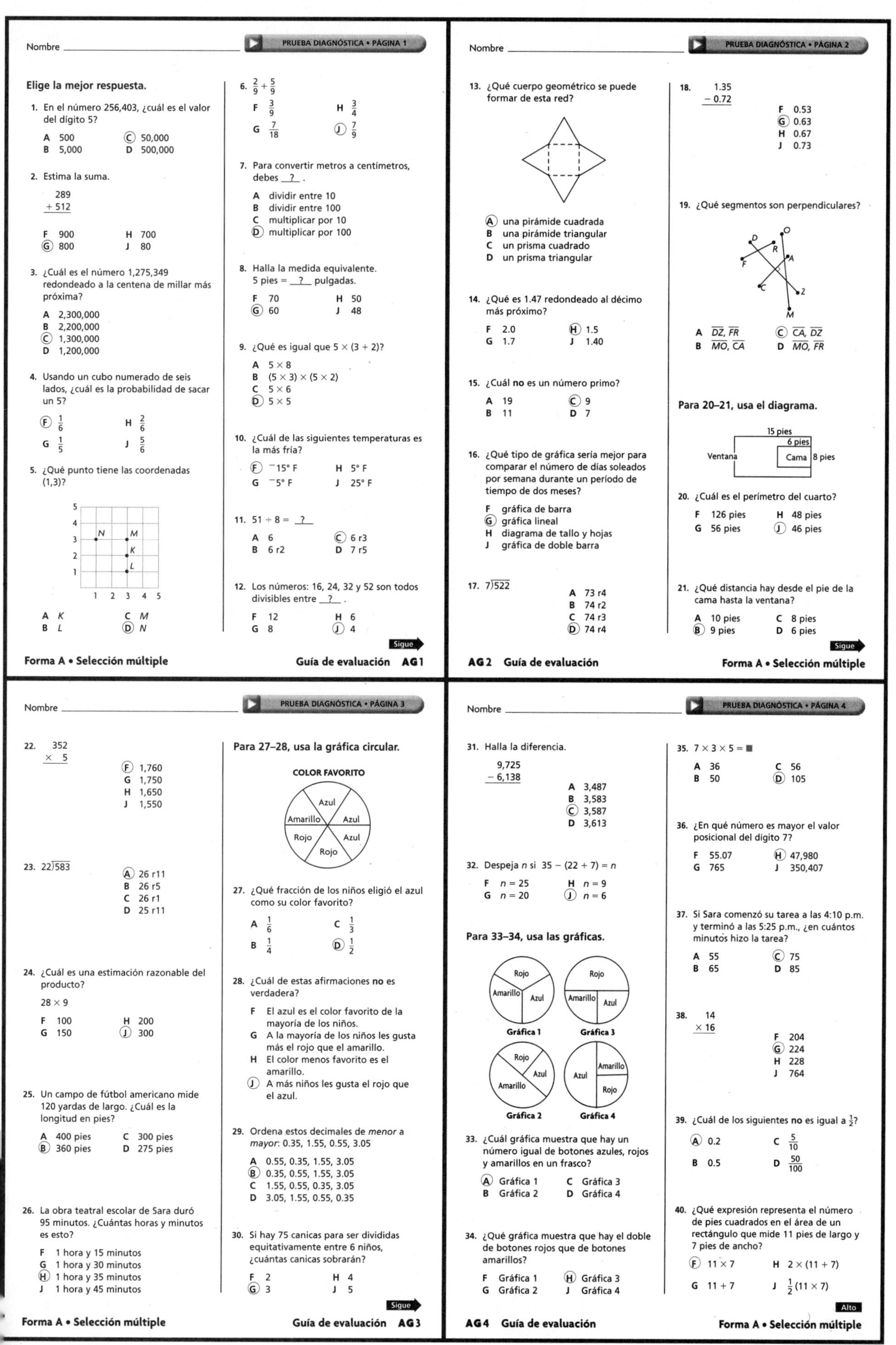

Nombre ______________ PRUEBA DIAGNÓSTICA • PÁGINA 1

Elige la mejor respuesta.

1. En el número 256,403, ¿cuál es el valor del dígito 5?

   A 500 (C) 50,000
   B 5,000 D 500,000

2. Estima la suma.

   $\begin{array}{r} 289 \\ +\ 512 \\ \hline \end{array}$

   F 900 H 700
   (G) 800 J 80

3. ¿Cuál es el número 1,275,349 redondeado a la centena de millar más próxima?

   A 2,300,000
   B 2,200,000
   (C) 1,300,000
   D 1,200,000

4. Usando un cubo numerado de seis lados, ¿cuál es la probabilidad de sacar un 5?

   (F) $\frac{1}{6}$ H $\frac{2}{6}$
   G $\frac{1}{5}$ J $\frac{5}{6}$

5. ¿Qué punto tiene las coordenadas (1,3)?

   A *K* C *M*
   B *L* (D) *N*

6. $\frac{2}{9} + \frac{5}{9}$

   F $\frac{3}{9}$ H $\frac{3}{4}$
   G $\frac{7}{18}$ (J) $\frac{7}{9}$

7. Para convertir metros a centímetros, debes __?__ .

   A dividir entre 10
   B dividir entre 100
   C multiplicar por 10
   (D) multiplicar por 100

8. Halla la medida equivalente.
   5 pies = __?__ pulgadas.

   F 70 H 50
   (G) 60 J 48

9. ¿Qué es igual que $5 \times (3 + 2)$?

   A 5×8
   B $(5 \times 3) \times (5 \times 2)$
   C 5×6
   (D) 5×5

10. ¿Cuál de las siguientes temperaturas es la más fría?

    (F) ⁻15° F H 5° F
    G ⁻5° F J 25° F

11. $51 \div 8 =$ __?__

    A 6 (C) 6 r3
    B 6 r2 D 7 r5

12. Los números: 16, 24, 32 y 52 son todos divisibles entre __?__ .

    F 12 H 6
    G 8 (J) 4

Sigue

Forma A • Selección múltiple Guía de evaluación AG1

Nombre ______________ PRUEBA DIAGNÓSTICA • PÁGINA 2

13. ¿Qué cuerpo geométrico se puede formar de esta red?

    (A) una pirámide cuadrada
    B una pirámide triangular
    C un prisma cuadrado
    D un prisma triangular

14. ¿Qué es 1.47 redondeado al décimo más próximo?

    F 2.0 (H) 1.5
    G 1.7 J 1.40

15. ¿Cuál **no** es un número primo?

    A 19 (C) 9
    B 11 D 7

16. ¿Qué tipo de gráfica sería mejor para comparar el número de días soleados por semana durante un período de tiempo de dos meses?

    F gráfica de barra
    (G) gráfica lineal
    H diagrama de tallo y hojas
    J gráfica de doble barra

17. $7\overline{)522}$

    A 73 r4
    B 74 r2
    C 74 r3
    (D) 74 r4

18. $\begin{array}{r} 1.35 \\ -\ 0.72 \\ \hline \end{array}$

    F 0.53
    (G) 0.63
    H 0.67
    J 0.73

19. ¿Qué segmentos son perpendiculares?

    A $\overline{DZ}, \overline{FR}$ (C) $\overline{CA}, \overline{DZ}$
    B $\overline{MO}, \overline{CA}$ D $\overline{MO}, \overline{FR}$

Para 20–21, usa el diagrama.

20. ¿Cuál es el perímetro del cuarto?

    F 126 pies H 48 pies
    G 56 pies (J) 46 pies

21. ¿Qué distancia hay desde el pie de la cama hasta la ventana?

    A 10 pies C 8 pies
    (B) 9 pies D 6 pies

Sigue

AG2 Guía de evaluación Forma A • Selección múltiple

Nombre ______________ PRUEBA DIAGNÓSTICA • PÁGINA 3

22. $\begin{array}{r} 352 \\ \times\ 5 \\ \hline \end{array}$

    (F) 1,760
    G 1,750
    H 1,650
    J 1,550

23. $22\overline{)583}$

    (A) 26 r11
    B 26 r5
    C 26 r1
    D 25 r11

24. ¿Cuál es una estimación razonable del producto?

    28×9

    F 100 H 200
    G 150 (J) 300

25. Un campo de fútbol americano mide 120 yardas de largo. ¿Cuál es la longitud en pies?

    A 400 pies C 300 pies
    (B) 360 pies D 275 pies

26. La obra teatral escolar de Sara duró 95 minutos. ¿Cuántas horas y minutos es esto?

    F 1 hora y 15 minutos
    G 1 hora y 30 minutos
    (H) 1 hora y 35 minutos
    J 1 hora y 45 minutos

Para 27–28, usa la gráfica circular.

27. ¿Qué fracción de los niños eligió el azul como su color favorito?

    A $\frac{1}{6}$ C $\frac{1}{3}$
    B $\frac{1}{4}$ (D) $\frac{1}{2}$

28. ¿Cuál de estas afirmaciones **no** es verdadera?

    F El azul es el color favorito de la mayoría de los niños.
    G A la mayoría de los niños les gusta más el rojo que el amarillo.
    H El color menos favorito es el amarillo.
    (J) A más niños les gusta el rojo que el azul.

29. Ordena estos decimales de *menor* a *mayor*: 0.35, 1.55, 0.55, 3.05

    A 0.55, 0.35, 1.55, 3.05
    (B) 0.35, 0.55, 1.55, 3.05
    C 1.55, 0.55, 0.35, 3.05
    D 3.05, 1.55, 0.55, 0.35

30. Si hay 75 canicas para ser divididas equitativamente entre 6 niños, ¿cuántas canicas sobrarán?

    F 2 H 4
    (G) 3 J 5

Sigue

Forma A • Selección múltiple Guía de evaluación AG3

Nombre ______________ PRUEBA DIAGNÓSTICA • PÁGINA 4

31. Halla la diferencia.

    $\begin{array}{r} 9,725 \\ -\ 6,138 \\ \hline \end{array}$

    A 3,487
    B 3,583
    (C) 3,587
    D 3,613

32. Despeja *n* si $35 - (22 + 7) = n$

    F $n = 25$ H $n = 9$
    G $n = 20$ (J) $n = 6$

Para 33–34, usa las gráficas.

33. ¿Cuál gráfica muestra que hay un número igual de botones azules, rojos y amarillos en un frasco?

    (A) Gráfica 1 C Gráfica 3
    B Gráfica 2 D Gráfica 4

34. ¿Qué gráfica muestra que hay el doble de botones rojos que de botones amarillos?

    F Gráfica 1 (H) Gráfica 3
    G Gráfica 2 J Gráfica 4

35. $7 \times 3 \times 5 =$ ■

    A 36 C 56
    B 50 (D) 105

36. ¿En qué número es mayor el valor posicional del dígito 7?

    F 55.07 (H) 47,980
    G 765 J 350,407

37. Si Sara comenzó su tarea a las 4:10 p.m. y terminó a las 5:25 p.m., ¿en cuántos minutos hizo la tarea?

    A 55 (C) 75
    B 65 D 85

38. $\begin{array}{r} 14 \\ \times\ 16 \\ \hline \end{array}$

    F 204
    (G) 224
    H 228
    J 764

39. ¿Cuál de los siguientes **no** es igual a $\frac{1}{2}$?

    (A) 0.2 C $\frac{5}{10}$
    B 0.5 D $\frac{50}{100}$

40. ¿Qué expresión representa el número de pies cuadrados en el área de un rectángulo que mide 11 pies de largo y 7 pies de ancho?

    (F) 11×7 H $2 \times (11 + 7)$
    G $11 + 7$ J $\frac{1}{2}(11 \times 7)$

Alto

AG4 Guía de evaluación Forma A • Selección múltiple

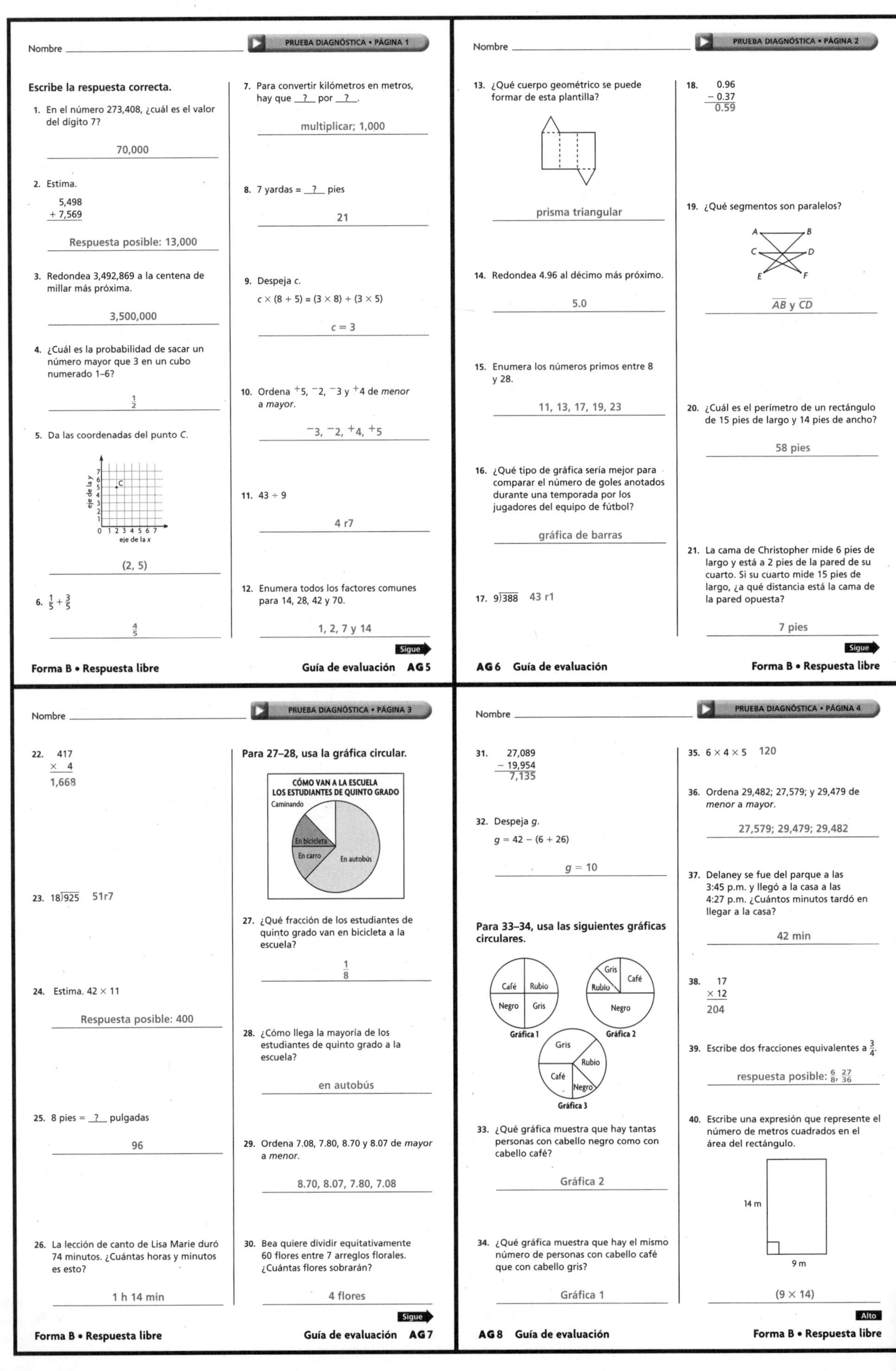

Nombre ____________________ PRUEBA DIAGNÓSTICA • PÁGINA 1

Escribe la respuesta correcta.

1. En el número 273,408, ¿cuál es el valor del dígito 7?

   70,000

2. Estima.

   5,498
   + 7,569

   Respuesta posible: 13,000

3. Redondea 3,492,869 a la centena de millar más próxima.

   3,500,000

4. ¿Cuál es la probabilidad de sacar un número mayor que 3 en un cubo numerado 1–6?

   $\frac{1}{2}$

5. Da las coordenadas del punto *C*.

   (2, 5)

6. $\frac{1}{5} + \frac{3}{5}$

   $\frac{4}{5}$

7. Para convertir kilómetros en metros, hay que __?__ por __?__.

   multiplicar; 1,000

8. 7 yardas = __?__ pies

   21

9. Despeja *c*.

   $c \times (8 + 5) = (3 \times 8) + (3 \times 5)$

   $c = 3$

10. Ordena $^{+}5$, $^{-}2$, $^{-}3$ y $^{+}4$ de *menor* a *mayor*.

    $^{-}3$, $^{-}2$, $^{+}4$, $^{+}5$

11. $43 \div 9$

    4 r7

12. Enumera todos los factores comunes para 14, 28, 42 y 70.

    1, 2, 7 y 14

Sigue

Forma B • Respuesta libre **Guía de evaluación AG 5**

Nombre ____________________ PRUEBA DIAGNÓSTICA • PÁGINA 2

13. ¿Qué cuerpo geométrico se puede formar de esta plantilla?

    prisma triangular

14. Redondea 4.96 al décimo más próximo.

    5.0

15. Enumera los números primos entre 8 y 28.

    11, 13, 17, 19, 23

16. ¿Qué tipo de gráfica sería mejor para comparar el número de goles anotados durante una temporada por los jugadores del equipo de fútbol?

    gráfica de barras

17. $9\overline{)388}$ 43 r1

18. 0.96
    − 0.37
    0.59

19. ¿Qué segmentos son paralelos?

    $\overline{AB}$ y $\overline{CD}$

20. ¿Cuál es el perímetro de un rectángulo de 15 pies de largo y 14 pies de ancho?

    58 pies

21. La cama de Christopher mide 6 pies de largo y está a 2 pies de la pared de su cuarto. Si su cuarto mide 15 pies de largo, ¿a qué distancia está la cama de la pared opuesta?

    7 pies

Sigue

AG 6 Guía de evaluación **Forma B • Respuesta libre**

Nombre ____________________ PRUEBA DIAGNÓSTICA • PÁGINA 3

22. 417
    × 4
    1,668

23. $18\overline{)925}$ 51r7

24. Estima. 42×11

    Respuesta posible: 400

25. 8 pies = __?__ pulgadas

    96

26. La lección de canto de Lisa Marie duró 74 minutos. ¿Cuántas horas y minutos es esto?

    1 h 14 min

Para 27–28, usa la gráfica circular.

27. ¿Qué fracción de los estudiantes de quinto grado van en bicicleta a la escuela?

    $\frac{1}{8}$

28. ¿Cómo llega la mayoría de los estudiantes de quinto grado a la escuela?

    en autobús

29. Ordena 7.08, 7.80, 8.70 y 8.07 de *mayor* a *menor*.

    8.70, 8.07, 7.80, 7.08

30. Bea quiere dividir equitativamente 60 flores entre 7 arreglos florales. ¿Cuántas flores sobrarán?

    4 flores

Sigue

Forma B • Respuesta libre **Guía de evaluación AG 7**

Nombre ____________________ PRUEBA DIAGNÓSTICA • PÁGINA 4

31. 27,089
    − 19,954
    7,135

32. Despeja *g*.

    $g = 42 - (6 + 26)$

    $g = 10$

Para 33–34, usa las siguientes gráficas circulares.

33. ¿Qué gráfica muestra que hay tantas personas con cabello negro como con cabello café?

    Gráfica 2

34. ¿Qué gráfica muestra que hay el mismo número de personas con cabello café que con cabello gris?

    Gráfica 1

35. $6 \times 4 \times 5$ 120

36. Ordena 29,482; 27,579; y 29,479 de *menor* a *mayor*.

    27,579; 29,479; 29,482

37. Delaney se fue del parque a las 3:45 p.m. y llegó a la casa a las 4:27 p.m. ¿Cuántos minutos tardó en llegar a la casa?

    42 min

38. 17
    × 12
    204

39. Escribe dos fracciones equivalentes a $\frac{3}{4}$.

    respuesta posible: $\frac{6}{8}$, $\frac{27}{36}$

40. Escribe una expresión que represente el número de metros cuadrados en el área del rectángulo.

    (9×14)

Alto

AG 8 Guía de evaluación **Forma B • Respuesta libre**

Nombre ______________________

PRUEBA DEL CAPÍTULO 1 • PÁGINA 1

Elige la mejor respuesta.

1. ¿En que número el 6 tiene el mayor valor posicional?

   A 12,645   C 16,245
   B 15,624   (D) 61,245

2. ¿Qué número **no** es equivalente a los otros?

   F treinta y tres mil doce
   G 33,012
   H 30,000 + 3,000 + 10 + 2
   (J) 30,000 + 3,000 + 100 + 2

3. ¿Cuál es la forma normal de trescientos veinte y dos mil ciento quince?

   (A) 322,115
   B 30,000 + 2,000 + 100 + 10 + 5
   C 32,115
   D 32,015

4. ¿Cuál es el valor de 3 en 730,986?

   F 300,000   H 3,000
   (G) 30,000   J 300

5. ¿Cuál es el valor de 1 en 346,917,203?

   A 1,000   C 100,000
   (B) 10,000   D 1,000,000

6. Comienza por la izquierda. Nombra el primer valor posicional donde difieren los dígitos de los números.

   78,613 y 78,412

   F decenas
   (G) centenas
   H decena de millar
   J centena de millar

7. ¿Cuál es el valor de 3 en 234,298,746?

   A 30,000
   B 300,000
   C 3,000,000
   (D) 30,000,000

8. Halla los valores posibles del dígito que falta.

   2,876,640 < 2,87■,640

   F 5, 4, 3   (H) 7, 8, 9
   G 6, 7, 8   J 1, 2, 3

9. ¿Cuál es la forma normal de veinticuatro millones doce mil quinientos cuatro?

   A 24,120,504   C 24,120,540
   (B) 24,012,504   D 24,012,540

10. ¿Qué número es mayor que 236,487?

    F 236,468   H 233,459
    G 236,399   (J) 236,498

11. ¿Qué número es mayor que 2,326,008?

    A 1,998,968   (C) 2,382,001
    B 2,324,999   D 2,319,999

12. ¿Cuál es la forma normal de 50,000 + 4,000 + 300 + 6?

    F 54,836   H 54,036
    (G) 54,306   J 5,436

13. Ordena los números de *mayor* a *menor.*

    14,758; 14,568; 16,236

    (A) 16,236 > 14,758 > 14,568
    B 16,236 > 14,568 > 14,758
    C 14,568 > 14,758 > 16,236
    D 14,758 > 14,568 > 16,236

Sigue

Nombre ______________________

PRUEBA DEL CAPÍTULO 1 • PÁGINA 2

14. ¿Cuál es la forma desarrollada de 235,202?

    (F) 200,000 + 30,000 + 5,000 + 200 + 2
    G doscientos treinta y cinco mil doscientos dos
    H 200,000 + 35,000 + 200 + 2
    J doscientos treinta y cinco mil con doscientos dos

15. Ordena los números de *menor* a *mayor.*

    25,643,300; 25,743,200; 9,943,900

    A 9,943,900 < 25,743,200 < 25,643,300
    B 25,743,200 < 25,643,300 < 9,943,900
    (C) 9,943,900 < 25,643,300 < 25,743,200
    D 25,643,300 < 25,743,200 < 9,943,900

16. ¿Que dígitos se pueden usar para completar la desigualdad?

    1■2,549 > 172,842 > 1■3,942

    F 9; 8   H 6; 6
    G 8; 7   (J) 9; 6

Para 17–20, usa la siguiente información.

Hay catorce montañas que tienen 8,000 metros o más de altura. Solo cinco personas las han escalado todas. A Alan le gustaría ser la sexta persona. La tabla muestra las ubicaciones y alturas de las montañas que aún él no ha escalado.

MONTAÑA	ALTURA (M)	ALTURA (PIES)	UBICACIÓN
Makalu	8,463	27,766	Nepal/Tibet
Lhotse	8,516	27,940	Nepal/Tibet
Dhaulagiri	8,167	26,795	Nepal
Broad Peak	8,047	26,400	Paquistán/China
Annapurna	8,091	26,545	Nepal

17. Ordena las montañas de la tabla de las más bajas a las más altas.

    A Broad Peak, Dhaulagiri, Makalu, Lhotse, Annapurna
    B Dhaulagiri, Makalu, Lhotse, Broad Peak, Annapurna
    C Annapurna, Makalu, Lhotse, Broad Peak, Dhaulagiri
    (D) Broad Peak, Annapurna, Dhaualgiri,Makalu, Lhotse

18. ¿Qué enunciado numérico se puede usar para hallar el número de montañas, entre las catorce, que Alan ya ha escalado?

    (F) $14 - 5 = n$ H $14 - n = 6$
    G $9 + 6 = n$ J $n + 14 = 20$

19. ¿Qué montaña posee una altura de veintisiete mil setecientos sesenta y seis pies?

    (A) Makalu   C Lhotse
    B Broad Peak   D Annapurna

20. Halla la altura en pies de la montaña ubicada en Paquistán/China. ¿Cuál es el número en forma desarrollada?

    F 20,000 + 6,000 + 500 + 40 + 5
    (G) 20,000 + 6,000 + 400
    H 20,000 + 6,000 + 700 + 90 + 5
    J 20,000 + 7,000 + 900 + 40

Alto

Nombre ______________________

PRUEBA DEL CAPÍTULO 1 • PÁGINA 1

Escribe la respuesta correcta.

Para 1–2, escribe el número en forma desarrollada.

1. 24,709,000

   20,000,000 + 4,000,000
   + 700,000 + 9,000

2. 5,062,583

   5,000,000 + 60,000
   + 2,000 + 500 + 80 + 3

Para 3–4, escribe el valor del dígito subrayado.

3. 37,3<u>2</u>6,316

   20,000

4. 8<u>6</u>0,902,347

   60,000,000

5. Escribe doscientos tres millones cuatro mil cuatrocientos cuatro en forma normal.

   203,004,404

6. Comienza por la izquierda. Nombra el primer valor posicional donde los dígitos de los números son diferentes.

   236,893 y 236,791

   centenas

7. Escribe 3,000,000 + 400,000 + 10,000 + 2,000 + 70 + 8 en forma normal.

   3,412,078

8. Escribe los valores posibles del dígito que falta.

   23,987,■65 > 23,987,465

   5, 6, 7, 8, 9

9. Escribe el número para el cual el 7 tiene el mayor valor posicional.

   97,000,469 ó 9,078,662,628

   9,078,662,628

Sigue

Nombre ______________________

PRUEBA DEL CAPÍTULO 1 • PÁGINA 2

Para 10–11, compara. Escribe <, > o = en cada ◯.

10. 24,587 (>) 24,378

11. 451,236 (=) 451,236

12. Escribe el valor de 8 en 38,407,256.

    8,000,000

13. Ordena los números de *mayor* a *menor.*

    234,765; 233,984; 234,865

    234,865; 234,765; 233,984

14. Escribe el valor de 2 en 89,620,004.

    20,000

15. Ordena los números de *menor* a *mayor.*

    2,623,487; 2,624,487; 998,789

    998,789; 2,623,487; 2,624,487

16. Completa usando los mayores dígitos posibles.

    22■,423 > 224,400 > 2■4,400

    9, 1

Para 17–20, usa la tabla y la información a continuación.

Hay catorce montañas que tienen más de 24,000 pies de altura. Solo cinco personas las han escalado todas. La tabla muestra las ubicaciones y las alturas de algunas de las montañas.

MONTAÑA	ALTURA	UBICACIÓN
K2	28,250 pies	Paquistán/China
Lhotse	27,940 pies	Nepal/Tibet
Everest	29,028 pies	Nepal/Tibet
Nanga Parbat	26,660 pies	Paquistán
Manaslu	26,781 pies	Nepal
Broad Peak	26,400 pies	Paquistán/China

17. Halla la altura en pies de la montaña que solo se encuentra en Nepal. Escribe el número en forma desarrollada.

    20,000 + 6,000 + 700 + 80 + 1

18. Escribe un enunciado numérico que se pueda usar para hallar el número, *n*, de montañas que tengan más de 24,000 pies de altura, que no estén en la tabla.

    $n + 6 = 14$

19. Escribe las montañas en orden de las más bajas a las más altas.

    Broad Peak, Nanga Parbat,
    Manaslu, Lhotse, K2, Everest

20. ¿Cuál es la montaña mas alta de la tabla?

    Everest

Alto

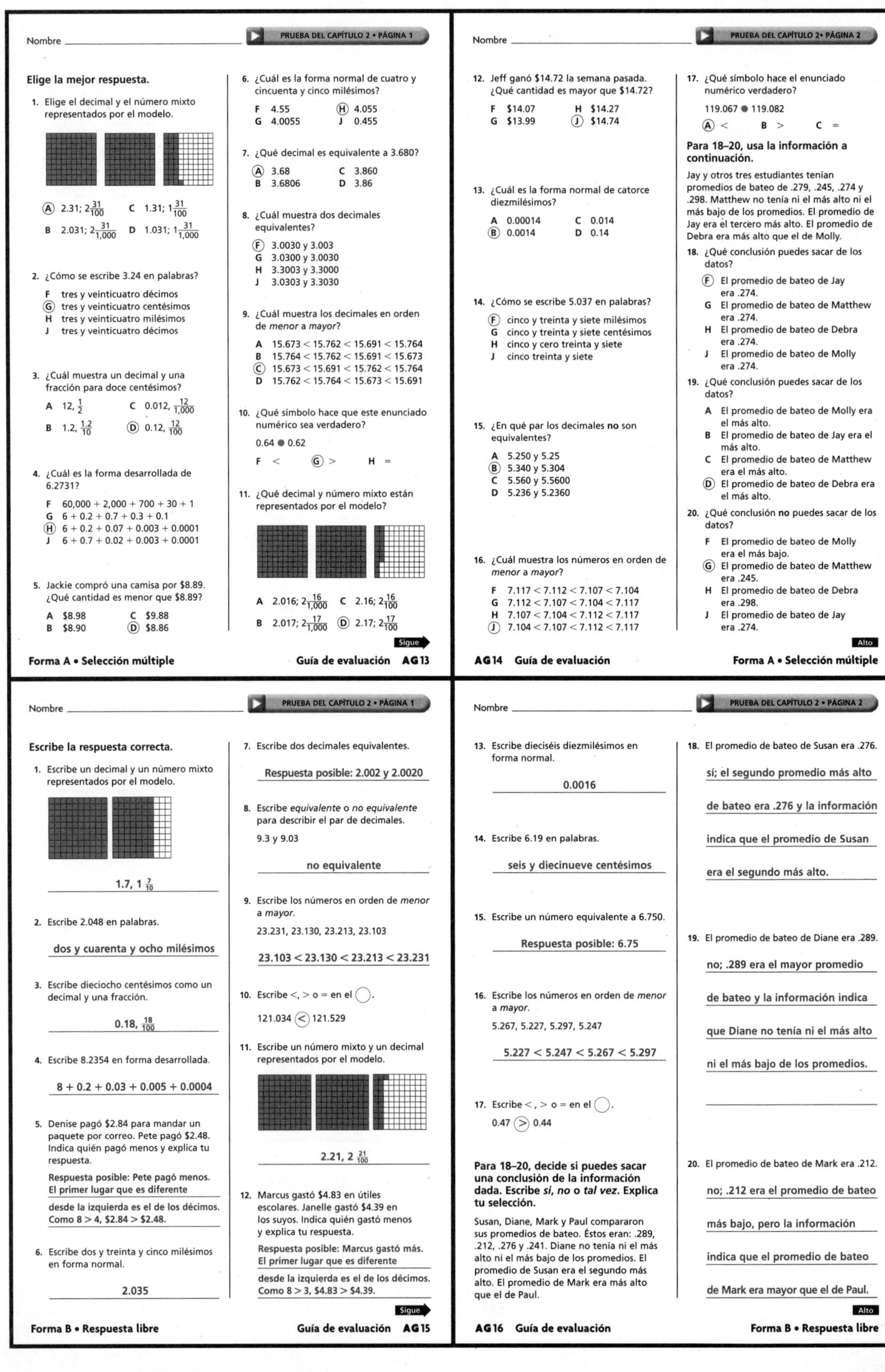

Nombre ____________ PRUEBA DEL CAPÍTULO 2 • PÁGINA 1

Elige la mejor respuesta.

1. Elige el decimal y el número mixto representados por el modelo.

   (A) 2.31; $2\frac{31}{100}$ C 1.31; $1\frac{31}{100}$
   B 2.031; $2\frac{31}{1,000}$ D 1.031; $1\frac{31}{1,000}$

2. ¿Cómo se escribe 3.24 en palabras?

   F tres y veinticuatro décimos
   (G) tres y veinticuatro centésimos
   H tres y veinticuatro milésimos
   J tres y veinticuatro décimos

3. ¿Cuál muestra un decimal y una fracción para doce centésimos?

   A 12, $\frac{1}{2}$ C 0.012, $\frac{12}{1,000}$
   B 1.2, $\frac{1.2}{10}$ (D) 0.12, $\frac{12}{100}$

4. ¿Cuál es la forma desarrollada de 6.2731?

   F 60,000 + 2,000 + 700 + 30 + 1
   G 6 + 0.2 + 0.7 + 0.3 + 0.1
   (H) 6 + 0.2 + 0.07 + 0.003 + 0.0001
   J 6 + 0.7 + 0.02 + 0.003 + 0.0001

5. Jackie compró una camisa por $8.89. ¿Qué cantidad es menor que $8.89?

   A $8.98 C $9.88
   B $8.90 (D) $8.86

6. ¿Cuál es la forma normal de cuatro y cincuenta y cinco milésimos?

   F 4.55 (H) 4.055
   G 4.0055 J 0.455

7. ¿Qué decimal es equivalente a 3.680?

   (A) 3.68 C 3.860
   B 3.6806 D 3.86

8. ¿Cuál muestra dos decimales equivalentes?

   (F) 3.0030 y 3.003
   G 3.0300 y 3.0030
   H 3.3003 y 3.3000
   J 3.0303 y 3.3030

9. ¿Cuál muestra los decimales en orden de *menor* a *mayor*?

   A 15.673 < 15.762 < 15.691 < 15.764
   B 15.764 < 15.762 < 15.691 < 15.673
   (C) 15.673 < 15.691 < 15.762 < 15.764
   D 15.762 < 15.764 < 15.673 < 15.691

10. ¿Qué símbolo hace que este enunciado numérico sea verdadero?

    0.64 ● 0.62

    F < (G) > H =

11. ¿Qué decimal y número mixto están representados por el modelo?

    A 2.016; $2\frac{16}{1,000}$ C 2.16; $2\frac{16}{100}$
    B 2.017; $2\frac{17}{1,000}$ (D) 2.17; $2\frac{17}{100}$

Sigue

Nombre ____________ PRUEBA DEL CAPÍTULO 2 • PÁGINA 2

12. Jeff ganó $14.72 la semana pasada. ¿Qué cantidad es mayor que $14.72?

    F $14.07 H $14.27
    G $13.99 (J) $14.74

13. ¿Cuál es la forma normal de catorce diezmilésimos?

    A 0.00014 C 0.014
    (B) 0.0014 D 0.14

14. ¿Cómo se escribe 5.037 en palabras?

    (F) cinco y treinta y siete milésimos
    G cinco y treinta y siete centésimos
    H cinco y cero treinta y siete
    J cinco treinta y siete

15. ¿En qué par los decimales **no** son equivalentes?

    A 5.250 y 5.25
    (B) 5.340 y 5.304
    C 5.560 y 5.5600
    D 5.236 y 5.2360

16. ¿Cuál muestra los números en orden de *menor* a *mayor*?

    F 7.117 < 7.112 < 7.107 < 7.104
    G 7.112 < 7.107 < 7.104 < 7.117
    H 7.107 < 7.104 < 7.112 < 7.117
    (J) 7.104 < 7.107 < 7.112 < 7.117

17. ¿Qué símbolo hace el enunciado numérico verdadero?

    119.067 ● 119.082

    (A) < B > C =

Para 18–20, usa la información a continuación.

Jay y otros tres estudiantes tenían promedios de bateo de .279, .245, .274 y .298. Matthew no tenía ni el más alto ni el más bajo de los promedios. El promedio de Jay era el tercero más alto. El promedio de Debra era más alto que el de Molly.

18. ¿Qué conclusión puedes sacar de los datos?

    (F) El promedio de bateo de Jay era .274.
    G El promedio de bateo de Matthew era .274.
    H El promedio de bateo de Debra era .274.
    J El promedio de bateo de Molly era .274.

19. ¿Qué conclusión puedes sacar de los datos?

    A El promedio de bateo de Molly era el más alto.
    B El promedio de bateo de Jay era el más alto.
    C El promedio de bateo de Matthew era el más alto.
    (D) El promedio de bateo de Debra era el más alto.

20. ¿Qué conclusión **no** puedes sacar de los datos?

    F El promedio de bateo de Molly era el más bajo.
    (G) El promedio de bateo de Matthew era .245.
    H El promedio de bateo de Debra era .298.
    J El promedio de bateo de Jay era .274.

Alto

Nombre ____________ PRUEBA DEL CAPÍTULO 2 • PÁGINA 1

Escribe la respuesta correcta.

1. Escribe un decimal y un número mixto representados por el modelo.

   1.7, $1\frac{7}{10}$

2. Escribe 2.048 en palabras.

   dos y cuarenta y ocho milésimos

3. Escribe dieciocho centésimos como un decimal y una fracción.

   0.18, $\frac{18}{100}$

4. Escribe 8.2354 en forma desarrollada.

   8 + 0.2 + 0.03 + 0.005 + 0.0004

5. Denise pagó $2.84 para mandar un paquete por correo. Pete pagó $2.48. Indica quién pagó menos y explica tu respuesta.

   Respuesta posible: Pete pagó menos. El primer lugar que es diferente desde la izquierda es el de los décimos. Como 8 > 4, $2.84 > $2.48.

6. Escribe dos y treinta y cinco milésimos en forma normal.

   2.035

7. Escribe dos decimales equivalentes.

   Respuesta posible: 2.002 y 2.0020

8. Escribe *equivalente* o *no equivalente* para describir el par de decimales.

   9.3 y 9.03

   no equivalente

9. Escribe los números en orden de *menor* a *mayor*.

   23.231, 23.130, 23.213, 23.103

   23.103 < 23.130 < 23.213 < 23.231

10. Escribe <, > o = en el ◯.

    121.034 (<) 121.529

11. Escribe un número mixto y un decimal representados por el modelo.

    2.21, $2\frac{21}{100}$

12. Marcus gastó $4.83 en útiles escolares. Janelle gastó $4.39 en los suyos. Indica quién gastó menos y explica tu respuesta.

    Respuesta posible: Marcus gastó más. El primer lugar que es diferente desde la izquierda es el de los décimos. Como 8 > 3, $4.83 > $4.39.

Sigue

Nombre ____________ PRUEBA DEL CAPÍTULO 2 • PÁGINA 2

13. Escribe dieciséis diezmilésimos en forma normal.

    0.0016

14. Escribe 6.19 en palabras.

    seis y diecinueve centésimos

15. Escribe un número equivalente a 6.750.

    Respuesta posible: 6.75

16. Escribe los números en orden de *menor* a *mayor*.

    5.267, 5.227, 5.297, 5.247

    5.227 < 5.247 < 5.267 < 5.297

17. Escribe <, > o = en el ◯.

    0.47 (>) 0.44

Para 18–20, decide si puedes sacar una conclusión de la información dada. Escribe *sí*, *no* o *tal vez*. Explica tu selección.

Susan, Diane, Mark y Paul compararon sus promedios de bateo. Éstos eran: .289, .212, .276 y .241. Diane no tenía ni el más alto ni el más bajo de los promedios. El promedio de Susan era el segundo más alto. El promedio de Mark era más alto que el de Paul.

18. El promedio de bateo de Susan era .276.

    sí; el segundo promedio más alto de bateo era .276 y la información indica que el promedio de Susan era el segundo más alto.

19. El promedio de bateo de Diane era .289.

    no; .289 era el mayor promedio de bateo y la información indica que Diane no tenía ni el más alto ni el más bajo de los promedios.

20. El promedio de bateo de Mark era .212.

    no; .212 era el promedio de bateo más bajo, pero la información indica que el promedio de bateo de Mark era mayor que el de Paul.

Alto

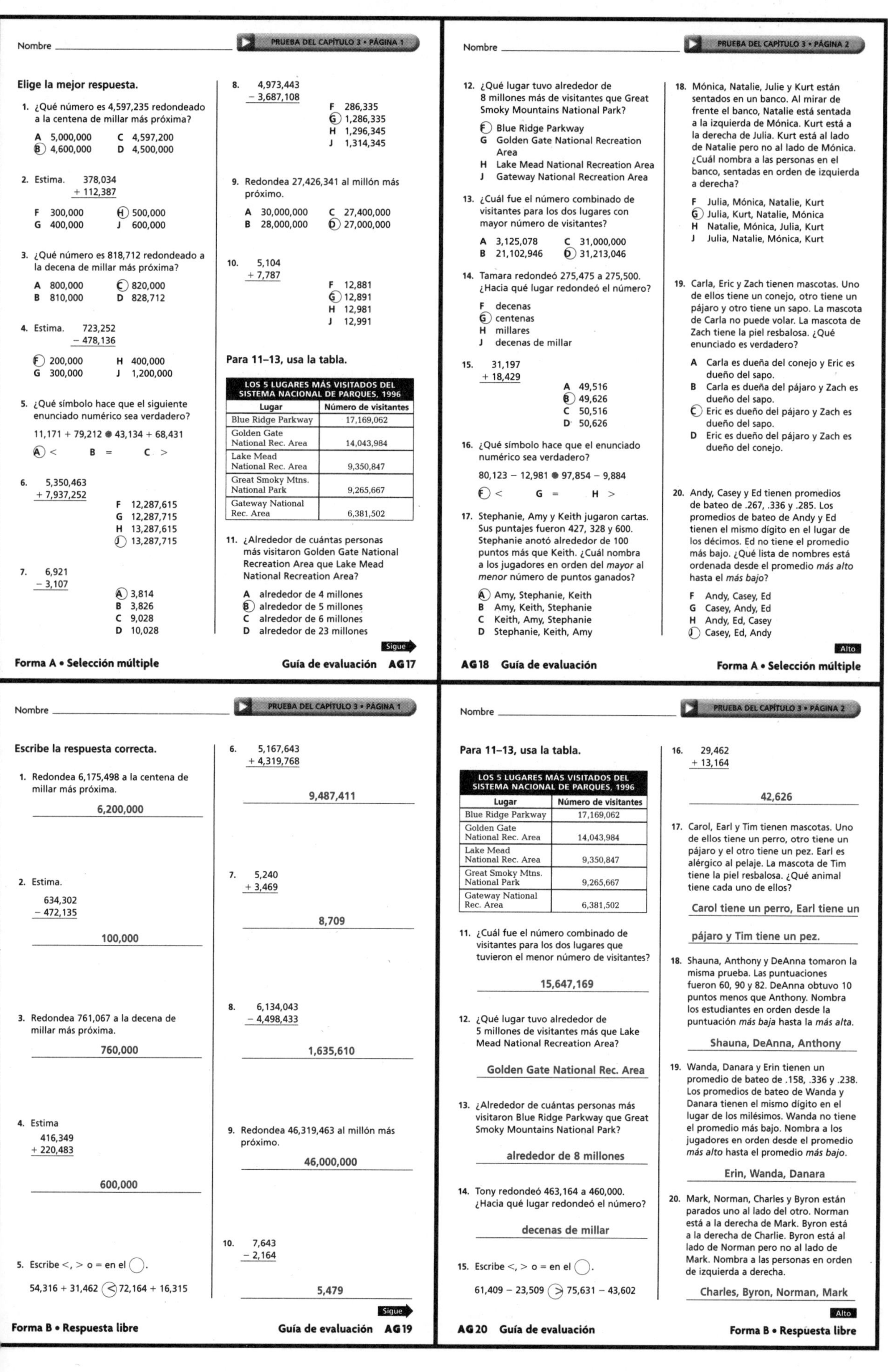

Nombre ____________________ PRUEBA DEL CAPÍTULO 3 • PÁGINA 1

Elige la mejor respuesta.

1. ¿Qué número es 4,597,235 redondeado a la centena de millar más próxima?

   A 5,000,000 C 4,597,200
   (B) 4,600,000 D 4,500,000

2. Estima. 378,034 + 112,387

   F 300,000 (H) 500,000
   G 400,000 J 600,000

3. ¿Qué número es 818,712 redondeado a la decena de millar más próxima?

   A 800,000 (C) 820,000
   B 810,000 D 828,712

4. Estima. 723,252 − 478,136

   (F) 200,000 H 400,000
   G 300,000 J 1,200,000

5. ¿Qué símbolo hace que el siguiente enunciado numérico sea verdadero?

   11,171 + 79,212 ● 43,134 + 68,431

   (A) < B = C >

6. 5,350,463 + 7,937,252

   F 12,287,615
   G 12,287,715
   H 13,287,615
   (J) 13,287,715

7. 6,921 − 3,107

   (A) 3,814
   B 3,826
   C 9,028
   D 10,028

8. 4,973,443 − 3,687,108

   F 286,335
   (G) 1,286,335
   H 1,296,345
   J 1,314,345

9. Redondea 27,426,341 al millón más próximo.

   A 30,000,000 C 27,400,000
   B 28,000,000 (D) 27,000,000

10. 5,104 + 7,787

    F 12,881
    (G) 12,891
    H 12,981
    J 12,991

Para 11–13, usa la tabla.

LOS 5 LUGARES MÁS VISITADOS DEL SISTEMA NACIONAL DE PARQUES, 1996	
Lugar	Número de visitantes
Blue Ridge Parkway	17,169,062
Golden Gate National Rec. Area	14,043,984
Lake Mead National Rec. Area	9,350,847
Great Smoky Mtns. National Park	9,265,667
Gateway National Rec. Area	6,381,502

11. ¿Alrededor de cuántas personas más visitaron Golden Gate National Recreation Area que Lake Mead National Recreation Area?

    A alrededor de 4 millones
    (B) alrededor de 5 millones
    C alrededor de 6 millones
    D alrededor de 23 millones

Sigue

Forma A • Selección múltiple **Guía de evaluación AG17**

Nombre ____________________ PRUEBA DEL CAPÍTULO 3 • PÁGINA 2

12. ¿Qué lugar tuvo alrededor de 8 millones más de visitantes que Great Smoky Mountains National Park?

    (F) Blue Ridge Parkway
    G Golden Gate National Recreation Area
    H Lake Mead National Recreation Area
    J Gateway National Recreation Area

13. ¿Cuál fue el número combinado de visitantes para los dos lugares con mayor número de visitantes?

    A 3,125,078 C 31,000,000
    B 21,102,946 (D) 31,213,046

14. Tamara redondeó 275,475 a 275,500. ¿Hacia qué lugar redondeó el número?

    F decenas
    (G) centenas
    H millares
    J decenas de millar

15. 31,197 + 18,429

    A 49,516
    (B) 49,626
    C 50,516
    D 50,626

16. ¿Qué símbolo hace que el enunciado numérico sea verdadero?

    80,123 − 12,981 ● 97,854 − 9,884

    (F) < G = H >

17. Stephanie, Amy y Keith jugaron cartas. Sus puntajes fueron 427, 328 y 600. Stephanie anotó alrededor de 100 puntos más que Keith. ¿Cuál nombra a los jugadores en orden del *mayor* al *menor* número de puntos ganados?

    (A) Amy, Stephanie, Keith
    B Amy, Keith, Stephanie
    C Keith, Amy, Stephanie
    D Stephanie, Keith, Amy

18. Mónica, Natalie, Julie y Kurt están sentados en un banco. Al mirar de frente el banco, Natalie está sentada a la izquierda de Mónica. Kurt está a la derecha de Julia. Kurt está al lado de Natalie pero no al lado de Mónica. ¿Cuál nombra a las personas en el banco, sentadas en orden de izquierda a derecha?

    F Julia, Mónica, Natalie, Kurt
    (G) Julia, Kurt, Natalie, Mónica
    H Natalie, Mónica, Julia, Kurt
    J Julia, Natalie, Mónica, Kurt

19. Carla, Eric y Zach tienen mascotas. Uno de ellos tiene un conejo, otro tiene un pájaro y otro tiene un sapo. La mascota de Carla no puede volar. La mascota de Zach tiene la piel resbalosa. ¿Qué enunciado es verdadero?

    A Carla es dueña del conejo y Eric es dueño del sapo.
    B Carla es dueña del pájaro y Zach es dueño del sapo.
    (C) Eric es dueño del pájaro y Zach es dueño del sapo.
    D Eric es dueño del pájaro y Zach es dueño del conejo.

20. Andy, Casey y Ed tienen promedios de bateo de .267, .336 y .285. Los promedios de bateo de Andy y Ed tienen el mismo dígito en el lugar de los décimos. Ed no tiene el promedio más bajo. ¿Qué lista de nombres está ordenada desde el promedio *más alto* hasta el *más bajo*?

    F Andy, Casey, Ed
    G Casey, Andy, Ed
    H Andy, Ed, Casey
    (J) Casey, Ed, Andy

Alto

AG18 Guía de evaluación **Forma A • Selección múltiple**

Nombre ____________________ PRUEBA DEL CAPÍTULO 3 • PÁGINA 1

Escribe la respuesta correcta.

1. Redondea 6,175,498 a la centena de millar más próxima.

   6,200,000

2. Estima.
   634,302 − 472,135

   100,000

3. Redondea 761,067 a la decena de millar más próxima.

   760,000

4. Estima
   416,349 + 220,483

   600,000

5. Escribe <, > o = en el ◯.

   54,316 + 31,462 (<) 72,164 + 16,315

6. 5,167,643 + 4,319,768

   9,487,411

7. 5,240 + 3,469

   8,709

8. 6,134,043 − 4,498,433

   1,635,610

9. Redondea 46,319,463 al millón más próximo.

   46,000,000

10. 7,643 − 2,164

    5,479

Sigue

Forma B • Respuesta libre **Guía de evaluación AG19**

Nombre ____________________ PRUEBA DEL CAPÍTULO 3 • PÁGINA 2

Para 11–13, usa la tabla.

LOS 5 LUGARES MÁS VISITADOS DEL SISTEMA NACIONAL DE PARQUES, 1996	
Lugar	Número de visitantes
Blue Ridge Parkway	17,169,062
Golden Gate National Rec. Area	14,043,984
Lake Mead National Rec. Area	9,350,847
Great Smoky Mtns. National Park	9,265,667
Gateway National Rec. Area	6,381,502

11. ¿Cuál fue el número combinado de visitantes para los dos lugares que tuvieron el menor número de visitantes?

    15,647,169

12. ¿Qué lugar tuvo alrededor de 5 millones de visitantes más que Lake Mead National Recreation Area?

    Golden Gate National Rec. Area

13. ¿Alrededor de cuántas personas más visitaron Blue Ridge Parkway que Great Smoky Mountains National Park?

    alrededor de 8 millones

14. Tony redondeó 463,164 a 460,000. ¿Hacia qué lugar redondeó el número?

    decenas de millar

15. Escribe <, > o = en el ◯.

    61,409 − 23,509 (>) 75,631 − 43,602

16. 29,462 + 13,164

    42,626

17. Carol, Earl y Tim tienen mascotas. Uno de ellos tiene un perro, otro tiene un pájaro y el otro tiene un pez. Earl es alérgico al pelaje. La mascota de Tim tiene la piel resbalosa. ¿Qué animal tiene cada uno de ellos?

    Carol tiene un perro, Earl tiene un pájaro y Tim tiene un pez.

18. Shauna, Anthony y DeAnna tomaron la misma prueba. Las puntuaciones fueron 60, 90 y 82. DeAnna obtuvo 10 puntos menos que Anthony. Nombra los estudiantes en orden desde la puntuación *más baja* hasta la *más alta*.

    Shauna, DeAnna, Anthony

19. Wanda, Danara y Erin tienen un promedio de bateo de .158, .336 y .238. Los promedios de bateo de Wanda y Danara tienen el mismo dígito en el lugar de los milésimos. Wanda no tiene el promedio más bajo. Nombra a los jugadores en orden desde el promedio *más alto* hasta el promedio *más bajo*.

    Erin, Wanda, Danara

20. Mark, Norman, Charles y Byron están parados uno al lado del otro. Norman está a la derecha de Mark. Byron está a la derecha de Charlie. Byron está al lado de Norman pero no al lado de Mark. Nombra a las personas en orden de izquierda a derecha.

    Charles, Byron, Norman, Mark

Alto

AG20 Guía de evaluación **Forma B • Respuesta libre**

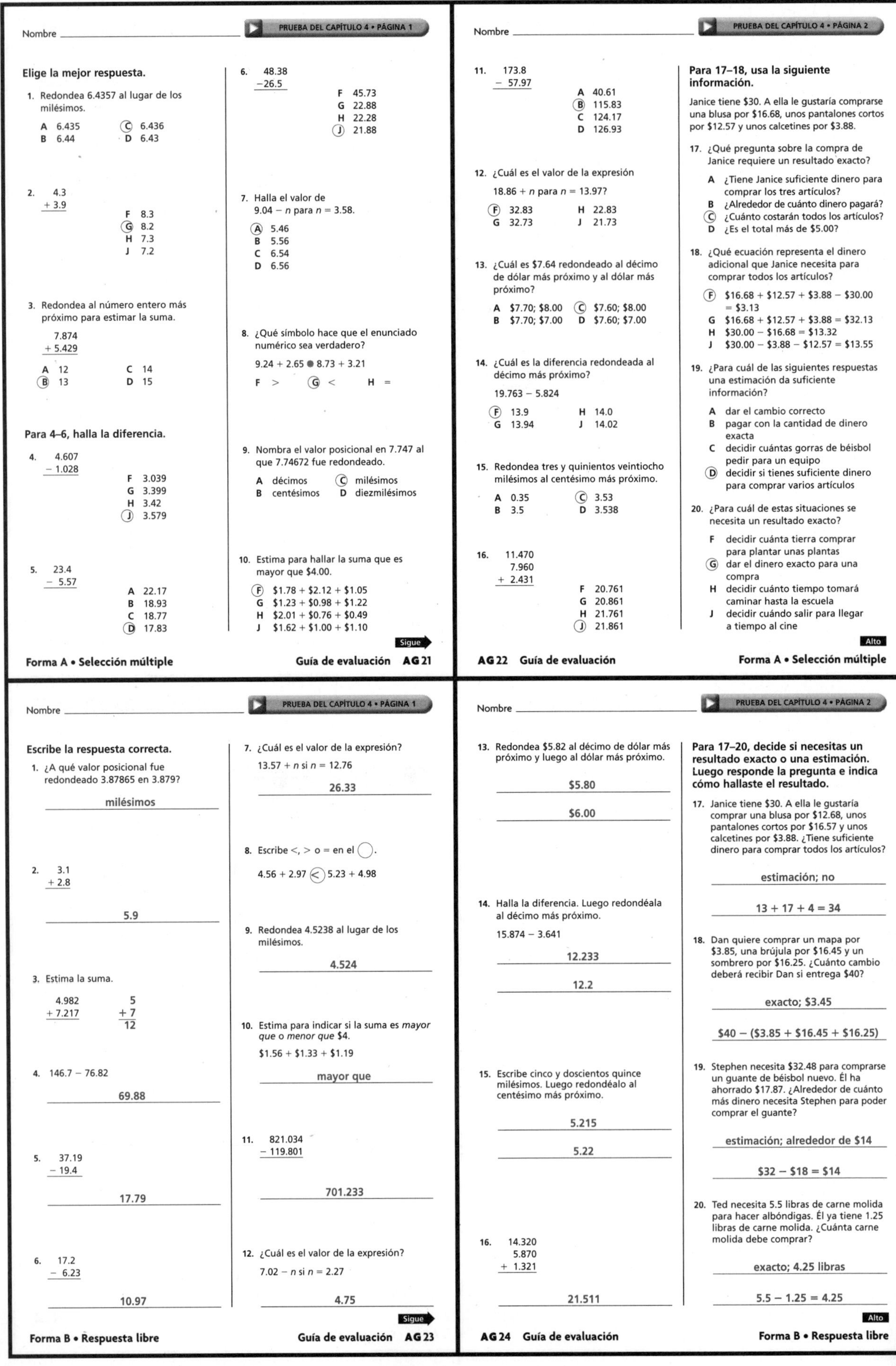

Nombre ____________

PRUEBA DEL CAPÍTULO 4 • PÁGINA 1

Elige la mejor respuesta.

1. Redondea 6.4357 al lugar de los milésimos.

   A 6.435   (C) 6.436
   B 6.44   D 6.43

2. 4.3 + 3.9

   F 8.3
   (G) 8.2
   H 7.3
   J 7.2

3. Redondea al número entero más próximo para estimar la suma.

   7.874 + 5.429

   A 12   C 14
   (B) 13   D 15

Para 4–6, halla la diferencia.

4. 4.607 − 1.028

   F 3.039
   G 3.399
   H 3.42
   (J) 3.579

5. 23.4 − 5.57

   A 22.17
   B 18.93
   C 18.77
   (D) 17.83

6. 48.38 − 26.5

   F 45.73
   G 22.88
   H 22.28
   (J) 21.88

7. Halla el valor de 9.04 − *n* para *n* = 3.58.

   (A) 5.46
   B 5.56
   C 6.54
   D 6.56

8. ¿Qué símbolo hace que el enunciado numérico sea verdadero?

   9.24 + 2.65 ● 8.73 + 3.21

   F >   (G) <   H =

9. Nombra el valor posicional en 7.747 al que 7.74672 fue redondeado.

   A décimos   (C) milésimos
   B centésimos   D diezmilésimos

10. Estima para hallar la suma que es mayor que $4.00.

    (F) $1.78 + $2.12 + $1.05
    G $1.23 + $0.98 + $1.22
    H $2.01 + $0.76 + $0.49
    J $1.62 + $1.00 + $1.10

Sigue

Forma A • Selección múltiple   Guía de evaluación AG 21

Nombre ____________

PRUEBA DEL CAPÍTULO 4 • PÁGINA 2

11. 173.8 − 57.97

    A 40.61
    (B) 115.83
    C 124.17
    D 126.93

12. ¿Cuál es el valor de la expresión 18.86 + *n* para *n* = 13.97?

    (F) 32.83   H 22.83
    G 32.73   J 21.73

13. ¿Cuál es $7.64 redondeado al décimo de dólar más próximo y al dólar más próximo?

    A $7.70; $8.00   (C) $7.60; $8.00
    B $7.70; $7.00   D $7.60; $7.00

14. ¿Cuál es la diferencia redondeada al décimo más próximo?

    19.763 − 5.824

    (F) 13.9   H 14.0
    G 13.94   J 14.02

15. Redondea tres y quinientos veintiocho milésimos al centésimo más próximo.

    A 0.35   (C) 3.53
    B 3.5   D 3.538

16. 11.470 + 7.960 + 2.431

    F 20.761
    G 20.861
    H 21.761
    (J) 21.861

Para 17–18, usa la siguiente información.

Janice tiene $30. A ella le gustaría comprarse una blusa por $16.68, unos pantalones cortos por $12.57 y unos calcetines por $3.88.

17. ¿Qué pregunta sobre la compra de Janice requiere un resultado exacto?

    A ¿Tiene Janice suficiente dinero para comprar los tres artículos?
    B ¿Alrededor de cuánto dinero pagará?
    (C) ¿Cuánto costarán todos los artículos?
    D ¿Es el total más de $5.00?

18. ¿Qué ecuación representa el dinero adicional que Janice necesita para comprar todos los artículos?

    (F) $16.68 + $12.57 + $3.88 − $30.00 = $3.13
    G $16.68 + $12.57 + $3.88 = $32.13
    H $30.00 − $16.68 = $13.32
    J $30.00 − $3.88 − $12.57 = $13.55

19. ¿Para cuál de las siguientes respuestas una estimación da suficiente información?

    A dar el cambio correcto
    B pagar con la cantidad de dinero exacta
    C decidir cuántas gorras de béisbol pedir para un equipo
    (D) decidir si tienes suficiente dinero para comprar varios artículos

20. ¿Para cuál de estas situaciones se necesita un resultado exacto?

    F decidir cuánta tierra comprar para plantar unas plantas
    (G) dar el dinero exacto para una compra
    H decidir cuánto tiempo tomará caminar hasta la escuela
    J decidir cuándo salir para llegar a tiempo al cine

Alto

AG 22 Guía de evaluación   Forma A • Selección múltiple

Nombre ____________

PRUEBA DEL CAPÍTULO 4 • PÁGINA 1

Escribe la respuesta correcta.

1. ¿A qué valor posicional fue redondeado 3.87865 en 3.879?

   milésimos

2. 3.1 + 2.8

   5.9

3. Estima la suma.

   4.982 + 7.217   5 + 7 = 12

4. 146.7 − 76.82

   69.88

5. 37.19 − 19.4

   17.79

6. 17.2 − 6.23

   10.97

7. ¿Cuál es el valor de la expresión?

   13.57 + *n* si *n* = 12.76

   26.33

8. Escribe <, > o = en el ◯.

   4.56 + 2.97 (<) 5.23 + 4.98

9. Redondea 4.5238 al lugar de los milésimos.

   4.524

10. Estima para indicar si la suma es *mayor que* o *menor que* $4.

    $1.56 + $1.33 + $1.19

    mayor que

11. 821.034 − 119.801

    701.233

12. ¿Cuál es el valor de la expresión?

    7.02 − *n* si *n* = 2.27

    4.75

Sigue

Forma B • Respuesta libre   Guía de evaluación AG 23

Nombre ____________

PRUEBA DEL CAPÍTULO 4 • PÁGINA 2

13. Redondea $5.82 al décimo de dólar más próximo y luego al dólar más próximo.

    $5.80

    $6.00

14. Halla la diferencia. Luego redondéala al décimo más próximo.

    15.874 − 3.641

    12.233

    12.2

15. Escribe cinco y doscientos quince milésimos. Luego redondéalo al centésimo más próximo.

    5.215

    5.22

16. 14.320 + 5.870 + 1.321

    21.511

Para 17–20, decide si necesitas un resultado exacto o una estimación. Luego responde la pregunta e indica cómo hallaste el resultado.

17. Janice tiene $30. A ella le gustaría comprar una blusa por $12.68, unos pantalones cortos por $16.57 y unos calcetines por $3.88. ¿Tiene suficiente dinero para comprar todos los artículos?

    estimación; no

    13 + 17 + 4 = 34

18. Dan quiere comprar un mapa por $3.85, una brújula por $16.45 y un sombrero por $16.25. ¿Cuánto cambio deberá recibir Dan si entrega $40?

    exacto; $3.45

    $40 − ($3.85 + $16.45 + $16.25)

19. Stephen necesita $32.48 para comprarse un guante de béisbol nuevo. Él ha ahorrado $17.87. ¿Alrededor de cuánto más dinero necesita Stephen para poder comprar el guante?

    estimación; alrededor de $14

    $32 − $18 = $14

20. Ted necesita 5.5 libras de carne molida para hacer albóndigas. Él ya tiene 1.25 libras de carne molida. ¿Cuánta carne molida debe comprar?

    exacto; 4.25 libras

    5.5 − 1.25 = 4.25

Alto

AG 24 Guía de evaluación   Forma B • Respuesta libre

Nombre ____________________

Elige la mejor respuesta.

1. ¿Cuántos grupos de 10 hay en 100,000?

   A 100   C 1,000
   B 500   (D) 10,000

2. ¿En qué número el dígito 3 tiene el mayor valor posicional?

   F 13,798   H 89,230
   (G) 30,000   J 99,399

3. ¿Qué número **no** es equivalente a los otros?

   A 40,000 + 5,000 + 100 + 0 + 5
   B cuarenta y cinco mil ciento cinco
   C 40,000 + 5,000 + 100 + 5
   (D) 40,000 + 5,000 + 100 + 50

4. ¿Cuál es el valor del dígito 4 en 28,742,067?

   F 4,000   H 400,000
   (G) 40,000   J 4,000,000

5. Comienza por la izquierda. ¿Cuál es el primer valor posicional donde los dígitos difieren?

   23,613 y 23,443

   (A) centenas
   B decenas
   C decenas de millar
   D centenas de millar

6. ¿Cuáles son los valores posibles del dígito que falta?

   4,234,517 < 4,234,■17

   F 1, 2, 3, 4   (H) 6, 7, 8, 9
   G 1, 2, 3, 4, 5   J 5, 6, 7, 8, 9

7. ¿Cuál es la forma normal de treinta y siete millones dos mil ochocientos cinco?

   (A) 37,002,805   C 37,200,805
   B 37,020,805   D 37,285,000

8. Ordena los números de *menor* a *mayor*.

   41,825,700; 41,714,600; 9,981,900

   F 41,714,600 < 41,825,700 < 9,981,900
   G 9,981,900 < 41,825,700 < 41,714,600
   H 41,825,700 < 41,714,600 < 9,981,900
   (J) 9,981,900 < 41,714,600 < 41,825,700

Para 9–10, usa la tabla.

LOS GRANDES LAGOS		
Lago	Área (km²)	Área (mi²)
Lago Hurón	59,596	23,010
Lago Superior	82,414	31,820
Lago Ontario	19,529	7,540
Lago Michigan	58,016	22,400
Lago Erie	25,745	9,940

9. ¿Cuál de los Grandes Lagos posee la mayor área?

   A Michigan   (C) Superior
   B Erie   D Hurón

10. ¿Cuál es el área en millas cuadradas del lago más pequeño?

    (F) 7,540
    G 9,940
    H 19,529
    J 25,745

Sigue

Nombre ____________________

11. ¿Qué decimal y fracción están representados por el modelo?

    (A) 3.4; $3\frac{4}{10}$ C 2.04; $2\frac{4}{100}$
    B 3.04; $3\frac{4}{100}$ D 1.3; $1\frac{3}{10}$

12. ¿Cuál es el decimal y la fracción equivalentes para diecinueve centésimos?

    F 19, $\frac{1}{9}$ H 0.019, $\frac{19}{1,000}$
    G 1.9, $\frac{1.9}{10}$ (J) 0.19, $\frac{19}{100}$

13. ¿Cómo se escribe 2.5681 en forma desarrollada?

    (A) 2 + 0.5 + 0.06 + 0.008 + 0.0001
    B 2 + 0.5 + 0.6 + 0.8 + 0.1
    C 20,000 + 5,000 + 600 + 80 + 1
    D 2 + 0.5 + 0.06 + 0.08 + 0.001

14. Ordena los números de *menor* a *mayor*.

    15.762, 15.764, 15.673, 15.691

    F 15.691 < 15.673 < 15.764 < 15.762
    (G) 15.673 < 15.691 < 15.762 < 15.764
    H 15.673 < 15.691 < 15.764 < 15.762
    J 15.691 < 15.762 < 15.764 < 15.673

15. ¿Cómo se escribe diecisiete diezmilésimos en forma normal?

    A 0.00017   C 0.017
    (B) 0.0017   D 0.17

16. ¿Cómo se escribe 2.059 en palabras?

    (F) dos y cincuenta y nueve milésimos
    G dos y cincuenta y nueve centésimos
    H dos y cero cincuenta y nueve
    J dos cincuenta y nueve

17. ¿Qué decimales **no** son equivalentes?

    A 7.430 and 7.43
    (B) 9.570 and 9.507
    C 8.670 and 8.6700
    D 4.376 and 4.3760

18. Compara. Elige <, > o = para el ●.

    132.043 ● 132.067

    (F) <   G >   H =

Para 19–20, usa la siguiente información.

Chris y otros tres estudiantes tenían promedios de bateo de 0.306, 0.233, 0.289 y 0.340. El promedio de bateo de Glen era mayor que el de Joe, pero menor que el de Alyssa. Alyssa no tenía el mayor promedio.

19. ¿Qué conclusión puedes sacar de los datos?

    (A) El promedio de bateo de Alyssa era 0.306.
    B El promedio de bateo de Chris era 0.289.
    C El promedio de bateo de Glen era 0.233.
    D El promedio de bateo de Joe era 0.340.

20. ¿Qué conclusión **no** se puede sacar de los datos?

    F El promedio de bateo de Chris era el mayor.
    G El promedio de bateo de Alyssa era mayor que el de Joe.
    H El promedio de bateo de Chris era mayor que el de Glen.
    (J) El promedio de bateo de Glen era 0.233.

Sigue

Nombre ____________________

21. ¿Cuál es 7,495,863 redondeado a la centena de millar más próxima?

    A 7,000,000   C 7,495,900
    B 7,400,000   (D) 7,500,000

Para 22–23, estima redondeando a la centena de millar.

22. 259,179 + 331,007

    F 400,000   (H) 600,000
    G 500,000   J 700,000

23. 813,978 − 395,400

    (A) 400,000   C 600,000
    B 500,000   D 1,200,000

Para 24–26, halla la suma o la diferencia.

24. 8,670,825 + 5,498,733

    F 13,068,558
    G 13,169,558
    H 14,168,558
    (J) 14,169,558

25. 5,832 − 2,307

    A 3,535
    (B) 3,525
    C 2,535
    D 2,525

26. 9,207 + 6,698

    F 15,895
    G 15,805
    (H) 15,905
    J 16,905

27. Jenny redondeó 343,389 a 343,400. ¿A qué valor posicional redondeó el número?

    A millares   C decenas
    (B) centenas   D unidades

28. Estima redondeando al millar más próximo. Compara. Elige <, > o = para el ●.

    50,217 − 12,403 ● 62,501 − 20,402.

    (F) <   G >   H =

29. Kyle, Rob y Jack tienen mascotas. Uno de ellos tiene un gato, otro tiene una tortuga y otro tiene un perro. La mascota de Rob no tiene pelaje. La mascota de Jack trepa árboles. ¿Qué enunciado es verdadero?

    A Rob tiene un perro y Jack tiene un gato.
    (B) Kyle tiene un perro y Jack tiene un gato.
    C Kyle tiene un gato y Rob tiene una tortuga.
    D Jack tiene un perro y Rob tiene una tortuga.

30. Margo, Patty y Amy tienen promedios de bateo de .345, .247 y .292. Los promedios de bateo de Amy y Patty tienen el mismo dígito en los centésimos. Patty no tiene el promedio más bajo. ¿Qué lista muestra los nombres ordenados según el promedio de bateo del más alto al más bajo?

    F Amy, Margo, Patty
    G Margo, Patty, Amy
    (H) Patty, Margo, Amy
    J Amy, Patty, Margo

Sigue

Nombre ____________________

31. 7.2 + 5.9

    A 1.3
    B 12.1
    C 12.7
    (D) 13.1

32. Estima la suma redondeando al número entero más próximo.

    3.782 + 4.227

    F 7   H 9
    (G) 8   J 10

33. Evalúa 11.03 − *n* para *n* = 2.76.

    (A) 8.27   C 9.37
    B 8.37   D 9.73

34. Max redondeó 2.37423 a 2.374. ¿A qué valor posicional redondeó el número?

    F décimos
    G centésimos
    (H) milésimos
    J diezmilésimos

35. ¿Qué total es mayor que $5?

    A $1.17 + $0.98 + $2.22
    (B) $2.76 + $2.12 + $1.05
    C $2.01 + $0.76 + $1.89
    D $1.59 + $0.87 + $2.43

36. 162.50 − 81.91

    F 81.69
    G 81.61
    H 81.41
    (J) 80.59

37. Evalúa 14.23 + *n* para *n* = 27.78.

    (A) 42.01   C 41.01
    B 41.91   D 32.11

38. Redondea $9.57 al décimo de dólar más próximo y luego al dólar más próximo.

    F $9.50; $10.00
    G $9.50; $9.00
    (H) $9.60; $10.00
    J $9.60; $9.00

39. Tina tiene $40. A ella le gustaría comprarse un abrigo por $18.45, unos pantalones por $16.34 y unos calcetines por $2.88. ¿Cuál de las preguntas sobre la compra de Tina requiere un resultado exacto?

    A ¿Tina tiene suficiente dinero para comprar todos los artículos?
    (B) ¿Cuánto cambio recibirá Tina?
    C ¿Son $30 suficientes para comprar todos los artículos?
    D ¿Alrededor de cuánto dinero pagará ella?

40. ¿Para cuál de las respuestas es apropiada una estimación?

    F dar cambio
    G decidir cuántos uniformes pedir para un equipo
    H hallar la cantidad total de una compra
    (J) decidir si tienes suficiente dinero para comprar varios artículos

Alto

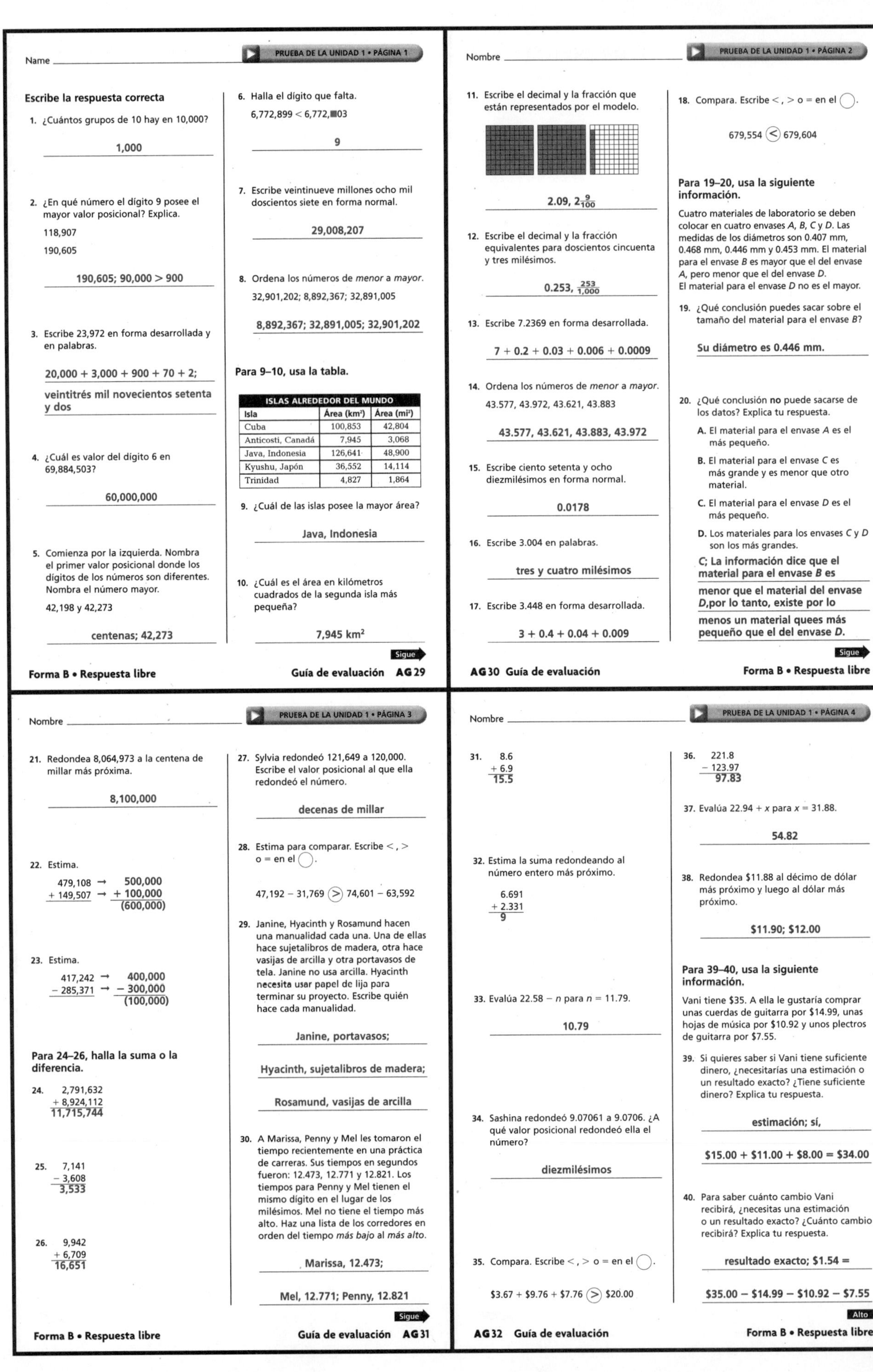

Name ____________ PRUEBA DE LA UNIDAD 1 • PÁGINA 1

Escribe la respuesta correcta

1. ¿Cuántos grupos de 10 hay en 10,000?

   1,000

2. ¿En qué número el dígito 9 posee el mayor valor posicional? Explica.

   118,907

   190,605

   190,605; 90,000 > 900

3. Escribe 23,972 en forma desarrollada y en palabras.

   20,000 + 3,000 + 900 + 70 + 2;

   veintitrés mil novecientos setenta y dos

4. ¿Cuál es valor del dígito 6 en 69,884,503?

   60,000,000

5. Comienza por la izquierda. Nombra el primer valor posicional donde los dígitos de los números son diferentes. Nombra el número mayor.

   42,198 y 42,273

   centenas; 42,273

6. Halla el dígito que falta.

   6,772,899 < 6,772,■03

   9

7. Escribe veintinueve millones ocho mil doscientos siete en forma normal.

   29,008,207

8. Ordena los números de *menor* a *mayor*.

   32,901,202; 8,892,367; 32,891,005

   8,892,367; 32,891,005; 32,901,202

Para 9–10, usa la tabla.

ISLAS ALREDEDOR DEL MUNDO		
Isla	**Área (km²)**	**Área (mi²)**
Cuba	100,853	42,804
Anticosti, Canadá	7,945	3,068
Java, Indonesia	126,641	48,900
Kyushu, Japón	36,552	14,114
Trinidad	4,827	1,864

9. ¿Cuál de las islas posee la mayor área?

   Java, Indonesia

10. ¿Cuál es el área en kilómetros cuadrados de la segunda isla más pequeña?

    7,945 km²

Sigue

Forma B • Respuesta libre — Guía de evaluación AG 29

Nombre ____________ PRUEBA DE LA UNIDAD 1 • PÁGINA 2

11. Escribe el decimal y la fracción que están representados por el modelo.

    2.09, $2\frac{9}{100}$

12. Escribe el decimal y la fracción equivalentes para doscientos cincuenta y tres milésimos.

    0.253, $\frac{253}{1,000}$

13. Escribe 7.2369 en forma desarrollada.

    7 + 0.2 + 0.03 + 0.006 + 0.0009

14. Ordena los números de *menor* a *mayor*.

    43.577, 43.972, 43.621, 43.883

    43.577, 43.621, 43.883, 43.972

15. Escribe ciento setenta y ocho diezmilésimos en forma normal.

    0.0178

16. Escribe 3.004 en palabras.

    tres y cuatro milésimos

17. Escribe 3.448 en forma desarrollada.

    3 + 0.4 + 0.04 + 0.009

18. Compara. Escribe <, > o = en el ◯.

    679,554 (<) 679,604

Para 19–20, usa la siguiente información.

Cuatro materiales de laboratorio se deben colocar en cuatro envases *A*, *B*, *C* y *D*. Las medidas de los diámetros son 0.407 mm, 0.468 mm, 0.446 mm y 0.453 mm. El material para el envase *B* es mayor que el del envase *A*, pero menor que el del envase *D*. El material para el envase *D* no es el mayor.

19. ¿Qué conclusión puedes sacar sobre el tamaño del material para el envase *B*?

    Su diámetro es 0.446 mm.

20. ¿Qué conclusión **no** puede sacarse de los datos? Explica tu respuesta.

    A. El material para el envase *A* es el más pequeño.

    B. El material para el envase *C* es más grande y es menor que otro material.

    C. El material para el envase *D* es el más pequeño.

    D. Los materiales para los envases *C* y *D* son los más grandes.

    C; La información dice que el material para el envase *B* es menor que el material del envase *D*,por lo tanto, existe por lo menos un material quees más pequeño que el del envase *D*.

Sigue

AG 30 Guía de evaluación — Forma B • Respuesta libre

Nombre ____________ PRUEBA DE LA UNIDAD 1 • PÁGINA 3

21. Redondea 8,064,973 a la centena de millar más próxima.

    8,100,000

22. Estima.

    479,108 → 500,000
    + 149,507 → + 100,000
    (600,000)

23. Estima.

    417,242 → 400,000
    − 285,371 → − 300,000
    (100,000)

Para 24–26, halla la suma o la diferencia.

24. 2,791,632 + 8,924,112 = **11,715,744**

25. 7,141 − 3,608 = **3,533**

26. 9,942 + 6,709 = **16,651**

27. Sylvia redondeó 121,649 a 120,000. Escribe el valor posicional al que ella redondeó el número.

    decenas de millar

28. Estima para comparar. Escribe <, > o = en el ◯.

    47,192 − 31,769 (>) 74,601 − 63,592

29. Janine, Hyacinth y Rosamund hacen una manualidad cada una. Una de ellas hace sujetalibros de madera, otra hace vasijas de arcilla y otra portavasos de tela. Janine no usa arcilla. Hyacinth necesita usar papel de lija para terminar su proyecto. Escribe quién hace cada manualidad.

    Janine, portavasos;

    Hyacinth, sujetalibros de madera;

    Rosamund, vasijas de arcilla

30. A Marissa, Penny y Mel les tomaron el tiempo recientemente en una práctica de carreras. Sus tiempos en segundos fueron: 12.473, 12.771 y 12.821. Los tiempos para Penny y Mel tienen el mismo dígito en el lugar de los milésimos. Mel no tiene el tiempo más alto. Haz una lista de los corredores en orden del tiempo *más bajo* al *más alto*.

    Marissa, 12.473;

    Mel, 12.771; Penny, 12.821

Sigue

Forma B • Respuesta libre — Guía de evaluación AG 31

Nombre ____________ PRUEBA DE LA UNIDAD 1 • PÁGINA 4

31. 8.6 + 6.9 = **15.5**

32. Estima la suma redondeando al número entero más próximo.

    6.691 + 2.331 = **9**

33. Evalúa 22.58 − *n* para *n* = 11.79.

    10.79

34. Sashina redondeó 9.07061 a 9.0706. ¿A qué valor posicional redondeó ella el número?

    diezmilésimos

35. Compara. Escribe <, > o = en el ◯.

    \$3.67 + \$9.76 + \$7.76 (>) \$20.00

36. 221.8 − 123.97 = **97.83**

37. Evalúa 22.94 + *x* para *x* = 31.88.

    54.82

38. Redondea \$11.88 al décimo de dólar más próximo y luego al dólar más próximo.

    \$11.90; \$12.00

Para 39–40, usa la siguiente información.

Vani tiene \$35. A ella le gustaría comprar unas cuerdas de guitarra por \$14.99, unas hojas de música por \$10.92 y unos plectros de guitarra por \$7.55.

39. Si quieres saber si Vani tiene suficiente dinero, ¿necesitarías una estimación o un resultado exacto? ¿Tiene suficiente dinero? Explica tu respuesta.

    estimación; sí,

    \$15.00 + \$11.00 + \$8.00 = \$34.00

40. Para saber cuánto cambio Vani recibirá, ¿necesitas una estimación o un resultado exacto? ¿Cuánto cambio recibirá? Explica tu respuesta.

    resultado exacto; \$1.54 =

    \$35.00 − \$14.99 − \$10.92 − \$7.55

Alto

AG 32 Guía de evaluación — Forma B • Respuesta libre

Nombre ______________________ PRUEBA DEL CAPÍTULO 5 • PÁGINA 1

Elige la mejor respuesta.

1. Evalúa $n - 33$ si $n = 300$.

   Ⓐ 267 C 287
   B 277 D 333

2. Resuelve la ecuación.

   $34 + n = 52$.

   F $n = 86$ H $n = 22$
   G $n = 28$ Ⓙ $n = 18$

3. Nombra la propiedad de la suma que se usa en la ecuación.

   $0 + 427 = 427$

   A Propiedad conmutativa
   B Propiedad distributiva
   C Propiedad asociativa
   Ⓓ Propiedad del cero

4. ¿Qué situación **no** puede ser representada por $26 - n = 17$?

   F 26 personas se subieron en un autobús vacío. En la primera parada, algunas personas se bajaron del autobús dejando solo 17 personas en el autobús.
   G Tim tenía 26 tarjetas de béisbol. Le dio algunas a Rob. Ahora Tim tiene 17 tarjetas de béisbol.
   Ⓗ 26 personas estaban en una sala de espera. 17 personas más entraron en la sala.
   J Dovina recogió 26 conchas de mar en la playa. Le dio algunas a su amigo y le quedaron 17.

5. Rachel tenía 27 tarjetas. Ella le dio 5 a Trina. ¿Qué expresión representa la situación?

   A 5 − 27 C 5 + 27
   Ⓑ 27 − 5 D 5 + 29

6. ¿Cuál es el valor de n?

   $21 + (17 + 8) = (21 + n) + 8$

   F 0 Ⓗ 17
   G 9 J 21

Para 7–10, elige la ecuación que puede usarse para responder la pregunta.

7. Después de que un número se suma al número 23 y se le resta 8, el resultado es 29. ¿Qué número, n, se suma?

   A $n - 23 - 8 = 28$
   B $n + 23 = 29 - 8$
   Ⓒ $23 + n - 8 = 29$
   D $23 - n + 8 = 29$

8. Después de que 7 personas se bajaron del tren, quedaron 32 personas en el tren. ¿Cuántas personas, p, estaban en el tren al principio?

   Ⓕ $p - 7 = 32$
   G $p + 7 = 32$
   H $32 - 7 = p$
   J $32 - p = 7$

9. La temperatura a las 7:00 a.m. era 30° F. A las 4:00 p.m. la temperatura era 43° F. ¿Cuántos grados, g, aumentó la temperatura?

   Ⓐ $30 + g = 43$
   B $30 + 43 = g$
   C $g - 30 = 43$
   D $g - 43 = 30$

10. Nicholas tenía 14 rocas en su colección. Él se quedó con algunas y le dio 5 a Anthony. ¿Con cuántas rocas, r, se quedó?

   Ⓕ $14 - 5 = r$
   G $14 + 5 = r$
   H $r - 5 = 14$
   J $r + 14 = 5$

Sigue

Forma A • Selección múltiple Guía de evaluación AG33

Nombre ______________________ PRUEBA DEL CAPÍTULO 5 • PÁGINA 2

11. Nombra la propiedad de la suma que se usó en la ecuación.

   $c + b = b + c$.

   A Propiedad distributiva
   Ⓑ Propiedad conmutativa
   C Propiedad asociativa
   D Propiedad del cero

Para 12–14, resuelve cada ecuación.

12. $31 - n = 22$

   F $n = 53$ H $n = 11$
   G $n = 19$ Ⓙ $n = 9$

13. $t - 17 = 6$

   A $t = 8$ Ⓒ $t = 23$
   B $t = 9$ D $t = 25$

14. $16 + v = 43$.

   F $v = 373$ H $v = 33$
   G $v = 59$ Ⓙ $v = 27$

15. Evalúa $(18 + n) - 7$ si $n = 3$.

   A 10 Ⓒ 14
   B 11 D 28

16. ¿Cuáles de los siguientes números completan la tabla?

n	$21 - n$
3	18
4	17
7	■
12	■

   Ⓕ 14, 9 H 11, 6
   G 16, 19 J 13, 9

17. Si cada letra representa un número diferente, ¿cuál es el valor de cada una?

   $m + 15 = 29$

   $m + n = 20$

   A $m = 13$ y $n = 7$
   B $m = 7$ y $n = 13$
   C $m = 6$ y $n = 14$
   Ⓓ $m = 14$ y $n = 6$

18. Troy construyó una caja rectangular para sus materiales de arte. La longitud de la caja es de 10 pulgadas y el ancho es de 6 pulgadas. ¿Cuál es el perímetro de la caja?

   F 16 pulgadas H 26 pulgadas
   Ⓖ 32 pulgadas J 60 pulgadas

19. El perímetro de un pentágono es de 34 cm. ¿Qué fórmula se puede usar para hallar, l, la longitud del quinto lado?

   A $34 = 7 + 6 + 5 + l$
   Ⓑ $34 = 7 + 7 + 6 + 5 + l$
   C $l = 34 + 7 + 7 + 6 + 5$
   D $34 = 34 + 7 + 7 + 6 + 5$

20. Si P representa el perímetro, ¿qué fórmula se puede usar para hallar la longitud del tercer lado, l, de un triángulo si se dan dos lados?

   F $P = l + 4 + 5 + 7$
   Ⓖ $P = l + 3 + 4$
   H $P = l + 3$
   J $P = 4 + 7 + 8$

Alto

AG34 Guía de evaluación Forma A • Selección múltiple

Nombre ______________________ PRUEBA DEL CAPÍTULO 5 • PÁGINA 1

Escribe la respuesta correcta.

1. Cameron tenía 23 tarjetas. Ella le dio 5 a Sheila. Escribe una expresión que represente la situación.

   23 − 5

Para 2–4, escribe una ecuación que pueda usarse para responder la pregunta. Se dan ecuaciones posibles.

2. La temperatura a las 12:00 del mediodía era 82° F. A las 6:00 p.m. la temperatura era 74° F. ¿Cuántos grados bajó la temperatura?

   $82 - t = 74$

3. Cuando un número se suma a 34 y se le resta 6, el resultado es 37.

   $34 + n - 6 = 37$

4. Después de que 9 personas se unieron al club de matemáticas, había 27 miembros.

   $p + 9 = 27$

5. ¿Cuál es valor de la expresión $n - 23$ si $n = 200$?

   177

6. Halla el valor de n.

   $12 + (13 + 4) = (12 + n) + 4$

   $n = 13$

7. ¿Qué propiedad de la suma muestra la ecuación? $0 + 373 = 373$

   propiedad del cero

8. Christie tenía 12 fresas. Ella se quedó con algunas y le dio 7 a Myra. ¿Con cuántas fresas se quedó? Escribe una ecuación para contestar la pregunta.

   $12 - 7 = s$; $s = 5$

9. Resuelve. $23 + n = 35$

   $n = 12$

10. Escribe una situación que pueda ser representada por $28 - n = 19$.

   Respuesta posible: Había 28 personas en una tienda; algunas se fueron y quedaron 19.

Sigue

Forma B • Respuesta libre Guía de evaluación AG35

Nombre ______________________ PRUEBA DEL CAPÍTULO 5 • PÁGINA 2

11. El perímetro de un pentágono es 22 cm. ¿Qué ecuación se puede usar para hallar la longitud del quinto lado?

   Respuesta posible: $22 = 6 + 5 + 4 + 3 + l$

12. Si cada símbolo representa un número diferente, ¿cuál es el valor de cada uno?

   ♥ + 12 = 16
   ♥ + ♦ = 12

   ♥ = 4; ♦ = 8

13. Resuelve.

   $15 + n = 33$

   $n = 18$

14. Resuelve.

   $n - 15 = 8$

   $n = 23$

15. Evalúa $(24 + n) - 6$ si $n = 4$.

   22

16. ¿Qué números completan la tabla?

n	$15 - n$
3	12
4	11
7	■
12	■

   8, 3

17. ¿Qué propiedad de la suma muestra la ecuación?

   $n + m = m + n$

   propiedad conmutativa

18. Resuelve.

   $22 - n = 16$

   $n = 6$

19. ¿Qué ecuación se puede usar para hallar P, la longitud del quinto lado de este pentágono?

   $P = l + 10 + 10 + 12 + 12$

20. Vince construyó un corral rectangular para sus tortugas. La longitud del corral es 4 pies y el ancho es 3 pies. ¿Cuál es el perímetro del corral?

   14 pies

Alto

AG36 Guía de evaluación Forma B • Respuesta libre

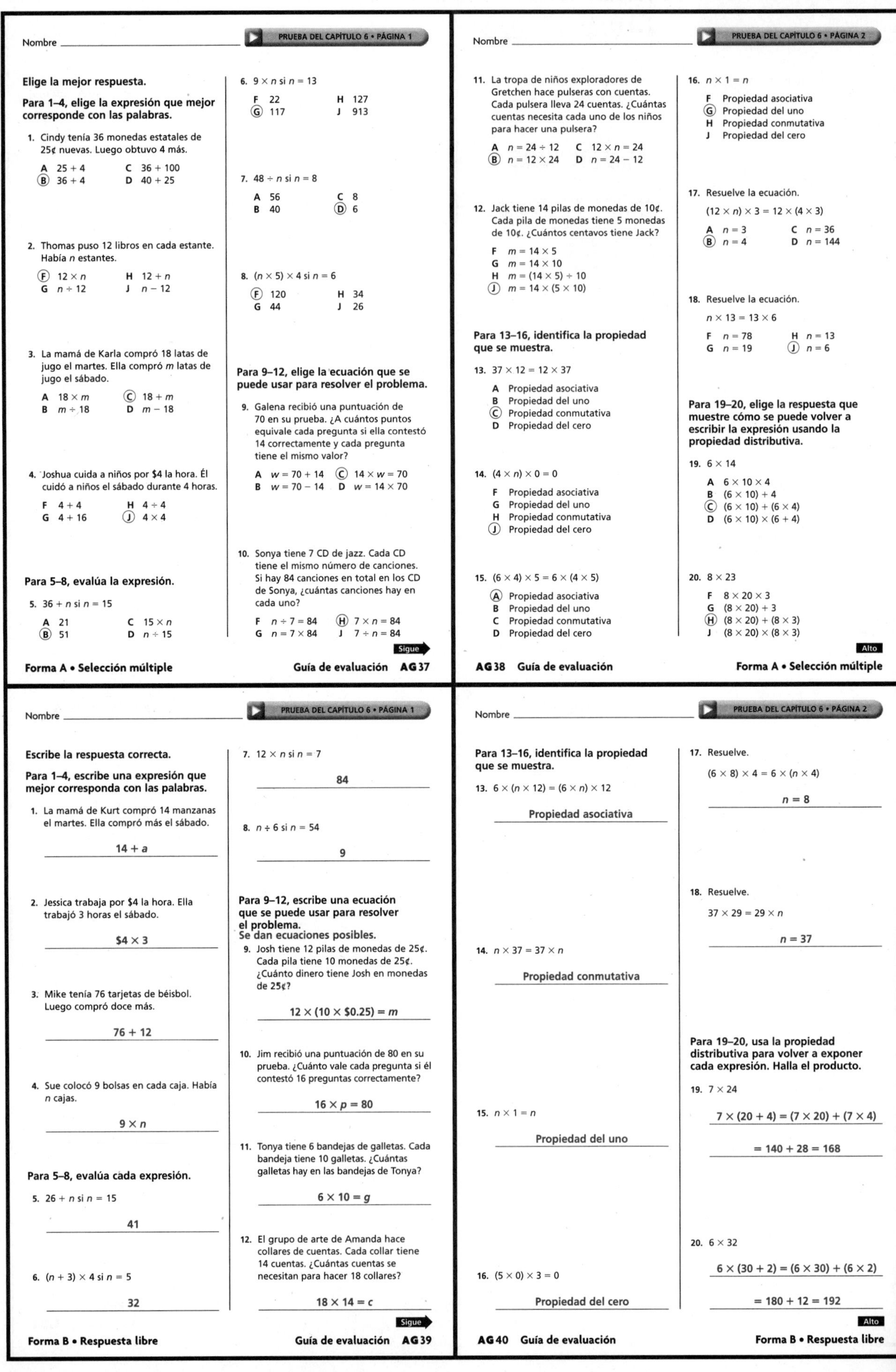

Nombre ______

PRUEBA DEL CAPÍTULO 6 • PÁGINA 1

Elige la mejor respuesta.

Para 1–4, elige la expresión que mejor corresponde con las palabras.

1. Cindy tenía 36 monedas estatales de 25¢ nuevas. Luego obtuvo 4 más.
   A 25 + 4 C 36 + 100
   (B) 36 + 4 D 40 + 25

2. Thomas puso 12 libros en cada estante. Había n estantes.
   (F) $12 \times n$ H $12 + n$
   G $n \div 12$ J $n - 12$

3. La mamá de Karla compró 18 latas de jugo el martes. Ella compró m latas de jugo el sábado.
   A $18 \times m$ (C) $18 + m$
   B $m \div 18$ D $m - 18$

4. Joshua cuida a niños por $4 la hora. Él cuidó a niños el sábado durante 4 horas.
   F 4 + 4 H 4 ÷ 4
   G 4 + 16 (J) 4 × 4

Para 5–8, evalúa la expresión.

5. $36 + n$ si $n = 15$
   A 21 C $15 \times n$
   (B) 51 D $n \div 15$

6. $9 \times n$ si $n = 13$
   F 22 H 127
   (G) 117 J 913

7. $48 \div n$ si $n = 8$
   A 56 C 8
   B 40 (D) 6

8. $(n \times 5) \times 4$ si $n = 6$
   (F) 120 H 34
   G 44 J 26

Para 9–12, elige la ecuación que se puede usar para resolver el problema.

9. Galena recibió una puntuación de 70 en su prueba. ¿A cuántos puntos equivale cada pregunta si ella contestó 14 correctamente y cada pregunta tiene el mismo valor?
   A $w = 70 + 14$ (C) $14 \times w = 70$
   B $w = 70 - 14$ D $w = 14 \times 70$

10. Sonya tiene 7 CD de jazz. Cada CD tiene el mismo número de canciones. Si hay 84 canciones en total en los CD de Sonya, ¿cuántas canciones hay en cada uno?
   F $n \div 7 = 84$ (H) $7 \times n = 84$
   G $n = 7 \times 84$ J $7 \div n = 84$

Sigue

Forma A • Selección múltiple Guía de evaluación AG37

Nombre ______

PRUEBA DEL CAPÍTULO 6 • PÁGINA 2

11. La tropa de niños exploradores de Gretchen hace pulseras con cuentas. Cada pulsera lleva 24 cuentas. ¿Cuántas cuentas necesita cada uno de los niños para hacer una pulsera?
   A $n = 24 \div 12$ C $12 \times n = 24$
   (B) $n = 12 \times 24$ D $n = 24 - 12$

12. Jack tiene 14 pilas de monedas de 10¢. Cada pila de monedas tiene 5 monedas de 10¢. ¿Cuántos centavos tiene Jack?
   F $m = 14 \times 5$
   G $m = 14 \times 10$
   H $m = (14 \times 5) \div 10$
   (J) $m = 14 \times (5 \times 10)$

Para 13–16, identifica la propiedad que se muestra.

13. $37 \times 12 = 12 \times 37$
   A Propiedad asociativa
   B Propiedad del uno
   (C) Propiedad conmutativa
   D Propiedad del cero

14. $(4 \times n) \times 0 = 0$
   F Propiedad asociativa
   G Propiedad del uno
   H Propiedad conmutativa
   (J) Propiedad del cero

15. $(6 \times 4) \times 5 = 6 \times (4 \times 5)$
   (A) Propiedad asociativa
   B Propiedad del uno
   C Propiedad conmutativa
   D Propiedad del cero

16. $n \times 1 = n$
   F Propiedad asociativa
   (G) Propiedad del uno
   H Propiedad conmutativa
   J Propiedad del cero

17. Resuelve la ecuación.
   $(12 \times n) \times 3 = 12 \times (4 \times 3)$
   A $n = 3$ C $n = 36$
   (B) $n = 4$ D $n = 144$

18. Resuelve la ecuación.
   $n \times 13 = 13 \times 6$
   F $n = 78$ H $n = 13$
   G $n = 19$ (J) $n = 6$

Para 19–20, elige la respuesta que muestre cómo se puede volver a escribir la expresión usando la propiedad distributiva.

19. 6×14
   A $6 \times 10 \times 4$
   B $(6 \times 10) + 4$
   (C) $(6 \times 10) + (6 \times 4)$
   D $(6 \times 10) \times (6 + 4)$

20. 8×23
   F $8 \times 20 \times 3$
   G $(8 \times 20) + 3$
   (H) $(8 \times 20) + (8 \times 3)$
   J $(8 \times 20) \times (8 \times 3)$

Alto

AG38 Guía de evaluación Forma A • Selección múltiple

Nombre ______

PRUEBA DEL CAPÍTULO 6 • PÁGINA 1

Escribe la respuesta correcta.

Para 1–4, escribe una expresión que mejor corresponda con las palabras.

1. La mamá de Kurt compró 14 manzanas el martes. Ella compró más el sábado.
   $14 + a$

2. Jessica trabaja por $4 la hora. Ella trabajó 3 horas el sábado.
   $4 × 3

3. Mike tenía 76 tarjetas de béisbol. Luego compró doce más.
   76 + 12

4. Sue colocó 9 bolsas en cada caja. Había n cajas.
   $9 \times n$

Para 5–8, evalúa cada expresión.

5. $26 + n$ si $n = 15$
   41

6. $(n + 3) \times 4$ si $n = 5$
   32

7. $12 \times n$ si $n = 7$
   84

8. $n \div 6$ si $n = 54$
   9

Para 9–12, escribe una ecuación que se puede usar para resolver el problema.
Se dan ecuaciones posibles.

9. Josh tiene 12 pilas de monedas de 25¢. Cada pila tiene 10 monedas de 25¢. ¿Cuánto dinero tiene Josh en monedas de 25¢?
   $12 \times (10 \times \$0.25) = m$

10. Jim recibió una puntuación de 80 en su prueba. ¿Cuánto vale cada pregunta si él contestó 16 preguntas correctamente?
   $16 \times p = 80$

11. Tonya tiene 6 bandejas de galletas. Cada bandeja tiene 10 galletas. ¿Cuántas galletas hay en las bandejas de Tonya?
   $6 \times 10 = g$

12. El grupo de arte de Amanda hace collares de cuentas. Cada collar tiene 14 cuentas. ¿Cuántas cuentas se necesitan para hacer 18 collares?
   $18 \times 14 = c$

Sigue

Forma B • Respuesta libre Guía de evaluación AG39

Nombre ______

PRUEBA DEL CAPÍTULO 6 • PÁGINA 2

Para 13–16, identifica la propiedad que se muestra.

13. $6 \times (n \times 12) = (6 \times n) \times 12$
   Propiedad asociativa

14. $n \times 37 = 37 \times n$
   Propiedad conmutativa

15. $n \times 1 = n$
   Propiedad del uno

16. $(5 \times 0) \times 3 = 0$
   Propiedad del cero

17. Resuelve.
   $(6 \times 8) \times 4 = 6 \times (n \times 4)$
   $n = 8$

18. Resuelve.
   $37 \times 29 = 29 \times n$
   $n = 37$

Para 19–20, usa la propiedad distributiva para volver a exponer cada expresión. Halla el producto.

19. 7×24
   $7 \times (20 + 4) = (7 \times 20) + (7 \times 4)$
   $= 140 + 28 = 168$

20. 6×32
   $6 \times (30 + 2) = (6 \times 30) + (6 \times 2)$
   $= 180 + 12 = 192$

Alto

AG40 Guía de evaluación Forma B • Respuesta libre

Nombre ______________________

Elige la mejor respuesta.

Para 1–4, usa la tabla de frecuencia.

COLECTA DE LATAS DE FRUTA		
Día	Frecuencia (Número de latas)	Frecuencia acumulada
Lunes	19	19
Martes	12	31
Miércoles	23	54
Jueves	6	60
Viernes	27	87

1. ¿Cuántas latas se recogieron el miércoles?

A 12 B 19 (C) 23 D 54

2. ¿Cuántas latas en total se recogieron los cinco días?

F 27 G 54 H 60 (J) 87

3. ¿Cuántas latas se recogieron para el martes?

(A) 31 B 23 C 19 D 12

4. ¿Cuál es el rango de las latas recogidas cada día?

F 8 (G) 21 H 68 J 81

5. La media de 5 números es 34. Cuatro de los números son 35, 28, 16 y 41. ¿Cuál es el quinto número?

A 30 B 40 (C) 50 D 60

6. Halla la mediana para el conjunto de datos.

41, 53, 24, 28, 28, 34, 49

(F) 34 G 32 H 28 J 12

Para 7–8, usa el diagrama de puntos.

Shaleen trazó este diagrama de puntos después de hacer una encuesta a sus compañeros de clases.

7. ¿Cuántos estudiantes tienen más de 3 mascotas?

A 1 B 2 (C) 4 D 6

8. ¿A cuántos estudiantes Shaleen les hizo la encuesta?

F 6 (H) 15
G 14 J más de 20

Para 9–11, usa la tabla.

PROMEDIO DE DURACIÓN DE VIDA DE LOS ANIMALES	
Animal	Número de años
Leopardo	12
Gorila	20
Tigre	16
Foca	12
Oso negro	18
Camello	12

9. Halla la media de las duraciones de vida.

A 12 años C 45 años
(B) 15 años D 90 años

10. ¿Cuál es el rango de las duraciones de vida?

F 20 años (H) 8 años
G 12 años J 6 años

11. ¿Cuál es la moda de las duraciones de vida?

A 0 años C 16 años
(B) 12 años D 20 años

Sigue

Nombre ______________________

Para 12–15, usa el diagrama de tallo y hojas de las puntuaciones de las pruebas.

Tallo	Hojas
6	0 6 8
7	0 3 6 6 7
8	0 2 3 4 7 9
9	0 1 2 6 8

12. ¿Cuál es la mediana de las puntuaciones de las pruebas?

F 83 (G) 82 H 80 J 76

13. Stephanie y Mark obtuvieron la misma puntuación en una prueba. ¿Cuál fue la puntuación?

(A) 76 B 77 C 70 D 67

14. ¿Cuántos estudiantes presentaron la prueba?

F 22 G 21 H 20 (J) 19

15. ¿Cuál es el rango de las puntuaciones?

A 22 B 28 C 30 (D) 38

16. ¿Qué tipo de gráfica es la mejor para mostrar los cambios demográficos de una ciudad a través de varias décadas?

F diagrama de puntos
G diagrama de tallo y hojas
H gráfica circular
(J) gráfica lineal

Para 17–18, usa la gráfica de barras.

Marcia hizo una encuesta a sus compañeros de clase.

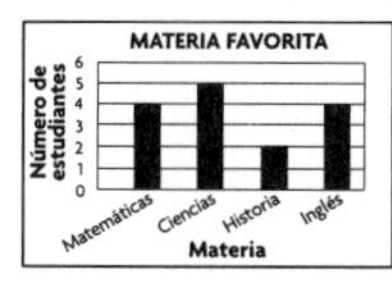

17. ¿Cuáles dos materias recibieron el mismo número de votos?

(A) matemáticas e inglés
B ciencias e inglés
C inglés e historia
D ciencias y matemáticas

18. ¿Cuántos estudiantes prefieren matemáticas que historia?

F 6 G 4 (H) 2 J 1

Para 19–20, usa la gráfica circular.

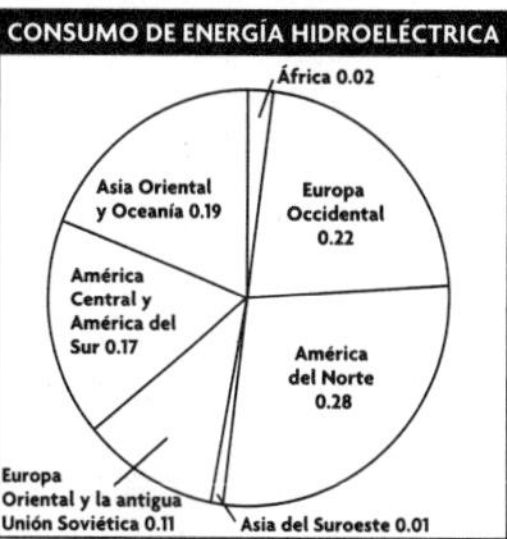

19. ¿Cuáles dos regiones consumen la mitad de toda la energía hidroeléctrica?

A América del Norte, América Central y América del Sur
(B) Europa Occidental y América del Norte
C América del Norte y África
D Europa Occidental y África

20. ¿Qué región consume menos energía hidroeléctrica?

F África
G América del Norte
H América Central y América del Sur
(J) Asia del Suroeste

Alto

Nombre ______________________

Escribe la respuesta correcta.

Para 1–4, usa la tabla de frecuencia.

COLECTA DE LATAS DE FRUTAS		
Día	Frecuencia (Número de latas)	Frecuencia acumulada
Lunes	16	16
Martes	25	41
Miércoles	12	53
Jueves	8	61
Viernes	30	91

1. ¿Cuántas latas se recogieron el martes?

25

2. ¿Cuántas latas se recogieron en total?

91

3. ¿Cuántas latas se habían recogido hasta el jueves?

61

4. ¿Cuál es el rango del número de latas recogidas cada día?

22

Para 5–6, usa la tabla.

PROMEDIO DE DURACIÓN DE VIDA DE ALGUNOS ANIMALES	
Animal	Número de años
Mono	15
Hipopótamo	41
Caballo	20
León	15
Canguro	7

5. ¿Cuál es la media de las duraciones de vida dadas en la tabla?

19.6 años

6. ¿Cuál es el rango de las duraciones de vida?

34 años

Para 7–8, usa el diagrama de puntos.

7. ¿Cuántos estudiantes poseen exactamente una mascota?

6

8. ¿A cuántos estudiantes se les hizo la encuesta?

18

0 1 2 3 más de 3

Número de mascotas

9. La media de 5 números es 27. Cuatro de los números son 24, 33, 27 y 31. ¿Cuál es el quinto número?

20

10. Halla la mediana para el conjunto de datos.

33, 28, 8, 12, 23, 17, 41

23

11. Halla la moda para el conjunto de datos.

2, 6, 2, 8, 9, 9, 3, 10

2 y 9

Sigue

Nombre ______________________

Para 12–15, usa el diagrama de tallo y hojas de las puntuaciones de las pruebas.

Tallo	Hojas
6	2 6 8
7	0 1 2 3 4
8	0 0 2 3 5 8
9	0 0 0 2 2 4 8

12. ¿Cuál es la de las mediana puntuaciones?

83

13. Char, Kim y Denise obtuvieron la misma puntuación en la prueba. ¿Cuál fue su puntuación?

90

14. ¿Cuántos estudiantes tomaron la prueba?

21

15. ¿Cuál es el rango de las puntuaciones de la prueba?

36

Para 16–17, usa la gráfica circular.

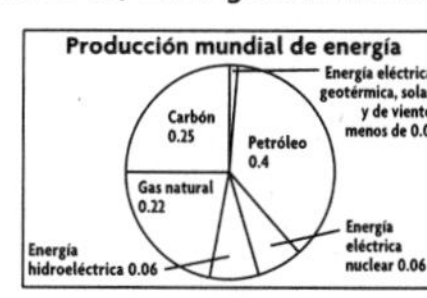

16. ¿Cuál representa un cuarto de la producción mundial de energía?

Carbón

17. ¿Cuál representa la mayor parte de la producción mundial de energía?

Petróleo

Para 18–19, usa la gráfica lineal.

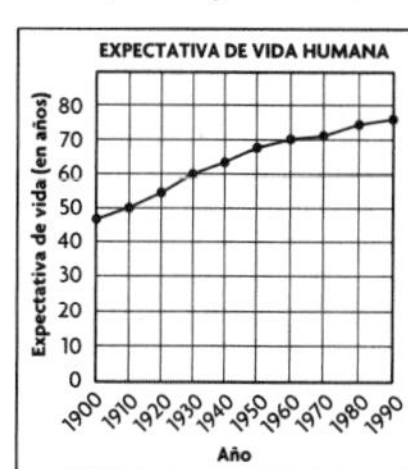

18. ¿En cuántos años aumentó la expectativa de vida humana de 1930 a 1960?

10

19. ¿Esperas que la expectativa de vida para 2020 sea más alta, más baja o la misma que en 1990? Explica.

Más alta; la tendencia desde 1900 ha sido una expectativa de vida en aumento.

20. ¿Qué tipo de gráfica es la mejor para comparar los resultados de una encuesta para la cantidad de minutos que una persona trota cuando hace ejercicio?

gráfica circular

Alto

Nombre ______________________

Elige la mejor respuesta.

Para 1–3, elige el intervalo más razonable.

1. 20, 14, 10, 17, 5, 8, 18, 23

   A 25 (C) 5
   B 10 D 1

2. 4, 4, 2, 1, 5, 6, 8, 4

   F 25 H 5
   G 10 (J) 1

3. 125, 48, 103, 22, 129, 75

   (A) 25 C 5
   B 10 D 1

Para 4–7, usa la tabla a continuación.

Los estudiantes de todas las clases de quinto grado votaron por sus almuerzos favoritos.

COMIDA	NIÑOS	NIÑAS
Pizza	22	18
Hamburguesa	14	6
Tacos	8	12

4. ¿Qué tipo de gráfica representaría mejor la información de esta tabla?

   F gráfica lineal
   G diagrama de puntos
   H gráfica de barras
   (J) gráfica de doble barra

5. ¿Cuál es un intervalo razonable para los datos?

   A 1 (C) 5
   B 20 D 9

6. ¿Cuál es una escala razonable para los datos?

   F 0–20 H 10–30
   (G) 0–30 J 15–30

7. ¿Qué oración **no** es verdadera?

   A Más niños que niñas prefieren hamburguesas.
   B La pizza es la comida más popular.
   (C) A más estudiantes les gustan las hamburguesas que los tacos.
   D Más niñas que niños prefieren tacos.

Para 8–10, usa la siguiente gráfica.

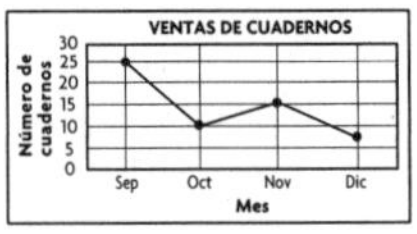

8. ¿Qué tipo de gráfica se muestra?

   (F) gráfica lineal
   G diagrama de puntos
   H gráfica de barras
   J gráfica de doble barra

9. ¿Cuál es el intervalo de esta gráfica?

   A 25 C 10
   B 20 (D) 5

10. ¿Qué escala se usa en esta gráfica?

   F 20–25 H 0–20
   (G) 0–30 J 5–35

Sigue

Nombre ______________________

Para 11–14, elige el par ordenado de cada punto.

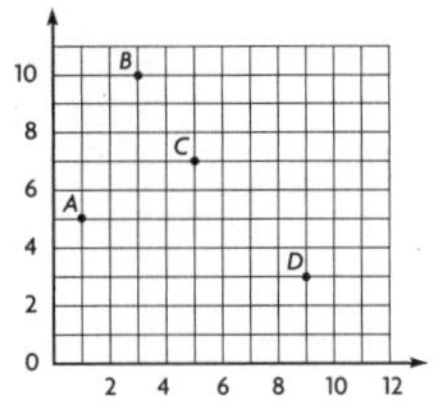

11. *A*

   A (5, 1) (C) (1, 5)
   B (0, 4) D (4, 1)

12. *B*

   F (2, 10) H (10, 2)
   (G) (3, 10) J (10, 3)

13. *C*

   (A) (5, 7) C (7, 5)
   B (5, 8) D (8, 5)

14. *D*

   F (9, 2) H (2, 9)
   G (3, 9) (J) (9, 3)

15. ¿Qué tipo de gráfica representaría mejor los siguientes datos?

EDAD	NÚMERO DE PERSONAS
6–8 años	3
9–11 años	5
12–14 años	10
15–17 años	4

   A gráfica de doble barra
   (B) histograma
   C diagrama de puntos
   D gráfica circular

16. Elige cuatro intervalos que sean razonables de usar al hacer un histograma para este conjunto de datos.

MINUTOS INVERTIDOS PRACTICANDO DEPORTES						
16	7	12	9	11	34	24
25	38	18	14	12	32	17
36	40	11	6	10	2	24

   F 0–5, 6–10, 11–15, 16–20
   (G) 0–10, 11–20, 21–30, 31–40
   H 0–10, 11–20, 21–40, 41–60
   J 0–20, 21–40, 41–60, 61–80

17. ¿Qué tipo de gráfica es mejor para mostrar los cambios en la población?

   A gráfica circular
   B gráfica de doble barra
   (C) gráfica lineal
   D diagrama de tallo y hojas

18. ¿Qué tipo de gráfica es mejor para comparar los números de latas de comida recogidas por cinco clases diferentes?

   F gráfica circular
   G gráfica de doble barra
   H diagrama de puntos
   (J) gráfica de barras

19. ¿Qué tipo de gráfica es mejor para mostrar las puntuaciones de una prueba?

   A gráfica circular
   B gráfica de doble barra
   C diagrama de puntos
   (D) diagrama de tallo y hojas

20. ¿Qué tipo de gráfica es mejor para comparar los tipos de películas favoritos de dos clases de quinto grado?

   F gráfica de barras
   (G) gráfica de doble barra
   H gráfica lineal
   J diagrama de tallo y hojas

Alto

Nombre ______________________

Para 1–3, escribe el intervalo más razonable para cada conjunto de datos.

1. 3, 4, 6, 7, 8, 3, 2, 1

   1

2. 5, 20, 15, 35, 20, 18, 22

   5

3. 100, 127, 201, 25, 49, 71

   25

Para 4–7, usa la siguiente información.

Los estudiantes de todas las clases de quinto grado votaron por su excursión favorita.

EXCURSIÓN	NIÑOS	NIÑAS
museo de arte	8	28
centro natural	24	16
viaje en tren	20	12

4. ¿Qué tipo de gráfica es mejor para mostrar los datos de esta tabla?

   gráfica de doble barra

5. ¿Qué intervalo es razonable para los datos de esta tabla?

   5

6. ¿Qué escala es razonable para los datos de esta tabla?

   0–30

7. ¿Tienen las niñas y los niños las mismas preferencias? Explica.

   No; la excursión favorita de las niñas fue el museo de arte y la de los niños fue el centro natural.

Para 8–10, usa la siguiente gráfica.

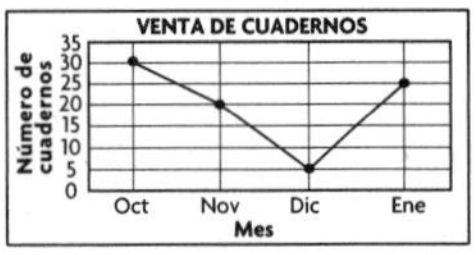

8. ¿Qué tipo de gráfica se muestra?

   gráfica lineal

9. ¿Cuál es el intervalo de esta gráfica?

   5

10. ¿Qué escala se usa en esta gráfica?

   0–35

Sigue

Nombre ______________________

Para 11–14, elige el par ordenado de cada punto.

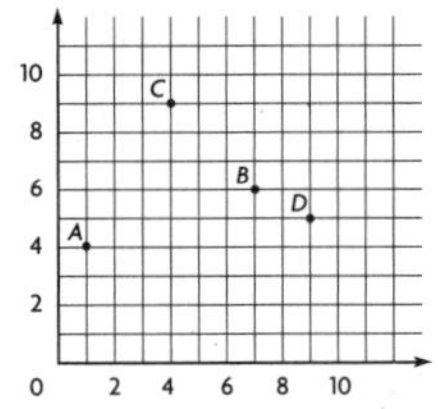

11 *A*

   (1,4)

12. *B*

   (7,6)

13. *C*

   (4,9)

14. *D*

   (9,5)

15. ¿En qué tipo de gráfica se representan mejor los siguientes datos?

EDAD	NÚMERO DE ESTUDIANTES
6–8 años	6
9–11 años	11
12–14 años	9
15–17 años	7

   histograma

16. ¿Cuáles son cuatro intervalos que son razonables de usar al hacer un histograma para este conjunto de datos.

MINUTOS INVERTIDOS AL PRACTICAR UN INSTRUMENTO						
18	9	16	9	12	32	24
25	40	18	14	12	35	19

   0–10, 11–20, 21–30, 31–40

Para 17–20, nombra el tipo de gráfica que es mejor para representar los datos.

17. temperaturas altas mensuales para una ciudad durante un período de un año

   gráfica lineal

18. animales favoritos de los estudiantes de cuarto y quinto grados

   gráfica de doble barra

19. puntuaciones de una prueba

   diagrama de tallo y hojas

20. encuesta del número de mascotas que tienen tus amigos

   diagrama de puntos

Alto

Nombre ______________________ **PRUEBA DE LA UNIDAD 2 • PÁGINA 1**

Elige la mejor respuesta.

1. Halla el valor de $n - 17$ para $n = 240$.

Ⓐ 223 C 247
B 233 D 257

2. Resuelve la ecuación.

$24 + n = 79$

F $n = 103$ H $n = 56$
G $n = 65$ Ⓙ $n = 55$

3. Nombra la propiedad de la suma que se usa en la ecuación.

$27 + (50 + 9) = (27 + 50) + 9$

A Propiedad conmutativa
B Propiedad distributiva
C Propiedad del cero
Ⓓ Propiedad asociativa

4. Los lados largos de un rectángulo miden 7 m. El perímetro es de 24 m. ¿Qué ecuación se puede usar para hallar *c*, la medida de los lados cortos?

F $24 = c + 7$
G $24 = c + 5 + 7$
Ⓗ $24 = 2 \times (c + 7)$
J $24 = (2 \times 5) + 7$

5. Ruth tenía 19 postales. Ella le dio 3 a Tess. ¿Qué expresión representa la situación?

A 3 − 16 C 16 + 3
Ⓑ 16 − 3 D 16 × 3

6. La temperatura a las 8:00 a.m. era de 55°F. A las 5:00 p.m., la temperatura era de 78°F. ¿Qué ecuación representa el cambio en la temperatura?

F $55 + 78 = n$
G $n - 55 = 78$
Ⓗ $55 + n = 78$
J $n - 78 = 55$

7. Completa la tabla.

n	$n + 15$
6	21
8	23
11	■
15	■

A 25, 15 C 25, 40
Ⓑ 26, 30 D 26, 40

8. Ted construye un jardín cuadrado. Cada lado mide 6 pies. ¿Cuál es el perímetro del jardín?

F 36 pies H 22 pies
Ⓖ 24 pies J 18 pies

9. Evalúa $(11 + n) - 12$ para $n = 5$

A 1 C 6
Ⓑ 4 D 23

10. Halla el valor de cada variable.

$s + 8 = 20$ y $s + t = 15$

F $s = 12; t = 5$
G $s = 3; t = 12$
H $s = 28; t = 13$
Ⓙ $s = 12; t = 3$

Sigue

Nombre ______________________ **PRUEBA DE LA UNIDAD 2 • PÁGINA 2**

Para 11–13, elige la expresión que corresponde con las palabras.

11. Cindy tenía 11 animales de peluche. Luego regaló 2.

A 14 − 12 Ⓒ 14 − 2
B 16 − 2 D 14 + 2

12. El viernes la mamá de Kayla llenó varias bandejas con 15 emparedados cada una.

Ⓕ $15 \times t$ H $t - 15$
G $15 + t$ J $15 \div t$

13. Hay 24 estudiantes en la clase de la Sra. Brewer. En el día de los abuelos, 9 abuelos los visitaron.

A 24 − 9 C 24 ÷ 9
Ⓑ 24 + 9 D 9 × 24

Para 14–15, elige la propiedad de la multiplicación que se usó.

14. $17 \times 22 = 22 \times 17$

F asociativa H del uno
Ⓖ conmutativa J del cero

15. $35 \times 1 = 35$

A asociativa Ⓒ del uno
B conmutativa D del cero

16. Evalúa $(n \times 2) \times 8$ para $n = 3$.

F 54 H 44
Ⓖ 48 J 40

17. Resuelve la ecuación.

$(5 \times n) \times 9 = 5 \times (4 \times 9)$

A $n = 180$ Ⓒ $n = 4$
B $n = 36$ D $n = 2$

18. Vuelve a plantear la expresión 3×12 usando la propiedad distributiva.

Ⓕ $(3 \times 10) + (3 \times 2)$
G $(3 \times 10) + 2$
H $3 \times 10 \times 2$
J $(3 \times 10) \times (3 + 2)$

Para 19–20, elige una ecuación que corresponda con las palabras.

19. Jenny recibió 84 puntos en su prueba. ¿Cuántas preguntas, *p*, contestó correctamente si cada pregunta valía 3 puntos?

A $p = 84 + 3$ C $p = 84 \times 3$
B $84 - 3 = p$ Ⓓ $p = 84 \div 3$

20. Jack tiene 9 pilas de monedas de 5¢. Cada pila tiene 7 monedas de 5¢. ¿Cuánto dinero, *d*, tiene Jack?

F $d = 9 \times 7$
G $d = 9 \times 5$
H $d = (9 \times 7) \div 5$
Ⓙ $d = 9 \times (5 \times 7)$

Para 21–22, completa la tabla de frecuencia acumulada para el número de carteles vendidos cada día.

Día	Número	Frecuencia acumulada
Lunes	12	**12**
Martes	16	**28**
Miércoles	11	**39**
Jueves	20	**59**
Viernes	9	**68**

21. ¿Cuántos carteles se habían vendido el miércoles?

A 11 C 28
B 27 Ⓓ 39

Sigue

Nombre ______________________ **PRUEBA DE LA UNIDAD 2 • PÁGINA 3**

22. ¿Cuál es el rango para el número de carteles vendidos?

Ⓕ 11 G 20 H 56 J 59

Para 23–24, usa el diagrama de puntos.

Shana hizo una encuesta a sus compañeros de clase y recopiló la siguiente información.

0	1	2	3	4	5
X	X	X	X	X	X
X	X	X	X		
X	X	X	X		
X	X	X			
X	X	X			
	X				
	X				

Número de hermanos

23. ¿Cuántos estudiantes tienen más de 1 hermano?

A 17 Ⓒ 10
B 11 D 5

24. ¿A cuántos estudiantes entrevistó Shana?

F 17 Ⓗ 22
G 20 J 25

Para 25–26, usa el diagrama de tallos y hojas.

Tallo	Hojas
7	5 8 8
8	0 1 2 2 5 8 9
9	0 0 2 3 4 4 7

Puntajes de las pruebas

25. ¿Cuántos estudiantes tomaron la prueba?

A 13 C 20
Ⓑ 17 D 22

26. ¿Cuál es el rango de los puntajes de las pruebas?

F 20 H 28
Ⓖ 22 J 30

Para 27–28, usa la tabla.

VELOCIDAD DE LOS ANIMALES

Animal	Velocidad máxima (mph)
Guepardo	70
León	50
Coyote	43
Cebra	40
Jirafa	32

27. Halla la media de las velocidades máximas de la tabla.

A 43 mph Ⓒ 47 mph
B 45 mph D 50 mph

28. ¿Cuál es el rango de las velocidades de los animales?

F 32 mph Ⓗ 38 mph
G 35 mph J 70 mph

29. ¿Qué tipo de gráfica sería mejor para mostrar la parte del día escolar que se pasa en cada actividad?

A diagrama de puntos
B diagrama de tallo y hojas
C gráfica lineal
Ⓓ gráfica circular

30. Halla la mediana para el conjunto de datos.

71, 63, 54, 78, 58, 64, 79

Ⓕ 64 G 71 H 78 J 79

31. Elige el intervalo más razonable para una gráfica de los datos.

15, 12, 10, 17, 5, 11, 8, 13

A 10 B 7 Ⓒ 2 D 1

Sigue

Nombre ______________________ **PRUEBA DE LA UNIDAD 2 • PÁGINA 4**

Para 32–35, usa la siguiente información.

Los estudiantes de todas las clases de sexto grado votaron por sus deportes favoritos.

DEPORTE FAVORITO

Deporte	Niños	Niñas
fútbol	20	21
béisbol	17	11
basquetbol	22	14

32. ¿Qué tipo de gráfica sería mejor para comparar los datos para los niños y las niñas?

F gráfica lineal
G gráfica circular
H gráfica de barras
Ⓙ gráfica de doble barra

33. ¿Qué intervalo sería mejor para una gráfica de los datos?

A 3 Ⓑ 5 C 10 D 15

34. ¿Qué escala sería mejor para una gráfica de los datos?

Ⓕ 0–25 H 0–30
G 10–30 J 15–25

35. ¿Qué enunciado **no** es verdadero?

Ⓐ A más estudiantes les gusta el béisbol que el basquetbol.
B El fútbol es el deporte más popular.
C El béisbol lo prefieren más los niños que las niñas.
D El fútbol es el deporte favorito de las niñas.

36. ¿Qué tipo de gráfica es mejor para mostrar los cambios en las precipitaciones?

F gráfica de barra
G gráfica de doble barra
Ⓗ gráfica lineal
J diagrama de tallo y hojas

37. ¿Qué tipo de gráfica es mejor para mostrar las ventas mensuales de una librería?

Ⓐ gráfica de barra
B gráfica circular
C gráfica de doble barra
D diagrama de tallo y hojas

38. Nombra el par ordenado que se muestra en el punto *A*.

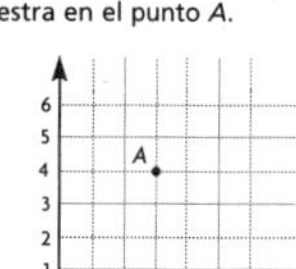

F (4,4) Ⓗ (3,4)
G (4,3) J (3,3)

Para 39–40, usa la siguiente gráfica.

39. ¿Cuál es el intervalo de la gráfica?

A 10 C 5
B 8 Ⓓ 4

40. ¿Qué escala se usa en la gráfica?

Ⓕ 0–36 H 0–50
G 4–36 J 16–32

Alto

Nombre ______________________

Escribe la respuesta correcta.

1. Evalúa $n - 94$ para $n = 311$.

   217

2. Resuelve la ecuación.

   $79 + n = 96$

   $n = 17$

3. Nombra la propiedad de la suma que se usó en la ecuación.

   $18 + 76 = 76 + 18$

   Propiedad conmutativa

4. Escribe una ecuación para hallar la longitud del lado desconocido de este cuadrilátero. El perímetro es 34 m.

   8 m, x, 6 m, 11 m

   $8 + 11 + 6 + x = 34$

5. Chris tenía 107 conchas de mar. Él le dio 39 a Aliyah. Escribe una expresión para representar la situación.

   $107 - 39$

6. Jonas comenzó una caminata a una altura de 152 pies sobre el nivel del mar. Después de una hora había alcanzado una altura de 272 pies sobre el nivel del mar. Escribe una ecuación usando una variable *a* para representar el cambio en la altura de Jonas.

   Ecuación posible: $152 + a = 272$

7. Usa la expresión para completar la tabla.

n	$11 + n$
5	16
7	18
14	■
21	■

   25, 32

8. Seiko hace cuadros para una colcha. El lado de cada cuadro mide 12 pulgadas. ¿Cuál es el perímetro de cada cuadro?

   48 pulg

9. Evalúa $(22 - n) + 18$ para $n = 19$.

   21

10. Halla el valor de cada variable.

    $s + 114 = 165$ y $s - t = 13$

    $s = 51$; $t = 38$

Para 11–13, escribe una expresión que corresponda con las palabras.

11. Gina preparó 12 emparedados. Ella regaló 8 de ellos.

    $12 - 8$

12. El papá de Jordan preparó algunas bandejas de galletas para meterlas en el horno. Cada bandeja tenía 24 galletas.

    $24 \times b$

Sigue

Nombre ______________________

13. Había 29 estudiantes en el patio de recreo. Después del almuerzo, se incorporaron 19 estudiantes.

    $29 + 19$

Para 14–15, escribe la propiedad de la multiplicación que se usó.

14. $5 \times (20 \times 37) = (5 \times 20) \times 37$

    Propiedad asociativa

15. $35 \times 0 = 0$

    Propiedad del cero

16. Evalúa $(n \times 4) \times 5$ para $n = 7$.

    140

17. Resuelve la ecuación.

    $(22 \times n) \times 34 = 22 \times (15 \times 34)$

    $n = 15$

18. Vuelve a escribir la expresión 7×22 usando la propiedad distributiva.

    Respuesta posible: $(7 \times 20) + (7 \times 2)$

Para 19–20, escribe una ecuación que se pueda usar para contestar la pregunta. Luego resuelve.

19. Joseph tenía \$198 en donaciones para la caminata caritativa. ¿Cuántos patrocinantes tenía si cada uno donó \$6?

    $p = 198 \div 6$; $p = 33$

20. Erika colocó monedas de 25¢ en 6 rollos. Cada rollo tiene 40 monedas de 25¢. ¿Cuánto dinero tiene Erika?

    $d = (6 \times 40) \times 0.25$; $d = \$60.00$

Para 21–22, completa y usa la tabla de frecuencia acumulada. Ésta muestra el número de libras de basura recogida cada día por los voluntarios que limpian lotes baldíos.

DÍA	PESO DE LA BASURA EN LIBRAS	FRECUENCIA ACUMULADA
Lunes	43	**43**
Martes	**21**	64
Miércoles	19	**83**
Juéves	31	**114**
Viernes	10	**124**

21. ¿Cuántas libras de basura se habían recogido al finalizar el miércoles?

    83

22. ¿Cuál es el rango para el número de libras de basura recogida?

    33

Sigue

Nombre ______________________

Para 23–24, usa el diagrama de puntos.

Bruce entrevistó a personas en un cine local y recopiló la siguiente información.

```
                    X
                X   X
            X   X   X   X
            X   X   X   X
X   X   X   X   X   X
X   X   X   X   X   X
0   1   2   3   4   5
```

Clasificación de la película

23. ¿Cuántas personas le dieron a la película una clasificación de menos de 3?

    8

24. ¿A cuántas personas entrevistó Bruce?

    23

Para 25–26, usa el diagrama de tallos y hojas.

Tallo	Hojas
6	5 6 6 6 7 7 7 9
7	2 4 7 8 8 8 8 9 9
8	1 2 2 2 3 3 3 3 6
9	0 0 0 1

Temperatura media diurna

25. ¿Durante cuántos días se recopilaron los datos?

    30

26. ¿Cuál es el rango de las temperaturas?

    26

Para 27–28, usa la tabla de registro de temperaturas altas de algunos estados.

ESTADO	REGISTRO DE TEMPERATURA ALTA EN °F
Alaska	100
California	134
Hawaii	100
Montana	117
Oregon	119

27. ¿Cuál es la media de las temperaturas de la tabla?

    114°F

28. ¿Cuál es el rango de las temperaturas?

    34°F

29. ¿Qué tipo de gráfica mostraría mejor las cantidades de frutas y vegetales vendidas en un mercado?

    gráfica de barras

30. Halla la mediana para los datos.

    113, 117, 133, 124, 119, 112, 105

    117

31. ¿Cuál es el intervalo más razonable para los siguientes datos?

    15, 25, 30, 75, 80, 40, 55, 60

    10

Sigue

Nombre ______________________

Para 32–35, usa la siguiente información.

Después de una serie de reportes, los estudiantes de todas las clases de sexto grado de una escuela votaron por el animal que ellos pensaban era el más interesante.

ANIMAL	NIÑOS	NIÑAS
Pulpo	25	7
Uombat	9	14
Ornitorrinco	11	19
Pájaro lira	9	24

32. ¿Qué tipo de gráfica sería mejor para los datos de esta tabla?

    gráfica de doble barra

33. ¿Qué intervalo sería mejor para hacer una gráfica para esta tabla?

    5

34. ¿Qué escala sería mejor para hacer una gráfica para esta tabla?

    0–25

35. ¿Qué animal fue el más interesante de acuerdo con la mayoría de los estudiantes?

    pájaro lira

36. ¿Qué tipo de gráfica es mejor para mostrar los cambios en el precio de una acción?

    gráfica lineal

37. ¿Qué tipo de gráfica es mejor para mostrar las donaciones diarias de comida para una despensa de comida local en una semana?

    gráfica de barras

38. Nombra el par ordenado que se halla en el punto *A*.

    A; 0 1 2 3 4 5 6; 1 2 3 4 5 6

    (2,5)

Para 39–40, usa la siguiente gráfica.

PRECIPITACIÓN TOTAL MENSUAL

Precipitación (en pulgadas): 0, 20, 40, 60, 80, 100, 120

Mes: Ene Feb Mar Abr May Jun

39. ¿Cuál es el intervalo de esta gráfica?

    20

40. ¿Qué escala se usa en la gráfica?

    0–120

Alto

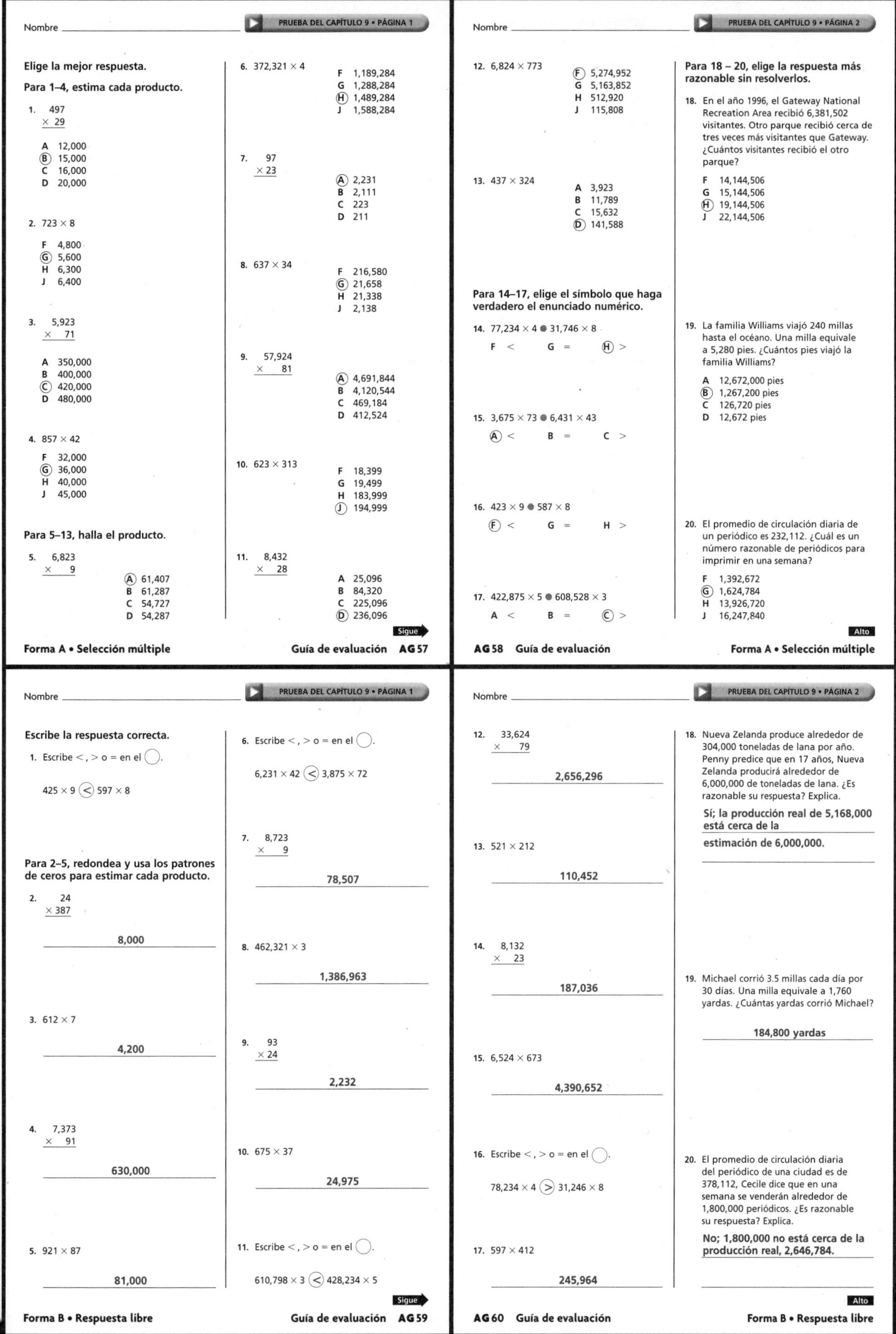

Nombre ______ PRUEBA DEL CAPÍTULO 9 • PÁGINA 1

Elige la mejor respuesta.

Para 1–4, estima cada producto.

1. 497 × 29
   - A 12,000
   - Ⓑ 15,000
   - C 16,000
   - D 20,000

2. 723 × 8
   - F 4,800
   - Ⓖ 5,600
   - H 6,300
   - J 6,400

3. 5,923 × 71
   - A 350,000
   - B 400,000
   - Ⓒ 420,000
   - D 480,000

4. 857 × 42
   - F 32,000
   - Ⓖ 36,000
   - H 40,000
   - J 45,000

Para 5–13, halla el producto.

5. 6,823 × 9
   - Ⓐ 61,407
   - B 61,287
   - C 54,727
   - D 54,287

6. 372,321 × 4
   - F 1,189,284
   - G 1,288,284
   - Ⓗ 1,489,284
   - J 1,588,284

7. 97 × 23
   - Ⓐ 2,231
   - B 2,111
   - C 223
   - D 211

8. 637 × 34
   - F 216,580
   - Ⓖ 21,658
   - H 21,338
   - J 2,138

9. 57,924 × 81
   - Ⓐ 4,691,844
   - B 4,120,544
   - C 469,184
   - D 412,524

10. 623 × 313
    - F 18,399
    - G 19,499
    - H 183,999
    - Ⓙ 194,999

11. 8,432 × 28
    - A 25,096
    - B 84,320
    - C 225,096
    - Ⓓ 236,096

Sigue

Forma A • Selección múltiple **Guía de evaluación AG 57**

Nombre ______ PRUEBA DEL CAPÍTULO 9 • PÁGINA 2

12. 6,824 × 773
    - Ⓕ 5,274,952
    - G 5,163,852
    - H 512,920
    - J 115,808

13. 437 × 324
    - A 3,923
    - B 11,789
    - C 15,632
    - Ⓓ 141,588

Para 14–17, elige el símbolo que haga verdadero el enunciado numérico.

14. 77,234 × 4 ● 31,746 × 8
    F < G = Ⓗ >

15. 3,675 × 73 ● 6,431 × 43
    Ⓐ < B = C >

16. 423 × 9 ● 587 × 8
    Ⓕ < G = H >

17. 422,875 × 5 ● 608,528 × 3
    A < B = Ⓒ >

Para 18 – 20, elige la respuesta más razonable sin resolverlos.

18. En el año 1996, el Gateway National Recreation Area recibió 6,381,502 visitantes. Otro parque recibió cerca de tres veces más visitantes que Gateway. ¿Cuántos visitantes recibió el otro parque?
    - F 14,144,506
    - G 15,144,506
    - Ⓗ 19,144,506
    - J 22,144,506

19. La familia Williams viajó 240 millas hasta el océano. Una milla equivale a 5,280 pies. ¿Cuántos pies viajó la familia Williams?
    - A 12,672,000 pies
    - Ⓑ 1,267,200 pies
    - C 126,720 pies
    - D 12,672 pies

20. El promedio de circulación diaria de un periódico es 232,112. ¿Cuál es un número razonable de periódicos para imprimir en una semana?
    - F 1,392,672
    - Ⓖ 1,624,784
    - H 13,926,720
    - J 16,247,840

Alto

AG 58 Guía de evaluación **Forma A • Selección múltiple**

Nombre ______ PRUEBA DEL CAPÍTULO 9 • PÁGINA 1

Escribe la respuesta correcta.

1. Escribe <, > o = en el ◯.
   425 × 9 (<) 597 × 8

Para 2–5, redondea y usa los patrones de ceros para estimar cada producto.

2. 24 × 387
   8,000

3. 612 × 7
   4,200

4. 7,373 × 91
   630,000

5. 921 × 87
   81,000

6. Escribe <, > o = en el ◯.
   6,231 × 42 (<) 3,875 × 72

7. 8,723 × 9
   78,507

8. 462,321 × 3
   1,386,963

9. 93 × 24
   2,232

10. 675 × 37
    24,975

11. Escribe <, > o = en el ◯.
    610,798 × 3 (<) 428,234 × 5

Sigue

Forma B • Respuesta libre **Guía de evaluación AG 59**

Nombre ______ PRUEBA DEL CAPÍTULO 9 • PÁGINA 2

12. 33,624 × 79
    2,656,296

13. 521 × 212
    110,452

14. 8,132 × 23
    187,036

15. 6,524 × 673
    4,390,652

16. Escribe <, > o = en el ◯.
    78,234 × 4 (>) 31,246 × 8

17. 597 × 412
    245,964

18. Nueva Zelanda produce alrededor de 304,000 toneladas de lana por año. Penny predice que en 17 años, Nueva Zelanda producirá alrededor de 6,000,000 de toneladas de lana. ¿Es razonable su respuesta? Explica.
    Sí; la producción real de 5,168,000 está cerca de la estimación de 6,000,000.

19. Michael corrió 3.5 millas cada día por 30 días. Una milla equivale a 1,760 yardas. ¿Cuántas yardas corrió Michael?
    184,800 yardas

20. El promedio de circulación diaria del periódico de una ciudad es de 378,112, Cecile dice que en una semana se venderán alrededor de 1,800,000 periódicos. ¿Es razonable su respuesta? Explica.
    No; 1,800,000 no está cerca de la producción real, 2,646,784.

Alto

AG 60 Guía de evaluación **Forma B • Respuesta libre**

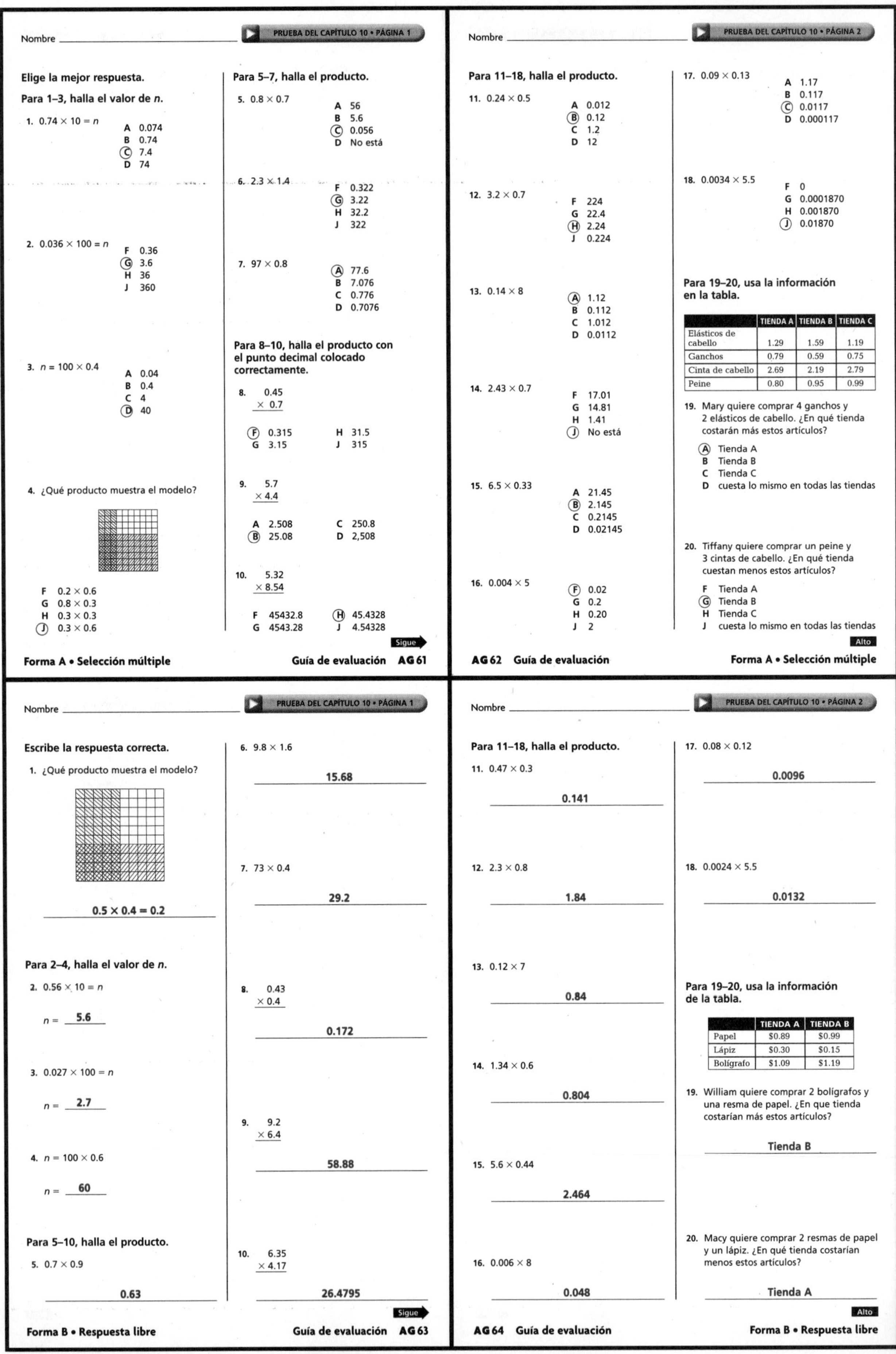

Nombre

PRUEBA DEL CAPÍTULO 10 • PÁGINA 1

Elige la mejor respuesta.

Para 1–3, halla el valor de *n*.

1. 0.74 × 10 = *n*
   A 0.074
   B 0.74
   Ⓒ 7.4
   D 74

2. 0.036 × 100 = *n*
   F 0.36
   Ⓖ 3.6
   H 36
   J 360

3. *n* = 100 × 0.4
   A 0.04
   B 0.4
   C 4
   Ⓓ 40

4. ¿Qué producto muestra el modelo?
   F 0.2 × 0.6
   G 0.8 × 0.3
   H 0.3 × 0.3
   Ⓙ 0.3 × 0.6

Para 5–7, halla el producto.

5. 0.8 × 0.7
   A 56
   B 5.6
   Ⓒ 0.056
   D No está

6. 2.3 × 1.4
   F 0.322
   Ⓖ 3.22
   H 32.2
   J 322

7. 97 × 0.8
   Ⓐ 77.6
   B 7.076
   C 0.776
   D 0.7076

Para 8–10, halla el producto con el punto decimal colocado correctamente.

8. 0.45 × 0.7
   Ⓕ 0.315 H 31.5
   G 3.15 J 315

9. 5.7 × 4.4
   A 2.508 C 250.8
   Ⓑ 25.08 D 2,508

10. 5.32 × 8.54
   F 45432.8 Ⓗ 45.4328
   G 4543.28 J 4.54328

Sigue

Forma A • Selección múltiple Guía de evaluación AG 61

Nombre

PRUEBA DEL CAPÍTULO 10 • PÁGINA 2

Para 11–18, halla el producto.

11. 0.24 × 0.5
   A 0.012
   Ⓑ 0.12
   C 1.2
   D 12

12. 3.2 × 0.7
   F 224
   G 22.4
   Ⓗ 2.24
   J 0.224

13. 0.14 × 8
   Ⓐ 1.12
   B 0.112
   C 1.012
   D 0.0112

14. 2.43 × 0.7
   F 17.01
   G 14.81
   H 1.41
   Ⓙ No está

15. 6.5 × 0.33
   A 21.45
   Ⓑ 2.145
   C 0.2145
   D 0.02145

16. 0.004 × 5
   Ⓕ 0.02
   G 0.2
   H 0.20
   J 2

17. 0.09 × 0.13
   A 1.17
   B 0.117
   Ⓒ 0.0117
   D 0.000117

18. 0.0034 × 5.5
   F 0
   G 0.0001870
   H 0.001870
   Ⓙ 0.01870

Para 19–20, usa la información en la tabla.

	TIENDA A	TIENDA B	TIENDA C
Elásticos de cabello	1.29	1.59	1.19
Ganchos	0.79	0.59	0.75
Cinta de cabello	2.69	2.19	2.79
Peine	0.80	0.95	0.99

19. Mary quiere comprar 4 ganchos y 2 elásticos de cabello. ¿En qué tienda costarán más estos artículos?
   Ⓐ Tienda A
   B Tienda B
   C Tienda C
   D cuesta lo mismo en todas las tiendas

20. Tiffany quiere comprar un peine y 3 cintas de cabello. ¿En qué tienda cuestan menos estos artículos?
   F Tienda A
   Ⓖ Tienda B
   H Tienda C
   J cuesta lo mismo en todas las tiendas

Alto

AG 62 Guía de evaluación **Forma A • Selección múltiple**

Nombre

PRUEBA DEL CAPÍTULO 10 • PÁGINA 1

Escribe la respuesta correcta.

1. ¿Qué producto muestra el modelo?

   0.5 × 0.4 = 0.2

Para 2–4, halla el valor de *n*.

2. 0.56 × 10 = *n*

   n = **5.6**

3. 0.027 × 100 = *n*

   n = **2.7**

4. *n* = 100 × 0.6

   n = **60**

Para 5–10, halla el producto.

5. 0.7 × 0.9

   0.63

6. 9.8 × 1.6

   15.68

7. 73 × 0.4

   29.2

8. 0.43 × 0.4

   0.172

9. 9.2 × 6.4

   58.88

10. 6.35 × 4.17

   26.4795

Sigue

Forma B • Respuesta libre Guía de evaluación AG 63

Nombre

PRUEBA DEL CAPÍTULO 10 • PÁGINA 2

Para 11–18, halla el producto.

11. 0.47 × 0.3

   0.141

12. 2.3 × 0.8

   1.84

13. 0.12 × 7

   0.84

14. 1.34 × 0.6

   0.804

15. 5.6 × 0.44

   2.464

16. 0.006 × 8

   0.048

17. 0.08 × 0.12

   0.0096

18. 0.0024 × 5.5

   0.0132

Para 19–20, usa la información de la tabla.

	TIENDA A	TIENDA B
Papel	$0.89	$0.99
Lápiz	$0.30	$0.15
Bolígrafo	$1.09	$1.19

19. William quiere comprar 2 bolígrafos y una resma de papel. ¿En que tienda costarían más estos artículos?

   Tienda B

20. Macy quiere comprar 2 resmas de papel y un lápiz. ¿En qué tienda costarían menos estos artículos?

   Tienda A

Alto

AG 64 Guía de evaluación **Forma B • Respuesta libre**

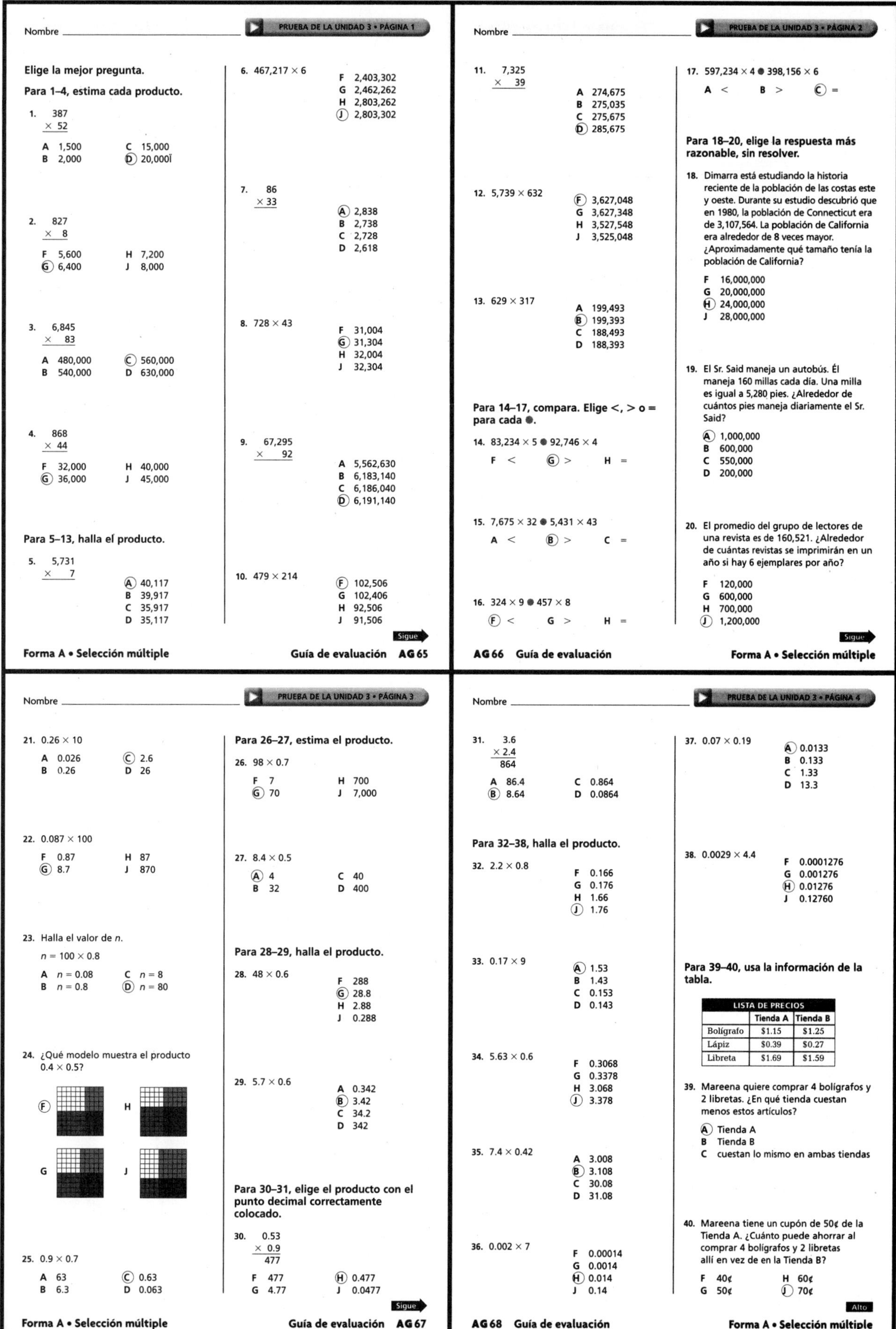

Nombre ____________________ PRUEBA DE LA UNIDAD 3 • PÁGINA 1

Elige la mejor pregunta.

Para 1–4, estima cada producto.

1. 387 × 52
   - A 1,500
   - B 2,000
   - C 15,000
   - Ⓓ 20,000

2. 827 × 8
   - F 5,600
   - Ⓖ 6,400
   - H 7,200
   - J 8,000

3. 6,845 × 83
   - A 480,000
   - B 540,000
   - Ⓒ 560,000
   - D 630,000

4. 868 × 44
   - F 32,000
   - Ⓖ 36,000
   - H 40,000
   - J 45,000

Para 5–13, halla el producto.

5. 5,731 × 7
   - Ⓐ 40,117
   - B 39,917
   - C 35,917
   - D 35,117

6. 467,217 × 6
   - F 2,403,302
   - G 2,462,262
   - H 2,803,262
   - Ⓙ 2,803,302

7. 86 × 33
   - Ⓐ 2,838
   - B 2,738
   - C 2,728
   - D 2,618

8. 728 × 43
   - F 31,004
   - Ⓖ 31,304
   - H 32,004
   - J 32,304

9. 67,295 × 92
   - A 5,562,630
   - B 6,183,140
   - C 6,186,040
   - Ⓓ 6,191,140

10. 479 × 214
   - Ⓕ 102,506
   - G 102,406
   - H 92,506
   - J 91,506

Sigue

Forma A • Selección múltiple — Guía de evaluación AG 65

Nombre ____________________ PRUEBA DE LA UNIDAD 3 • PÁGINA 2

11. 7,325 × 39
   - A 274,675
   - B 275,035
   - C 275,675
   - Ⓓ 285,675

12. 5,739 × 632
   - Ⓕ 3,627,048
   - G 3,627,348
   - H 3,527,548
   - J 3,525,048

13. 629 × 317
   - A 199,493
   - Ⓑ 199,393
   - C 188,493
   - D 188,393

Para 14–17, compara. Elige $<$, $>$ o $=$ para cada ●.

14. 83,234 × 5 ● 92,746 × 4
   - F $<$ Ⓖ $>$ H $=$

15. 7,675 × 32 ● 5,431 × 43
   - A $<$ Ⓑ $>$ C $=$

16. 324 × 9 ● 457 × 8
   - Ⓕ $<$ G $>$ H $=$

17. 597,234 × 4 ● 398,156 × 6
   - A $<$ B $>$ Ⓒ $=$

Para 18–20, elige la respuesta más razonable, sin resolver.

18. Dimarra está estudiando la historia reciente de la población de las costas este y oeste. Durante su estudio descubrió que en 1980, la población de Connecticut era de 3,107,564. La población de California era alrededor de 8 veces mayor. ¿Aproximadamente qué tamaño tenía la población de California?
   - F 16,000,000
   - G 20,000,000
   - Ⓗ 24,000,000
   - J 28,000,000

19. El Sr. Said maneja un autobús. Él maneja 160 millas cada día. Una milla es igual a 5,280 pies. ¿Alrededor de cuántos pies maneja diariamente el Sr. Said?
   - Ⓐ 1,000,000
   - B 600,000
   - C 550,000
   - D 200,000

20. El promedio del grupo de lectores de una revista es de 160,521. ¿Alrededor de cuántas revistas se imprimirán en un año si hay 6 ejemplares por año?
   - F 120,000
   - G 600,000
   - H 700,000
   - Ⓙ 1,200,000

Sigue

AG 66 Guía de evaluación — Forma A • Selección múltiple

Nombre ____________________ PRUEBA DE LA UNIDAD 3 • PÁGINA 3

21. 0.26 × 10
   - A 0.026
   - B 0.26
   - Ⓒ 2.6
   - D 26

22. 0.087 × 100
   - F 0.87
   - Ⓖ 8.7
   - H 87
   - J 870

23. Halla el valor de n.

   $n = 100 \times 0.8$
   - A $n = 0.08$
   - B $n = 0.8$
   - C $n = 8$
   - Ⓓ $n = 80$

24. ¿Qué modelo muestra el producto 0.4 × 0.5?
   - Ⓕ
   - G
   - H
   - J

25. 0.9 × 0.7
   - A 63
   - B 6.3
   - Ⓒ 0.63
   - D 0.063

Para 26–27, estima el producto.

26. 98 × 0.7
   - F 7
   - Ⓖ 70
   - H 700
   - J 7,000

27. 8.4 × 0.5
   - Ⓐ 4
   - B 32
   - C 40
   - D 400

Para 28–29, halla el producto.

28. 48 × 0.6
   - F 288
   - Ⓖ 28.8
   - H 2.88
   - J 0.288

29. 5.7 × 0.6
   - A 0.342
   - Ⓑ 3.42
   - C 34.2
   - D 342

Para 30–31, elige el producto con el punto decimal correctamente colocado.

30. 0.53 × 0.9 = 477
   - F 477
   - G 4.77
   - Ⓗ 0.477
   - J 0.0477

Sigue

Forma A • Selección múltiple — Guía de evaluación AG 67

Nombre ____________________ PRUEBA DE LA UNIDAD 3 • PÁGINA 4

31. 3.6 × 2.4 = 864
   - A 86.4
   - Ⓑ 8.64
   - C 0.864
   - D 0.0864

Para 32–38, halla el producto.

32. 2.2 × 0.8
   - F 0.166
   - G 0.176
   - H 1.66
   - Ⓙ 1.76

33. 0.17 × 9
   - Ⓐ 1.53
   - B 1.43
   - C 0.153
   - D 0.143

34. 5.63 × 0.6
   - F 0.3068
   - G 0.3378
   - H 3.068
   - Ⓙ 3.378

35. 7.4 × 0.42
   - A 3.008
   - Ⓑ 3.108
   - C 30.08
   - D 31.08

36. 0.002 × 7
   - F 0.00014
   - G 0.0014
   - Ⓗ 0.014
   - J 0.14

37. 0.07 × 0.19
   - Ⓐ 0.0133
   - B 0.133
   - C 1.33
   - D 13.3

38. 0.0029 × 4.4
   - F 0.0001276
   - G 0.001276
   - Ⓗ 0.01276
   - J 0.12760

Para 39–40, usa la información de la tabla.

LISTA DE PRECIOS		
	Tienda A	Tienda B
Bolígrafo	$1.15	$1.25
Lápiz	$0.39	$0.27
Libreta	$1.69	$1.59

39. Mareena quiere comprar 4 bolígrafos y 2 libretas. ¿En qué tienda cuestan menos estos artículos?
   - Ⓐ Tienda A
   - B Tienda B
   - C cuestan lo mismo en ambas tiendas

40. Mareena tiene un cupón de 50¢ de la Tienda A. ¿Cuánto puede ahorrar al comprar 4 bolígrafos y 2 libretas allí en vez de en la Tienda B?
   - F 40¢
   - G 50¢
   - H 60¢
   - Ⓙ 70¢

Alto

AG 68 Guía de evaluación — Forma A • Selección múltiple

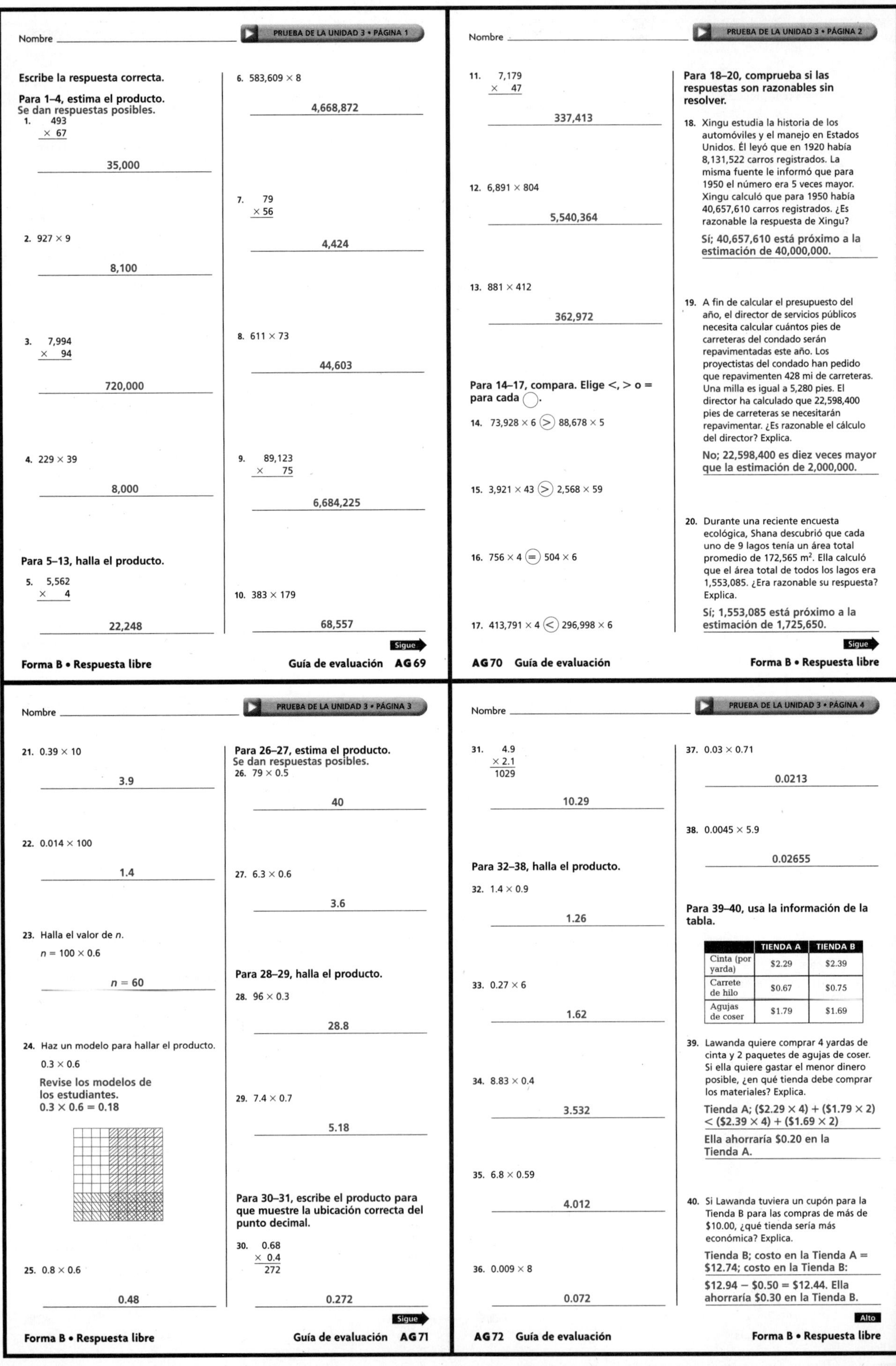

Nombre ______________________ PRUEBA DE LA UNIDAD 3 • PÁGINA 1

Escribe la respuesta correcta.

Para 1–4, estima el producto.
Se dan respuestas posibles.

1. 493 × 67 — 35,000
2. 927 × 9 — 8,100
3. 7,994 × 94 — 720,000
4. 229 × 39 — 8,000

Para 5–13, halla el producto.

5. 5,562 × 4 — 22,248
6. 583,609 × 8 — 4,668,872
7. 79 × 56 — 4,424
8. 611 × 73 — 44,603
9. 89,123 × 75 — 6,684,225
10. 383 × 179 — 68,557

Sigue

Forma B • Respuesta libre — Guía de evaluación AG 69

Nombre ______________________ PRUEBA DE LA UNIDAD 3 • PÁGINA 2

11. 7,179 × 47 — 337,413
12. 6,891 × 804 — 5,540,364
13. 881 × 412 — 362,972

Para 14–17, compara. Elige <, > o = para cada ◯.

14. 73,928 × 6 (>) 88,678 × 5
15. 3,921 × 43 (>) 2,568 × 59
16. 756 × 4 (=) 504 × 6
17. 413,791 × 4 (<) 296,998 × 6

Para 18–20, comprueba si las respuestas son razonables sin resolver.

18. Xingu estudia la historia de los automóviles y el manejo en Estados Unidos. Él leyó que en 1920 había 8,131,522 carros registrados. La misma fuente le informó que para 1950 el número era 5 veces mayor. Xingu calculó que para 1950 había 40,657,610 carros registrados. ¿Es razonable la respuesta de Xingu?
Sí; 40,657,610 está próximo a la estimación de 40,000,000.

19. A fin de calcular el presupuesto del año, el director de servicios públicos necesita calcular cuántos pies de carreteras del condado serán repavimentadas este año. Los proyectistas del condado han pedido que repavimenten 428 mi de carreteras. Una milla es igual a 5,280 pies. El director ha calculado que 22,598,400 pies de carreteras se necesitarán repavimentar. ¿Es razonable el cálculo del director? Explica.
No; 22,598,400 es diez veces mayor que la estimación de 2,000,000.

20. Durante una reciente encuesta ecológica, Shana descubrió que cada uno de 9 lagos tenía un área total promedio de 172,565 m^2. Ella calculó que el área total de todos los lagos era 1,553,085. ¿Era razonable su respuesta? Explica.
Sí; 1,553,085 está próximo a la estimación de 1,725,650.

Sigue

AG 70 Guía de evaluación — Forma B • Respuesta libre

Nombre ______________________ PRUEBA DE LA UNIDAD 3 • PÁGINA 3

21. 0.39 × 10 — 3.9
22. 0.014 × 100 — 1.4
23. Halla el valor de n.
$n = 100 \times 0.6$ — $n = 60$
24. Haz un modelo para hallar el producto.
0.3 × 0.6
Revise los modelos de los estudiantes.
0.3 × 0.6 = 0.18
25. 0.8 × 0.6 — 0.48

Para 26–27, estima el producto.
Se dan respuestas posibles.

26. 79 × 0.5 — 40
27. 6.3 × 0.6 — 3.6

Para 28–29, halla el producto.

28. 96 × 0.3 — 28.8
29. 7.4 × 0.7 — 5.18

Para 30–31, escribe el producto para que muestre la ubicación correcta del punto decimal.

30. 0.68 × 0.4 = 272 — 0.272

Sigue

Forma B • Respuesta libre — Guía de evaluación AG 71

Nombre ______________________ PRUEBA DE LA UNIDAD 3 • PÁGINA 4

31. 4.9 × 2.1 = 1029 — 10.29

Para 32–38, halla el producto.

32. 1.4 × 0.9 — 1.26
33. 0.27 × 6 — 1.62
34. 8.83 × 0.4 — 3.532
35. 6.8 × 0.59 — 4.012
36. 0.009 × 8 — 0.072
37. 0.03 × 0.71 — 0.0213
38. 0.0045 × 5.9 — 0.02655

Para 39–40, usa la información de la tabla.

	TIENDA A	TIENDA B
Cinta (por yarda)	$2.29	$2.39
Carrete de hilo	$0.67	$0.75
Agujas de coser	$1.79	$1.69

39. Lawanda quiere comprar 4 yardas de cinta y 2 paquetes de agujas de coser. Si ella quiere gastar el menor dinero posible, ¿en qué tienda debe comprar los materiales? Explica.
Tienda A; ($2.29 × 4) + ($1.79 × 2) < ($2.39 × 4) + ($1.69 × 2)
Ella ahorraría $0.20 en la Tienda A.

40. Si Lawanda tuviera un cupón para la Tienda B para las compras de más de $10.00, ¿qué tienda sería más económica? Explica.
Tienda B; costo en la Tienda A = $12.74; costo en la Tienda B: $12.94 − $0.50 = $12.44. Ella ahorraría $0.30 en la Tienda B.

Alto

AG 72 Guía de evaluación — Forma B • Respuesta libre

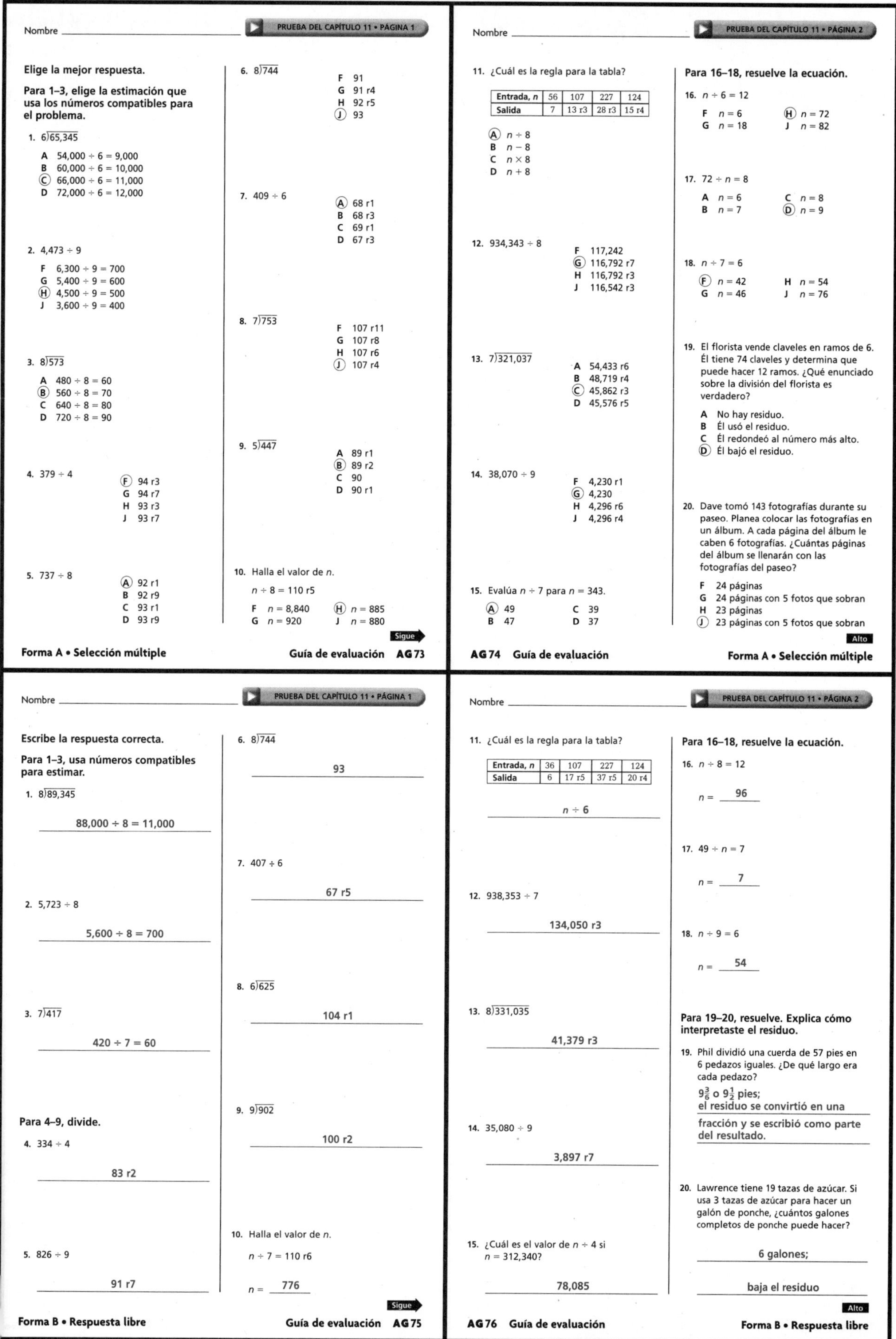

Nombre ____________ PRUEBA DEL CAPÍTULO 11 • PÁGINA 1

Elige la mejor respuesta.

Para 1–3, elige la estimación que usa los números compatibles para el problema.

1. 6)65,345
   - A $54{,}000 \div 6 = 9{,}000$
   - B $60{,}000 \div 6 = 10{,}000$
   - (C) $66{,}000 \div 6 = 11{,}000$
   - D $72{,}000 \div 6 = 12{,}000$

2. $4{,}473 \div 9$
   - F $6{,}300 \div 9 = 700$
   - G $5{,}400 \div 9 = 600$
   - (H) $4{,}500 \div 9 = 500$
   - J $3{,}600 \div 9 = 400$

3. 8)573
   - A $480 \div 8 = 60$
   - (B) $560 \div 8 = 70$
   - C $640 \div 8 = 80$
   - D $720 \div 8 = 90$

4. $379 \div 4$
   - (F) 94 r3
   - G 94 r7
   - H 93 r3
   - J 93 r7

5. $737 \div 8$
   - (A) 92 r1
   - B 92 r9
   - C 93 r1
   - D 93 r9

6. 8)744
   - F 91
   - G 91 r4
   - H 92 r5
   - (J) 93

7. $409 \div 6$
   - (A) 68 r1
   - B 68 r3
   - C 69 r1
   - D 67 r3

8. 7)753
   - F 107 r11
   - G 107 r8
   - H 107 r6
   - (J) 107 r4

9. 5)447
   - A 89 r1
   - (B) 89 r2
   - C 90
   - D 90 r1

10. Halla el valor de n.

    $n \div 8 = 110$ r5
   - F $n = 8{,}840$
   - G $n = 920$
   - (H) $n = 885$
   - J $n = 880$

Sigue

Forma A • Selección múltiple — Guía de evaluación AG 73

Nombre ____________ PRUEBA DEL CAPÍTULO 11 • PÁGINA 2

11. ¿Cuál es la regla para la tabla?

Entrada, n	56	107	227	124
Salida	7	13 r3	28 r3	15 r4

   - (A) $n \div 8$
   - B $n - 8$
   - C $n \times 8$
   - D $n + 8$

12. $934{,}343 \div 8$
   - F 117,242
   - (G) 116,792 r7
   - H 116,792 r3
   - J 116,542 r3

13. 7)321,037
   - A 54,433 r6
   - B 48,719 r4
   - (C) 45,862 r3
   - D 45,576 r5

14. $38{,}070 \div 9$
   - F 4,230 r1
   - (G) 4,230
   - H 4,296 r6
   - J 4,296 r4

15. Evalúa $n \div 7$ para $n = 343$.
   - (A) 49
   - B 47
   - C 39
   - D 37

Para 16–18, resuelve la ecuación.

16. $n \div 6 = 12$
   - F $n = 6$
   - G $n = 18$
   - (H) $n = 72$
   - J $n = 82$

17. $72 \div n = 8$
   - A $n = 6$
   - B $n = 7$
   - C $n = 8$
   - (D) $n = 9$

18. $n \div 7 = 6$
   - (F) $n = 42$
   - G $n = 46$
   - H $n = 54$
   - J $n = 76$

19. El florista vende claveles en ramos de 6. Él tiene 74 claveles y determina que puede hacer 12 ramos. ¿Qué enunciado sobre la división del florista es verdadero?
   - A No hay residuo.
   - B Él usó el residuo.
   - C Él redondeó al número más alto.
   - (D) Él bajó el residuo.

20. Dave tomó 143 fotografías durante su paseo. Planea colocar las fotografías en un álbum. A cada página del álbum le caben 6 fotografías. ¿Cuántas páginas del álbum se llenarán con las fotografías del paseo?
   - F 24 páginas
   - G 24 páginas con 5 fotos que sobran
   - H 23 páginas
   - (J) 23 páginas con 5 fotos que sobran

Alto

AG 74 Guía de evaluación — Forma A • Selección múltiple

Nombre ____________ PRUEBA DEL CAPÍTULO 11 • PÁGINA 1

Escribe la respuesta correcta.

Para 1–3, usa números compatibles para estimar.

1. 8)89,345 — $88{,}000 \div 8 = 11{,}000$
2. $5{,}723 \div 8$ — $5{,}600 \div 8 = 700$
3. 7)417 — $420 \div 7 = 60$

Para 4–9, divide.

4. $334 \div 4$ — 83 r2
5. $826 \div 9$ — 91 r7
6. 8)744 — 93
7. $407 \div 6$ — 67 r5
8. 6)625 — 104 r1
9. 9)902 — 100 r2
10. Halla el valor de n.

    $n \div 7 = 110$ r6

    $n =$ 776

Sigue

Forma B • Respuesta libre — Guía de evaluación AG 75

Nombre ____________ PRUEBA DEL CAPÍTULO 11 • PÁGINA 2

11. ¿Cuál es la regla para la tabla?

Entrada, n	36	107	227	124
Salida	6	17 r5	37 r5	20 r4

    $n \div 6$

12. $938{,}353 \div 7$ — 134,050 r3
13. 8)331,035 — 41,379 r3
14. $35{,}080 \div 9$ — 3,897 r7
15. ¿Cuál es el valor de $n \div 4$ si $n = 312{,}340$? — 78,085

Para 16–18, resuelve la ecuación.

16. $n \div 8 = 12$ — $n =$ 96
17. $49 \div n = 7$ — $n =$ 7
18. $n \div 9 = 6$ — $n =$ 54

Para 19–20, resuelve. Explica cómo interpretaste el residuo.

19. Phil dividió una cuerda de 57 pies en 6 pedazos iguales. ¿De qué largo era cada pedazo?

    $9\frac{3}{6}$ o $9\frac{1}{2}$ pies; el residuo se convirtió en una fracción y se escribió como parte del resultado.

20. Lawrence tiene 19 tazas de azúcar. Si usa 3 tazas de azúcar para hacer un galón de ponche, ¿cuántos galones completos de ponche puede hacer?

    6 galones; baja el residuo

Alto

AG 76 Guía de evaluación — Forma B • Respuesta libre

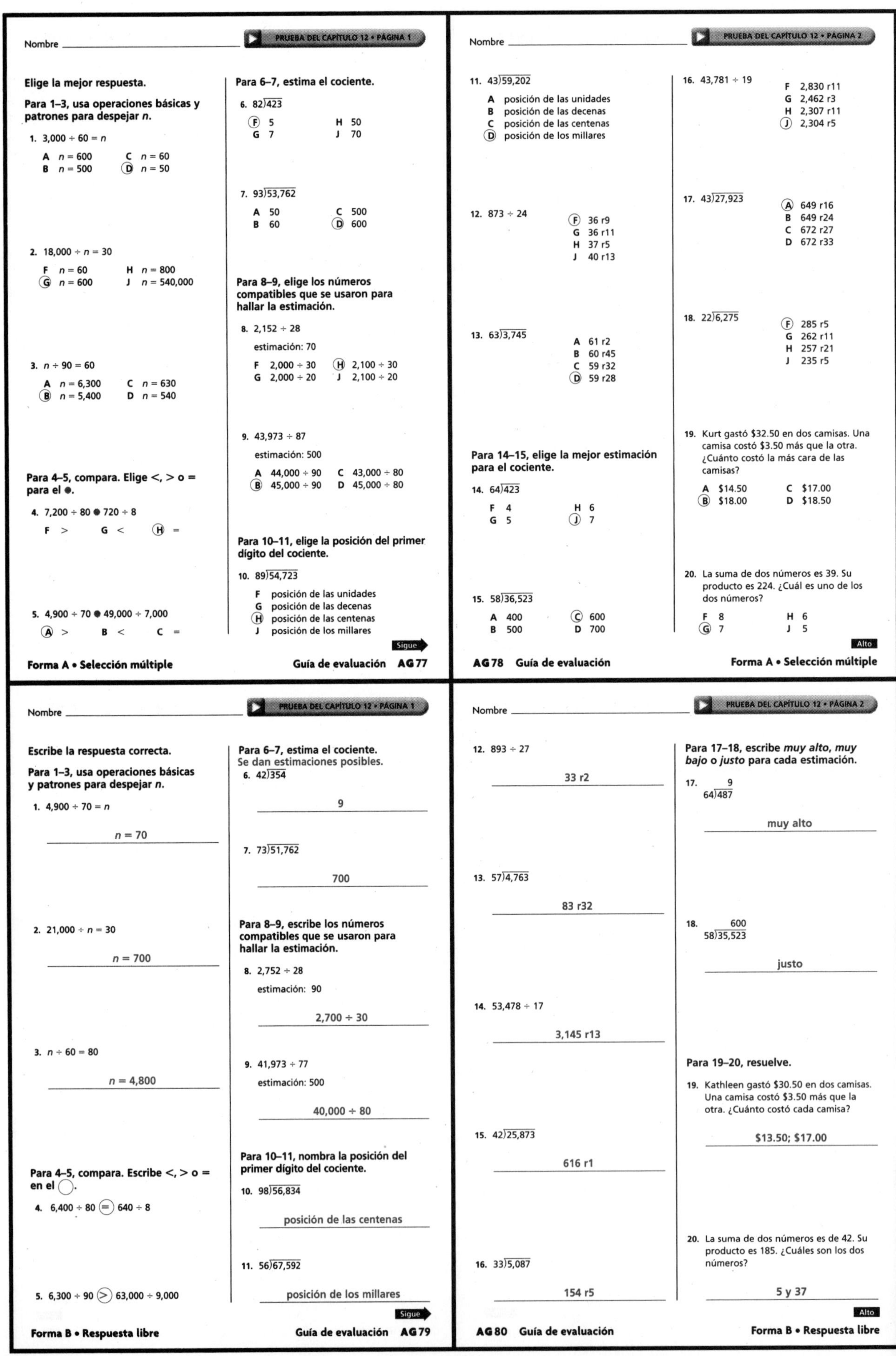

Nombre ______________ PRUEBA DEL CAPÍTULO 12 • PÁGINA 1

Elige la mejor respuesta.

Para 1–3, usa operaciones básicas y patrones para despejar *n*.

1. 3,000 ÷ 60 = *n*

A *n* = 600 C *n* = 60
B *n* = 500 Ⓓ *n* = 50

2. 18,000 ÷ *n* = 30

F *n* = 60 H *n* = 800
Ⓖ *n* = 600 J *n* = 540,000

3. *n* ÷ 90 = 60

A *n* = 6,300 C *n* = 630
Ⓑ *n* = 5,400 D *n* = 540

Para 4–5, compara. Elige <, > o = para el ●.

4. 7,200 ÷ 80 ● 720 ÷ 8

F > G < Ⓗ =

5. 4,900 ÷ 70 ● 49,000 ÷ 7,000

Ⓐ > B < C =

Para 6–7, estima el cociente.

6. 82)423

Ⓕ 5 H 50
G 7 J 70

7. 93)53,762

A 50 C 500
B 60 Ⓓ 600

Para 8–9, elige los números compatibles que se usaron para hallar la estimación.

8. 2,152 ÷ 28

estimación: 70

F 2,000 ÷ 30 Ⓗ 2,100 ÷ 30
G 2,000 ÷ 20 J 2,100 ÷ 20

9. 43,973 ÷ 87

estimación: 500

A 44,000 ÷ 90 C 43,000 ÷ 80
Ⓑ 45,000 ÷ 90 D 45,000 ÷ 80

Para 10–11, elige la posición del primer dígito del cociente.

10. 89)54,723

F posición de las unidades
G posición de las decenas
Ⓗ posición de las centenas
J posición de los millares

Sigue

Forma A • Selección múltiple **Guía de evaluación AG 77**

Nombre ______________ PRUEBA DEL CAPÍTULO 12 • PÁGINA 2

11. 43)59,202

A posición de las unidades
B posición de las decenas
C posición de las centenas
Ⓓ posición de los millares

12. 873 ÷ 24

Ⓕ 36 r9
G 36 r11
H 37 r5
J 40 r13

13. 63)3,745

A 61 r2
B 60 r45
C 59 r32
Ⓓ 59 r28

Para 14–15, elige la mejor estimación para el cociente.

14. 64)423

F 4 H 6
G 5 Ⓙ 7

15. 58)36,523

A 400 Ⓒ 600
B 500 D 700

16. 43,781 ÷ 19

F 2,830 r11
G 2,462 r3
H 2,307 r11
Ⓙ 2,304 r5

17. 43)27,923

Ⓐ 649 r16
B 649 r24
C 672 r27
D 672 r33

18. 22)6,275

Ⓕ 285 r5
G 262 r11
H 257 r21
J 235 r5

19. Kurt gastó $32.50 en dos camisas. Una camisa costó $3.50 más que la otra. ¿Cuánto costó la más cara de las camisas?

A $14.50 C $17.00
Ⓑ $18.00 D $18.50

20. La suma de dos números es 39. Su producto es 224. ¿Cuál es uno de los dos números?

F 8 H 6
Ⓖ 7 J 5

Alto

AG 78 Guía de evaluación **Forma A • Selección múltiple**

Nombre ______________ PRUEBA DEL CAPÍTULO 12 • PÁGINA 1

Escribe la respuesta correcta.

Para 1–3, usa operaciones básicas y patrones para despejar *n*.

1. 4,900 ÷ 70 = *n*

n = 70

2. 21,000 ÷ *n* = 30

n = 700

3. *n* ÷ 60 = 80

n = 4,800

Para 4–5, compara. Escribe <, > o = en el ◯.

4. 6,400 ÷ 80 (=) 640 ÷ 8

5. 6,300 ÷ 90 (>) 63,000 ÷ 9,000

Para 6–7, estima el cociente.
Se dan estimaciones posibles.

6. 42)354

9

7. 73)51,762

700

Para 8–9, escribe los números compatibles que se usaron para hallar la estimación.

8. 2,752 ÷ 28

estimación: 90

2,700 ÷ 30

9. 41,973 ÷ 77

estimación: 500

40,000 ÷ 80

Para 10–11, nombra la posición del primer dígito del cociente.

10. 98)56,834

posición de las centenas

11. 56)67,592

posición de los millares

Sigue

Forma B • Respuesta libre **Guía de evaluación AG 79**

Nombre ______________ PRUEBA DEL CAPÍTULO 12 • PÁGINA 2

12. 893 ÷ 27

33 r2

13. 57)4,763

83 r32

14. 53,478 ÷ 17

3,145 r13

15. 42)25,873

616 r1

16. 33)5,087

154 r5

Para 17–18, escribe *muy alto, muy bajo* o *justo* para cada estimación.

17. 64)487 (cociente: 9)

muy alto

18. 58)35,523 (cociente: 600)

justo

Para 19–20, resuelve.

19. Kathleen gastó $30.50 en dos camisas. Una camisa costó $3.50 más que la otra. ¿Cuánto costó cada camisa?

$13.50; $17.00

20. La suma de dos números es de 42. Su producto es 185. ¿Cuáles son los dos números?

5 y 37

Alto

AG 80 Guía de evaluación **Forma B • Respuesta libre**

Nombre ______________________

PRUEBA DEL CAPÍTULO 13 • PÁGINA 1

Elige la mejor respuesta.

1. ¿Cuál de los números completa el patrón que se muestra?

4,800 ÷ 6 = ■
480 ÷ 6 = ■
48 ÷ 6 = ■
4.8 ÷ 6 = ■

A 8,000, 800, 80, 8
(B) 800, 80, 8, 0.8
C 7,000, 700, 70, 7
D 700, 70, 7, 0.7

2. ¿Qué ecuación **no** es verdadera?

F 32,000 ÷ 400 = 80
G 320 ÷ 40 = 8
(H) 3,200 ÷ 40 = 800
J 3.2 ÷ 4 = 0.8

3. ¿Qué ecuación **no** es verdadera?

(A) 6,300 ÷ 900 = 70
B 63,000 ÷ 90 = 700
C 630 ÷ 9 = 70
D 63 ÷ 9 = 7

Para 4–5, elige la letra del enunciado numérico que corresponde con el modelo.

4.

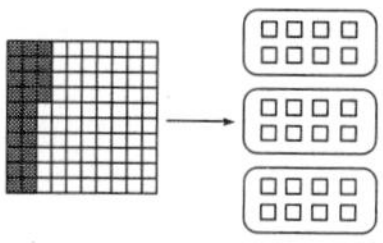

F 0.24 ÷ 4 = 0.06
G 0.32 ÷ 4 = 0.08
(H) 0.24 ÷ 3 = 0.08
J 0.24 ÷ 3 = 0.8

5.

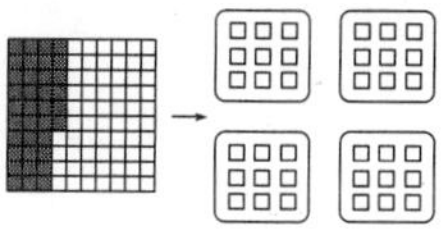

A 0.36 ÷ 9 = 0.04
B 0.36 ÷ 9 = 0.4
C 0.36 ÷ 4 = 0.9
(D) 0.36 ÷ 4 = 0.09

6. 273.52 ÷ 8

F 32.94
G 34.1775
(H) 34.19
J 46.69

7. 7)$2.59

A $0.35
(B) $0.37
C $0.45
D $0.51

8. 12)111.0

F 9.35
(G) 9.25
H 8.35
J 8.25

9. 35.49 ÷ 7

A 5.70
B 5.60
(C) 5.07
D 5.06

10. 23)$293.94

(F) $12.78
G $12.76
H $12.69
J $12.68

Sigue

Nombre ______________________

PRUEBA DEL CAPÍTULO 13 • PÁGINA 2

11. 24.51 ÷ 3

A 817
B 81.7
(C) 8.17
D 0.817

12. 966 ÷ 70

F 14.6
G 14.2
H 13.9
(J) 13.8

Para 13–16, elige el decimal equivalente para cada fracción.

13. $\frac{3}{16}$

A 0.18775
(B) 0.1875
C 0.53
D 5.3

14. $\frac{11}{20}$

(F) 0.55
G 0.505
H 5.5
J 0.555

15. $\frac{1}{5}$

A 0.4
B 0.3
(C) 0.2
D 0.1

16. $\frac{17}{25}$

F 0.62
G 0.64
H 0.66
(J) 0.68

17. Chase, Laura, Jeremy y Jonathan quieren compartir equitativamente el costo de una pizza. La pizza cuesta $12.80 más $1.00 por el envío. ¿Con cuánto dinero necesitaría contribuir cada uno para pagar por la pizza y el envío?

(A) $3.45
B $3.20
C $3.10
D $2.95

18. Kyle llegó del centro comercial a la casa con $1.64. Él gastó $16.74 en un sombrero, $3.45 en un bocadillo y $23.17 en un regalo. ¿Cuánto dinero tenía Kyle antes de ir al centro comercial?

F $35
G $40.05
H $43.36
(J) $45

19. En la tienda de víveres, las manzanas cuestan $3.70 por 5 libras. ¿Cuánto cuesta una libra?

A $0.64
B $0.72
(C) $0.74
D $0.78

20. Ben necesita $140 para comprar una bicicleta. Él tiene $25. Si ahorra $6 a la semana, ¿cuántas semanas tardará en ahorrar suficiente dinero para comprar la bicicleta?

F 24 semanas
G 23 semanas
H 21 semanas
(J) 20 semanas

Alto

Nombre ______________________

PRUEBA DEL CAPÍTULO 13 • PÁGINA 1

Escribe la respuesta correcta.

1. ¿Qué números completan el patrón que se muestra?

n	*n* ÷ 30
21,000	■
■	70
210	■
■	0.7

700; 2,100; 7; 21

2. Completa el siguiente patrón.

3,000 ÷ 6 = **500**

300 ÷ 6 = **50**

30 ÷ 6 = **5**

3 ÷ 6 = **0.5**

3. Escribe una manera de comprobar el siguiente problema de división.

4,200 ÷ 70 = 60

60 × 70 = 4,200

4. 297.28 ÷ 8

37.16

5. 7)$3.22

$0.46

6. 12)51.0

4.25

7. 42.56 ÷ 7

6.08

8. 21)$282.45

$13.45

9. 28.76 ÷ 4

7.19

10. 852 ÷ 60

14.2

Sigue

Nombre ______________________

PRUEBA DEL CAPÍTULO 13 • PÁGINA 2

Para 11–12, escribe un enunciado numérico que corresponda con el modelo.

11.

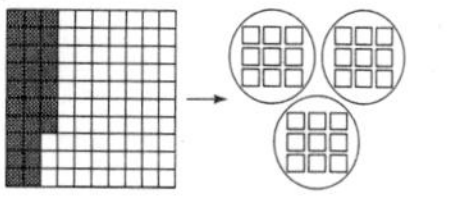

0.27 ÷ 3 = 0.09

12.

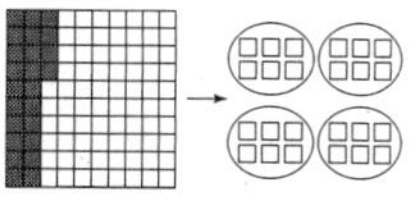

0.24 ÷ 4 = 0.06

Para 13–16, escribe el decimal equivalente para cada fracción.

13. $\frac{5}{16}$

0.3125

14. $\frac{13}{20}$

0.65

15. $\frac{3}{5}$

0.6

16. $\frac{21}{25}$

0.84

17. Kara, Jenny, Peter y Joshua quieren compartir el costo de un regalo para su mamá. El regalo cuesta $13.88. ¿Con cuánto dinero necesita contribuir cada uno para comprar el regalo?

$3.47

18. Kyle llegó del cine a la casa con $3.15. Él gastó $4.50 por una entrada y $2.35 en bocadillos. ¿Cuánto dinero tenía Kyle antes de ir al cine?

$10.00

19. En la tienda de víveres, las papas cuestan $2.48 por 4 libras. ¿Cuánto cuesta una libra?

$0.62

20. Jason necesita $120 para comprar una bicicleta. Él tiene $35. Si ahorra $7 a la semana, ¿cuántas semanas tardará en ahorrar suficiente dinero para comprar la bicicleta?

13 semanas

Alto

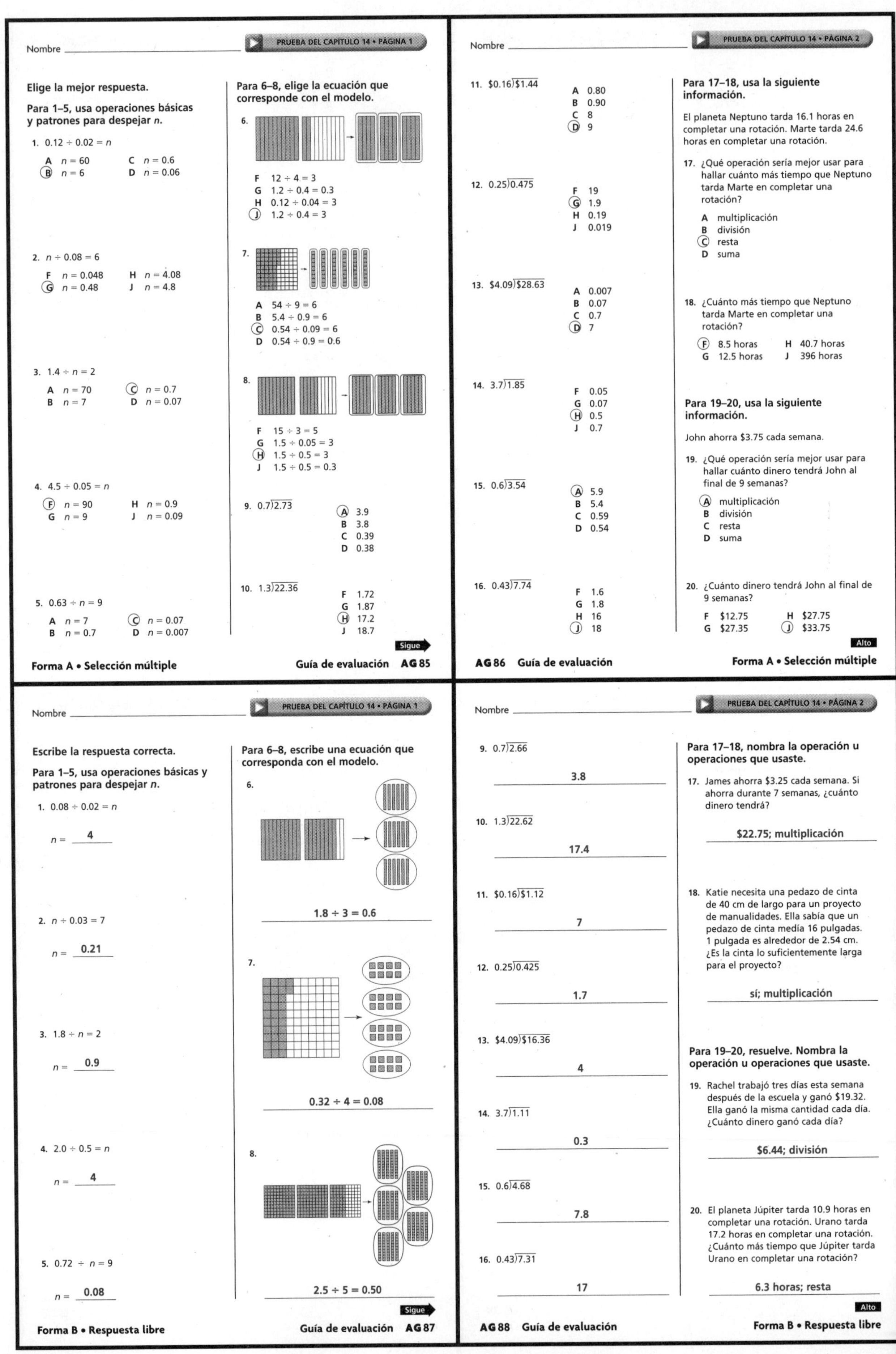

Nombre

PRUEBA DEL CAPÍTULO 14 • PÁGINA 1

Elige la mejor respuesta.

Para 1–5, usa operaciones básicas y patrones para despejar *n*.

1. $0.12 \div 0.02 = n$

   A $n = 60$ Ⓑ $n = 6$ C $n = 0.6$ D $n = 0.06$

2. $n \div 0.08 = 6$

   F $n = 0.048$ Ⓖ $n = 0.48$ H $n = 4.08$ J $n = 4.8$

3. $1.4 \div n = 2$

   A $n = 70$ B $n = 7$ Ⓒ $n = 0.7$ D $n = 0.07$

4. $4.5 \div 0.05 = n$

   Ⓕ $n = 90$ G $n = 9$ H $n = 0.9$ J $n = 0.09$

5. $0.63 \div n = 9$

   A $n = 7$ B $n = 0.7$ Ⓒ $n = 0.07$ D $n = 0.007$

Para 6–8, elige la ecuación que corresponde con el modelo.

6. F $12 \div 4 = 3$ G $1.2 \div 0.4 = 0.3$ H $0.12 \div 0.04 = 3$ Ⓙ $1.2 \div 0.4 = 3$

7. A $54 \div 9 = 6$ B $5.4 \div 0.9 = 6$ Ⓒ $0.54 \div 0.09 = 6$ D $0.54 \div 0.9 = 0.6$

8. F $15 \div 3 = 5$ G $1.5 \div 0.05 = 3$ Ⓗ $1.5 \div 0.5 = 3$ J $1.5 \div 0.5 = 0.3$

9. $0.7\overline{)2.73}$

   Ⓐ 3.9 B 3.8 C 0.39 D 0.38

10. $1.3\overline{)22.36}$

    F 1.72 G 1.87 Ⓗ 17.2 J 18.7

Sigue

Forma A • Selección múltiple — Guía de evaluación AG 85

Nombre

PRUEBA DEL CAPÍTULO 14 • PÁGINA 2

11. $\$0.16\overline{)\$1.44}$

    A 0.80 B 0.90 C 8 Ⓓ 9

12. $0.25\overline{)0.475}$

    F 19 Ⓖ 1.9 H 0.19 J 0.019

13. $\$4.09\overline{)\$28.63}$

    A 0.007 B 0.07 C 0.7 Ⓓ 7

14. $3.7\overline{)1.85}$

    F 0.05 G 0.07 Ⓗ 0.5 J 0.7

15. $0.6\overline{)3.54}$

    Ⓐ 5.9 B 5.4 C 0.59 D 0.54

16. $0.43\overline{)7.74}$

    F 1.6 G 1.8 H 16 Ⓙ 18

Para 17–18, usa la siguiente información.

El planeta Neptuno tarda 16.1 horas en completar una rotación. Marte tarda 24.6 horas en completar una rotación.

17. ¿Qué operación sería mejor usar para hallar cuánto más tiempo que Neptuno tarda Marte en completar una rotación?

    A multiplicación B división Ⓒ resta D suma

18. ¿Cuánto más tiempo que Neptuno tarda Marte en completar una rotación?

    Ⓕ 8.5 horas G 12.5 horas H 40.7 horas J 396 horas

Para 19–20, usa la siguiente información.

John ahorra $3.75 cada semana.

19. ¿Qué operación sería mejor usar para hallar cuánto dinero tendrá John al final de 9 semanas?

    Ⓐ multiplicación B división C resta D suma

20. ¿Cuánto dinero tendrá John al final de 9 semanas?

    F $12.75 G $27.35 H $27.75 Ⓙ $33.75

Alto

AG 86 Guía de evaluación — Forma A • Selección múltiple

Nombre

PRUEBA DEL CAPÍTULO 14 • PÁGINA 1

Escribe la respuesta correcta.

Para 1–5, usa operaciones básicas y patrones para despejar *n*.

1. $0.08 \div 0.02 = n$

   $n =$ **4**

2. $n \div 0.03 = 7$

   $n =$ **0.21**

3. $1.8 \div n = 2$

   $n =$ **0.9**

4. $2.0 \div 0.5 = n$

   $n =$ **4**

5. $0.72 \div n = 9$

   $n =$ **0.08**

Para 6–8, escribe una ecuación que corresponda con el modelo.

6. **$1.8 \div 3 = 0.6$**

7. **$0.32 \div 4 = 0.08$**

8. **$2.5 \div 5 = 0.50$**

Sigue

Forma B • Respuesta libre — Guía de evaluación AG 87

Nombre

PRUEBA DEL CAPÍTULO 14 • PÁGINA 2

9. $0.7\overline{)2.66}$ **3.8**

10. $1.3\overline{)22.62}$ **17.4**

11. $\$0.16\overline{)\$1.12}$ **7**

12. $0.25\overline{)0.425}$ **1.7**

13. $\$4.09\overline{)\$16.36}$ **4**

14. $3.7\overline{)1.11}$ **0.3**

15. $0.6\overline{)4.68}$ **7.8**

16. $0.43\overline{)7.31}$ **17**

Para 17–18, nombra la operación u operaciones que usaste.

17. James ahorra $3.25 cada semana. Si ahorra durante 7 semanas, ¿cuánto dinero tendrá?

    $22.75; multiplicación

18. Katie necesita una pedazo de cinta de 40 cm de largo para un proyecto de manualidades. Ella sabía que un pedazo de cinta medía 16 pulgadas. 1 pulgada es alrededor de 2.54 cm. ¿Es la cinta lo suficientemente larga para el proyecto?

    sí; multiplicación

Para 19–20, resuelve. Nombra la operación u operaciones que usaste.

19. Rachel trabajó tres días esta semana después de la escuela y ganó $19.32. Ella ganó la misma cantidad cada día. ¿Cuánto dinero ganó cada día?

    $6.44; división

20. El planeta Júpiter tarda 10.9 horas en completar una rotación. Urano tarda 17.2 horas en completar una rotación. ¿Cuánto más tiempo que Júpiter tarda Urano en completar una rotación?

    6.3 horas; resta

Alto

AG 88 Guía de evaluación — Forma B • Respuesta libre

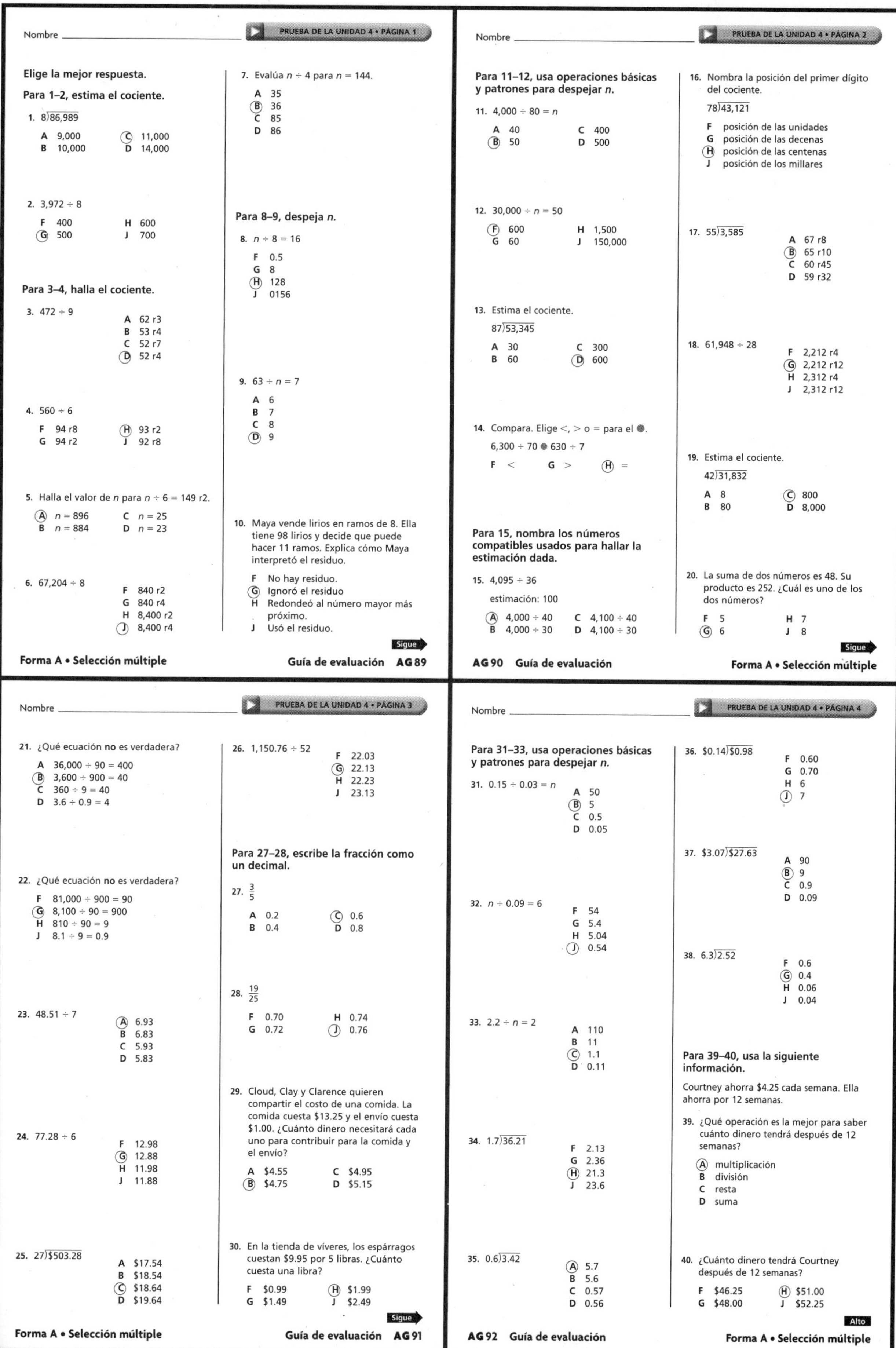

Nombre ____________________ PRUEBA DE LA UNIDAD 4 • PÁGINA 1

Elige la mejor respuesta.

Para 1–2, estima el cociente.

1. $8\overline{)86,989}$

   A 9,000 (C) 11,000
   B 10,000 D 14,000

2. 3,972 ÷ 8

   F 400 H 600
   (G) 500 J 700

Para 3–4, halla el cociente.

3. 472 ÷ 9

   A 62 r3
   B 53 r4
   C 52 r7
   (D) 52 r4

4. 560 ÷ 6

   F 94 r8 (H) 93 r2
   G 94 r2 J 92 r8

5. Halla el valor de *n* para $n \div 6 = 149$ r2.

   (A) $n = 896$ C $n = 25$
   B $n = 884$ D $n = 23$

6. 67,204 ÷ 8

   F 840 r2
   G 840 r4
   H 8,400 r2
   (J) 8,400 r4

7. Evalúa $n \div 4$ para $n = 144$.

   A 35
   (B) 36
   C 85
   D 86

Para 8–9, despeja *n*.

8. $n \div 8 = 16$

   F 0.5
   G 8
   (H) 128
   J 0156

9. $63 \div n = 7$

   A 6
   B 7
   C 8
   (D) 9

10. Maya vende lirios en ramos de 8. Ella tiene 98 lirios y decide que puede hacer 11 ramos. Explica cómo Maya interpretó el residuo.

    F No hay residuo.
    (G) Ignoró el residuo
    H Redondeó al número mayor más próximo.
    J Usó el residuo.

Sigue

Forma A • Selección múltiple — Guía de evaluación AG 89

Nombre ____________________ PRUEBA DE LA UNIDAD 4 • PÁGINA 2

Para 11–12, usa operaciones básicas y patrones para despejar *n*.

11. $4,000 \div 80 = n$

    A 40 C 400
    (B) 50 D 500

12. $30,000 \div n = 50$

    (F) 600 H 1,500
    G 60 J 150,000

13. Estima el cociente.

    $87\overline{)53,345}$

    A 30 C 300
    B 60 (D) 600

14. Compara. Elige <, > o = para el ●.

    6,300 ÷ 70 ● 630 ÷ 7

    F < G > (H) =

Para 15, nombra los números compatibles usados para hallar la estimación dada.

15. 4,095 ÷ 36

    estimación: 100

    (A) 4,000 ÷ 40 C 4,100 ÷ 40
    B 4,000 ÷ 30 D 4,100 ÷ 30

16. Nombra la posición del primer dígito del cociente.

    $78\overline{)43,121}$

    F posición de las unidades
    G posición de las decenas
    (H) posición de las centenas
    J posición de los millares

17. $55\overline{)3,585}$

    A 67 r8
    (B) 65 r10
    C 60 r45
    D 59 r32

18. 61,948 ÷ 28

    F 2,212 r4
    (G) 2,212 r12
    H 2,312 r4
    J 2,312 r12

19. Estima el cociente.

    $42\overline{)31,832}$

    A 8 (C) 800
    B 80 D 8,000

20. La suma de dos números es 48. Su producto es 252. ¿Cuál es uno de los dos números?

    F 5 H 7
    (G) 6 J 8

Sigue

AG 90 Guía de evaluación — Forma A • Selección múltiple

Nombre ____________________ PRUEBA DE LA UNIDAD 4 • PÁGINA 3

21. ¿Qué ecuación **no** es verdadera?

    A 36,000 ÷ 90 = 400
    (B) 3,600 ÷ 900 = 40
    C 360 ÷ 9 = 40
    D 3.6 ÷ 0.9 = 4

22. ¿Qué ecuación **no** es verdadera?

    F 81,000 ÷ 900 = 90
    (G) 8,100 ÷ 90 = 900
    H 810 ÷ 90 = 9
    J 8.1 ÷ 9 = 0.9

23. 48.51 ÷ 7

    (A) 6.93
    B 6.83
    C 5.93
    D 5.83

24. 77.28 ÷ 6

    F 12.98
    (G) 12.88
    H 11.98
    J 11.88

25. $27\overline{)\$503.28}$

    A $17.54
    B $18.54
    (C) $18.64
    D $19.64

26. 1,150.76 ÷ 52

    F 22.03
    (G) 22.13
    H 22.23
    J 23.13

Para 27–28, escribe la fracción como un decimal.

27. $\frac{3}{5}$

    A 0.2 (C) 0.6
    B 0.4 D 0.8

28. $\frac{19}{25}$

    F 0.70 H 0.74
    G 0.72 (J) 0.76

29. Cloud, Clay y Clarence quieren compartir el costo de una comida. La comida cuesta $13.25 y el envío cuesta $1.00. ¿Cuánto dinero necesitará cada uno para contribuir para la comida y el envío?

    A $4.55 C $4.95
    (B) $4.75 D $5.15

30. En la tienda de víveres, los espárragos cuestan $9.95 por 5 libras. ¿Cuánto cuesta una libra?

    F $0.99 (H) $1.99
    G $1.49 J $2.49

Sigue

Forma A • Selección múltiple — Guía de evaluación AG 91

Nombre ____________________ PRUEBA DE LA UNIDAD 4 • PÁGINA 4

Para 31–33, usa operaciones básicas y patrones para despejar *n*.

31. $0.15 \div 0.03 = n$

    A 50
    (B) 5
    C 0.5
    D 0.05

32. $n \div 0.09 = 6$

    F 54
    G 5.4
    H 5.04
    (J) 0.54

33. $2.2 \div n = 2$

    A 110
    B 11
    (C) 1.1
    D 0.11

34. $1.7\overline{)36.21}$

    F 2.13
    G 2.36
    (H) 21.3
    J 23.6

35. $0.6\overline{)3.42}$

    (A) 5.7
    B 5.6
    C 0.57
    D 0.56

36. $\$0.14\overline{)\$0.98}$

    F 0.60
    G 0.70
    H 6
    (J) 7

37. $\$3.07\overline{)\$27.63}$

    A 90
    (B) 9
    C 0.9
    D 0.09

38. $6.3\overline{)2.52}$

    F 0.6
    (G) 0.4
    H 0.06
    J 0.04

Para 39–40, usa la siguiente información.

Courtney ahorra $4.25 cada semana. Ella ahorra por 12 semanas.

39. ¿Qué operación es la mejor para saber cuánto dinero tendrá después de 12 semanas?

    (A) multiplicación
    B división
    C resta
    D suma

40. ¿Cuánto dinero tendrá Courtney después de 12 semanas?

    F $46.25 (H) $51.00
    G $48.00 J $52.25

Alto

AG 92 Guía de evaluación — Forma A • Selección múltiple

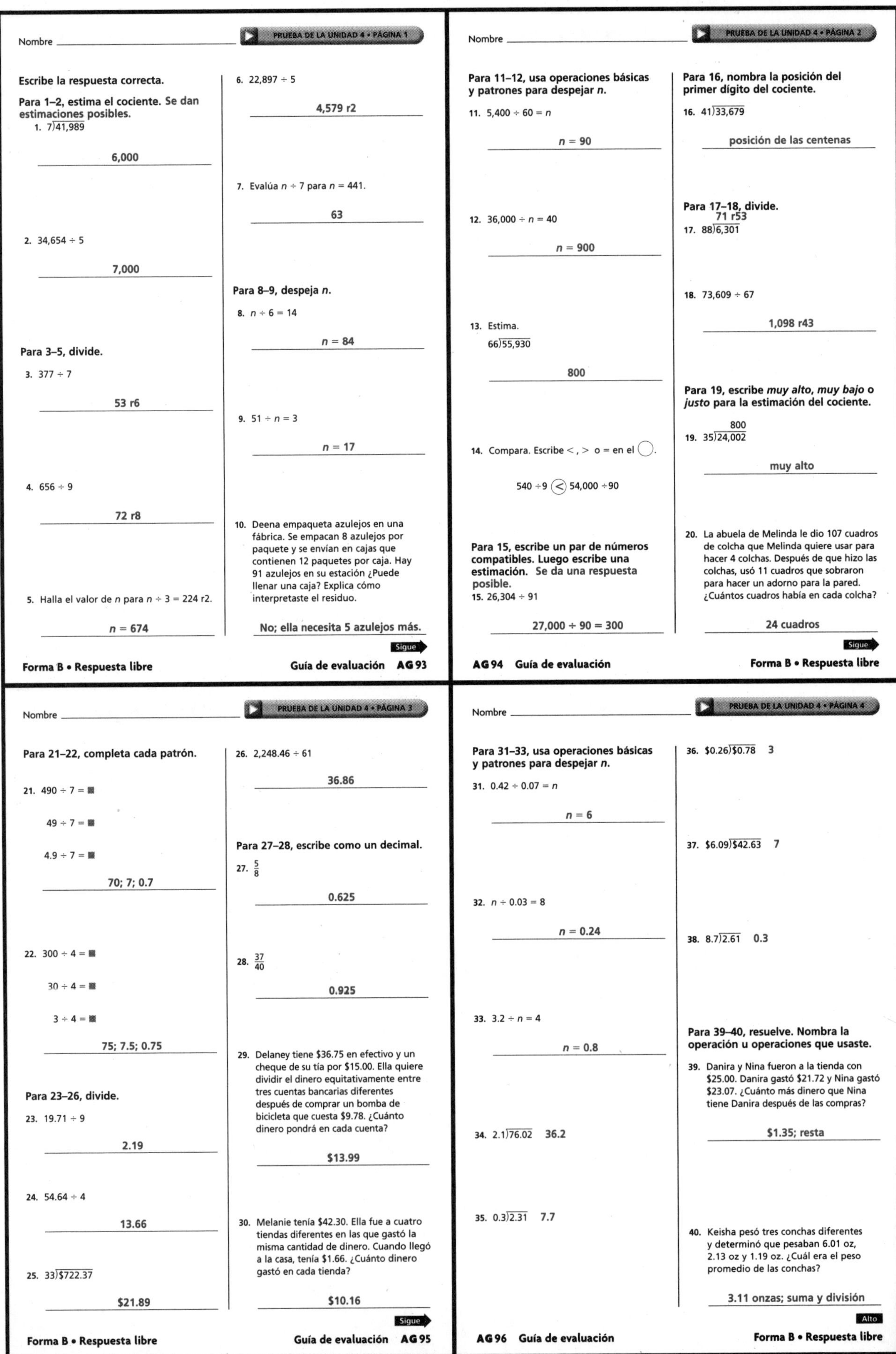

Nombre ______________________

PRUEBA DE LA UNIDAD 4 • PÁGINA 1

Escribe la respuesta correcta.

Para 1–2, estima el cociente. Se dan estimaciones posibles.

1. 7)41,989

6,000

2. 34,654 ÷ 5

7,000

Para 3–5, divide.

3. 377 ÷ 7

53 r6

4. 656 ÷ 9

72 r8

5. Halla el valor de *n* para *n* ÷ 3 = 224 r2.

n = 674

6. 22,897 ÷ 5

4,579 r2

7. Evalúa *n* ÷ 7 para *n* = 441.

63

Para 8–9, despeja *n*.

8. *n* ÷ 6 = 14

n = 84

9. 51 ÷ *n* = 3

n = 17

10. Deena empaqueta azulejos en una fábrica. Se empacan 8 azulejos por paquete y se envían en cajas que contienen 12 paquetes por caja. Hay 91 azulejos en su estación ¿Puede llenar una caja? Explica cómo interpretaste el residuo.

No; ella necesita 5 azulejos más.

Sigue

Forma B • Respuesta libre **Guía de evaluación AG 93**

Nombre ______________________

PRUEBA DE LA UNIDAD 4 • PÁGINA 2

Para 11–12, usa operaciones básicas y patrones para despejar *n*.

11. 5,400 ÷ 60 = *n*

n = 90

12. 36,000 ÷ *n* = 40

n = 900

13. Estima.
66)55,930

800

14. Compara. Escribe $<$, $>$ o = en el ○.

540 ÷ 9 ($<$) 54,000 ÷ 90

Para 15, escribe un par de números compatibles. Luego escribe una estimación. Se da una respuesta posible.

15. 26,304 ÷ 91

27,000 ÷ 90 = 300

Para 16, nombra la posición del primer dígito del cociente.

16. 41)33,679

posición de las centenas

Para 17–18, divide.

17. 88)6,301 — 71 r53

18. 73,609 ÷ 67

1,098 r43

Para 19, escribe *muy alto, muy bajo* o *justo* para la estimación del cociente.

19. 35)24,002 — 800

muy alto

20. La abuela de Melinda le dio 107 cuadros de colcha que Melinda quiere usar para hacer 4 colchas. Después de que hizo las colchas, usó 11 cuadros que sobraron para hacer un adorno para la pared. ¿Cuántos cuadros había en cada colcha?

24 cuadros

Sigue

AG 94 Guía de evaluación **Forma B • Respuesta libre**

Nombre ______________________

PRUEBA DE LA UNIDAD 4 • PÁGINA 3

Para 21–22, completa cada patrón.

21. 490 ÷ 7 = ■

49 ÷ 7 = ■

4.9 ÷ 7 = ■

70; 7; 0.7

22. 300 ÷ 4 = ■

30 ÷ 4 = ■

3 ÷ 4 = ■

75; 7.5; 0.75

Para 23–26, divide.

23. 19.71 ÷ 9

2.19

24. 54.64 ÷ 4

13.66

25. 33)$722.37

$21.89

26. 2,248.46 ÷ 61

36.86

Para 27–28, escribe como un decimal.

27. $\frac{5}{8}$

0.625

28. $\frac{37}{40}$

0.925

29. Delaney tiene $36.75 en efectivo y un cheque de su tía por $15.00. Ella quiere dividir el dinero equitativamente entre tres cuentas bancarias diferentes después de comprar un bomba de bicicleta que cuesta $9.78. ¿Cuánto dinero pondrá en cada cuenta?

$13.99

30. Melanie tenía $42.30. Ella fue a cuatro tiendas diferentes en las que gastó la misma cantidad de dinero. Cuando llegó a la casa, tenía $1.66. ¿Cuánto dinero gastó en cada tienda?

$10.16

Sigue

Forma B • Respuesta libre **Guía de evaluación AG 95**

Nombre ______________________

PRUEBA DE LA UNIDAD 4 • PÁGINA 4

Para 31–33, usa operaciones básicas y patrones para despejar *n*.

31. 0.42 ÷ 0.07 = *n*

n = 6

32. *n* ÷ 0.03 = 8

n = 0.24

33. 3.2 ÷ *n* = 4

n = 0.8

34. 2.1)76.02 — 36.2

35. 0.3)2.31 — 7.7

36. $0.26)$0.78 — 3

37. $6.09)$42.63 — 7

38. 8.7)2.61 — 0.3

Para 39–40, resuelve. Nombra la operación u operaciones que usaste.

39. Danira y Nina fueron a la tienda con $25.00. Danira gastó $21.72 y Nina gastó $23.07. ¿Cuánto más dinero que Nina tiene Danira después de las compras?

$1.35; resta

40. Keisha pesó tres conchas diferentes y determinó que pesaban 6.01 oz, 2.13 oz y 1.19 oz. ¿Cuál era el peso promedio de las conchas?

3.11 onzas; suma y división

Alto

AG 96 Guía de evaluación **Forma B • Respuesta libre**

Nombre ______________________

PRUEBA DEL CAPÍTULO 15 • PÁGINA 1

Elige la mejor respuesta.

Para 1–3, elige el número que divide el número dado equitativamente.

1. 1,239

   (A) 3   C 5
   B 4   D 9

2. 2,050

   F 3   H 9
   G 4   (J) 10

3. 18,045

   A 2   C 6
   B 4   (D) 9

Para 4–6, elige el mínimo común múltiplo para cada conjunto de números.

4. 2, 4, 9

   F 18   (H) 36
   G 27   J 72

5. 2, 3, 5

   A 15   C 45
   (B) 30   D 60

6. 3, 4, 12

   (F) 12   H 26
   G 24   J 36

Para 7–9, elige el máximo común divisor para cada conjunto de números.

7. 64, 72

   A 2   C 6
   B 4   (D) 8

8. 15, 45

   (F) 15   H 5
   G 9   J 3

9. 12, 16, 32

   (A) 4   C 8
   B 6   D 12

Para 10–12, elige el número primo.

10. F 1   H 28
    (G) 17   J 33

11. A 81   C 45
    B 51   (D) 41

12. F 27   (H) 47
    G 33   J 63

Sigue

Nombre ______________________

PRUEBA DEL CAPÍTULO 15 • PÁGINA 2

13. ¿Cómo se escribe 100,000 en forma exponencial?

    A 10^3 (C) 10^5
    B 10^4 D 10^6

14. ¿Cuál es el valor de 10^8?

    F 1,000,000,000   H 10,000,000
    (G) 100,000,000   J 80

Para 15–16, elige el símbolo que hace verdadero el enunciado numérico.

15. 10^5 ● 10,000

    A =   B <   (C) >

16. 100,000 ● 10^6

    F =   (G) <   H >

17. Halla la expresión equivalente.

    $17 \times 17 \times 17 \times 17 \times 17$

    (A) 17^5 C $17 + 5$
    B 17×5 D 5^{17}

Para 18–19, halla el valor de cada expresión.

18. 1^{31}

    (F) 1   H 31
    G 30   J 32

19. 4^4

    A 8   C 64
    B 16   (D) 256

Para 20–22, elige la descomposición en factores primos del número dado.

20. 220

    F $2 \times 5 \times 11$ (H) $2^2 \times 5 \times 11$
    G 10×11 J $2 \times 5^2 \times 11$

21. 315

    A $2 \times 3 \times 7$ C $3 \times 5^2 \times 7$
    (B) $3^2 \times 5 \times 7$ D $3 \times 5 \times 7$

22. 135

    F $2 \times 3 \times 5 \times 7$ H $3 \times 5 \times 7$
    G $3^2 \times 5$ (J) $3^3 \times 5$

23. El m.c.m. de 12 y 36 es 36. ¿Cuál es el M.C.D. de 12 y 36?

    A 4   C 8
    B 6   (D) 12

24. El M.C.D. del número 6 y otro número es 1. El m.c.m. de los dos números es 30. ¿Cuál es el otro número?

    F 3   (H) 5
    G 4   J 6

25. ¿Cuál describe una relación entre 12 y 26?

    A El M.C.D. es 6.
    (B) El m.c.m. es 156.
    C Ambos números son impares.
    D M.C.D. × m.c.m. = 302

Alto

Nombre ______________________

PRUEBA DEL CAPÍTULO 15 • PÁGINA 1

Escribe la respuesta correcta.

Para 1–3, indica si cada número es divisible entre 2, 3, 4, 5, 6, 9 o 10. Puedes escribir más de un número.

1. 1,248

   2, 3, 4, 6

2. 2,070

   2, 3, 5, 6, 9, 10

3. 13,045

   5

4. ¿Cómo se escribe 10,000 en forma normal?

   10^4

5. Escribe <, > o = en el ◯.

   100,000 (<) 10^6

6. ¿Cómo se escribe 10^{10} en forma normal?

   10,000,000,000

7. Escribe una expresión equivalente usando exponentes.

   $14 \times 14 \times 14 \times 14 \times 14$

   14^5

Para 8–10, escribe *primo* o *compuesto*.

8. 9

   compuesto

9. 71

   primo

10. 51

    compuesto

Para 11–12, hallar el valor de cada expresión.

11. 1^{23}

    1

12. 5^4

    625

Sigue

Nombre ______________________

PRUEBA DEL CAPÍTULO 15 • PÁGINA 2

Para 13–15, escribe el mínimo común múltiplo para cada conjunto de números.

13. 2, 4, 7

    28

14. 2, 4, 5

    20

15. 2, 4, 6

    12

Para 16–18, escribe el máximo común divisor para cada conjunto de números.

16. 54, 63

    9

17. 60, 84

    12

18. 10, 12, 24

    2

Para 19–21, usa las relaciones entre los números dados para contestar la pregunta.

19. El m.c.m. de 12 y 48 es 48. ¿Cuál es el M.C.D. de 12 y 48?

    12

20. El M.C.D. de 6 y otro número es 1. El m.c.m. es 42. ¿Cuál es el otro número?

    7

21. El M.C.D. de 9 y 36 es 9. ¿Cuál es el m.c.m. de 9 y 36?

    36

Para 22–24, escribe la descomposición en factores primos del número.

22. 48

    $2^4 \times 3$; $2 \times 2 \times 2 \times 2 \times 3$

23. 54

    2×3^3; $2 \times 3 \times 3 \times 3$

24. 56

    $2^3 \times 7$; $2 \times 2 \times 2 \times 7$

25. Escribe <, > o = en el ◯.

    $10 \times 10 \times 10 \times 10$ (<) 10^5

Alto

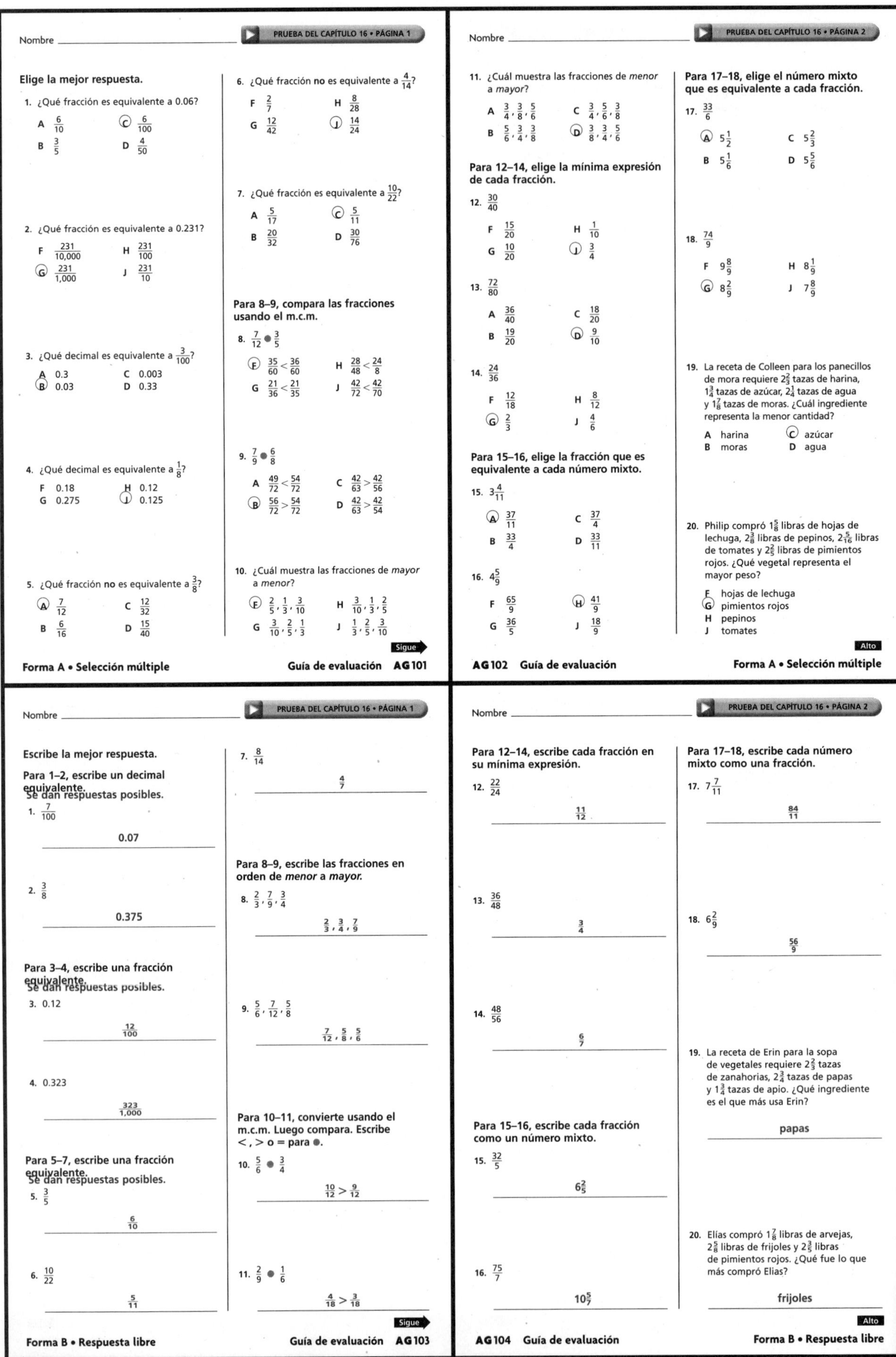

Nombre ______________ PRUEBA DEL CAPÍTULO 16 • PÁGINA 1

Elige la mejor respuesta.

1. ¿Qué fracción es equivalente a 0.06?
   A $\frac{6}{10}$ (C) $\frac{6}{100}$ B $\frac{3}{5}$ D $\frac{4}{50}$
2. ¿Qué fracción es equivalente a 0.231?
   F $\frac{231}{10{,}000}$ H $\frac{231}{100}$ (G) $\frac{231}{1{,}000}$ J $\frac{231}{10}$
3. ¿Qué decimal es equivalente a $\frac{3}{100}$?
   A 0.3 C 0.003 (B) 0.03 D 0.33
4. ¿Qué decimal es equivalente a $\frac{1}{8}$?
   F 0.18 H 0.12 G 0.275 (J) 0.125
5. ¿Qué fracción **no** es equivalente a $\frac{3}{8}$?
   (A) $\frac{7}{12}$ C $\frac{12}{32}$ B $\frac{6}{16}$ D $\frac{15}{40}$
6. ¿Qué fracción **no** es equivalente a $\frac{4}{14}$?
   F $\frac{2}{7}$ H $\frac{8}{28}$ G $\frac{12}{42}$ (J) $\frac{14}{24}$
7. ¿Qué fracción es equivalente a $\frac{10}{22}$?
   A $\frac{5}{17}$ (C) $\frac{5}{11}$ B $\frac{20}{32}$ D $\frac{30}{76}$

Para 8–9, compara las fracciones usando el m.c.m.

8. $\frac{7}{12}$ ● $\frac{3}{5}$
   (F) $\frac{35}{60} < \frac{36}{60}$ H $\frac{28}{48} < \frac{24}{8}$ G $\frac{21}{36} < \frac{21}{35}$ J $\frac{42}{72} < \frac{42}{70}$
9. $\frac{7}{9}$ ● $\frac{6}{8}$
   A $\frac{49}{72} < \frac{54}{72}$ C $\frac{42}{63} > \frac{42}{56}$ (B) $\frac{56}{72} > \frac{54}{72}$ D $\frac{42}{63} > \frac{42}{54}$
10. ¿Cuál muestra las fracciones de *mayor* a *menor*?
    (F) $\frac{2}{5}, \frac{1}{3}, \frac{3}{10}$ H $\frac{3}{10}, \frac{1}{3}, \frac{2}{5}$ G $\frac{3}{10}, \frac{2}{5}, \frac{1}{3}$ J $\frac{1}{3}, \frac{2}{5}, \frac{3}{10}$

Sigue

Forma A • Selección múltiple — Guía de evaluación AG101

Nombre ______________ PRUEBA DEL CAPÍTULO 16 • PÁGINA 2

11. ¿Cuál muestra las fracciones de *menor* a *mayor*?
    A $\frac{3}{4}, \frac{3}{8}, \frac{5}{6}$ C $\frac{3}{4}, \frac{5}{6}, \frac{3}{8}$ B $\frac{5}{6}, \frac{3}{4}, \frac{3}{8}$ (D) $\frac{3}{8}, \frac{3}{4}, \frac{5}{6}$

Para 12–14, elige la mínima expresión de cada fracción.

12. $\frac{30}{40}$
    F $\frac{15}{20}$ H $\frac{1}{10}$ G $\frac{10}{20}$ (J) $\frac{3}{4}$
13. $\frac{72}{80}$
    A $\frac{36}{40}$ C $\frac{18}{20}$ B $\frac{19}{20}$ (D) $\frac{9}{10}$
14. $\frac{24}{36}$
    F $\frac{12}{18}$ H $\frac{8}{12}$ (G) $\frac{2}{3}$ J $\frac{4}{6}$

Para 15–16, elige la fracción que es equivalente a cada número mixto.

15. $3\frac{4}{11}$
    (A) $\frac{37}{11}$ C $\frac{37}{4}$ B $\frac{33}{4}$ D $\frac{33}{11}$
16. $4\frac{5}{9}$
    F $\frac{65}{9}$ (H) $\frac{41}{9}$ G $\frac{36}{5}$ J $\frac{18}{9}$

Para 17–18, elige el número mixto que es equivalente a cada fracción.

17. $\frac{33}{6}$
    (A) $5\frac{1}{2}$ C $5\frac{2}{3}$ B $5\frac{1}{6}$ D $5\frac{5}{6}$
18. $\frac{74}{9}$
    F $9\frac{8}{9}$ H $8\frac{1}{9}$ (G) $8\frac{2}{9}$ J $7\frac{8}{9}$
19. La receta de Colleen para los panecillos de mora requiere $2\frac{2}{3}$ tazas de harina, $1\frac{3}{4}$ tazas de azúcar, $2\frac{1}{4}$ tazas de agua y $1\frac{7}{8}$ tazas de moras. ¿Cuál ingrediente representa la menor cantidad?
    A harina (C) azúcar B moras D agua
20. Philip compró $1\frac{5}{8}$ libras de hojas de lechuga, $2\frac{3}{8}$ libras de pepinos, $2\frac{5}{16}$ libras de tomates y $2\frac{2}{5}$ libras de pimientos rojos. ¿Qué vegetal representa el mayor peso?
    F hojas de lechuga (G) pimientos rojos H pepinos J tomates

Alto

AG102 Guía de evaluación — Forma A • Selección múltiple

Nombre ______________ PRUEBA DEL CAPÍTULO 16 • PÁGINA 1

Escribe la mejor respuesta.

Para 1–2, escribe un decimal equivalente. Se dan respuestas posibles.

1. $\frac{7}{100}$ — 0.07
2. $\frac{3}{8}$ — 0.375

Para 3–4, escribe una fracción equivalente. Se dan respuestas posibles.

3. 0.12 — $\frac{12}{100}$
4. 0.323 — $\frac{323}{1{,}000}$

Para 5–7, escribe una fracción equivalente. Se dan respuestas posibles.

5. $\frac{3}{5}$ — $\frac{6}{10}$
6. $\frac{10}{22}$ — $\frac{5}{11}$
7. $\frac{8}{14}$ — $\frac{4}{7}$

Para 8–9, escribe las fracciones en orden de *menor* a *mayor*.

8. $\frac{2}{3}, \frac{7}{9}, \frac{3}{4}$ — $\frac{2}{3}, \frac{3}{4}, \frac{7}{9}$
9. $\frac{5}{6}, \frac{7}{12}, \frac{5}{8}$ — $\frac{7}{12}, \frac{5}{8}, \frac{5}{6}$

Para 10–11, convierte usando el m.c.m. Luego compara. Escribe $<$, $>$ o $=$ para ●.

10. $\frac{5}{6}$ ● $\frac{3}{4}$ — $\frac{10}{12} > \frac{9}{12}$
11. $\frac{2}{9}$ ● $\frac{1}{6}$ — $\frac{4}{18} > \frac{3}{18}$

Sigue

Forma B • Respuesta libre — Guía de evaluación AG103

Nombre ______________ PRUEBA DEL CAPÍTULO 16 • PÁGINA 2

Para 12–14, escribe cada fracción en su mínima expresión.

12. $\frac{22}{24}$ — $\frac{11}{12}$
13. $\frac{36}{48}$ — $\frac{3}{4}$
14. $\frac{48}{56}$ — $\frac{6}{7}$

Para 15–16, escribe cada fracción como un número mixto.

15. $\frac{32}{5}$ — $6\frac{2}{5}$
16. $\frac{75}{7}$ — $10\frac{5}{7}$

Para 17–18, escribe cada número mixto como una fracción.

17. $7\frac{7}{11}$ — $\frac{84}{11}$
18. $6\frac{2}{9}$ — $\frac{56}{9}$
19. La receta de Erin para la sopa de vegetales requiere $2\frac{2}{3}$ tazas de zanahorias, $2\frac{3}{4}$ tazas de papas y $1\frac{3}{4}$ tazas de apio. ¿Qué ingrediente es el que más usa Erin? — papas
20. Elías compró $1\frac{7}{8}$ libras de arvejas, $2\frac{5}{8}$ libras de frijoles y $2\frac{3}{8}$ libras de pimientos rojos. ¿Qué fue lo que más compró Elias? — frijoles

Alto

AG104 Guía de evaluación — Forma B • Respuesta libre

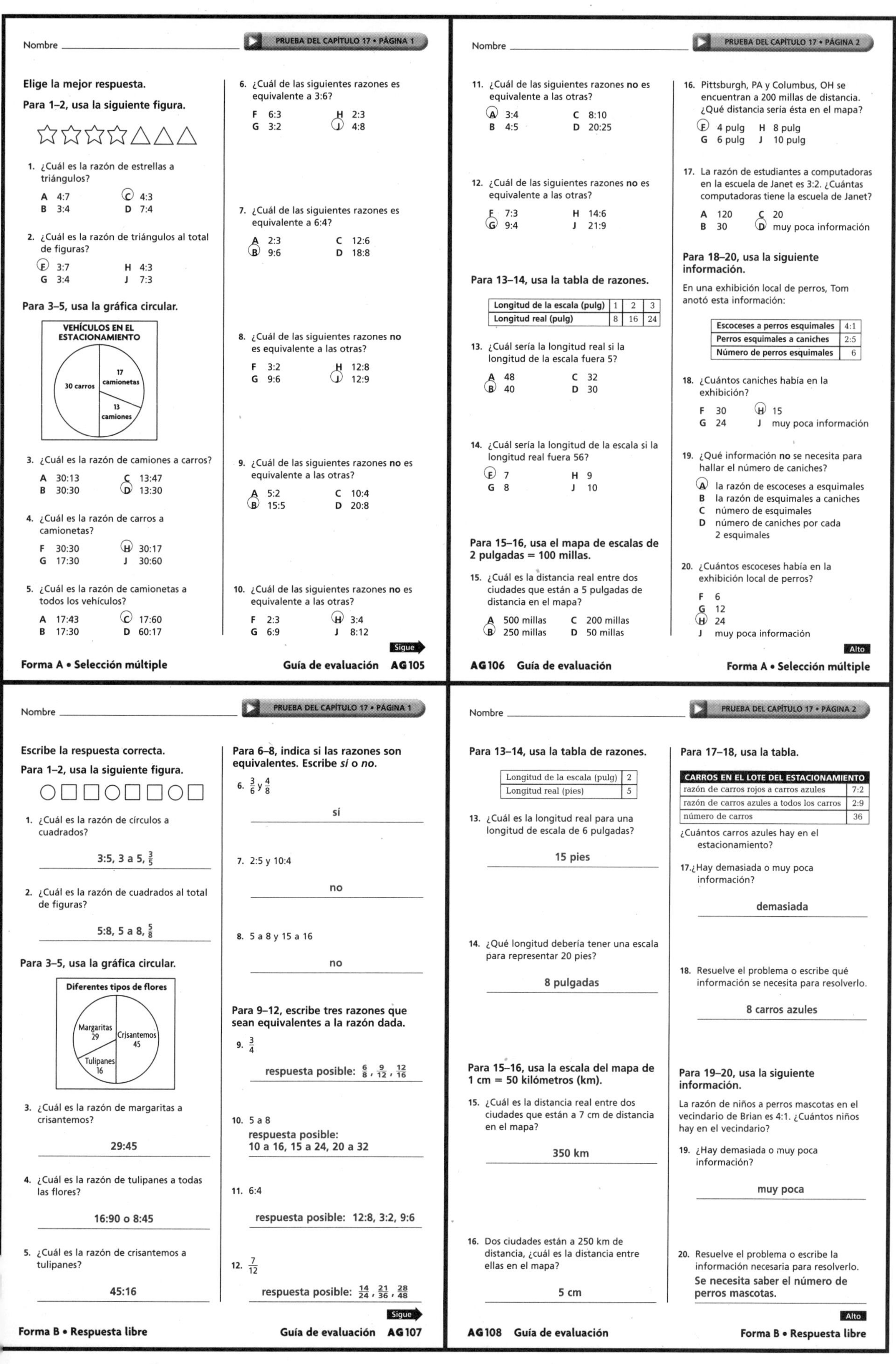

Nombre ____________________ PRUEBA DEL CAPÍTULO 17 • PÁGINA 1

Elige la mejor respuesta.

Para 1–2, usa la siguiente figura.

☆☆☆☆△△△

1. ¿Cuál es la razón de estrellas a triángulos?
   A 4:7 Ⓒ 4:3
   B 3:4 D 7:4

2. ¿Cuál es la razón de triángulos al total de figuras?
   Ⓕ 3:7 H 4:3
   G 3:4 J 7:3

Para 3–5, usa la gráfica circular.

3. ¿Cuál es la razón de camiones a carros?
   A 30:13 C 13:47
   B 30:30 Ⓓ 13:30

4. ¿Cuál es la razón de carros a camionetas?
   F 30:30 Ⓗ 30:17
   G 17:30 J 30:60

5. ¿Cuál es la razón de camionetas a todos los vehículos?
   A 17:43 Ⓒ 17:60
   B 17:30 D 60:17

6. ¿Cuál de las siguientes razones es equivalente a 3:6?
   F 6:3 H 2:3
   G 3:2 Ⓙ 4:8

7. ¿Cuál de las siguientes razones es equivalente a 6:4?
   A 2:3 C 12:6
   Ⓑ 9:6 D 18:8

8. ¿Cuál de las siguientes razones **no** es equivalente a las otras?
   F 3:2 H 12:8
   G 9:6 Ⓙ 12:9

9. ¿Cuál de las siguientes razones **no** es equivalente a las otras?
   A 5:2 C 10:4
   Ⓑ 15:5 D 20:8

10. ¿Cuál de las siguientes razones **no** es equivalente a las otras?
    F 2:3 Ⓗ 3:4
    G 6:9 J 8:12

Sigue

Nombre ____________________ PRUEBA DEL CAPÍTULO 17 • PÁGINA 2

11. ¿Cuál de las siguientes razones **no** es equivalente a las otras?
    Ⓐ 3:4 C 8:10
    B 4:5 D 20:25

12. ¿Cuál de las siguientes razones **no** es equivalente a las otras?
    F 7:3 H 14:6
    Ⓖ 9:4 J 21:9

Para 13–14, usa la tabla de razones.

Longitud de la escala (pulg)	1	2	3
Longitud real (pulg)	8	16	24

13. ¿Cuál sería la longitud real si la longitud de la escala fuera 5?
    A 48 C 32
    Ⓑ 40 D 30

14. ¿Cuál sería la longitud de la escala si la longitud real fuera 56?
    Ⓕ 7 H 9
    G 8 J 10

Para 15–16, usa el mapa de escalas de 2 pulgadas = 100 millas.

15. ¿Cuál es la distancia real entre dos ciudades que están a 5 pulgadas de distancia en el mapa?
    A 500 millas C 200 millas
    Ⓑ 250 millas D 50 millas

16. Pittsburgh, PA y Columbus, OH se encuentran a 200 millas de distancia. ¿Qué distancia sería ésta en el mapa?
    Ⓕ 4 pulg H 8 pulg
    G 6 pulg J 10 pulg

17. La razón de estudiantes a computadoras en la escuela de Janet es 3:2. ¿Cuántas computadoras tiene la escuela de Janet?
    A 120 C 20
    B 30 Ⓓ muy poca información

Para 18–20, usa la siguiente información.

En una exhibición local de perros, Tom anotó esta información:

Escoceses a perros esquimales	4:1
Perros esquimales a caniches	2:5
Número de perros esquimales	6

18. ¿Cuántos caniches había en la exhibición?
    F 30 Ⓗ 15
    G 24 J muy poca información

19. ¿Qué información **no** se necesita para hallar el número de caniches?
    Ⓐ la razón de escoceses a esquimales
    B la razón de esquimales a caniches
    C número de esquimales
    D número de caniches por cada 2 esquimales

20. ¿Cuántos escoceses había en la exhibición local de perros?
    F 6
    G 12
    Ⓗ 24
    J muy poca información

Alto

Nombre ____________________ PRUEBA DEL CAPÍTULO 17 • PÁGINA 1

Escribe la respuesta correcta.

Para 1–2, usa la siguiente figura.

○□□○□□○□

1. ¿Cuál es la razón de círculos a cuadrados?
   3:5, 3 a 5, $\frac{3}{5}$

2. ¿Cuál es la razón de cuadrados al total de figuras?
   5:8, 5 a 8, $\frac{5}{8}$

Para 3–5, usa la gráfica circular.

3. ¿Cuál es la razón de margaritas a crisantemos?
   29:45

4. ¿Cuál es la razón de tulipanes a todas las flores?
   16:90 o 8:45

5. ¿Cuál es la razón de crisantemos a tulipanes?
   45:16

Para 6–8, indica si las razones son equivalentes. Escribe *sí* o *no*.

6. $\frac{3}{6}$ y $\frac{4}{8}$
   sí

7. 2:5 y 10:4
   no

8. 5 a 8 y 15 a 16
   no

Para 9–12, escribe tres razones que sean equivalentes a la razón dada.

9. $\frac{3}{4}$
   respuesta posible: $\frac{6}{8}$, $\frac{9}{12}$, $\frac{12}{16}$

10. 5 a 8
    respuesta posible: 10 a 16, 15 a 24, 20 a 32

11. 6:4
    respuesta posible: 12:8, 3:2, 9:6

12. $\frac{7}{12}$
    respuesta posible: $\frac{14}{24}$, $\frac{21}{36}$, $\frac{28}{48}$

Sigue

Nombre ____________________ PRUEBA DEL CAPÍTULO 17 • PÁGINA 2

Para 13–14, usa la tabla de razones.

Longitud de la escala (pulg)	2
Longitud real (pies)	5

13. ¿Cuál es la longitud real para una longitud de escala de 6 pulgadas?
    15 pies

14. ¿Qué longitud debería tener una escala para representar 20 pies?
    8 pulgadas

Para 15–16, usa la escala del mapa de 1 cm = 50 kilómetros (km).

15. ¿Cuál es la distancia real entre dos ciudades que están a 7 cm de distancia en el mapa?
    350 km

16. Dos ciudades están a 250 km de distancia, ¿cuál es la distancia entre ellas en el mapa?
    5 cm

Para 17–18, usa la tabla.

CARROS EN EL LOTE DEL ESTACIONAMIENTO	
razón de carros rojos a carros azules	7:2
razón de carros azules a todos los carros	2:9
número de carros	36

¿Cuántos carros azules hay en el estacionamiento?

17. ¿Hay demasiada o muy poca información?
    demasiada

18. Resuelve el problema o escribe qué información se necesita para resolverlo.
    8 carros azules

Para 19–20, usa la siguiente información.

La razón de niños a perros mascotas en el vecindario de Brian es 4:1. ¿Cuántos niños hay en el vecindario?

19. ¿Hay demasiada o muy poca información?
    muy poca

20. Resuelve el problema o escribe la información necesaria para resolverlo.
    Se necesita saber el número de perros mascotas.

Alto

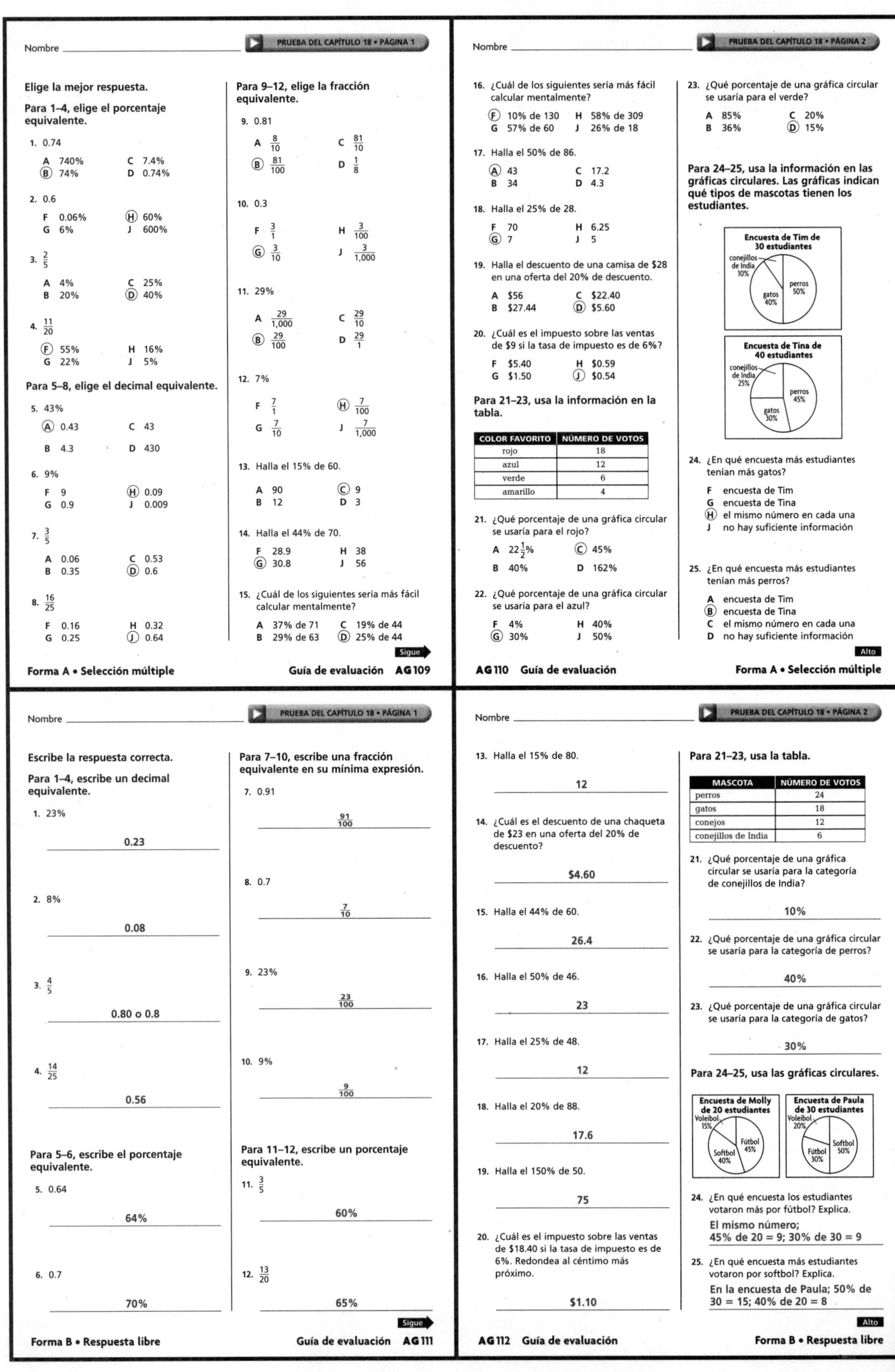

Nombre ______________________ PRUEBA DEL CAPÍTULO 18 • PÁGINA 1

Elige la mejor respuesta.

Para 1–4, elige el porcentaje equivalente.

1. 0.74
   A 740% C 7.4%
   (B) 74% D 0.74%

2. 0.6
   F 0.06% (H) 60%
   G 6% J 600%

3. $\frac{2}{5}$
   A 4% C 25%
   B 20% (D) 40%

4. $\frac{11}{20}$
   (F) 55% H 16%
   G 22% J 5%

Para 5–8, elige el decimal equivalente.

5. 43%
   (A) 0.43 C 43
   B 4.3 D 430

6. 9%
   F 9 (H) 0.09
   G 0.9 J 0.009

7. $\frac{3}{5}$
   A 0.06 C 0.53
   B 0.35 (D) 0.6

8. $\frac{16}{25}$
   F 0.16 H 0.32
   G 0.25 (J) 0.64

Para 9–12, elige la fracción equivalente.

9. 0.81
   A $\frac{8}{10}$ C $\frac{81}{10}$
   (B) $\frac{81}{100}$ D $\frac{1}{8}$

10. 0.3
    F $\frac{3}{1}$ H $\frac{3}{100}$
    (G) $\frac{3}{10}$ J $\frac{3}{1{,}000}$

11. 29%
    A $\frac{29}{1{,}000}$ C $\frac{29}{10}$
    (B) $\frac{29}{100}$ D $\frac{29}{1}$

12. 7%
    F $\frac{7}{1}$ (H) $\frac{7}{100}$
    G $\frac{7}{10}$ J $\frac{7}{1{,}000}$

13. Halla el 15% de 60.
    A 90 (C) 9
    B 12 D 3

14. Halla el 44% de 70.
    F 28.9 H 38
    (G) 30.8 J 56

15. ¿Cuál de los siguientes sería más fácil calcular mentalmente?
    A 37% de 71 C 19% de 44
    B 29% de 63 (D) 25% de 44

Sigue

Forma A • Selección múltiple **Guía de evaluación AG 109**

Nombre ______________________ PRUEBA DEL CAPÍTULO 18 • PÁGINA 2

16. ¿Cuál de los siguientes sería más fácil calcular mentalmente?
    (F) 10% de 130 H 58% de 309
    G 57% de 60 J 26% de 18

17. Halla el 50% de 86.
    (A) 43 C 17.2
    B 34 D 4.3

18. Halla el 25% de 28.
    F 70 H 6.25
    (G) 7 J 5

19. Halla el descuento de una camisa de $28 en una oferta del 20% de descuento.
    A $56 C $22.40
    B $27.44 (D) $5.60

20. ¿Cuál es el impuesto sobre las ventas de $9 si la tasa de impuesto es de 6%?
    F $5.40 H $0.59
    G $1.50 (J) $0.54

Para 21–23, usa la información en la tabla.

COLOR FAVORITO	NÚMERO DE VOTOS
rojo	18
azul	12
verde	6
amarillo	4

21. ¿Qué porcentaje de una gráfica circular se usaría para el rojo?
    A $22\frac{1}{2}$% (C) 45%
    B 40% D 162%

22. ¿Qué porcentaje de una gráfica circular se usaría para el azul?
    F 4% H 40%
    (G) 30% J 50%

23. ¿Qué porcentaje de una gráfica circular se usaría para el verde?
    A 85% C 20%
    B 36% (D) 15%

Para 24–25, usa la información en las gráficas circulares. Las gráficas indican qué tipos de mascotas tienen los estudiantes.

24. ¿En qué encuesta más estudiantes tenían más gatos?
    F encuesta de Tim
    G encuesta de Tina
    (H) el mismo número en cada una
    J no hay suficiente información

25. ¿En qué encuesta más estudiantes tenían más perros?
    A encuesta de Tim
    (B) encuesta de Tina
    C el mismo número en cada una
    D no hay suficiente información

Alto

AG 110 Guía de evaluación **Forma A • Selección múltiple**

Nombre ______________________ PRUEBA DEL CAPÍTULO 18 • PÁGINA 1

Escribe la respuesta correcta.

Para 1–4, escribe un decimal equivalente.

1. 23% **0.23**

2. 8% **0.08**

3. $\frac{4}{5}$ **0.80 o 0.8**

4. $\frac{14}{25}$ **0.56**

Para 5–6, escribe el porcentaje equivalente.

5. 0.64 **64%**

6. 0.7 **70%**

Para 7–10, escribe una fracción equivalente en su mínima expresión.

7. 0.91 $\frac{91}{100}$

8. 0.7 $\frac{7}{10}$

9. 23% $\frac{23}{100}$

10. 9% $\frac{9}{100}$

Para 11–12, escribe un porcentaje equivalente.

11. $\frac{3}{5}$ **60%**

12. $\frac{13}{20}$ **65%**

Sigue

Forma B • Respuesta libre **Guía de evaluación AG 111**

Nombre ______________________ PRUEBA DEL CAPÍTULO 18 • PÁGINA 2

13. Halla el 15% de 80. **12**

14. ¿Cuál es el descuento de una chaqueta de $23 en una oferta del 20% de descuento? **$4.60**

15. Halla el 44% de 60. **26.4**

16. Halla el 50% de 46. **23**

17. Halla el 25% de 48. **12**

18. Halla el 20% de 88. **17.6**

19. Halla el 150% de 50. **75**

20. ¿Cuál es el impuesto sobre las ventas de $18.40 si la tasa de impuesto es de 6%. Redondea al céntimo más próximo. **$1.10**

Para 21–23, usa la tabla.

MASCOTA	NÚMERO DE VOTOS
perros	24
gatos	18
conejos	12
conejillos de India	6

21. ¿Qué porcentaje de una gráfica circular se usaría para la categoría de conejillos de India? **10%**

22. ¿Qué porcentaje de una gráfica circular se usaría para la categoría de perros? **40%**

23. ¿Qué porcentaje de una gráfica circular se usaría para la categoría de gatos? **30%**

Para 24–25, usa las gráficas circulares.

24. ¿En qué encuesta los estudiantes votaron más por fútbol? Explica.
    El mismo número; 45% de 20 = 9; 30% de 30 = 9

25. ¿En qué encuesta más estudiantes votaron por softbol? Explica.
    En la encuesta de Paula; 50% de 30 = 15; 40% de 20 = 8

Alto

AG 112 Guía de evaluación **Forma B • Respuesta libre**

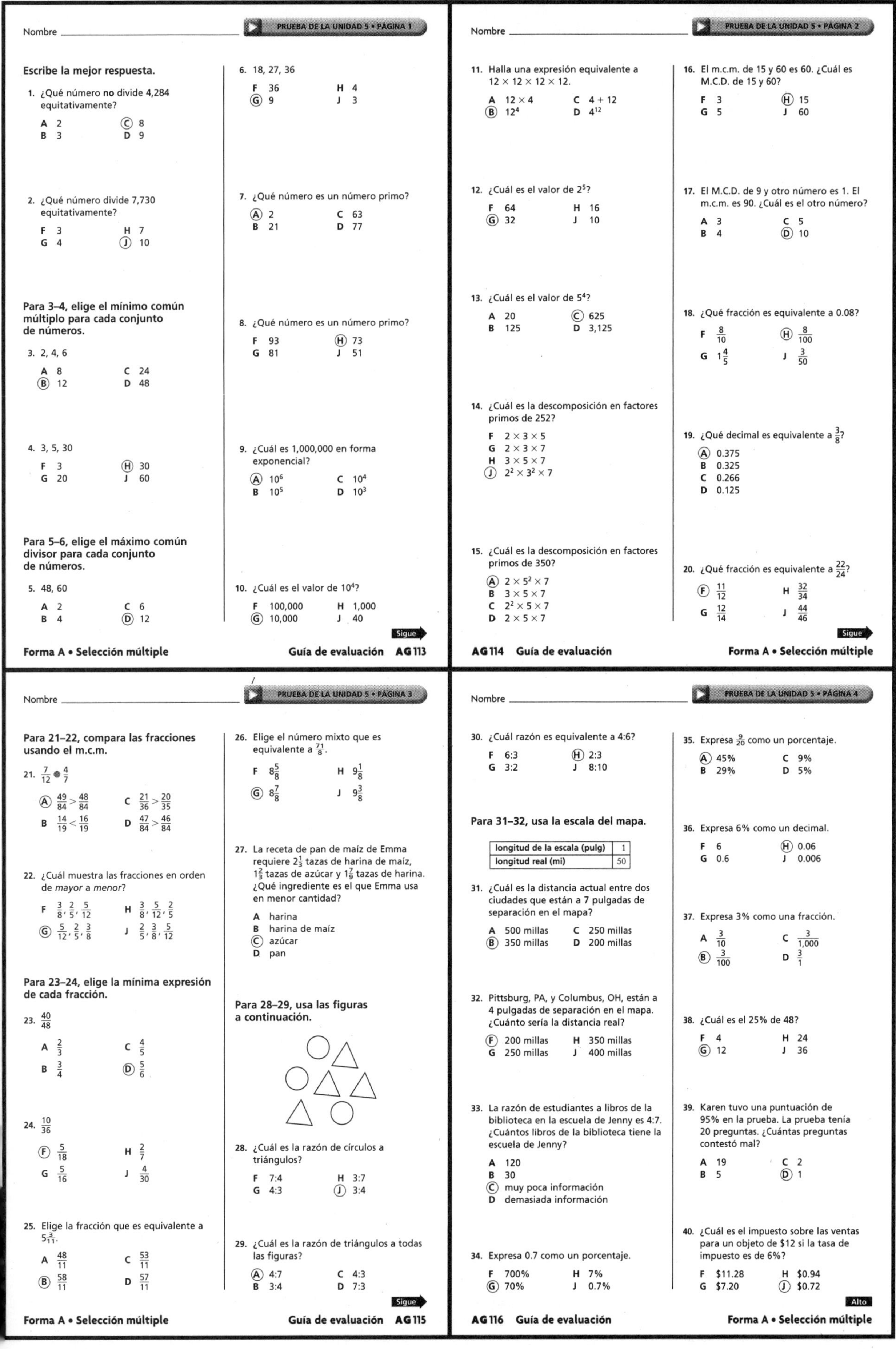

Nombre ____________ PRUEBA DE LA UNIDAD 5 • PÁGINA 1

Escribe la mejor respuesta.

1. ¿Qué número **no** divide 4,284 equitativamente?
   A 2 Ⓒ 8
   B 3 D 9

2. ¿Qué número divide 7,730 equitativamente?
   F 3 H 7
   G 4 Ⓙ 10

Para 3–4, elige el mínimo común múltiplo para cada conjunto de números.

3. 2, 4, 6
   A 8 C 24
   Ⓑ 12 D 48

4. 3, 5, 30
   F 3 Ⓗ 30
   G 20 J 60

Para 5–6, elige el máximo común divisor para cada conjunto de números.

5. 48, 60
   A 2 C 6
   B 4 Ⓓ 12

6. 18, 27, 36
   F 36 H 4
   Ⓖ 9 J 3

7. ¿Qué número es un número primo?
   Ⓐ 2 C 63
   B 21 D 77

8. ¿Qué número es un número primo?
   F 93 Ⓗ 73
   G 81 J 51

9. ¿Cuál es 1,000,000 en forma exponencial?
   Ⓐ 10^6 C 10^4
   B 10^5 D 10^3

10. ¿Cuál es el valor de 10^4?
    F 100,000 H 1,000
    Ⓖ 10,000 J 40

Sigue

Forma A • Selección múltiple Guía de evaluación AG 113

Nombre ____________ PRUEBA DE LA UNIDAD 5 • PÁGINA 2

11. Halla una expresión equivalente a $12 \times 12 \times 12 \times 12$.
    A 12×4 C $4 + 12$
    Ⓑ 12^4 D 4^{12}

12. ¿Cuál es el valor de 2^5?
    F 64 H 16
    Ⓖ 32 J 10

13. ¿Cuál es el valor de 5^4?
    A 20 Ⓒ 625
    B 125 D 3,125

14. ¿Cuál es la descomposición en factores primos de 252?
    F $2 \times 3 \times 5$
    G $2 \times 3 \times 7$
    H $3 \times 5 \times 7$
    Ⓙ $2^2 \times 3^2 \times 7$

15. ¿Cuál es la descomposición en factores primos de 350?
    Ⓐ $2 \times 5^2 \times 7$
    B $3 \times 5 \times 7$
    C $2^2 \times 5 \times 7$
    D $2 \times 5 \times 7$

16. El m.c.m. de 15 y 60 es 60. ¿Cuál es M.C.D. de 15 y 60?
    F 3 Ⓗ 15
    G 5 J 60

17. El M.C.D. de 9 y otro número es 1. El m.c.m. es 90. ¿Cuál es el otro número?
    A 3 C 5
    B 4 Ⓓ 10

18. ¿Qué fracción es equivalente a 0.08?
    F $\frac{8}{10}$ Ⓗ $\frac{8}{100}$
    G $1\frac{4}{5}$ J $\frac{3}{50}$

19. ¿Qué decimal es equivalente a $\frac{3}{8}$?
    Ⓐ 0.375
    B 0.325
    C 0.266
    D 0.125

20. ¿Qué fracción es equivalente a $\frac{22}{24}$?
    Ⓕ $\frac{11}{12}$ H $\frac{32}{34}$
    G $\frac{12}{14}$ J $\frac{44}{46}$

Sigue

AG 114 Guía de evaluación Forma A • Selección múltiple

Nombre ____________ PRUEBA DE LA UNIDAD 5 • PÁGINA 3

Para 21–22, compara las fracciones usando el m.c.m.

21. $\frac{7}{12}$ ● $\frac{4}{7}$
    Ⓐ $\frac{49}{84} > \frac{48}{84}$ C $\frac{21}{36} > \frac{20}{35}$
    B $\frac{14}{19} < \frac{16}{19}$ D $\frac{47}{84} > \frac{46}{84}$

22. ¿Cuál muestra las fracciones en orden de *mayor a menor*?
    F $\frac{3}{8}, \frac{2}{5}, \frac{5}{12}$ H $\frac{3}{8}, \frac{5}{12}, \frac{2}{5}$
    Ⓖ $\frac{5}{12}, \frac{2}{5}, \frac{3}{8}$ J $\frac{2}{5}, \frac{3}{8}, \frac{5}{12}$

Para 23–24, elige la mínima expresión de cada fracción.

23. $\frac{40}{48}$
    A $\frac{2}{3}$ C $\frac{4}{5}$
    B $\frac{3}{4}$ Ⓓ $\frac{5}{6}$

24. $\frac{10}{36}$
    Ⓕ $\frac{5}{18}$ H $\frac{2}{7}$
    G $\frac{5}{16}$ J $\frac{4}{30}$

25. Elige la fracción que es equivalente a $5\frac{3}{11}$.
    A $\frac{48}{11}$ C $\frac{53}{11}$
    Ⓑ $\frac{58}{11}$ D $\frac{57}{11}$

26. Elige el número mixto que es equivalente a $\frac{71}{8}$.
    F $8\frac{5}{8}$ H $9\frac{1}{8}$
    Ⓖ $8\frac{7}{8}$ J $9\frac{3}{8}$

27. La receta de pan de maíz de Emma requiere $2\frac{1}{3}$ tazas de harina de maíz, $1\frac{2}{3}$ tazas de azúcar y $1\frac{7}{9}$ tazas de harina. ¿Qué ingrediente es el que Emma usa en menor cantidad?
    A harina
    B harina de maíz
    Ⓒ azúcar
    D pan

Para 28–29, usa las figuras a continuación.

28. ¿Cuál es la razón de círculos a triángulos?
    F 7:4 H 3:7
    G 4:3 Ⓙ 3:4

29. ¿Cuál es la razón de triángulos a todas las figuras?
    Ⓐ 4:7 C 4:3
    B 3:4 D 7:3

Sigue

Forma A • Selección múltiple Guía de evaluación AG 115

Nombre ____________ PRUEBA DE LA UNIDAD 5 • PÁGINA 4

30. ¿Cuál razón es equivalente a 4:6?
    F 6:3 Ⓗ 2:3
    G 3:2 J 8:10

Para 31–32, usa la escala del mapa.

longitud de la escala (pulg)	1
longitud real (mi)	50

31. ¿Cuál es la distancia actual entre dos ciudades que están a 7 pulgadas de separación en el mapa?
    A 500 millas C 250 millas
    Ⓑ 350 millas D 200 millas

32. Pittsburg, PA, y Columbus, OH, están a 4 pulgadas de separación en el mapa. ¿Cuánto sería la distancia real?
    Ⓕ 200 millas H 350 millas
    G 250 millas J 400 millas

33. La razón de estudiantes a libros de la biblioteca en la escuela de Jenny es 4:7. ¿Cuántos libros de la biblioteca tiene la escuela de Jenny?
    A 120
    B 30
    Ⓒ muy poca información
    D demasiada información

34. Expresa 0.7 como un porcentaje.
    F 700% H 7%
    Ⓖ 70% J 0.7%

35. Expresa $\frac{9}{20}$ como un porcentaje.
    Ⓐ 45% C 9%
    B 29% D 5%

36. Expresa 6% como un decimal.
    F 6 Ⓗ 0.06
    G 0.6 J 0.006

37. Expresa 3% como una fracción.
    A $\frac{3}{10}$ C $\frac{3}{1,000}$
    Ⓑ $\frac{3}{100}$ D $\frac{3}{1}$

38. ¿Cuál es el 25% de 48?
    F 4 H 24
    Ⓖ 12 J 36

39. Karen tuvo una puntuación de 95% en la prueba. La prueba tenía 20 preguntas. ¿Cuántas preguntas contestó mal?
    A 19 C 2
    B 5 Ⓓ 1

40. ¿Cuál es el impuesto sobre las ventas para un objeto de $12 si la tasa de impuesto es de 6%?
    F $11.28 H $0.94
    G $7.20 Ⓙ $0.72

Alto

AG 116 Guía de evaluación Forma A • Selección múltiple

Escribe la respuesta correcta.

Para 1–2, indica si cada número es divisible entre 2, 3, 4, 5, 6, 7, 8, 8, 9 o 10.

1. 4,284

   2, 3, 4, 6, 7, 9

2. 2,210

   2, 5, 10

Para 3–4, halla el mínimo común múltiplo para cada conjunto de números.

3. 2, 5, 6

   30

4. 2, 5, 45

   90

Para 5–6, halla el máximo común divisor para cada conjunto de números.

5. 34, 51

   17

6. 21, 35, 56

   7

7. Haz una lista de los números primos entre 20 y 40.

   23, 29, 31, 37

8. Escribe *primo* o *compuesto* para 77.

   compuesto

9. Escribe 100,000 en forma exponencial.

   10^5

10. Halla el valor de 10^6.

    1,000,000

Sigue

11. Escribe $9 \times 9 \times 9 \times 9$ usando un exponente.

    9^4

Para 12–13, halla el valor.

12. 4^5

    1,024

13. 9^4

    6,561

Para 14–15, escribe la descomposición en factores primos del número. Usa exponentes cuando sea posible.

14. 351

    $3^3 \times 13$

15. 189

    $3^3 \times 7$

16. El M.C.D. de 7 y otro número es 1. El m.c.m. es 19. ¿Cuál es el otro número?

    17

17. El M.C.D. de 8 y otro número es 1. El m.c.m. es 24. ¿Cuál es el otro número?

    3

18. Escribe una fracción equivalente a 0.63.

    $\frac{63}{100}$

19. Escribe $\frac{3}{25}$ como un decimal.

    0.12

20. Escribe una fracción equivalente a $\frac{3}{14}$.

    Respuesta posible: $\frac{6}{28}$

Sigue

21. Compara las fracciones usando el m.c.m. Escribe $<$, $>$ o $=$ en el ●.

    $\frac{5}{9}$ ● $\frac{7}{12}$

    $\frac{20}{36} < \frac{21}{36}$

22. Escribe las fracciones en orden de *mayor a menor*.

    $\frac{2}{9}, \frac{5}{18}, \frac{1}{3}$

    $\frac{1}{3}, \frac{5}{18}, \frac{2}{9}$

Para 23–24, escribe la mínima expresión para cada fracción.

23. $\frac{20}{36}$

    $\frac{5}{9}$

24. $\frac{5}{35}$

    $\frac{1}{7}$

25. Escribe una fracción equivalente a $3\frac{3}{8}$.

    Respuesta posible: $\frac{27}{8}$

26. Escribe un número mixto equivalente a $\frac{29}{9}$.

    $3\frac{2}{9}$

27. Genevieve fue a un mercado agrícola. Ella compró $1\frac{3}{8}$ libras de zanahorias, $2\frac{1}{16}$ libras de guisantes, $1\frac{5}{16}$ libras de judías y $1\frac{1}{2}$ libras de tomates. ¿De cuál alimento Genevieve compró menos?

    Judías

Para 28–29, usa las siguientes figuras.

■ ▲ ■ ■ ■ ■ ▲ ■ ■

28. Escribe la razón de cuadrados a triángulos.

    7:2

29. ¿Cuál es la razón de triángulos a todas las figuras?

    2:9

30. Escribe una razón equivalente a 6:20.

    Respuesta posible: 3:10

Sigue

Para 31–32, usa la escala del mapa.

longitud de la escala (pulg)	1
longitud real (mi)	67

31. ¿Cuál es la distancia entre dos ciudades que se hallan a 9 pulgadas de separación en el mapa?

    603 mi

32. Dos aeropuertos se hallan a casi 4 pulgadas de separación en el mapa. ¿Cuánto sería esto en distancia real?

    Casi 268 mi

Para 33, escribe si el problema tiene *demasiada* o *muy poca información*. Luego, si es posible, resuelve el problema o describe la información adicional necesaria.

33. La razón de niños a niñas en la escuela de Jenny es de 3:2. Hay 150 estudiantes en la escuela de Jenny. Alrededor de la mitad de ellos disfruta la clase de computación. ¿Cuántas niñas hay en la escuela?

    demasiada; 60 niñas

34. Escribe 0.27 como un porcentaje.

    27%

35. Escribe $\frac{15}{40}$ como un porcentaje.

    37.5%

36. Escribe 47% como un decimal.

    0.47

37. Escribe 18% como una fracción en su mínima expresión.

    $\frac{9}{50}$

38. ¿Cuál es el 40% de 65?

    26

39. Paúl tuvo una puntuación de 85% en la prueba. La prueba tenía 40 preguntas. ¿Cuántas preguntas contestó mal?

    6

40. ¿Cuál es el impuesto sobre las ventas para un objeto de $54 si la tasa de impuesto es de 8.5%?

    $4.59

Alto

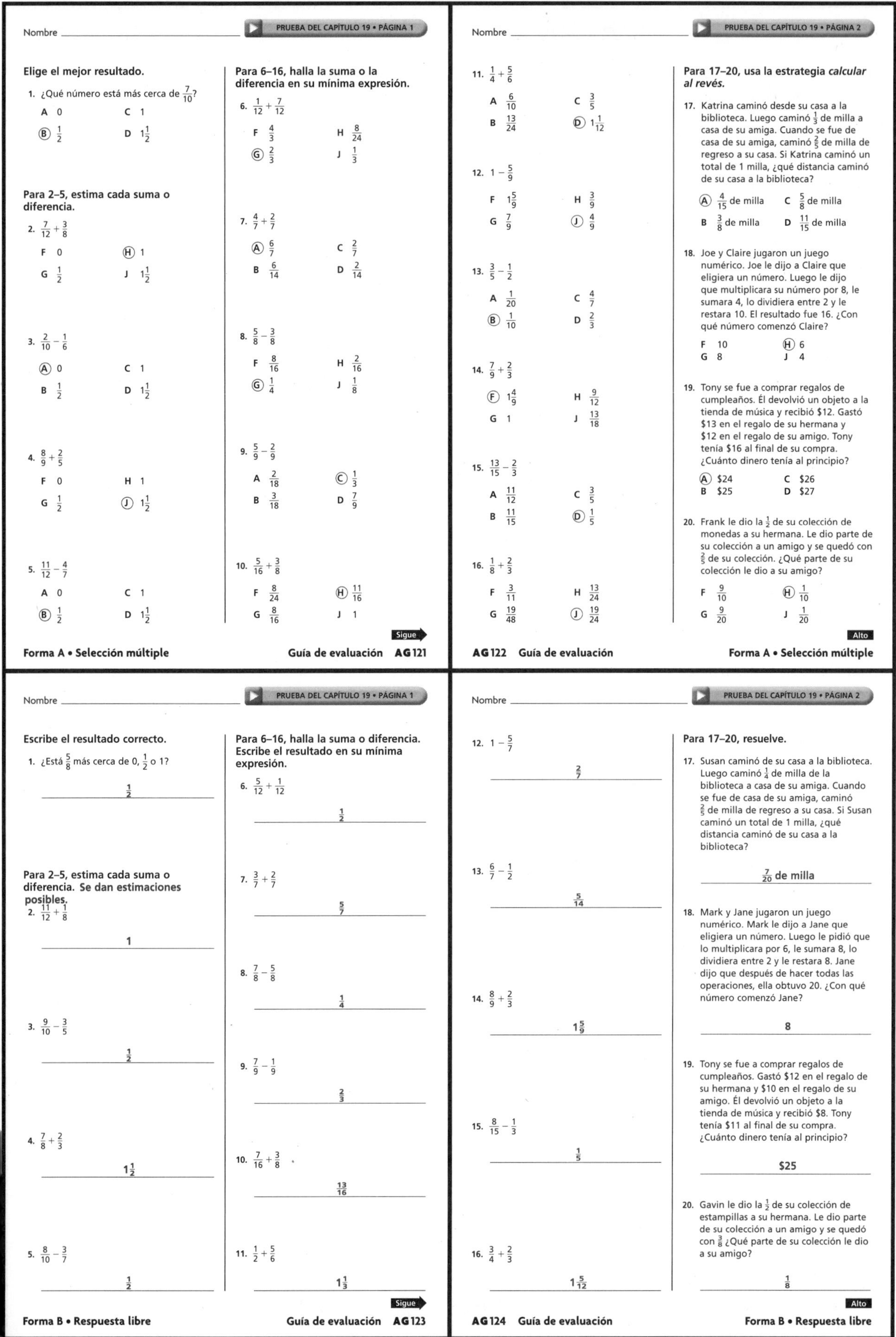

Nombre ____________________ PRUEBA DEL CAPÍTULO 19 • PÁGINA 1

Elige el mejor resultado.

1. ¿Qué número está más cerca de $\frac{7}{10}$?

A 0 C 1
(B) $\frac{1}{2}$ D $1\frac{1}{2}$

Para 2–5, estima cada suma o diferencia.

2. $\frac{7}{12} + \frac{3}{8}$

F 0 (H) 1
G $\frac{1}{2}$ J $1\frac{1}{2}$

3. $\frac{2}{10} - \frac{1}{6}$

(A) 0 C 1
B $\frac{1}{2}$ D $1\frac{1}{2}$

4. $\frac{8}{9} + \frac{2}{5}$

F 0 H 1
G $\frac{1}{2}$ (J) $1\frac{1}{2}$

5. $\frac{11}{12} - \frac{4}{7}$

A 0 C 1
(B) $\frac{1}{2}$ D $1\frac{1}{2}$

Para 6–16, halla la suma o la diferencia en su mínima expresión.

6. $\frac{1}{12} + \frac{7}{12}$

F $\frac{4}{3}$ H $\frac{8}{24}$
(G) $\frac{2}{3}$ J $\frac{1}{3}$

7. $\frac{4}{7} + \frac{2}{7}$

(A) $\frac{6}{7}$ C $\frac{2}{7}$
B $\frac{6}{14}$ D $\frac{2}{14}$

8. $\frac{5}{8} - \frac{3}{8}$

F $\frac{8}{16}$ H $\frac{2}{16}$
(G) $\frac{1}{4}$ J $\frac{1}{8}$

9. $\frac{5}{9} - \frac{2}{9}$

A $\frac{2}{18}$ (C) $\frac{1}{3}$
B $\frac{3}{18}$ D $\frac{7}{9}$

10. $\frac{5}{16} + \frac{3}{8}$

F $\frac{8}{24}$ (H) $\frac{11}{16}$
G $\frac{8}{16}$ J 1

Sigue

Forma A • Selección múltiple Guía de evaluación AG 121

Nombre ____________________ PRUEBA DEL CAPÍTULO 19 • PÁGINA 2

11. $\frac{1}{4} + \frac{5}{6}$

A $\frac{6}{10}$ C $\frac{3}{5}$
B $\frac{13}{24}$ (D) $1\frac{1}{12}$

12. $1 - \frac{5}{9}$

F $1\frac{5}{9}$ H $\frac{3}{9}$
G $\frac{7}{9}$ (J) $\frac{4}{9}$

13. $\frac{3}{5} - \frac{1}{2}$

A $\frac{1}{20}$ C $\frac{4}{7}$
(B) $\frac{1}{10}$ D $\frac{2}{3}$

14. $\frac{7}{9} + \frac{2}{3}$

(F) $1\frac{4}{9}$ H $\frac{9}{12}$
G 1 J $\frac{13}{18}$

15. $\frac{13}{15} - \frac{2}{3}$

A $\frac{11}{12}$ C $\frac{3}{5}$
B $\frac{11}{15}$ (D) $\frac{1}{5}$

16. $\frac{1}{8} + \frac{2}{3}$

F $\frac{3}{11}$ H $\frac{13}{24}$
G $\frac{19}{48}$ (J) $\frac{19}{24}$

Para 17–20, usa la estrategia *calcular al revés*.

17. Katrina caminó desde su casa a la biblioteca. Luego caminó $\frac{1}{3}$ de milla a casa de su amiga. Cuando se fue de casa de su amiga, caminó $\frac{2}{5}$ de milla de regreso a su casa. Si Katrina caminó un total de 1 milla, ¿qué distancia caminó de su casa a la biblioteca?

(A) $\frac{4}{15}$ de milla C $\frac{5}{8}$ de milla
B $\frac{3}{8}$ de milla D $\frac{11}{15}$ de milla

18. Joe y Claire jugaron un juego numérico. Joe le dijo a Claire que eligiera un número. Luego le dijo que multiplicara su número por 8, le sumara 4, lo dividiera entre 2 y le restara 10. El resultado fue 16. ¿Con qué número comenzó Claire?

F 10 (H) 6
G 8 J 4

19. Tony se fue a comprar regalos de cumpleaños. Él devolvió un objeto a la tienda de música y recibió $12. Gastó $13 en el regalo de su hermana y $12 en el regalo de su amigo. Tony tenía $16 al final de su compra. ¿Cuánto dinero tenía al principio?

(A) $24 C $26
B $25 D $27

20. Frank le dio la $\frac{1}{2}$ de su colección de monedas a su hermana. Le dio parte de su colección a un amigo y se quedó con $\frac{2}{5}$ de su colección. ¿Qué parte de su colección le dio a su amigo?

F $\frac{9}{10}$ (H) $\frac{1}{10}$
G $\frac{9}{20}$ J $\frac{1}{20}$

Alto

AG 122 Guía de evaluación Forma A • Selección múltiple

Nombre ____________________ PRUEBA DEL CAPÍTULO 19 • PÁGINA 1

Escribe el resultado correcto.

1. ¿Está $\frac{5}{8}$ más cerca de 0, $\frac{1}{2}$ o 1?

$\frac{1}{2}$

Para 2–5, estima cada suma o diferencia. Se dan estimaciones posibles.

2. $\frac{11}{12} + \frac{1}{8}$

1

3. $\frac{9}{10} - \frac{3}{5}$

$\frac{1}{2}$

4. $\frac{7}{8} + \frac{2}{3}$

$1\frac{1}{2}$

5. $\frac{8}{10} - \frac{3}{7}$

$\frac{1}{2}$

Para 6–16, halla la suma o diferencia. Escribe el resultado en su mínima expresión.

6. $\frac{5}{12} + \frac{1}{12}$

$\frac{1}{2}$

7. $\frac{3}{7} + \frac{2}{7}$

$\frac{5}{7}$

8. $\frac{7}{8} - \frac{5}{8}$

$\frac{1}{4}$

9. $\frac{7}{9} - \frac{1}{9}$

$\frac{2}{3}$

10. $\frac{7}{16} + \frac{3}{8}$

$\frac{13}{16}$

11. $\frac{1}{2} + \frac{5}{6}$

$1\frac{1}{3}$

Sigue

Forma B • Respuesta libre Guía de evaluación AG 123

Nombre ____________________ PRUEBA DEL CAPÍTULO 19 • PÁGINA 2

12. $1 - \frac{5}{7}$

$\frac{2}{7}$

13. $\frac{6}{7} - \frac{1}{2}$

$\frac{5}{14}$

14. $\frac{8}{9} + \frac{2}{3}$

$1\frac{5}{9}$

15. $\frac{8}{15} - \frac{1}{3}$

$\frac{1}{5}$

16. $\frac{3}{4} + \frac{2}{3}$

$1\frac{5}{12}$

Para 17–20, resuelve.

17. Susan caminó de su casa a la biblioteca. Luego caminó $\frac{1}{4}$ de milla de la biblioteca a casa de su amiga. Cuando se fue de casa de su amiga, caminó $\frac{2}{5}$ de milla de regreso a su casa. Si Susan caminó un total de 1 milla, ¿qué distancia caminó de su casa a la biblioteca?

$\frac{7}{20}$ de milla

18. Mark y Jane jugaron un juego numérico. Mark le dijo a Jane que eligiera un número. Luego le pidió que lo multiplicara por 6, le sumara 8, lo dividiera entre 2 y le restara 8. Jane dijo que después de hacer todas las operaciones, ella obtuvo 20. ¿Con qué número comenzó Jane?

8

19. Tony se fue a comprar regalos de cumpleaños. Gastó $12 en el regalo de su hermana y $10 en el regalo de su amigo. Él devolvió un objeto a la tienda de música y recibió $8. Tony tenía $11 al final de su compra. ¿Cuánto dinero tenía al principio?

$25

20. Gavin le dio la $\frac{1}{2}$ de su colección de estampillas a su hermana. Le dio parte de su colección a un amigo y se quedó con $\frac{3}{8}$ ¿Qué parte de su colección le dio a su amigo?

$\frac{1}{8}$

Alto

AG 124 Guía de evaluación Forma B • Respuesta libre

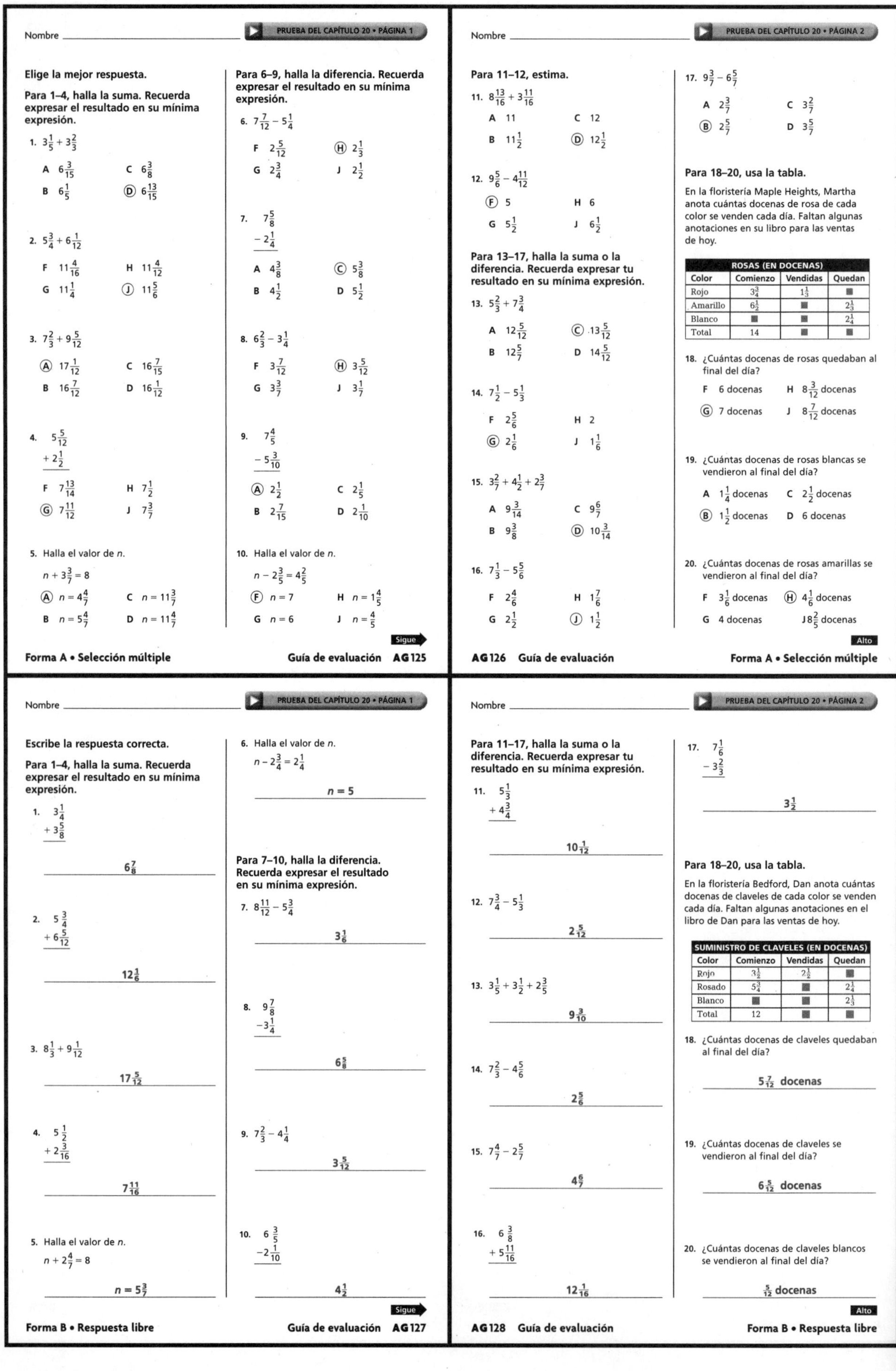

Nombre ____________ PRUEBA DEL CAPÍTULO 20 • PÁGINA 1

Elige la mejor respuesta.

Para 1–4, halla la suma. Recuerda expresar el resultado en su mínima expresión.

1. $3\frac{1}{5} + 3\frac{2}{3}$

   A $6\frac{3}{15}$ C $6\frac{3}{8}$
   B $6\frac{1}{5}$ (D) $6\frac{13}{15}$

2. $5\frac{3}{4} + 6\frac{1}{12}$

   F $11\frac{4}{16}$ H $11\frac{4}{12}$
   G $11\frac{1}{4}$ (J) $11\frac{5}{6}$

3. $7\frac{2}{3} + 9\frac{5}{12}$

   (A) $17\frac{1}{12}$ C $16\frac{7}{15}$
   B $16\frac{7}{12}$ D $16\frac{1}{12}$

4. $5\frac{5}{12} + 2\frac{1}{2}$

   F $7\frac{13}{14}$ H $7\frac{1}{2}$
   (G) $7\frac{11}{12}$ J $7\frac{3}{7}$

5. Halla el valor de n.

   $n + 3\frac{3}{7} = 8$

   (A) $n = 4\frac{4}{7}$ C $n = 11\frac{3}{7}$
   B $n = 5\frac{4}{7}$ D $n = 11\frac{4}{7}$

Para 6–9, halla la diferencia. Recuerda expresar el resultado en su mínima expresión.

6. $7\frac{7}{12} - 5\frac{1}{4}$

   F $2\frac{5}{12}$ (H) $2\frac{1}{3}$
   G $2\frac{3}{4}$ J $2\frac{1}{2}$

7. $7\frac{5}{8} - 2\frac{1}{4}$

   A $4\frac{3}{8}$ (C) $5\frac{3}{8}$
   B $4\frac{1}{2}$ D $5\frac{1}{2}$

8. $6\frac{2}{3} - 3\frac{1}{4}$

   F $3\frac{7}{12}$ (H) $3\frac{5}{12}$
   G $3\frac{3}{7}$ J $3\frac{1}{7}$

9. $7\frac{4}{5} - 5\frac{3}{10}$

   (A) $2\frac{1}{2}$ C $2\frac{1}{5}$
   B $2\frac{7}{15}$ D $2\frac{1}{10}$

10. Halla el valor de n.

    $n - 2\frac{3}{5} = 4\frac{2}{5}$

    (F) $n = 7$ H $n = 1\frac{4}{5}$
    G $n = 6$ J $n = \frac{4}{5}$

Sigue

Forma A • Selección múltiple Guía de evaluación AG 125

Nombre ____________ PRUEBA DEL CAPÍTULO 20 • PÁGINA 2

Para 11–12, estima.

11. $8\frac{13}{16} + 3\frac{11}{16}$

    A 11 C 12
    B $11\frac{1}{2}$ (D) $12\frac{1}{2}$

12. $9\frac{5}{6} - 4\frac{11}{12}$

    (F) 5 H 6
    G $5\frac{1}{2}$ J $6\frac{1}{2}$

Para 13–17, halla la suma o la diferencia. Recuerda expresar tu resultado en su mínima expresión.

13. $5\frac{2}{3} + 7\frac{3}{4}$

    A $12\frac{5}{12}$ (C) $13\frac{5}{12}$
    B $12\frac{5}{7}$ D $14\frac{5}{12}$

14. $7\frac{1}{2} - 5\frac{1}{3}$

    F $2\frac{5}{6}$ H 2
    (G) $2\frac{1}{6}$ J $1\frac{1}{6}$

15. $3\frac{2}{7} + 4\frac{1}{2} + 2\frac{3}{7}$

    A $9\frac{3}{14}$ C $9\frac{6}{7}$
    B $9\frac{3}{8}$ (D) $10\frac{3}{14}$

16. $7\frac{1}{3} - 5\frac{5}{6}$

    F $2\frac{4}{6}$ H $1\frac{7}{6}$
    G $2\frac{1}{2}$ (J) $1\frac{1}{2}$

17. $9\frac{3}{7} - 6\frac{5}{7}$

    A $2\frac{3}{7}$ C $3\frac{2}{7}$
    (B) $2\frac{5}{7}$ D $3\frac{5}{7}$

Para 18–20, usa la tabla.

En la floristería Maple Heights, Martha anota cuántas docenas de rosa de cada color se venden cada día. Faltan algunas anotaciones en su libro para las ventas de hoy.

ROSAS (EN DOCENAS)			
Color	Comienzo	Vendidas	Quedan
Rojo	$3\frac{3}{4}$	$1\frac{1}{3}$	■
Amarillo	$6\frac{1}{2}$	■	$2\frac{1}{3}$
Blanco	■	■	$2\frac{1}{4}$
Total	14	■	■

18. ¿Cuántas docenas de rosas quedaban al final del día?

    F 6 docenas H $8\frac{3}{12}$ docenas
    (G) 7 docenas J $8\frac{7}{12}$ docenas

19. ¿Cuántas docenas de rosas blancas se vendieron al final del día?

    A $1\frac{1}{4}$ docenas C $2\frac{1}{2}$ docenas
    (B) $1\frac{1}{2}$ docenas D 6 docenas

20. ¿Cuántas docenas de rosas amarillas se vendieron al final del día?

    F $3\frac{1}{6}$ docenas (H) $4\frac{1}{6}$ docenas
    G 4 docenas J $8\frac{2}{5}$ docenas

Alto

AG 126 Guía de evaluación Forma A • Selección múltiple

Nombre ____________ PRUEBA DEL CAPÍTULO 20 • PÁGINA 1

Escribe la respuesta correcta.

Para 1–4, halla la suma. Recuerda expresar el resultado en su mínima expresión.

1. $3\frac{1}{4} + 3\frac{5}{8}$

   $6\frac{7}{8}$

2. $5\frac{3}{4} + 6\frac{5}{12}$

   $12\frac{1}{6}$

3. $8\frac{1}{3} + 9\frac{1}{12}$

   $17\frac{5}{12}$

4. $5\frac{1}{2} + 2\frac{3}{16}$

   $7\frac{11}{16}$

5. Halla el valor de n.

   $n + 2\frac{4}{7} = 8$

   $n = 5\frac{3}{7}$

6. Halla el valor de n.

   $n - 2\frac{3}{4} = 2\frac{1}{4}$

   $n = 5$

Para 7–10, halla la diferencia. Recuerda expresar el resultado en su mínima expresión.

7. $8\frac{11}{12} - 5\frac{3}{4}$

   $3\frac{1}{6}$

8. $9\frac{7}{8} - 3\frac{1}{4}$

   $6\frac{5}{8}$

9. $7\frac{2}{3} - 4\frac{1}{4}$

   $3\frac{5}{12}$

10. $6\frac{3}{5} - 2\frac{1}{10}$

    $4\frac{1}{2}$

Sigue

Forma B • Respuesta libre Guía de evaluación AG 127

Nombre ____________ PRUEBA DEL CAPÍTULO 20 • PÁGINA 2

Para 11–17, halla la suma o la diferencia. Recuerda expresar tu resultado en su mínima expresión.

11. $5\frac{1}{3} + 4\frac{3}{4}$

    $10\frac{1}{12}$

12. $7\frac{3}{4} - 5\frac{1}{3}$

    $2\frac{5}{12}$

13. $3\frac{1}{5} + 3\frac{1}{2} + 2\frac{3}{5}$

    $9\frac{3}{10}$

14. $7\frac{2}{3} - 4\frac{5}{6}$

    $2\frac{5}{6}$

15. $7\frac{4}{7} - 2\frac{5}{7}$

    $4\frac{6}{7}$

16. $6\frac{3}{8} + 5\frac{11}{16}$

    $12\frac{1}{16}$

17. $7\frac{1}{6} - 3\frac{2}{3}$

    $3\frac{1}{2}$

Para 18–20, usa la tabla.

En la floristería Bedford, Dan anota cuántas docenas de claveles de cada color se venden cada día. Faltan algunas anotaciones en el libro de Dan para las ventas de hoy.

SUMINISTRO DE CLAVELES (EN DOCENAS)			
Color	Comienzo	Vendidas	Quedan
Rojo	$3\frac{1}{2}$	$2\frac{1}{2}$	■
Rosado	$5\frac{3}{4}$	■	$2\frac{1}{4}$
Blanco	■	■	$2\frac{1}{3}$
Total	12	■	■

18. ¿Cuántas docenas de claveles quedaban al final del día?

    $5\frac{7}{12}$ docenas

19. ¿Cuántas docenas de claveles se vendieron al final del día?

    $6\frac{5}{12}$ docenas

20. ¿Cuántas docenas de claveles blancos se vendieron al final del día?

    $\frac{5}{12}$ docenas

Alto

AG 128 Guía de evaluación Forma B • Respuesta libre

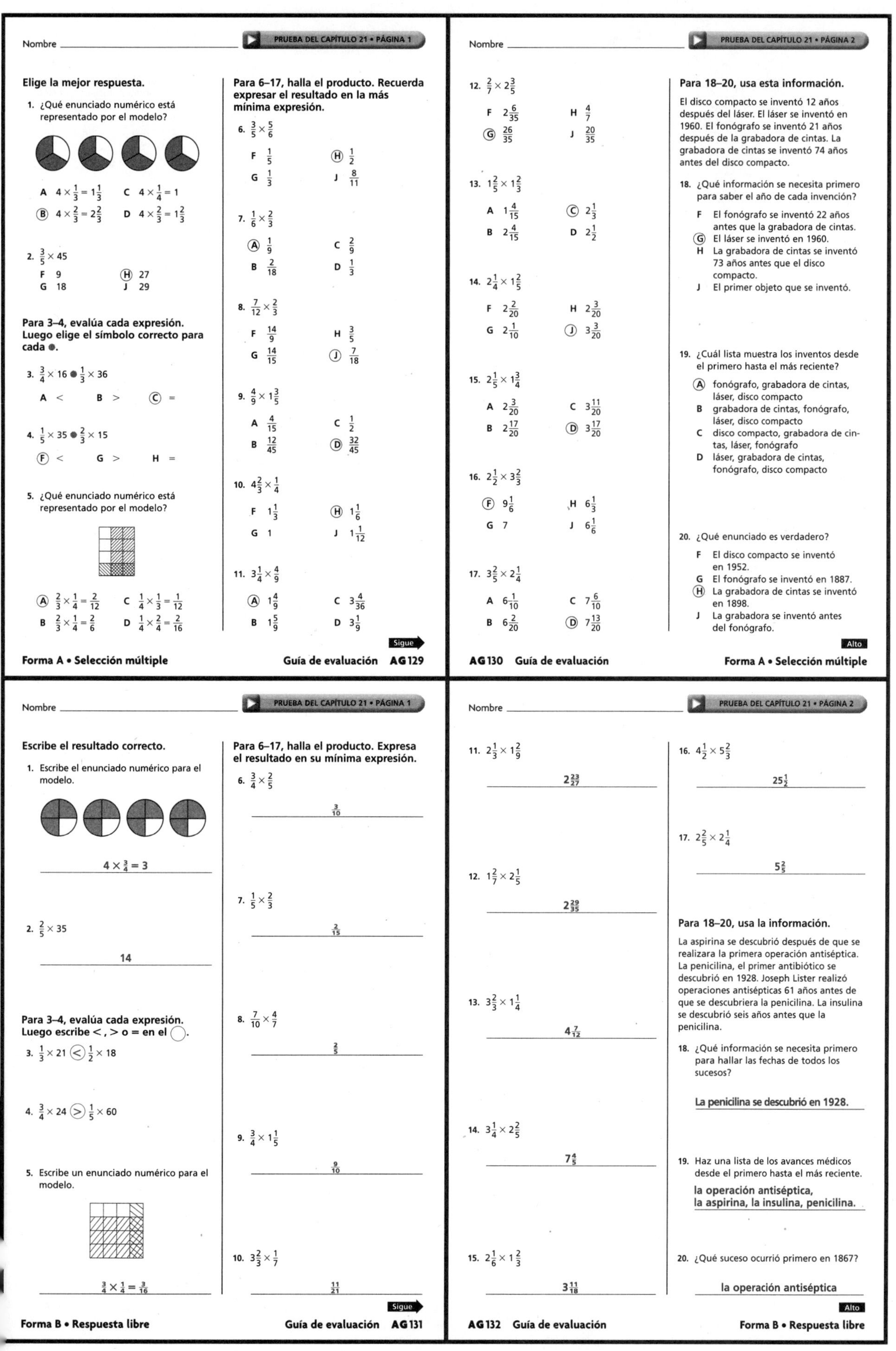

Nombre ______________ PRUEBA DEL CAPÍTULO 21 • PÁGINA 1

Elige la mejor respuesta.

1. ¿Qué enunciado numérico está representado por el modelo?

A $4\times\frac{1}{3}=1\frac{1}{3}$　C $4\times\frac{1}{4}=1$
(B) $4\times\frac{2}{3}=2\frac{2}{3}$　D $4\times\frac{2}{3}=1\frac{2}{3}$

2. $\frac{3}{5}\times45$

F 9　(H) 27
G 18　J 29

Para 3–4, evalúa cada expresión. Luego elige el símbolo correcto para cada ●.

3. $\frac{3}{4}\times16$ ● $\frac{1}{3}\times36$

A $<$　B $>$　(C) $=$

4. $\frac{1}{5}\times35$ ● $\frac{2}{3}\times15$

(F) $<$　G $>$　H $=$

5. ¿Qué enunciado numérico está representado por el modelo?

(A) $\frac{2}{3}\times\frac{1}{4}=\frac{2}{12}$　C $\frac{1}{4}\times\frac{1}{3}=\frac{1}{12}$
B $\frac{2}{3}\times\frac{1}{4}=\frac{2}{6}$　D $\frac{1}{4}\times\frac{2}{4}=\frac{2}{16}$

Para 6–17, halla el producto. Recuerda expresar el resultado en la más mínima expresión.

6. $\frac{3}{5}\times\frac{5}{6}$

F $\frac{1}{5}$　(H) $\frac{1}{2}$
G $\frac{1}{3}$　J $\frac{8}{11}$

7. $\frac{1}{6}\times\frac{2}{3}$

(A) $\frac{1}{9}$　C $\frac{2}{9}$
B $\frac{2}{18}$　D $\frac{1}{3}$

8. $\frac{7}{12}\times\frac{2}{3}$

F $\frac{14}{9}$　H $\frac{3}{5}$
G $\frac{14}{15}$　(J) $\frac{7}{18}$

9. $\frac{4}{9}\times1\frac{3}{5}$

A $\frac{4}{15}$　C $\frac{1}{2}$
B $\frac{12}{45}$　(D) $\frac{32}{45}$

10. $4\frac{2}{3}\times\frac{1}{4}$

F $1\frac{1}{3}$　(H) $1\frac{1}{6}$
G 1　J $1\frac{1}{12}$

11. $3\frac{1}{4}\times\frac{4}{9}$

(A) $1\frac{4}{9}$　C $3\frac{4}{36}$
B $1\frac{5}{9}$　D $3\frac{1}{9}$

Sigue

Forma A • Selección múltiple　Guía de evaluación AG129

Nombre ______________ PRUEBA DEL CAPÍTULO 21 • PÁGINA 2

12. $\frac{2}{7}\times2\frac{3}{5}$

F $2\frac{6}{35}$　H $\frac{4}{7}$
(G) $\frac{26}{35}$　J $\frac{20}{35}$

13. $1\frac{2}{5}\times1\frac{2}{3}$

A $1\frac{4}{15}$　(C) $2\frac{1}{3}$
B $2\frac{4}{15}$　D $2\frac{1}{2}$

14. $2\frac{1}{4}\times1\frac{2}{5}$

F $2\frac{2}{20}$　H $2\frac{3}{20}$
G $2\frac{1}{10}$　(J) $3\frac{3}{20}$

15. $2\frac{1}{5}\times1\frac{3}{4}$

A $2\frac{3}{20}$　C $3\frac{11}{20}$
B $2\frac{17}{20}$　(D) $3\frac{17}{20}$

16. $2\frac{1}{2}\times3\frac{2}{3}$

(F) $9\frac{1}{6}$　H $6\frac{1}{3}$
G 7　J $6\frac{1}{6}$

17. $3\frac{2}{5}\times2\frac{1}{4}$

A $6\frac{1}{10}$　C $7\frac{6}{10}$
B $6\frac{2}{20}$　(D) $7\frac{13}{20}$

Para 18–20, usa esta información.

El disco compacto se inventó 12 años después del láser. El láser se inventó en 1960. El fonógrafo se inventó 21 años después de la grabadora de cintas. La grabadora de cintas se inventó 74 años antes del disco compacto.

18. ¿Qué información se necesita primero para saber el año de cada invención?

F El fonógrafo se inventó 22 años antes que la grabadora de cintas.
(G) El láser se inventó en 1960.
H La grabadora de cintas se inventó 73 años antes que el disco compacto.
J El primer objeto que se inventó.

19. ¿Cuál lista muestra los inventos desde el primero hasta el más reciente?

(A) fonógrafo, grabadora de cintas, láser, disco compacto
B grabadora de cintas, fonógrafo, láser, disco compacto
C disco compacto, grabadora de cintas, láser, fonógrafo
D láser, grabadora de cintas, fonógrafo, disco compacto

20. ¿Qué enunciado es verdadero?

F El disco compacto se inventó en 1952.
G El fonógrafo se inventó en 1887.
(H) La grabadora de cintas se inventó en 1898.
J La grabadora se inventó antes del fonógrafo.

Alto

AG130 Guía de evaluación　Forma A • Selección múltiple

Nombre ______________ PRUEBA DEL CAPÍTULO 21 • PÁGINA 1

Escribe el resultado correcto.

1. Escribe el enunciado numérico para el modelo.

$4\times\frac{3}{4}=3$

2. $\frac{2}{5}\times35$

14

Para 3–4, evalúa cada expresión. Luego escribe $<$, $>$ o $=$ en el ◯.

3. $\frac{1}{3}\times21$ (<) $\frac{1}{2}\times18$

4. $\frac{3}{4}\times24$ (>) $\frac{1}{5}\times60$

5. Escribe un enunciado numérico para el modelo.

$\frac{3}{4}\times\frac{1}{4}=\frac{3}{16}$

Para 6–17, halla el producto. Expresa el resultado en su mínima expresión.

6. $\frac{3}{4}\times\frac{2}{5}$

$\frac{3}{10}$

7. $\frac{1}{5}\times\frac{2}{3}$

$\frac{2}{15}$

8. $\frac{7}{10}\times\frac{4}{7}$

$\frac{2}{5}$

9. $\frac{3}{4}\times1\frac{1}{5}$

$\frac{9}{10}$

10. $3\frac{2}{3}\times\frac{1}{7}$

$\frac{11}{21}$

Sigue

Forma B • Respuesta libre　Guía de evaluación AG131

Nombre ______________ PRUEBA DEL CAPÍTULO 21 • PÁGINA 2

11. $2\frac{1}{3}\times1\frac{2}{9}$

$2\frac{23}{27}$

12. $1\frac{2}{7}\times2\frac{1}{5}$

$2\frac{29}{35}$

13. $3\frac{2}{3}\times1\frac{1}{4}$

$4\frac{7}{12}$

14. $3\frac{1}{4}\times2\frac{2}{5}$

$7\frac{4}{5}$

15. $2\frac{1}{6}\times1\frac{2}{3}$

$3\frac{11}{18}$

16. $4\frac{1}{2}\times5\frac{2}{3}$

$25\frac{1}{2}$

17. $2\frac{2}{5}\times2\frac{1}{4}$

$5\frac{2}{5}$

Para 18–20, usa la información.

La aspirina se descubrió después de que se realizara la primera operación antiséptica. La penicilina, el primer antibiótico se descubrió en 1928. Joseph Lister realizó operaciones antisépticas 61 años antes de que se descubriera la penicilina. La insulina se descubrió seis años antes que la penicilina.

18. ¿Qué información se necesita primero para hallar las fechas de todos los sucesos?

La penicilina se descubrió en 1928.

19. Haz una lista de los avances médicos desde el primero hasta el más reciente.

la operación antiséptica,
la aspirina, la insulina, penicilina.

20. ¿Qué suceso ocurrió primero en 1867?

la operación antiséptica

Alto

AG132 Guía de evaluación　Forma B • Respuesta libre

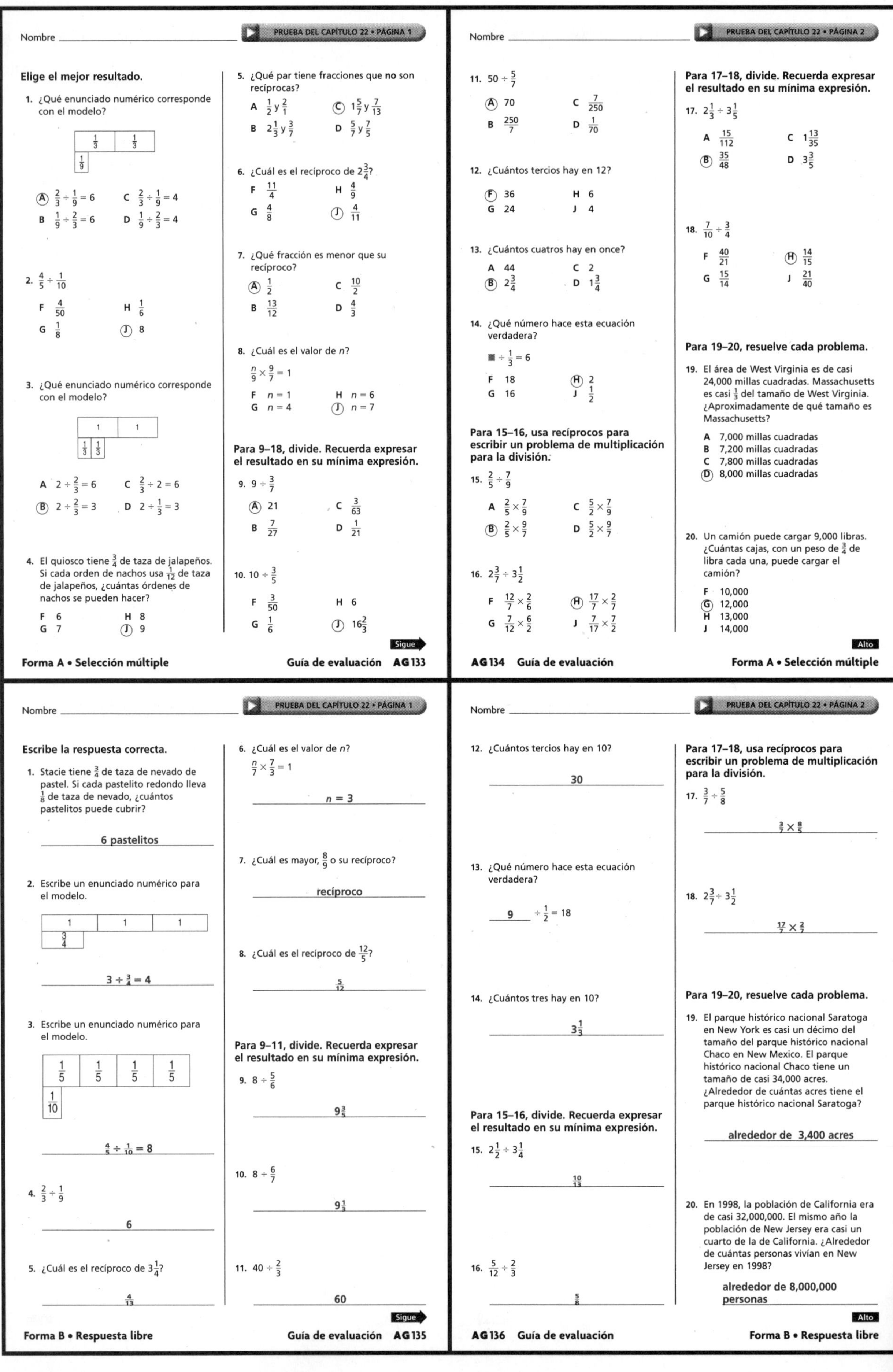

Nombre ____________ PRUEBA DEL CAPÍTULO 22 • PÁGINA 1

Elige el mejor resultado.

1. ¿Qué enunciado numérico corresponde con el modelo?

$\frac{1}{3}$	$\frac{1}{3}$
$\frac{1}{9}$	

Ⓐ $\frac{2}{3} \div \frac{1}{9} = 6$ C $\frac{2}{3} \div \frac{1}{9} = 4$
B $\frac{1}{9} \div \frac{2}{3} = 6$ D $\frac{1}{9} \div \frac{2}{3} = 4$

2. $\frac{4}{5} \div \frac{1}{10}$

F $\frac{4}{50}$ H $\frac{1}{6}$
G $\frac{1}{8}$ Ⓙ 8

3. ¿Qué enunciado numérico corresponde con el modelo?

1	1
$\frac{1}{3}$ $\frac{1}{3}$	

A $2 \div \frac{2}{3} = 6$ C $\frac{2}{3} \div 2 = 6$
Ⓑ $2 \div \frac{2}{3} = 3$ D $2 \div \frac{1}{3} = 3$

4. El quiosco tiene $\frac{3}{4}$ de taza de jalapeños. Si cada orden de nachos usa $\frac{1}{12}$ de taza de jalapeños, ¿cuántas órdenes de nachos se pueden hacer?

F 6 H 8
G 7 Ⓙ 9

5. ¿Qué par tiene fracciones que **no** son recíprocas?

A $\frac{1}{2}$ y $\frac{2}{1}$ Ⓒ $1\frac{5}{7}$ y $\frac{7}{13}$
B $2\frac{1}{3}$ y $\frac{3}{7}$ D $\frac{5}{7}$ y $\frac{7}{5}$

6. ¿Cuál es el recíproco de $2\frac{3}{4}$?

F $\frac{11}{4}$ H $\frac{4}{9}$
G $\frac{4}{8}$ Ⓙ $\frac{4}{11}$

7. ¿Qué fracción es menor que su recíproco?

Ⓐ $\frac{1}{2}$ C $\frac{10}{2}$
B $\frac{13}{12}$ D $\frac{4}{3}$

8. ¿Cuál es el valor de *n*?

$\frac{n}{9} \times \frac{9}{7} = 1$

F $n = 1$ H $n = 6$
G $n = 4$ Ⓙ $n = 7$

Para 9–18, divide. Recuerda expresar el resultado en su mínima expresión.

9. $9 \div \frac{3}{7}$

Ⓐ 21 C $\frac{3}{63}$
B $\frac{7}{27}$ D $\frac{1}{21}$

10. $10 \div \frac{3}{5}$

F $\frac{3}{50}$ H 6
G $\frac{1}{6}$ Ⓙ $16\frac{2}{3}$

Sigue

Forma A • Selección múltiple Guía de evaluación AG 133

Nombre ____________ PRUEBA DEL CAPÍTULO 22 • PÁGINA 2

11. $50 \div \frac{5}{7}$

Ⓐ 70 C $\frac{7}{250}$
B $\frac{250}{7}$ D $\frac{1}{70}$

12. ¿Cuántos tercios hay en 12?

Ⓕ 36 H 6
G 24 J 4

13. ¿Cuántos cuatros hay en once?

A 44 C 2
Ⓑ $2\frac{3}{4}$ D $1\frac{3}{4}$

14. ¿Qué número hace esta ecuación verdadera?

$\blacksquare \div \frac{1}{3} = 6$

F 18 Ⓗ 2
G 16 J $\frac{1}{2}$

Para 15–16, usa recíprocos para escribir un problema de multiplicación para la división.

15. $\frac{2}{5} \div \frac{7}{9}$

A $\frac{2}{5} \times \frac{7}{9}$ C $\frac{5}{2} \times \frac{7}{9}$
Ⓑ $\frac{2}{5} \times \frac{9}{7}$ D $\frac{5}{2} \times \frac{9}{7}$

16. $2\frac{3}{7} \div 3\frac{1}{2}$

F $\frac{12}{7} \times \frac{2}{6}$ Ⓗ $\frac{17}{7} \times \frac{2}{7}$
G $\frac{7}{12} \times \frac{6}{2}$ J $\frac{7}{17} \times \frac{7}{2}$

Para 17–18, divide. Recuerda expresar el resultado en su mínima expresión.

17. $2\frac{1}{3} \div 3\frac{1}{5}$

A $\frac{15}{112}$ C $1\frac{13}{35}$
Ⓑ $\frac{35}{48}$ D $3\frac{3}{5}$

18. $\frac{7}{10} \div \frac{3}{4}$

F $\frac{40}{21}$ Ⓗ $\frac{14}{15}$
G $\frac{15}{14}$ J $\frac{21}{40}$

Para 19–20, resuelve cada problema.

19. El área de West Virginia es de casi 24,000 millas cuadradas. Massachusetts es casi $\frac{1}{3}$ del tamaño de West Virginia. ¿Aproximadamente de qué tamaño es Massachusetts?

A 7,000 millas cuadradas
B 7,200 millas cuadradas
C 7,800 millas cuadradas
Ⓓ 8,000 millas cuadradas

20. Un camión puede cargar 9,000 libras. ¿Cuántas cajas, con un peso de $\frac{3}{4}$ de libra cada una, puede cargar el camión?

F 10,000
Ⓖ 12,000
H 13,000
J 14,000

Alto

AG 134 Guía de evaluación Forma A • Selección múltiple

Nombre ____________ PRUEBA DEL CAPÍTULO 22 • PÁGINA 1

Escribe la respuesta correcta.

1. Stacie tiene $\frac{3}{4}$ de taza de nevado de pastel. Si cada pastelito redondo lleva $\frac{1}{8}$ de taza de nevado, ¿cuántos pastelitos puede cubrir?

6 pastelitos

2. Escribe un enunciado numérico para el modelo.

1	1	1
$\frac{3}{4}$		

$3 \div \frac{3}{4} = 4$

3. Escribe un enunciado numérico para el modelo.

$\frac{1}{5}$	$\frac{1}{5}$	$\frac{1}{5}$	$\frac{1}{5}$
$\frac{1}{10}$			

$\frac{4}{5} \div \frac{1}{10} = 8$

4. $\frac{2}{3} \div \frac{1}{9}$

6

5. ¿Cuál es el recíproco de $3\frac{1}{4}$?

$\frac{4}{13}$

6. ¿Cuál es el valor de *n*?

$\frac{n}{7} \times \frac{7}{3} = 1$

$n = 3$

7. ¿Cuál es mayor, $\frac{8}{9}$ o su recíproco?

recíproco

8. ¿Cuál es el recíproco de $\frac{12}{5}$?

$\frac{5}{12}$

Para 9–11, divide. Recuerda expresar el resultado en su mínima expresión.

9. $8 \div \frac{5}{6}$

$9\frac{3}{5}$

10. $8 \div \frac{6}{7}$

$9\frac{1}{3}$

11. $40 \div \frac{2}{3}$

60

Sigue

Forma B • Respuesta libre Guía de evaluación AG 135

Nombre ____________ PRUEBA DEL CAPÍTULO 22 • PÁGINA 2

12. ¿Cuántos tercios hay en 10?

30

13. ¿Qué número hace esta ecuación verdadera?

9 $\div \frac{1}{2} = 18$

14. ¿Cuántos tres hay en 10?

$3\frac{1}{3}$

Para 15–16, divide. Recuerda expresar el resultado en su mínima expresión.

15. $2\frac{1}{2} \div 3\frac{1}{4}$

$\frac{10}{13}$

16. $\frac{5}{12} \div \frac{2}{3}$

$\frac{5}{8}$

Para 17–18, usa recíprocos para escribir un problema de multiplicación para la división.

17. $\frac{3}{7} \div \frac{5}{8}$

$\frac{3}{7} \times \frac{8}{5}$

18. $2\frac{3}{7} \div 3\frac{1}{2}$

$\frac{17}{7} \times \frac{2}{7}$

Para 19–20, resuelve cada problema.

19. El parque histórico nacional Saratoga en New York es casi un décimo del tamaño del parque histórico nacional Chaco en New Mexico. El parque histórico nacional Chaco tiene un tamaño de casi 34,000 acres. ¿Alrededor de cuántas acres tiene el parque histórico nacional Saratoga?

alrededor de 3,400 acres

20. En 1998, la población de California era de casi 32,000,000. El mismo año la población de New Jersey era casi un cuarto de la de California. ¿Alrededor de cuántas personas vivían en New Jersey en 1998?

alrededor de 8,000,000 personas

Alto

AG 136 Guía de evaluación Forma B • Respuesta libre

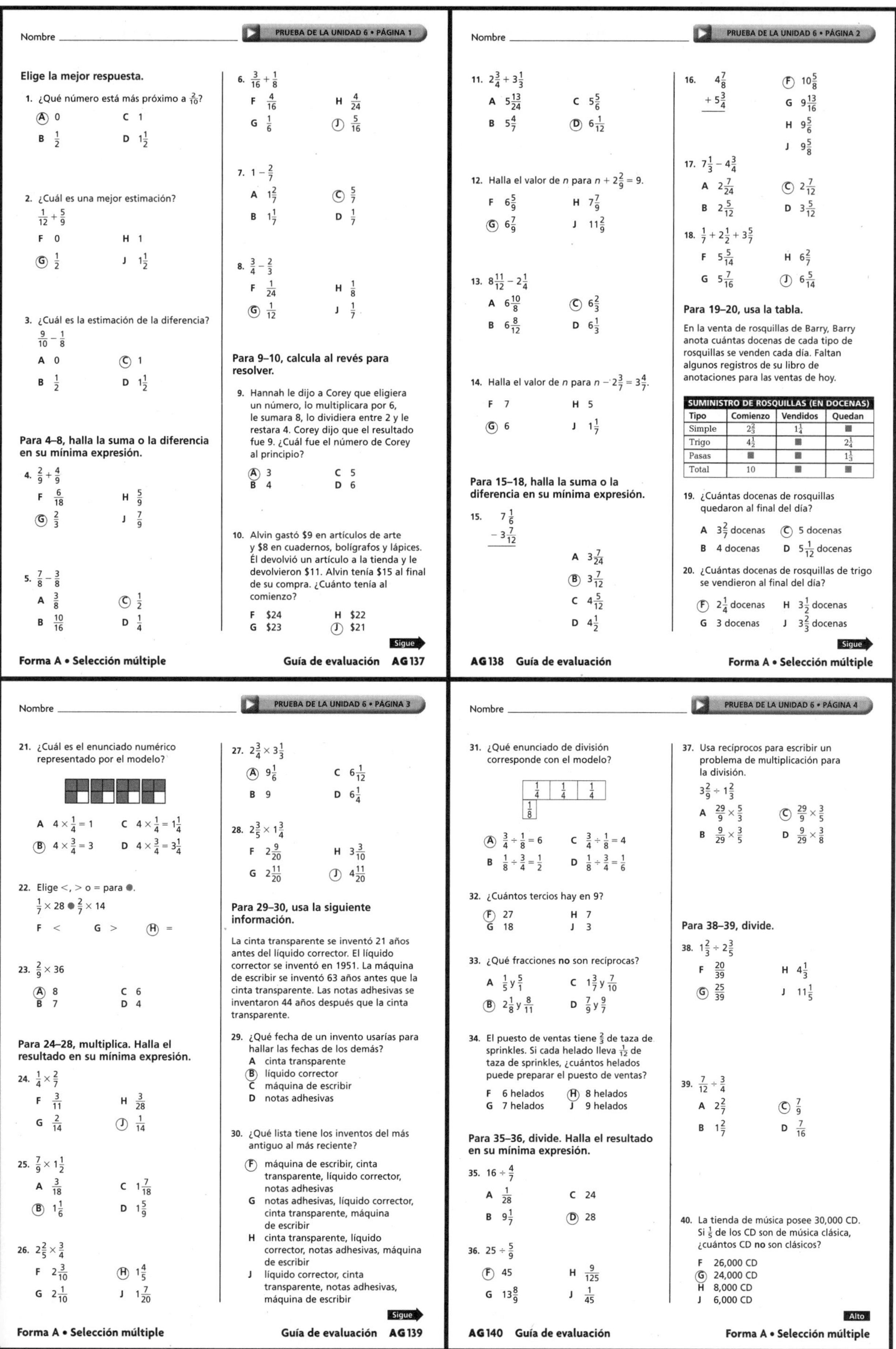

Nombre ____________________ PRUEBA DE LA UNIDAD 6 • PÁGINA 1

Elige la mejor respuesta.

1. ¿Qué número está más próximo a $\frac{2}{10}$?

(A) 0 C 1

B $\frac{1}{2}$ D $1\frac{1}{2}$

2. ¿Cuál es una mejor estimación?

$\frac{1}{12} + \frac{5}{9}$

F 0 H 1

(G) $\frac{1}{2}$ J $1\frac{1}{2}$

3. ¿Cuál es la estimación de la diferencia?

$\frac{9}{10} - \frac{1}{8}$

A 0 (C) 1

B $\frac{1}{2}$ D $1\frac{1}{2}$

Para 4–8, halla la suma o la diferencia en su mínima expresión.

4. $\frac{2}{9} + \frac{4}{9}$

F $\frac{6}{18}$ H $\frac{5}{9}$

(G) $\frac{2}{3}$ J $\frac{7}{9}$

5. $\frac{7}{8} - \frac{3}{8}$

A $\frac{3}{8}$ (C) $\frac{1}{2}$

B $\frac{10}{16}$ D $\frac{1}{4}$

6. $\frac{3}{16} + \frac{1}{8}$

F $\frac{4}{16}$ H $\frac{4}{24}$

G $\frac{1}{6}$ (J) $\frac{5}{16}$

7. $1 - \frac{2}{7}$

A $1\frac{2}{7}$ (C) $\frac{5}{7}$

B $1\frac{1}{7}$ D $\frac{1}{7}$

8. $\frac{3}{4} - \frac{2}{3}$

F $\frac{1}{24}$ H $\frac{1}{8}$

(G) $\frac{1}{12}$ J $\frac{1}{7}$

Para 9–10, calcula al revés para resolver.

9. Hannah le dijo a Corey que eligiera un número, lo multiplicara por 6, le sumara 8, lo dividiera entre 2 y le restara 4. Corey dijo que el resultado fue 9. ¿Cuál fue el número de Corey al principio?

(A) 3 C 5

B 4 D 6

10. Alvin gastó $9 en artículos de arte y $8 en cuadernos, bolígrafos y lápices. Él devolvió un artículo a la tienda y le devolvieron $11. Alvin tenía $15 al final de su compra. ¿Cuánto tenía al comienzo?

F $24 H $22

G $23 (J) $21

Sigue

Forma A • Selección múltiple Guía de evaluación AG 137

Nombre ____________________ PRUEBA DE LA UNIDAD 6 • PÁGINA 2

11. $2\frac{3}{4} + 3\frac{1}{3}$

A $5\frac{13}{24}$ C $5\frac{5}{6}$

B $5\frac{4}{7}$ (D) $6\frac{1}{12}$

12. Halla el valor de n para $n + 2\frac{2}{9} = 9$.

F $6\frac{5}{9}$ H $7\frac{7}{9}$

(G) $6\frac{7}{9}$ J $11\frac{2}{9}$

13. $8\frac{11}{12} - 2\frac{1}{4}$

A $6\frac{10}{8}$ (C) $6\frac{2}{3}$

B $6\frac{8}{12}$ D $6\frac{1}{3}$

14. Halla el valor de n para $n - 2\frac{3}{7} = 3\frac{4}{7}$.

F 7 H 5

(G) 6 J $1\frac{1}{7}$

Para 15–18, halla la suma o la diferencia en su mínima expresión.

15. $7\frac{1}{6} - 3\frac{7}{12}$

A $3\frac{7}{24}$

(B) $3\frac{7}{12}$

C $4\frac{5}{12}$

D $4\frac{1}{2}$

16. $4\frac{7}{8} + 5\frac{3}{4}$

(F) $10\frac{5}{8}$

G $9\frac{13}{16}$

H $9\frac{5}{6}$

J $9\frac{5}{8}$

17. $7\frac{1}{3} - 4\frac{3}{4}$

A $2\frac{7}{24}$ (C) $2\frac{7}{12}$

B $2\frac{5}{12}$ D $3\frac{5}{12}$

18. $\frac{1}{7} + 2\frac{1}{2} + 3\frac{5}{7}$

F $5\frac{5}{14}$ H $6\frac{2}{7}$

G $5\frac{7}{16}$ (J) $6\frac{5}{14}$

Para 19–20, usa la tabla.

En la venta de rosquillas de Barry, Barry anota cuántas docenas de cada tipo de rosquillas se venden cada día. Faltan algunos registros de su libro de anotaciones para las ventas de hoy.

SUMINISTRO DE ROSQUILLAS (EN DOCENAS)

Tipo	Comienzo	Vendidos	Quedan
Simple	$2\frac{2}{3}$	$1\frac{1}{4}$	■
Trigo	$4\frac{1}{2}$	■	$2\frac{1}{4}$
Pasas	■	■	$1\frac{1}{3}$
Total	10	■	■

19. ¿Cuántas docenas de rosquillas quedaron al final del día?

A $3\frac{2}{7}$ docenas (C) 5 docenas

B 4 docenas D $5\frac{1}{12}$ docenas

20. ¿Cuántas docenas de rosquillas de trigo se vendieron al final del día?

(F) $2\frac{1}{4}$ docenas H $3\frac{1}{2}$ docenas

G 3 docenas J $3\frac{2}{3}$ docenas

Sigue

AG 138 Guía de evaluación Forma A • Selección múltiple

Nombre ____________________ PRUEBA DE LA UNIDAD 6 • PÁGINA 3

21. ¿Cuál es el enunciado numérico representado por el modelo?

A $4 \times \frac{1}{4} = 1$ C $4 \times \frac{1}{4} = 1\frac{1}{4}$

(B) $4 \times \frac{3}{4} = 3$ D $4 \times \frac{3}{4} = 3\frac{1}{4}$

22. Elige <, > o = para ●.

$\frac{1}{7} \times 28$ ● $\frac{2}{7} \times 14$

F < G > (H) =

23. $\frac{2}{9} \times 36$

(A) 8 C 6

B 7 D 4

Para 24–28, multiplica. Halla el resultado en su mínima expresión.

24. $\frac{1}{4} \times \frac{2}{7}$

F $\frac{3}{11}$ H $\frac{3}{28}$

G $\frac{2}{14}$ (J) $\frac{1}{14}$

25. $\frac{7}{9} \times 1\frac{1}{2}$

A $\frac{3}{18}$ C $1\frac{7}{18}$

(B) $1\frac{1}{6}$ D $1\frac{5}{9}$

26. $2\frac{2}{5} \times \frac{3}{4}$

F $2\frac{3}{10}$ (H) $1\frac{4}{5}$

G $2\frac{1}{10}$ J $1\frac{7}{20}$

27. $2\frac{3}{4} \times 3\frac{1}{3}$

(A) $9\frac{1}{6}$ C $6\frac{1}{12}$

B 9 D $6\frac{1}{4}$

28. $2\frac{3}{5} \times 1\frac{3}{4}$

F $2\frac{9}{20}$ H $3\frac{3}{10}$

G $2\frac{11}{20}$ (J) $4\frac{11}{20}$

Para 29–30, usa la siguiente información.

La cinta transparente se inventó 21 años antes del líquido corrector. El líquido corrector se inventó en 1951. La máquina de escribir se inventó 63 años antes que la cinta transparente. Las notas adhesivas se inventaron 44 años después que la cinta transparente.

29. ¿Qué fecha de un invento usarías para hallar las fechas de los demás?

A cinta transparente

(B) líquido corrector

C máquina de escribir

D notas adhesivas

30. ¿Qué lista tiene los inventos del más antiguo al más reciente?

(F) máquina de escribir, cinta transparente, líquido corrector, notas adhesivas

G notas adhesivas, líquido corrector, cinta transparente, máquina de escribir

H cinta transparente, líquido corrector, notas adhesivas, máquina de escribir

J líquido corrector, cinta transparente, notas adhesivas, máquina de escribir

Sigue

Forma A • Selección múltiple Guía de evaluación AG 139

Nombre ____________________ PRUEBA DE LA UNIDAD 6 • PÁGINA 4

31. ¿Qué enunciado de división corresponde con el modelo?

$\frac{1}{4}$	$\frac{1}{4}$	$\frac{1}{4}$
$\frac{1}{8}$		

(A) $\frac{3}{4} \div \frac{1}{8} = 6$ C $\frac{3}{4} \div \frac{1}{8} = 4$

B $\frac{1}{8} \div \frac{3}{4} = \frac{1}{2}$ D $\frac{1}{8} \div \frac{3}{4} = \frac{1}{6}$

32. ¿Cuántos tercios hay en 9?

(F) 27 H 7

G 18 J 3

33. ¿Qué fracciones **no** son recíprocas?

A $\frac{1}{5}$ y $\frac{5}{1}$ C $1\frac{3}{7}$ y $\frac{7}{10}$

(B) $2\frac{1}{8}$ y $\frac{8}{11}$ D $\frac{7}{9}$ y $\frac{9}{7}$

34. El puesto de ventas tiene $\frac{2}{3}$ de taza de sprinkles. Si cada helado lleva $\frac{1}{12}$ de taza de sprinkles, ¿cuántos helados puede preparar el puesto de ventas?

F 6 helados (H) 8 helados

G 7 helados J 9 helados

Para 35–36, divide. Halla el resultado en su mínima expresión.

35. $16 \div \frac{4}{7}$

A $\frac{1}{28}$ C 24

B $9\frac{1}{7}$ (D) 28

36. $25 \div \frac{5}{9}$

(F) 45 H $\frac{9}{125}$

G $13\frac{8}{9}$ J $\frac{1}{45}$

37. Usa recíprocos para escribir un problema de multiplicación para la división.

$3\frac{2}{9} \div 1\frac{2}{3}$

A $\frac{29}{9} \times \frac{5}{3}$ (C) $\frac{29}{9} \times \frac{3}{5}$

B $\frac{9}{29} \times \frac{3}{5}$ D $\frac{9}{29} \times \frac{3}{8}$

Para 38–39, divide.

38. $1\frac{2}{3} \div 2\frac{3}{5}$

F $\frac{20}{39}$ H $4\frac{1}{3}$

(G) $\frac{25}{39}$ J $11\frac{1}{5}$

39. $\frac{7}{12} \div \frac{3}{4}$

A $2\frac{2}{7}$ (C) $\frac{7}{9}$

B $1\frac{2}{7}$ D $\frac{7}{16}$

40. La tienda de música posee 30,000 CD. Si $\frac{1}{5}$ de los CD son de música clásica, ¿cuántos CD **no** son clásicos?

F 26,000 CD

(G) 24,000 CD

H 8,000 CD

J 6,000 CD

Alto

AG 140 Guía de evaluación Forma A • Selección múltiple

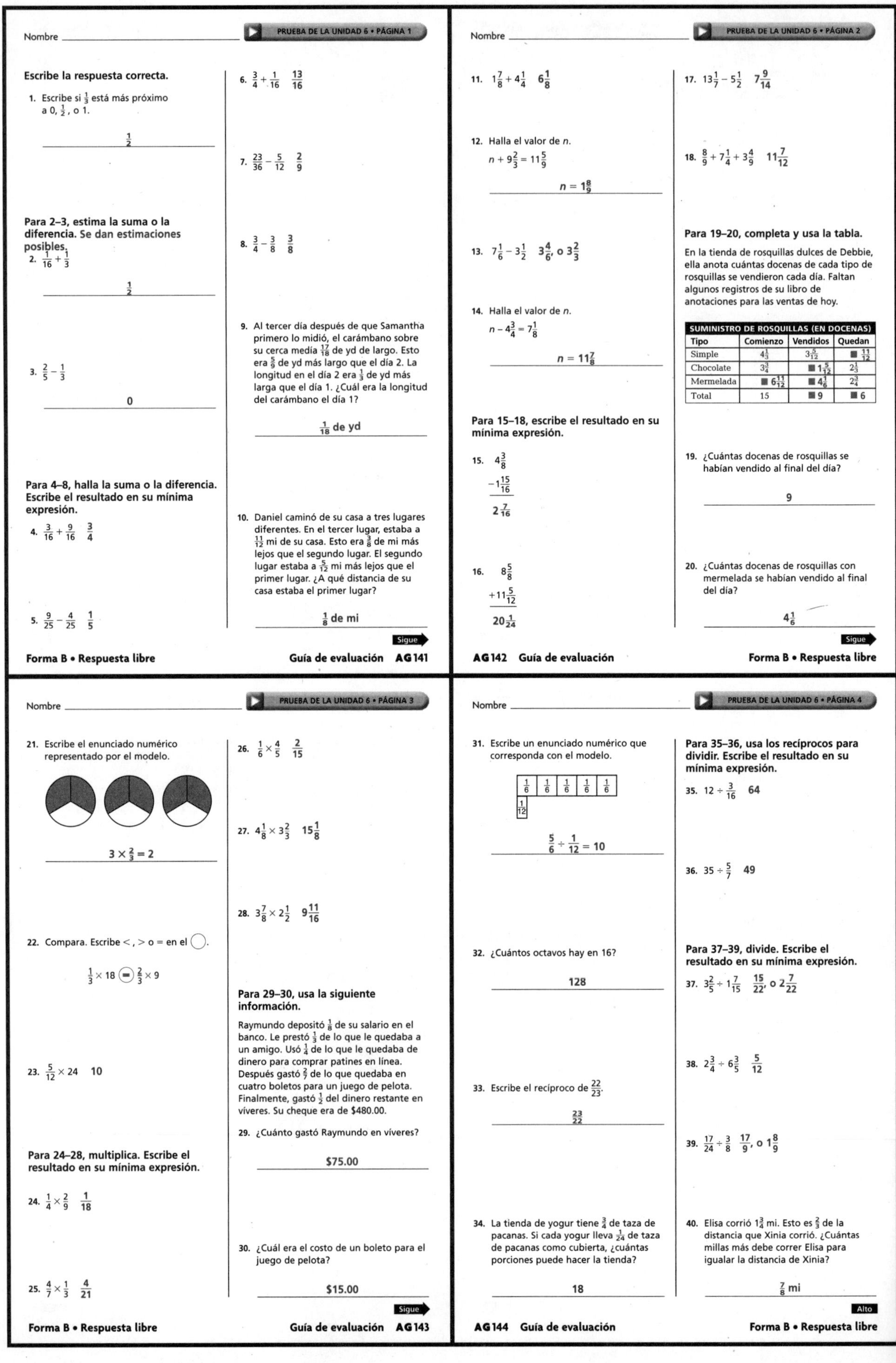

Nombre ____________________

Escribe la respuesta correcta.

1. Escribe si $\frac{1}{3}$ está más próximo a 0, $\frac{1}{2}$, o 1.

   $\frac{1}{2}$

Para 2–3, estima la suma o la diferencia. Se dan estimaciones posibles.

2. $\frac{1}{16} + \frac{1}{3}$

   $\frac{1}{2}$

3. $\frac{2}{5} - \frac{1}{3}$

   0

Para 4–8, halla la suma o la diferencia. Escribe el resultado en su mínima expresión.

4. $\frac{3}{16} + \frac{9}{16}$ $\frac{3}{4}$

5. $\frac{9}{25} - \frac{4}{25}$ $\frac{1}{5}$

6. $\frac{3}{4} + \frac{1}{16}$ $\frac{13}{16}$

7. $\frac{23}{36} - \frac{5}{12}$ $\frac{2}{9}$

8. $\frac{3}{4} - \frac{3}{8}$ $\frac{3}{8}$

9. Al tercer día después de que Samantha primero lo midió, el carámbano sobre su cerca medía $\frac{17}{18}$ de yd de largo. Esto era $\frac{5}{9}$ de yd más largo que el día 2. La longitud en el día 2 era $\frac{1}{3}$ de yd más larga que el día 1. ¿Cuál era la longitud del carámbano el día 1?

   $\frac{1}{18}$ de yd

10. Daniel caminó de su casa a tres lugares diferentes. En el tercer lugar, estaba a $\frac{11}{12}$ mi de su casa. Esto era $\frac{3}{8}$ de mi más lejos que el segundo lugar. El segundo lugar estaba a $\frac{5}{12}$ mi más lejos que el primer lugar. ¿A qué distancia de su casa estaba el primer lugar?

    $\frac{1}{8}$ de mi

Sigue

Nombre ____________________

11. $1\frac{7}{8} + 4\frac{1}{4}$ $6\frac{1}{8}$

12. Halla el valor de *n*.

    $n + 9\frac{2}{3} = 11\frac{5}{9}$

    $n = 1\frac{8}{9}$

13. $7\frac{1}{6} - 3\frac{1}{2}$ $3\frac{4}{6}$, o $3\frac{2}{3}$

14. Halla el valor de *n*.

    $n - 4\frac{3}{4} = 7\frac{1}{8}$

    $n = 11\frac{7}{8}$

Para 15–18, escribe el resultado en su mínima expresión.

15. $4\frac{3}{8} - 1\frac{15}{16} = 2\frac{7}{16}$

16. $8\frac{5}{8} + 11\frac{5}{12} = 20\frac{1}{24}$

17. $13\frac{1}{7} - 5\frac{1}{2}$ $7\frac{9}{14}$

18. $\frac{8}{9} + 7\frac{1}{4} + 3\frac{4}{9}$ $11\frac{7}{12}$

Para 19–20, completa y usa la tabla.

En la tienda de rosquillas dulces de Debbie, ella anota cuántas docenas de cada tipo de rosquillas se vendieron cada día. Faltan algunos registros de su libro de anotaciones para las ventas de hoy.

SUMINISTRO DE ROSQUILLAS (EN DOCENAS)			
Tipo	Comienzo	Vendidos	Quedan
Simple	$4\frac{1}{3}$	$3\frac{5}{12}$	■ $\frac{11}{12}$
Chocolate	$3\frac{3}{4}$	■ $1\frac{5}{12}$	$2\frac{1}{3}$
Mermelada	■ $6\frac{11}{12}$	■ $4\frac{1}{6}$	$2\frac{3}{4}$
Total	15	■ 9	■ 6

19. ¿Cuántas docenas de rosquillas se habían vendido al final del día?

    9

20. ¿Cuántas docenas de rosquillas con mermelada se habían vendido al final del día?

    $4\frac{1}{6}$

Sigue

Nombre ____________________

21. Escribe el enunciado numérico representado por el modelo.

    $3 \times \frac{2}{3} = 2$

22. Compara. Escribe <, > o = en el ◯.

    $\frac{1}{3} \times 18$ (=) $\frac{2}{3} \times 9$

23. $\frac{5}{12} \times 24$ 10

Para 24–28, multiplica. Escribe el resultado en su mínima expresión.

24. $\frac{1}{4} \times \frac{2}{9}$ $\frac{1}{18}$

25. $\frac{4}{7} \times \frac{1}{3}$ $\frac{4}{21}$

26. $\frac{1}{6} \times \frac{4}{5}$ $\frac{2}{15}$

27. $4\frac{1}{8} \times 3\frac{2}{3}$ $15\frac{1}{8}$

28. $3\frac{7}{8} \times 2\frac{1}{2}$ $9\frac{11}{16}$

Para 29–30, usa la siguiente información.

Raymundo depositó $\frac{1}{8}$ de su salario en el banco. Le prestó $\frac{1}{3}$ de lo que le quedaba a un amigo. Usó $\frac{1}{4}$ de lo que le quedaba de dinero para comprar patines en línea. Después gastó $\frac{2}{7}$ de lo que quedaba en cuatro boletos para un juego de pelota. Finalmente, gastó $\frac{1}{2}$ del dinero restante en víveres. Su cheque era de $480.00.

29. ¿Cuánto gastó Raymundo en víveres?

    $75.00

30. ¿Cuál era el costo de un boleto para el juego de pelota?

    $15.00

Sigue

Nombre ____________________

31. Escribe un enunciado numérico que corresponda con el modelo.

$\frac{1}{6}$	$\frac{1}{6}$	$\frac{1}{6}$	$\frac{1}{6}$	$\frac{1}{6}$
$\frac{1}{12}$				

    $\frac{5}{6} \div \frac{1}{12} = 10$

32. ¿Cuántos octavos hay en 16?

    128

33. Escribe el recíproco de $\frac{22}{23}$.

    $\frac{23}{22}$

34. La tienda de yogur tiene $\frac{3}{4}$ de taza de pacanas. Si cada yogur lleva $\frac{1}{24}$ de taza de pacanas como cubierta, ¿cuántas porciones puede hacer la tienda?

    18

Para 35–36, usa los recíprocos para dividir. Escribe el resultado en su mínima expresión.

35. $12 \div \frac{3}{16}$ 64

36. $35 \div \frac{5}{7}$ 49

Para 37–39, divide. Escribe el resultado en su mínima expresión.

37. $3\frac{2}{5} \div 1\frac{7}{15}$ $\frac{15}{22}$, o $2\frac{7}{22}$

38. $2\frac{3}{4} \div 6\frac{3}{5}$ $\frac{5}{12}$

39. $\frac{17}{24} \div \frac{3}{8}$ $\frac{17}{9}$, o $1\frac{8}{9}$

40. Elisa corrió $1\frac{3}{4}$ mi. Esto es $\frac{2}{3}$ de la distancia que Xinia corrió. ¿Cuántas millas más debe correr Elisa para igualar la distancia de Xinia?

    $\frac{7}{8}$ mi

Alto

Nombre ____________________ PRUEBA DEL CAPÍTULO 23 • PÁGINA 1

Elige la mejor respuesta.

1. ¿Qué entero representa una pérdida de 300 puntos en un juego?
   A $^{+}300$ Ⓑ $^{-}300$

2. ¿Qué entero representa un depósito de $20?
   F $^{-}20$ Ⓖ $^{+}20$

3. ¿Cuál es el opuesto de $^{+}6$?
   A $|^{+}6|$ Ⓒ $^{-}6$
   B $|^{-}6|$ D $^{+}6$

4. ¿Cuál de los siguientes números no es igual a los demás?
   Ⓕ $^{-}9$ H $|^{-}9|$
   G $^{+}9$ J 9

5. ¿Cuál de los siguientes números no es igual a los demás?
   A opuesto a $^{+}4$
   Ⓑ valor absoluto de $^{-}4$
   C $^{-}4$
   D pérdida de 4

Para 6–7, elige el símbolo que hace verdadero el enunciado numérico.

6. $^{-}2$ ● $^{-}3$
   F < Ⓖ > H =

7. $^{-}4$ ● $^{+}2$
   Ⓐ < B > C =

Para 8–9, elige los enteros que están ordenados de *menor* a *mayor*.

8. $^{-}3, ^{+}2, ^{-}4$
   F $^{+}2, ^{-}3, ^{-}4$ H $^{-}3, ^{-}4, ^{+}2$
   G $^{+}2, ^{-}4, ^{-}3$ Ⓙ $^{-}4, ^{-}3, ^{+}2$

9. $^{-}2, ^{-}5, ^{+}1$
   A $^{+}1, ^{-}5, ^{-}2$ Ⓒ $^{-}5, ^{-}2, ^{+}1$
   B $^{+}1, ^{-}2, ^{-}5$ D $^{-}2, ^{-}5, ^{+}1$

Para 10–14, halla la suma.

10. $^{+}5 + ^{-}3$
    F $^{-}8$ Ⓗ $^{+}2$
    G $^{-}2$ J $^{+}8$

Sigue

Nombre ____________________ PRUEBA DEL CAPÍTULO 23 • PÁGINA 2

11. $^{-}5 + ^{-}3$
    Ⓐ $^{-}8$ C $^{+}2$
    B $^{-}2$ D $^{+}8$

12. $^{-}5 + ^{+}3$
    F $^{-}8$ H $^{+}2$
    Ⓖ $^{-}2$ J $^{+}8$

13. $^{-}1 + ^{-}5$
    Ⓐ $^{-}6$ C $^{+}6$
    B $^{-}4$ D $^{+}4$

14. $^{-}6 + ^{+}4$
    F $^{-}10$ H $^{+}2$
    Ⓖ $^{-}2$ J $^{+}10$

Para 15–18, halla cada diferencia.

15. $^{+}3 - ^{+}5$
    A $^{-}8$ C $^{+}2$
    Ⓑ $^{-}2$ D $^{+}8$

16. $^{-}3 - ^{+}5$
    Ⓕ $^{-}8$ H $^{+}2$
    G $^{-}2$ J $^{+}8$

17. $^{+}2 - ^{+}3$
    A $^{-}5$ C $^{+}1$
    Ⓑ $^{-}1$ D $^{+}5$

18. $^{-}2 - ^{+}3$
    Ⓕ $^{-}5$ H $^{+}1$
    G $^{-}1$ J $^{+}5$

Para 19–20, resuelve cada problema.

19. A las 7 a.m. la temperatura era de $^{-}3°$. A la 1 p.m. la temperatura había aumentado 7°. Para las 10 p.m. había descendido 5° de la temperatura de la 1 p.m. ¿Cuál era la temperatura a las 10 p.m.?
    A $^{+}6°$ C 0°
    B $^{+}1°$ Ⓓ $^{-}1°$

20. Un hombre compró una estampilla especial por $20. La vendió por $30. Luego la compró de nuevo por $40. Finalmente la vendió por $50. ¿Cuánto dinero ganó?
    F $^{-}\$20$ H $^{+}\$10$
    G \$0 Ⓙ $^{+}\$20$

Alto

Nombre ____________________ PRUEBA DEL CAPÍTULO 23 • PÁGINA 1

Escribe la respuesta correcta.

1. ¿Qué entero representa un descenso de 359 pies desde la cumbre de una montaña?
   $^{-}359$

2. ¿Qué entero representa un depósito de $15?
   $^{+}15$

3. ¿Cuál es el opuesto de $^{-}5$?
   $^{+}5$

Para 4–5, da el valor absoluto para cada entero.

4. $^{-}6$
   6

5. $^{+}4$
   4

Para 6–7, compara. Escribe <, > o = en cada ◯.

6. $^{-}3$ (>) $^{-}5$

7. $^{-}3$ (<) $^{+}2$

Para 8–9, ordena cada conjunto de enteros de *mayor* a *menor*.

8. $^{-}3, ^{+}4, ^{-}1$
   $^{+}4, ^{-}1, ^{-}3$

9. $^{-}2, ^{-}5, ^{+}3$
   $^{+}3, ^{-}2, ^{-}5$

Para 10–14, halla cada suma.

10. $^{-}7 + ^{+}2$
    $^{-}5$

11. $4 + ^{+}3$
    $^{+}7$

Sigue

Nombre ____________________ PRUEBA DEL CAPÍTULO 23 • PÁGINA 2

12. $^{+}6 + ^{-}9$
    $^{-}3$

13. $^{-}5 + ^{+}14$
    $^{+}9$

14. $^{-}4 + ^{-}7$
    $^{-}11$

Para 15–18, halla cada diferencia.

15. $^{+}5 - ^{+}7$
    $^{-}2$

16. $^{-}5 - ^{+}7$
    $^{-}12$

17. $^{+}3 - ^{+}5$
    $^{-}2$

18. $^{-}3 - ^{+}5$
    $^{-}8$

Para 19–20, resuelve cada problema.

19. A las 8 a.m. la temperatura era de $^{-}6°$. Al mediodía había aumentado 10°. Para las 11 p.m. la temperatura había bajado 7° desde la temperatura del mediodía. ¿Cuál era la temperatura a las 11 p.m.?
    $^{-}3°$

20. En un programa de juegos, la primera concursante perdió 300 puntos. Luego ganó 100 puntos. Después de una pérdida de 200 puntos, ella ganó 400 puntos. ¿Cuál fue su puntaje después de lo último que ganó?
    0

Alto

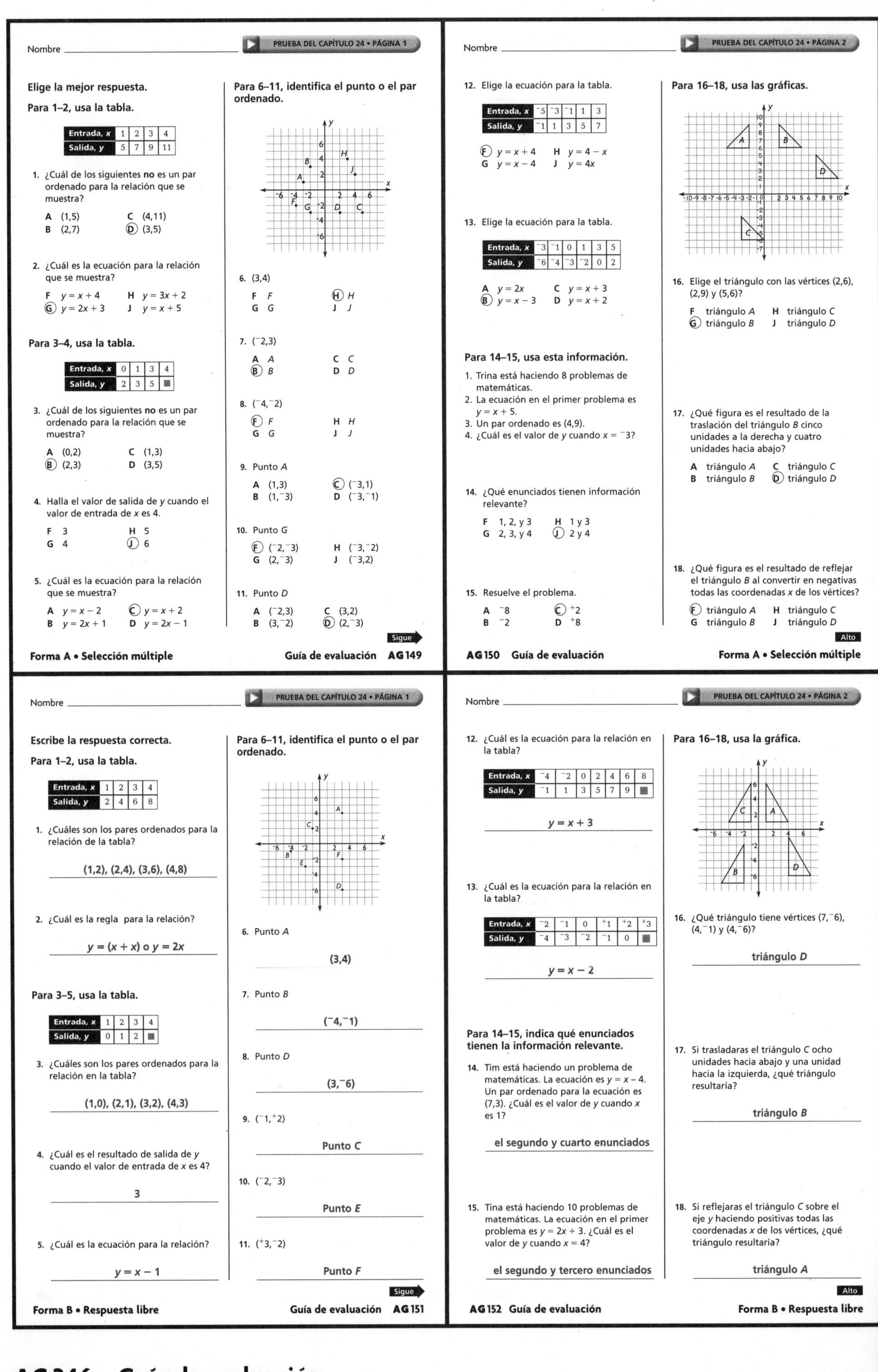

Nombre ____________________ PRUEBA DEL CAPÍTULO 24 • PÁGINA 1

Elige la mejor respuesta.

Para 1–2, usa la tabla.

Entrada, x	1	2	3	4
Salida, y	5	7	9	11

1. ¿Cuál de los siguientes **no** es un par ordenado para la relación que se muestra?
   A (1,5) C (4,11)
   B (2,7) D (3,5) (circled)

2. ¿Cuál es la ecuación para la relación que se muestra?
   F $y = x + 4$ H $y = 3x + 2$
   G $y = 2x + 3$ (circled) J $y = x + 5$

Para 3–4, usa la tabla.

Entrada, x	0	1	3	4
Salida, y	2	3	5	■

3. ¿Cuál de los siguientes **no** es un par ordenado para la relación que se muestra?
   A (0,2) C (1,3)
   B (2,3) (circled) D (3,5)

4. Halla el valor de salida de *y* cuando el valor de entrada de *x* es 4.
   F 3 H 5
   G 4 J 6 (circled)

5. ¿Cuál es la ecuación para la relación que se muestra?
   A $y = x - 2$ C $y = x + 2$ (circled)
   B $y = 2x + 1$ D $y = 2x - 1$

Para 6–11, identifica el punto o el par ordenado.

6. (3,4)
   F *F* H *H* (circled)
   G *G* J *J*

7. ($^{-}2$,3)
   A *A* C *C*
   B *B* (circled) D *D*

8. ($^{-}4$,$^{-}2$)
   F *F* (circled) H *H*
   G *G* J *J*

9. Punto *A*
   A (1,3) C ($^{-}3$,1) (circled)
   B (1,$^{-}3$) D ($^{-}3$,$^{-}1$)

10. Punto *G*
   F ($^{-}2$,$^{-}3$) (circled) H ($^{-}3$,$^{-}2$)
   G (2,$^{-}3$) J ($^{-}3$,2)

11. Punto *D*
   A ($^{-}2$,3) C (3,2)
   B (3,$^{-}2$) D (2,$^{-}3$) (circled)

Sigue

Forma A • Selección múltiple **Guía de evaluación AG149**

Nombre ____________________ PRUEBA DEL CAPÍTULO 24 • PÁGINA 2

12. Elige la ecuación para la tabla.

Entrada, x	$^{-}5$	$^{-}3$	$^{-}1$	1	3
Salida, y	$^{-}1$	1	3	5	7

   F $y = x + 4$ (circled) H $y = 4 - x$
   G $y = x - 4$ J $y = 4x$

13. Elige la ecuación para la tabla.

Entrada, x	$^{-}3$	$^{-}1$	0	1	3	5
Salida, y	$^{-}6$	$^{-}4$	$^{-}3$	$^{-}2$	0	2

   A $y = 2x$ C $y = x + 3$
   B $y = x - 3$ (circled) D $y = x + 2$

Para 14–15, usa esta información.

1. Trina está haciendo 8 problemas de matemáticas.
2. La ecuación en el primer problema es $y = x + 5$.
3. Un par ordenado es (4,9).
4. ¿Cuál es el valor de *y* cuando $x = {}^{-}3$?

14. ¿Qué enunciados tienen información relevante?
   F 1, 2, y 3 H 1 y 3
   G 2, 3, y 4 J 2 y 4 (circled)

15. Resuelve el problema.
   A $^{-}8$ C $^{+}2$ (circled)
   B $^{-}2$ D $^{+}8$

Para 16–18, usa las gráficas.

16. Elige el triángulo con las vértices (2,6), (2,9) y (5,6)?
   F triángulo *A* H triángulo *C*
   G triángulo *B* (circled) J triángulo *D*

17. ¿Qué figura es el resultado de la traslación del triángulo *B* cinco unidades a la derecha y cuatro unidades hacia abajo?
   A triángulo *A* C triángulo *C*
   B triángulo *B* D triángulo *D* (circled)

18. ¿Qué figura es el resultado de reflejar el triángulo *B* al convertir en negativas todas las coordenadas *x* de los vértices?
   F triángulo *A* (circled) H triángulo *C*
   G triángulo *B* J triángulo *D*

Alto

AG150 Guía de evaluación **Forma A • Selección múltiple**

Nombre ____________________ PRUEBA DEL CAPÍTULO 24 • PÁGINA 1

Escribe la respuesta correcta.

Para 1–2, usa la tabla.

Entrada, x	1	2	3	4
Salida, y	2	4	6	8

1. ¿Cuáles son los pares ordenados para la relación de la tabla?
   (1,2), (2,4), (3,6), (4,8)

2. ¿Cuál es la regla para la relación?
   $y = (x + x)$ o $y = 2x$

Para 3–5, usa la tabla.

Entrada, x	1	2	3	4
Salida, y	0	1	2	■

3. ¿Cuáles son los pares ordenados para la relación en la tabla?
   (1,0), (2,1), (3,2), (4,3)

4. ¿Cuál es el resultado de salida de *y* cuando el valor de entrada de *x* es 4?
   3

5. ¿Cuál es la ecuación para la relación?
   $y = x - 1$

Para 6–11, identifica el punto o el par ordenado.

6. Punto *A*
   (3,4)

7. Punto *B*
   ($^{-}4$,$^{-}1$)

8. Punto *D*
   (3,$^{-}6$)

9. ($^{-}1$,$^{+}2$)
   Punto *C*

10. ($^{-}2$,$^{-}3$)
   Punto *E*

11. ($^{+}3$,$^{-}2$)
   Punto *F*

Sigue

Forma B • Respuesta libre **Guía de evaluación AG151**

Nombre ____________________ PRUEBA DEL CAPÍTULO 24 • PÁGINA 2

12. ¿Cuál es la ecuación para la relación en la tabla?

Entrada, x	$^{-}4$	$^{-}2$	0	2	4	6	8
Salida, y	$^{-}1$	1	3	5	7	9	■

   $y = x + 3$

13. ¿Cuál es la ecuación para la relación en la tabla?

Entrada, x	$^{-}2$	$^{-}1$	0	$^{+}1$	$^{+}2$	$^{+}3$
Salida, y	$^{-}4$	$^{-}3$	$^{-}2$	$^{-}1$	0	■

   $y = x - 2$

Para 14–15, indica qué enunciados tienen la información relevante.

14. Tim está haciendo un problema de matemáticas. La ecuación es $y = x - 4$. Un par ordenado para la ecuación es (7,3). ¿Cuál es el valor de *y* cuando *x* es 1?
   el segundo y cuarto enunciados

15. Tina está haciendo 10 problemas de matemáticas. La ecuación en el primer problema es $y = 2x + 3$. ¿Cuál es el valor de *y* cuando $x = 4$?
   el segundo y tercero enunciados

Para 16–18, usa la gráfica.

16. ¿Qué triángulo tiene vértices (7,$^{-}6$), (4,$^{-}1$) y (4,$^{-}6$)?
   triángulo *D*

17. Si trasladaras el triángulo *C* ocho unidades hacia abajo y una unidad hacia la izquierda, ¿qué triángulo resultaría?
   triángulo *B*

18. Si reflejaras el triángulo *C* sobre el eje *y* haciendo positivas todas las coordenadas *x* de los vértices, ¿qué triángulo resultaría?
   triángulo *A*

Alto

AG152 Guía de evaluación **Forma B • Respuesta libre**

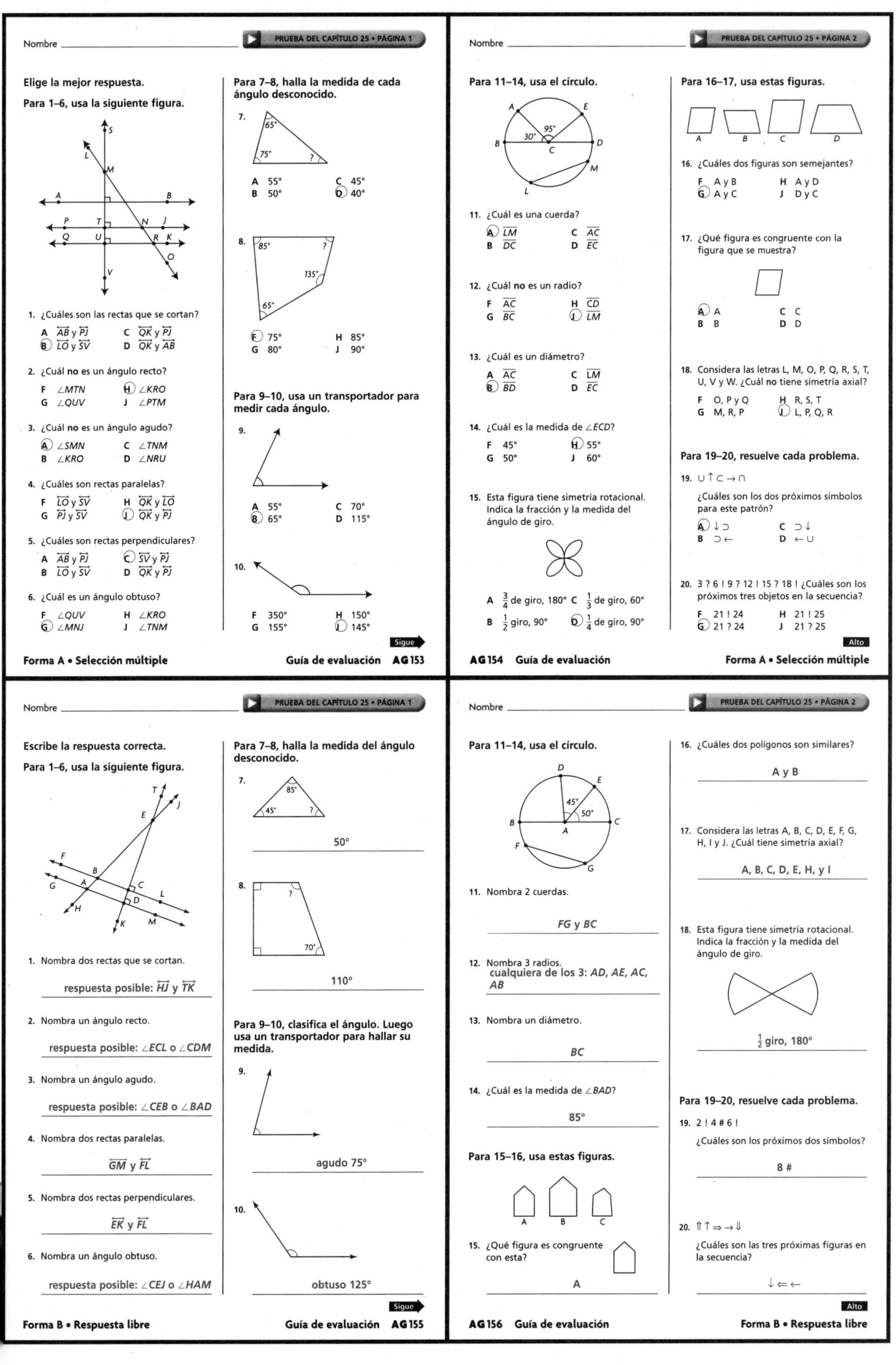

Nombre ____________________

PRUEBA DEL CAPÍTULO 25 • PÁGINA 1

Elige la mejor respuesta.

Para 1–6, usa la siguiente figura.

1. ¿Cuáles son las rectas que se cortan?
   A $\overleftrightarrow{AB}$ y $\overleftrightarrow{PJ}$ C $\overleftrightarrow{QK}$ y $\overleftrightarrow{PJ}$
   B $\overleftrightarrow{LO}$ y $\overleftrightarrow{SV}$ D $\overleftrightarrow{QK}$ y $\overleftrightarrow{AB}$
2. ¿Cuál **no** es un ángulo recto?
   F $\angle MTN$ H $\angle KRO$
   G $\angle QUV$ J $\angle PTM$
3. ¿Cuál **no** es un ángulo agudo?
   A $\angle SMN$ C $\angle TNM$
   B $\angle KRO$ D $\angle NRU$
4. ¿Cuáles son rectas paralelas?
   F $\overleftrightarrow{LO}$ y $\overleftrightarrow{SV}$ H $\overleftrightarrow{QK}$ y $\overleftrightarrow{LO}$
   G $\overleftrightarrow{PJ}$ y $\overleftrightarrow{SV}$ J $\overleftrightarrow{QK}$ y $\overleftrightarrow{PJ}$
5. ¿Cuáles son rectas perpendiculares?
   A $\overleftrightarrow{AB}$ y $\overleftrightarrow{PJ}$ C $\overleftrightarrow{SV}$ y $\overleftrightarrow{PJ}$
   B $\overleftrightarrow{LO}$ y $\overleftrightarrow{SV}$ D $\overleftrightarrow{QK}$ y $\overleftrightarrow{PJ}$
6. ¿Cuál es un ángulo obtuso?
   F $\angle QUV$ H $\angle KRO$
   G $\angle MNJ$ J $\angle TNM$

Para 7–8, halla la medida de cada ángulo desconocido.

7.
   A 55° C 45°
   B 50° D 40°
8.
   F 75° H 85°
   G 80° J 90°

Para 9–10, usa un transportador para medir cada ángulo.

9. A 55° C 70°
   B 65° D 115°
10. F 350° H 150°
    G 155° J 145°

Sigue

Forma A • Selección múltiple **Guía de evaluación AG 153**

Nombre ____________________

PRUEBA DEL CAPÍTULO 25 • PÁGINA 2

Para 11–14, usa el círculo.

11. ¿Cuál es una cuerda?
    A $\overline{LM}$ C $\overline{AC}$
    B $\overline{DC}$ D $\overline{EC}$
12. ¿Cuál **no** es un radio?
    F $\overline{AC}$ H $\overline{CD}$
    G $\overline{BC}$ J $\overline{LM}$
13. ¿Cuál es un diámetro?
    A $\overline{AC}$ C $\overline{LM}$
    B $\overline{BD}$ D $\overline{EC}$
14. ¿Cuál es la medida de $\angle ECD$?
    F 45° H 55°
    G 50° J 60°
15. Esta figura tiene simetría rotacional. Indica la fracción y la medida del ángulo de giro.
    A $\frac{3}{4}$ de giro, 180° C $\frac{1}{3}$ de giro, 60°
    B $\frac{1}{2}$ giro, 90° D $\frac{1}{4}$ de giro, 90°

Para 16–17, usa estas figuras.

16. ¿Cuáles dos figuras son semejantes?
    F A y B H A y D
    G A y C J D y C
17. ¿Qué figura es congruente con la figura que se muestra?
    A A C C
    B B D D
18. Considera las letras L, M, O, P, Q, R, S, T, U, V y W. ¿Cuál **no** tiene simetría axial?
    F O, P y Q H R, S, T
    G M, R, P J L, P, Q, R

Para 19–20, resuelve cada problema.

19. ∪ ↑ ⊂ → ∩
    ¿Cuáles son los dos próximos símbolos para este patrón?
    A ↓ ⊃ C ⊃ ↓
    B ⊃ ← D ← ∪
20. 3 ? 6 ! 9 ? 12 ! 15 ? 18 ! ¿Cuáles son los próximos tres objetos en la secuencia?
    F 21 ! 24 H 21 ! 25
    G 21 ? 24 J 21 ? 25

Alto

AG 154 Guía de evaluación **Forma A • Selección múltiple**

Nombre ____________________

PRUEBA DEL CAPÍTULO 25 • PÁGINA 1

Escribe la respuesta correcta.

Para 1–6, usa la siguiente figura.

1. Nombra dos rectas que se cortan.
   respuesta posible: $\overleftrightarrow{HJ}$ y $\overleftrightarrow{TK}$
2. Nombra un ángulo recto.
   respuesta posible: $\angle ECL$ o $\angle CDM$
3. Nombra un ángulo agudo.
   respuesta posible: $\angle CEB$ o $\angle BAD$
4. Nombra dos rectas paralelas.
   $\overleftrightarrow{GM}$ y $\overleftrightarrow{FL}$
5. Nombra dos rectas perpendiculares.
   $\overleftrightarrow{EK}$ y $\overleftrightarrow{FL}$
6. Nombra un ángulo obtuso.
   respuesta posible: $\angle CEJ$ o $\angle HAM$

Para 7–8, halla la medida del ángulo desconocido.

7.
   50°
8.
   110°

Para 9–10, clasifica el ángulo. Luego usa un transportador para hallar su medida.

9. agudo 75°
10. obtuso 125°

Sigue

Forma B • Respuesta libre **Guía de evaluación AG 155**

Nombre ____________________

PRUEBA DEL CAPÍTULO 25 • PÁGINA 2

Para 11–14, usa el círculo.

11. Nombra 2 cuerdas.
    FG y *BC*
12. Nombra 3 radios.
    cualquiera de los 3: *AD, AE, AC, AB*
13. Nombra un diámetro.
    BC
14. ¿Cuál es la medida de $\angle BAD$?
    85°

Para 15–16, usa estas figuras.

15. ¿Qué figura es congruente con esta?
    A
16. ¿Cuáles dos polígonos son similares?
    A y B
17. Considera las letras A, B, C, D, E, F, G, H, I y J. ¿Cuál tiene simetría axial?
    A, B, C, D, E, H, y I
18. Esta figura tiene simetría rotacional. Indica la fracción y la medida del ángulo de giro.
    $\frac{1}{2}$ giro, 180°

Para 19–20, resuelve cada problema.

19. 2 ! 4 # 6 !
    ¿Cuáles son los próximos dos símbolos?
    8 #
20. ⇑ ↑ ⇒ → ⇓
    ¿Cuáles son las tres próximas figuras en la secuencia?
    ↓ ⇐ ←

Alto

AG 156 Guía de evaluación **Forma B • Respuesta libre**

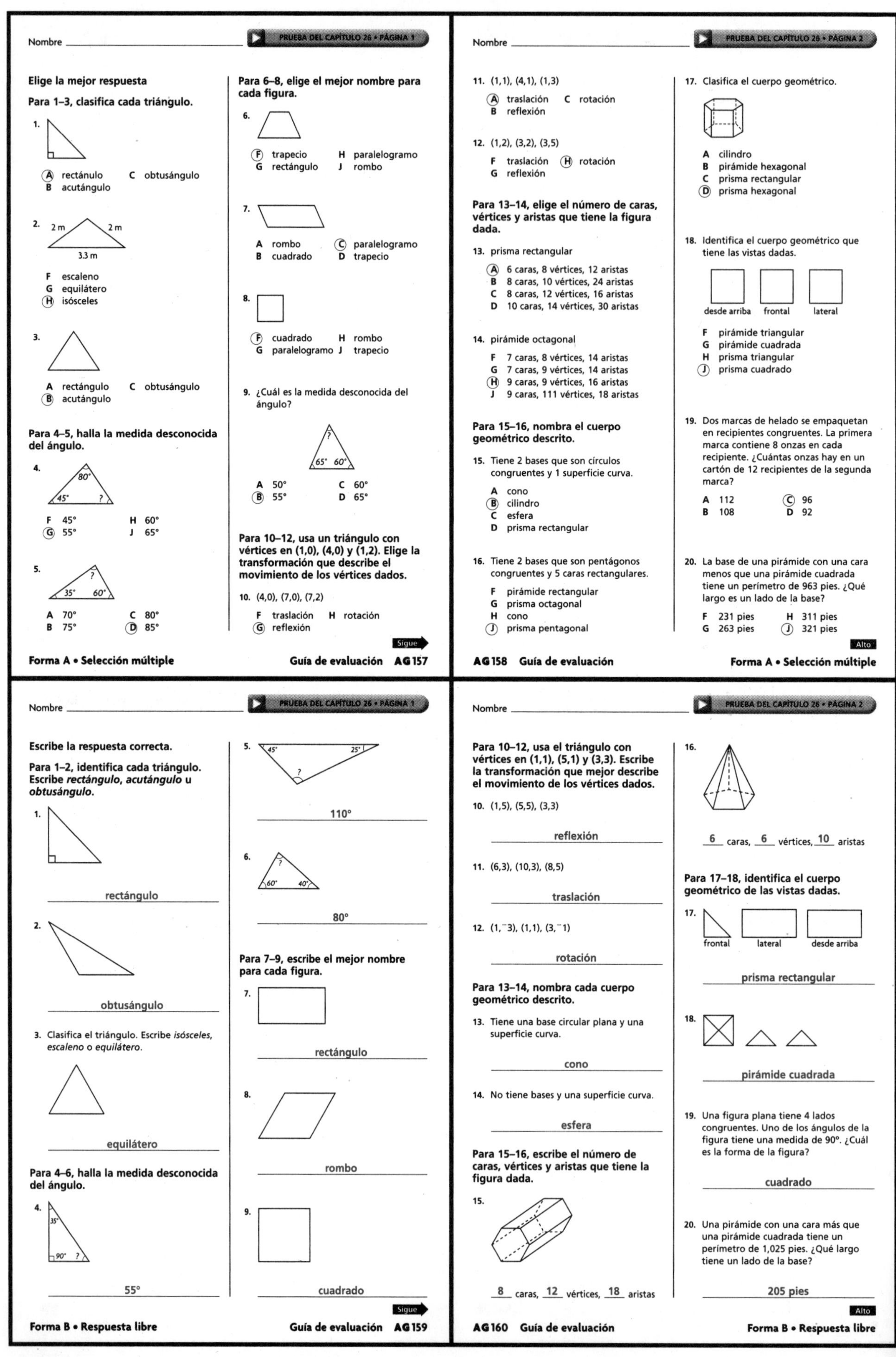

Nombre ______________________ PRUEBA DEL CAPÍTULO 26 • PÁGINA 1

Elige la mejor respuesta

Para 1–3, clasifica cada triángulo.

1.

Ⓐ rectánulo C obtusángulo
B acutángulo

2. 2 m 2 m 3.3 m

F escaleno
G equilátero
Ⓗ isósceles

3.

A rectángulo C obtusángulo
Ⓑ acutángulo

Para 4–5, halla la medida desconocida del ángulo.

4. 80° 45° ?

F 45° H 60°
Ⓖ 55° J 65°

5. ? 35° 60°

A 70° C 80°
B 75° Ⓓ 85°

Para 6–8, elige el mejor nombre para cada figura.

6.

Ⓕ trapecio H paralelogramo
G rectángulo J rombo

7.

A rombo Ⓒ paralelogramo
B cuadrado D trapecio

8.

Ⓕ cuadrado H rombo
G paralelogramo J trapecio

9. ¿Cuál es la medida desconocida del ángulo?

? 65° 60°

A 50° C 60°
Ⓑ 55° D 65°

Para 10–12, usa un triángulo con vértices en (1,0), (4,0) y (1,2). Elige la transformación que describe el movimiento de los vértices dados.

10. (4,0), (7,0), (7,2)

F traslación H rotación
Ⓖ reflexión

Sigue

Forma A • Selección múltiple **Guía de evaluación AG 157**

Nombre ______________________ PRUEBA DEL CAPÍTULO 26 • PÁGINA 2

11. (1,1), (4,1), (1,3)

Ⓐ traslación C rotación
B reflexión

12. (1,2), (3,2), (3,5)

F traslación Ⓗ rotación
G reflexión

Para 13–14, elige el número de caras, vértices y aristas que tiene la figura dada.

13. prisma rectangular

Ⓐ 6 caras, 8 vértices, 12 aristas
B 8 caras, 10 vértices, 24 aristas
C 8 caras, 12 vértices, 16 aristas
D 10 caras, 14 vértices, 30 aristas

14. pirámide octagonal

F 7 caras, 8 vértices, 14 aristas
G 7 caras, 9 vértices, 14 aristas
Ⓗ 9 caras, 9 vértices, 16 aristas
J 9 caras, 111 vértices, 18 aristas

Para 15–16, nombra el cuerpo geométrico descrito.

15. Tiene 2 bases que son círculos congruentes y 1 superficie curva.

A cono
Ⓑ cilindro
C esfera
D prisma rectangular

16. Tiene 2 bases que son pentágonos congruentes y 5 caras rectangulares.

F pirámide rectangular
G prisma octagonal
H cono
Ⓙ prisma pentagonal

17. Clasifica el cuerpo geométrico.

A cilindro
B pirámide hexagonal
C prisma rectangular
Ⓓ prisma hexagonal

18. Identifica el cuerpo geométrico que tiene las vistas dadas.

desde arriba frontal lateral

F pirámide triangular
G pirámide cuadrada
H prisma triangular
Ⓙ prisma cuadrado

19. Dos marcas de helado se empaquetan en recipientes congruentes. La primera marca contiene 8 onzas en cada recipiente. ¿Cuántas onzas hay en un cartón de 12 recipientes de la segunda marca?

A 112 Ⓒ 96
B 108 D 92

20. La base de una pirámide con una cara menos que una pirámide cuadrada tiene un perímetro de 963 pies. ¿Qué largo es un lado de la base?

F 231 pies H 311 pies
G 263 pies Ⓙ 321 pies

Alto

AG 158 Guía de evaluación **Forma A • Selección múltiple**

Nombre ______________________ PRUEBA DEL CAPÍTULO 26 • PÁGINA 1

Escribe la respuesta correcta.

Para 1–2, identifica cada triángulo. Escribe *rectángulo, acutángulo* u *obtusángulo*.

1.

rectángulo

2.

obtusángulo

3. Clasifica el triángulo. Escribe *isósceles, escaleno* o *equilátero*.

equilátero

Para 4–6, halla la medida desconocida del ángulo.

4. 35° 90° ?

55°

5. 45° 25° ?

110°

6. ? 60° 40°

80°

Para 7–9, escribe el mejor nombre para cada figura.

7.

rectángulo

8.

rombo

9.

cuadrado

Sigue

Forma B • Respuesta libre **Guía de evaluación AG 159**

Nombre ______________________ PRUEBA DEL CAPÍTULO 26 • PÁGINA 2

Para 10–12, usa el triángulo con vértices en (1,1), (5,1) y (3,3). Escribe la transformación que mejor describe el movimiento de los vértices dados.

10. (1,5), (5,5), (3,3)

reflexión

11. (6,3), (10,3), (8,5)

traslación

12. (1,⁻3), (1,1), (3,⁻1)

rotación

Para 13–14, nombra cada cuerpo geométrico descrito.

13. Tiene una base circular plana y una superficie curva.

cono

14. No tiene bases y una superficie curva.

esfera

Para 15–16, escribe el número de caras, vértices y aristas que tiene la figura dada.

15.

8 caras, 12 vértices, 18 aristas

16.

6 caras, 6 vértices, 10 aristas

Para 17–18, identifica el cuerpo geométrico de las vistas dadas.

17. frontal lateral desde arriba

prisma rectangular

18.

pirámide cuadrada

19. Una figura plana tiene 4 lados congruentes. Uno de los ángulos de la figura tiene una medida de 90°. ¿Cuál es la forma de la figura?

cuadrado

20. Una pirámide con una cara más que una pirámide cuadrada tiene un perímetro de 1,025 pies. ¿Qué largo tiene un lado de la base?

205 pies

Alto

AG 160 Guía de evaluación **Forma B • Respuesta libre**

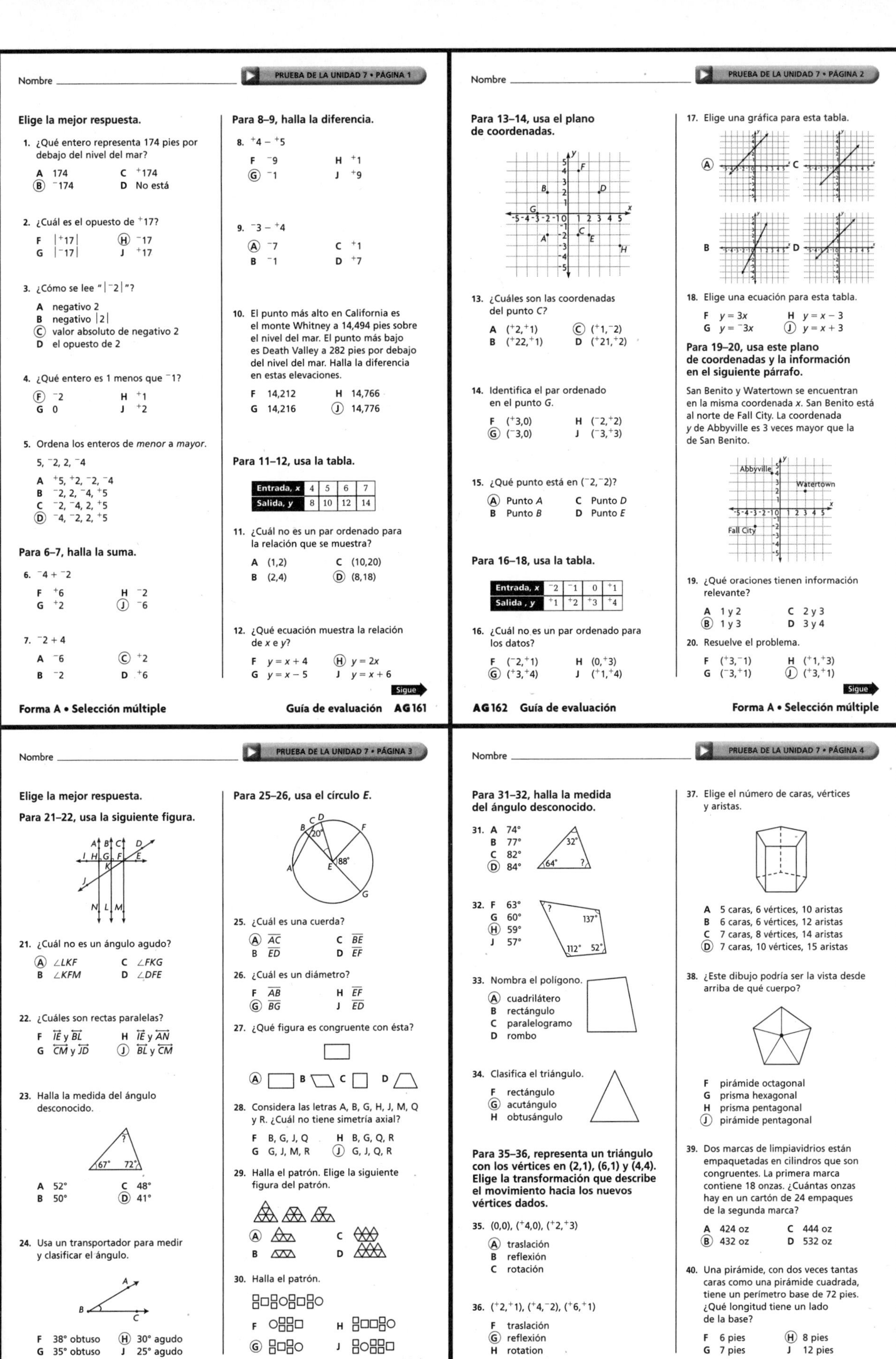

Nombre ____________ PRUEBA DE LA UNIDAD 7 • PÁGINA 1

Elige la mejor respuesta.

1. ¿Qué entero representa 174 pies por debajo del nivel del mar?
   A 174 (B) $^-174$ C $^+174$ D No está

2. ¿Cuál es el opuesto de $^+17$?
   F $|^+17|$ G $|^-17|$ (H) $^-17$ J $^+17$

3. ¿Cómo se lee "$|^-2|$"?
   A negativo 2
   B negativo $|2|$
   (C) valor absoluto de negativo 2
   D el opuesto de 2

4. ¿Qué entero es 1 menos que $^-1$?
   (F) $^-2$ G 0 H $^+1$ J $^+2$

5. Ordena los enteros de *menor* a *mayor*.
   5, $^-2$, 2, $^-4$
   A $^+5, ^+2, ^-2, ^-4$
   B $^-2, 2, ^-4, ^+5$
   C $^-2, ^-4, 2, ^+5$
   (D) $^-4, ^-2, 2, ^+5$

Para 6–7, halla la suma.

6. $^-4 + ^-2$
   F $^+6$ G $^+2$ H $^-2$ (J) $^-6$

7. $^-2 + 4$
   A $^-6$ B $^-2$ (C) $^+2$ D $^+6$

Para 8–9, halla la diferencia.

8. $^+4 - ^+5$
   F $^-9$ (G) $^-1$ H $^+1$ J $^+9$

9. $^-3 - ^+4$
   (A) $^-7$ B $^-1$ C $^+1$ D $^+7$

10. El punto más alto en California es el monte Whitney a 14,494 pies sobre el nivel del mar. El punto más bajo es Death Valley a 282 pies por debajo del nivel del mar. Halla la diferencia en estas elevaciones.
   F 14,212 G 14,216 H 14,766 (J) 14,776

Para 11–12, usa la tabla.

Entrada, *x*	4	5	6	7
Salida, *y*	8	10	12	14

11. ¿Cuál no es un par ordenado para la relación que se muestra?
   A (1,2) B (2,4) C (10,20) (D) (8,18)

12. ¿Qué ecuación muestra la relación de *x* e *y*?
   F $y = x + 4$ G $y = x - 5$ (H) $y = 2x$ J $y = x + 6$

Sigue

Forma A • Selección múltiple — Guía de evaluación AG 161

Nombre ____________ PRUEBA DE LA UNIDAD 7 • PÁGINA 2

Para 13–14, usa el plano de coordenadas.

13. ¿Cuáles son las coordenadas del punto *C*?
   A $(^+2,^+1)$ B $(^+22,^+1)$ (C) $(^+1,^-2)$ D $(^+21,^+2)$

14. Identifica el par ordenado en el punto *G*.
   F $(^+3,0)$ (G) $(^-3,0)$ H $(^-2,^+2)$ J $(^-3,^+3)$

15. ¿Qué punto está en $(^-2,^-2)$?
   (A) Punto *A* B Punto *B* C Punto *D* D Punto *E*

Para 16–18, usa la tabla.

Entrada, *x*	$^-2$	$^-1$	0	$^+1$
Salida, *y*	$^+1$	$^+2$	$^+3$	$^+4$

16. ¿Cuál no es un par ordenado para los datos?
   F $(^-2,^+1)$ (G) $(^+3,^+4)$ H $(0,^+3)$ J $(^+1,^+4)$

17. Elige una gráfica para esta tabla.
   (A) B C D

18. Elige una ecuación para esta tabla.
   F $y = 3x$ G $y = ^-3x$ H $y = x - 3$ (J) $y = x + 3$

Para 19–20, usa este plano de coordenadas y la información en el siguiente párrafo.

San Benito y Watertown se encuentran en la misma coordenada *x*. San Benito está al norte de Fall City. La coordenada *y* de Abbyville es 3 veces mayor que la de San Benito.

19. ¿Qué oraciones tienen información relevante?
   A 1 y 2 (B) 1 y 3 C 2 y 3 D 3 y 4

20. Resuelve el problema.
   F $(^+3,^-1)$ G $(^-3,^+1)$ H $(^+1,^+3)$ (J) $(^+3,^+1)$

Sigue

AG 162 Guía de evaluación — Forma A • Selección múltiple

Nombre ____________ PRUEBA DE LA UNIDAD 7 • PÁGINA 3

Elige la mejor respuesta.

Para 21–22, usa la siguiente figura.

21. ¿Cuál no es un ángulo agudo?
   (A) $\angle LKF$ B $\angle KFM$ C $\angle FKG$ D $\angle DFE$

22. ¿Cuáles son rectas paralelas?
   F $\overleftrightarrow{IE}$ y $\overleftrightarrow{BL}$ G $\overleftrightarrow{CM}$ y $\overleftrightarrow{JD}$ H $\overleftrightarrow{IE}$ y $\overleftrightarrow{AN}$ (J) $\overleftrightarrow{BL}$ y $\overleftrightarrow{CM}$

23. Halla la medida del ángulo desconocido.
   A 52° B 50° C 48° (D) 41°

24. Usa un transportador para medir y clasificar el ángulo.
   F 38° obtuso G 35° obtuso (H) 30° agudo J 25° agudo

Para 25–26, usa el círculo *E*.

25. ¿Cuál es una cuerda?
   (A) $\overline{AC}$ B $\overline{ED}$ C $\overline{BE}$ D $\overline{EF}$

26. ¿Cuál es un diámetro?
   F $\overline{AB}$ (G) $\overline{BG}$ H $\overline{EF}$ J $\overline{ED}$

27. ¿Qué figura es congruente con ésta?
   (A) B C D

28. Considera las letras A, B, G, H, J, M, Q y R. ¿Cuál no tiene simetría axial?
   F B, G, J, Q G G, J, M, R H B, G, Q, R (J) G, J, Q, R

29. Halla el patrón. Elige la siguiente figura del patrón.
   (A) B C D

30. Halla el patrón.
   F (G) H J

Sigue

Forma A • Selección múltiple — Guía de evaluación AG 163

Nombre ____________ PRUEBA DE LA UNIDAD 7 • PÁGINA 4

Para 31–32, halla la medida del ángulo desconocido.

31. A 74° B 77° C 82° (D) 84°

32. F 63° G 60° (H) 59° J 57°

33. Nombra el polígono.
   (A) cuadrilátero
   B rectángulo
   C paralelogramo
   D rombo

34. Clasifica el triángulo.
   F rectángulo
   (G) acutángulo
   H obtusángulo

Para 35–36, representa un triángulo con los vértices en (2,1), (6,1) y (4,4). Elige la transformación que describe el movimiento hacia los nuevos vértices dados.

35. (0,0), $(^+4,0)$, $(^+2,^+3)$
   (A) traslación
   B reflexión
   C rotación

36. $(^+2,^+1)$, $(^+4,^-2)$, $(^+6,^+1)$
   F traslación
   (G) reflexión
   H rotation

37. Elige el número de caras, vértices y aristas.
   A 5 caras, 6 vértices, 10 aristas
   B 6 caras, 6 vértices, 12 aristas
   C 7 caras, 8 vértices, 14 aristas
   (D) 7 caras, 10 vértices, 15 aristas

38. ¿Este dibujo podría ser la vista desde arriba de qué cuerpo?
   F pirámide octagonal
   G prisma hexagonal
   H prisma pentagonal
   (J) pirámide pentagonal

39. Dos marcas de limpiavidrios están empaquetadas en cilindros que son congruentes. La primera marca contiene 18 onzas. ¿Cuántas onzas hay en un cartón de 24 empaques de la segunda marca?
   A 424 oz (B) 432 oz C 444 oz D 532 oz

40. Una pirámide, con dos veces tantas caras como una pirámide cuadrada, tiene un perímetro base de 72 pies. ¿Qué longitud tiene un lado de la base?
   F 6 pies G 7 pies (H) 8 pies J 12 pies

Alto

AG 164 Guía de evaluación — Forma A • Selección múltiple

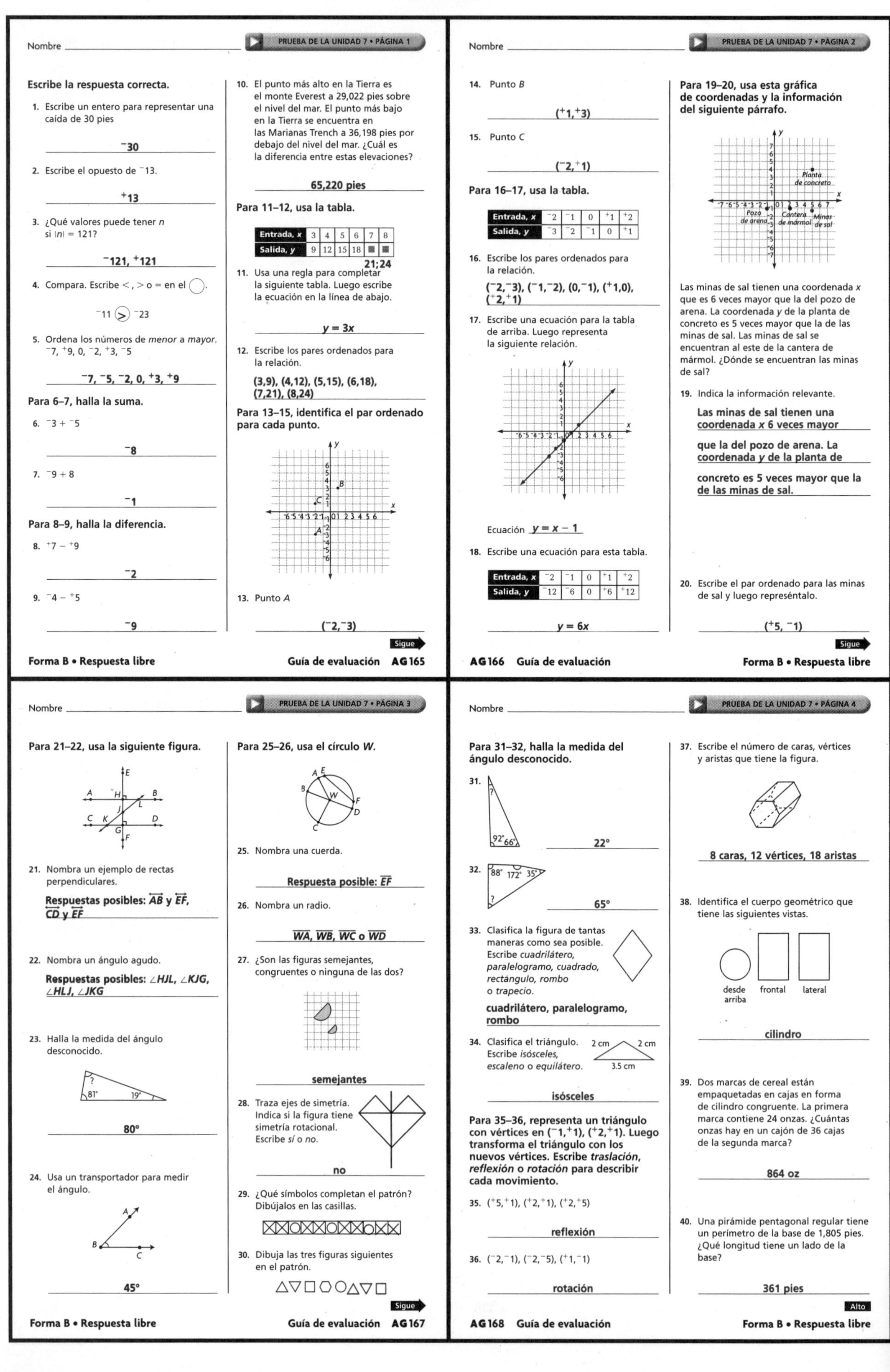

Nombre ____________ PRUEBA DE LA UNIDAD 7 • PÁGINA 1

Escribe la respuesta correcta.

1. Escribe un entero para representar una caída de 30 pies
   $^{-}30$
2. Escribe el opuesto de $^{-}13$.
   $^{+}13$
3. ¿Qué valores puede tener *n* si $|n| = 121$?
   $^{-}121$, $^{+}121$
4. Compara. Escribe <, > o = en el ○.
   $^{-}11$ (>) $^{-}23$
5. Ordena los números de *menor* a *mayor*.
   $^{-}7$, $^{+}9$, 0, $^{-}2$, $^{+}3$, $^{-}5$
   $^{-}7$, $^{-}5$, $^{-}2$, 0, $^{+}3$, $^{+}9$

Para 6–7, halla la suma.

6. $^{-}3 + {}^{-}5$
   $^{-}8$
7. $^{-}9 + 8$
   $^{-}1$

Para 8–9, halla la diferencia.

8. $^{+}7 - {}^{+}9$
   $^{-}2$
9. $^{-}4 - {}^{+}5$
   $^{-}9$

10. El punto más alto en la Tierra es el monte Everest a 29,022 pies sobre el nivel del mar. El punto más bajo en la Tierra se encuentra en las Marianas Trench a 36,198 pies por debajo del nivel del mar. ¿Cuál es la diferencia entre estas elevaciones?
    65,220 pies

Para 11–12, usa la tabla.

Entrada, x	3	4	5	6	7	8
Salida, y	9	12	15	18	■	■

21;24

11. Usa una regla para completar la siguiente tabla. Luego escribe la ecuación en la línea de abajo.
    $y = 3x$
12. Escribe los pares ordenados para la relación.
    (3,9), (4,12), (5,15), (6,18), (7,21), (8,24)

Para 13–15, identifica el par ordenado para cada punto.

13. Punto *A*
    ($^{-}2$,$^{-}3$)

Forma B • Respuesta libre — Sigue — Guía de evaluación AG165

Nombre ____________ PRUEBA DE LA UNIDAD 7 • PÁGINA 2

14. Punto *B*
    ($^{+}1$,$^{+}3$)
15. Punto *C*
    ($^{-}2$,$^{+}1$)

Para 16–17, usa la tabla.

Entrada, x	$^{-}2$	$^{-}1$	0	$^{+}1$	$^{+}2$
Salida, y	$^{-}3$	$^{-}2$	$^{-}1$	0	$^{+}1$

16. Escribe los pares ordenados para la relación.
    ($^{-}2$,$^{-}3$), ($^{-}1$,$^{-}2$), (0,$^{-}1$), ($^{+}1$,0), ($^{+}2$,$^{+}1$)
17. Escribe una ecuación para la tabla de arriba. Luego representa la siguiente relación.
    Ecuación **$y = x - 1$**
18. Escribe una ecuación para esta tabla.

Entrada, x	$^{-}2$	$^{-}1$	0	$^{+}1$	$^{+}2$
Salida, y	$^{-}12$	$^{-}6$	0	$^{+}6$	$^{+}12$

$y = 6x$

Para 19–20, usa esta gráfica de coordenadas y la información del siguiente párrafo.

Las minas de sal tienen una coordenada *x* que es 6 veces mayor que la del pozo de arena. La coordenada *y* de la planta de concreto es 5 veces mayor que la de las minas de sal. Las minas de sal se encuentran al este de la cantera de mármol. ¿Dónde se encuentran las minas de sal?

19. Indica la información relevante.
    Las minas de sal tienen una coordenada *x* 6 veces mayor que la del pozo de arena. La coordenada *y* de la planta de concreto es 5 veces mayor que la de las minas de sal.
20. Escribe el par ordenado para las minas de sal y luego represéntalo.
    ($^{+}5$, $^{-}1$)

AG166 Guía de evaluación — Sigue — Forma B • Respuesta libre

Nombre ____________ PRUEBA DE LA UNIDAD 7 • PÁGINA 3

Para 21–22, usa la siguiente figura.

21. Nombra un ejemplo de rectas perpendiculares.
    Respuestas posibles: $\overleftrightarrow{AB}$ y $\overleftrightarrow{EF}$, $\overleftrightarrow{CD}$ y $\overleftrightarrow{EF}$
22. Nombra un ángulo agudo.
    Respuestas posibles: ∠HJL, ∠KJG, ∠HLJ, ∠JKG
23. Halla la medida del ángulo desconocido.
    80°
24. Usa un transportador para medir el ángulo.
    45°

Para 25–26, usa el círculo *W*.

25. Nombra una cuerda.
    Respuesta posible: $\overline{EF}$
26. Nombra un radio.
    $\overline{WA}$, $\overline{WB}$, $\overline{WC}$ o $\overline{WD}$
27. ¿Son las figuras semejantes, congruentes o ninguna de las dos?
    semejantes
28. Traza ejes de simetría. Indica si la figura tiene simetría rotacional. Escribe *sí* o *no*.
    no
29. ¿Qué símbolos completan el patrón? Dibújalos en las casillas.
30. Dibuja las tres figuras siguientes en el patrón.

Forma B • Respuesta libre — Sigue — Guía de evaluación AG167

Nombre ____________ PRUEBA DE LA UNIDAD 7 • PÁGINA 4

Para 31–32, halla la medida del ángulo desconocido.

31. **22°**
32. **65°**
33. Clasifica la figura de tantas maneras como sea posible. Escribe *cuadrilátero, paralelogramo, cuadrado, rectángulo, rombo* o *trapecio*.
    cuadrilátero, paralelogramo, rombo
34. Clasifica el triángulo. Escribe *isósceles, escaleno* o *equilátero*.
    isósceles

Para 35–36, representa un triángulo con vértices en ($^{-}1$,$^{+}1$), ($^{+}2$,$^{+}1$). Luego transforma el triángulo con los nuevos vértices. Escribe *traslación, reflexión* o *rotación* para describir cada movimiento.

35. ($^{+}5$,$^{+}1$), ($^{+}2$,$^{+}1$), ($^{+}2$,$^{+}5$)
    reflexión
36. ($^{-}2$,$^{-}1$), ($^{-}2$,$^{-}5$), ($^{+}1$,$^{-}1$)
    rotación
37. Escribe el número de caras, vértices y aristas que tiene la figura.
    8 caras, 12 vértices, 18 aristas
38. Identifica el cuerpo geométrico que tiene las siguientes vistas.
    desde arriba — frontal — lateral
    cilindro
39. Dos marcas de cereal están empaquetadas en cajas en forma de cilindro congruente. La primera marca contiene 24 onzas. ¿Cuántas onzas hay en un cajón de 36 cajas de la segunda marca?
    864 oz
40. Una pirámide pentagonal regular tiene un perímetro de la base de 1,805 pies. ¿Qué longitud tiene un lado de la base?
    361 pies

AG168 Guía de evaluación — Alto — Forma B • Respuesta libre

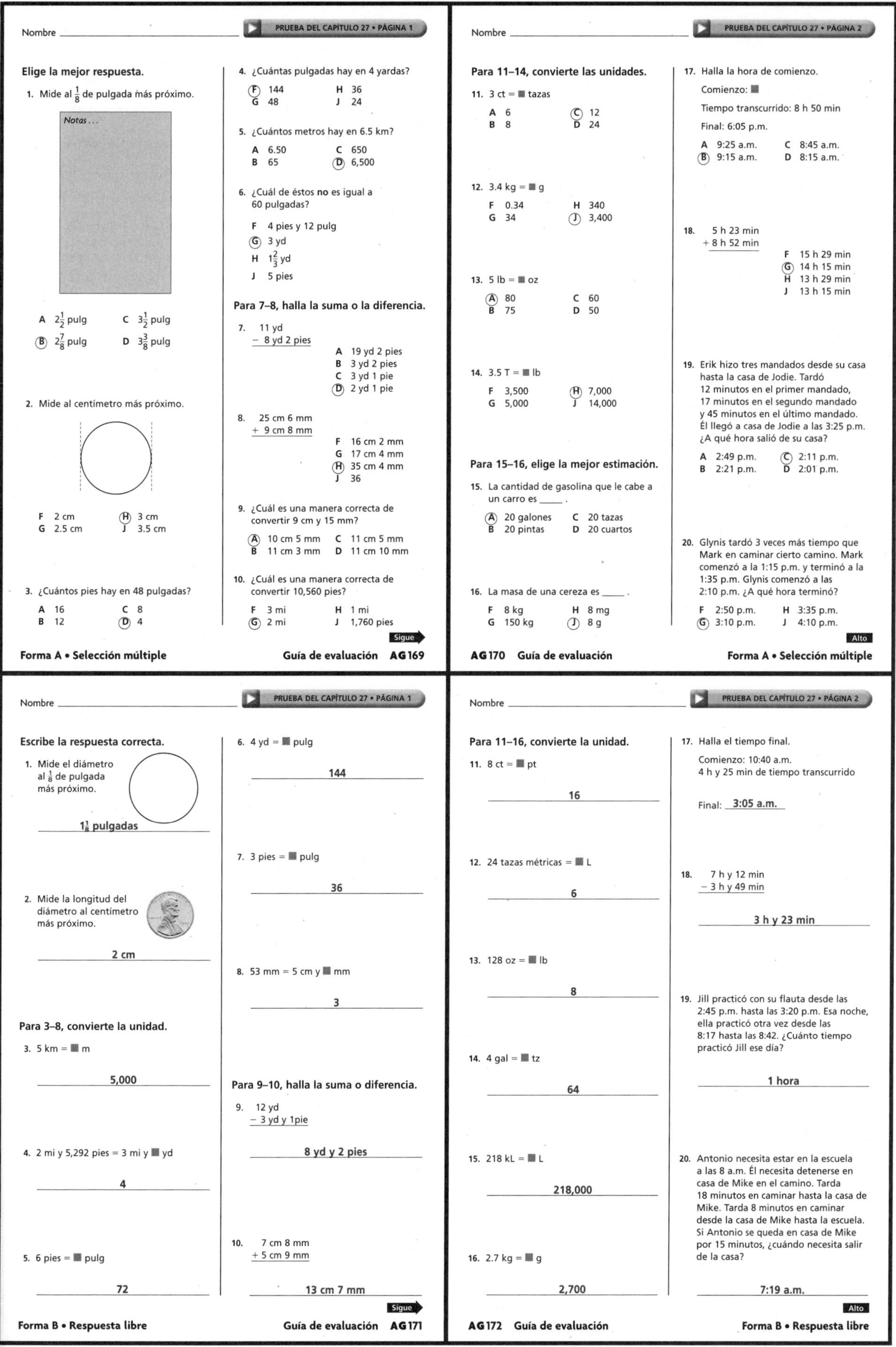

Nombre ____________ PRUEBA DEL CAPÍTULO 27 • PÁGINA 1

Elige la mejor respuesta.

1. Mide al $\frac{1}{8}$ de pulgada más próximo.

Notas...

A $2\frac{1}{2}$ pulg C $3\frac{1}{2}$ pulg
(B) $2\frac{7}{8}$ pulg D $3\frac{3}{8}$ pulg

2. Mide al centímetro más próximo.

F 2 cm (H) 3 cm
G 2.5 cm J 3.5 cm

3. ¿Cuántos pies hay en 48 pulgadas?

A 16 C 8
B 12 (D) 4

4. ¿Cuántas pulgadas hay en 4 yardas?

(F) 144 H 36
G 48 J 24

5. ¿Cuántos metros hay en 6.5 km?

A 6.50 C 650
B 65 (D) 6,500

6. ¿Cuál de éstos **no** es igual a 60 pulgadas?

F 4 pies y 12 pulg
(G) 3 yd
H $1\frac{2}{3}$ yd
J 5 pies

Para 7–8, halla la suma o la diferencia.

7. 11 yd
− 8 yd 2 pies

A 19 yd 2 pies
B 3 yd 2 pies
C 3 yd 1 pie
(D) 2 yd 1 pie

8. 25 cm 6 mm
+ 9 cm 8 mm

F 16 cm 2 mm
G 17 cm 4 mm
(H) 35 cm 4 mm
J 36

9. ¿Cuál es una manera correcta de convertir 9 cm y 15 mm?

(A) 10 cm 5 mm C 11 cm 5 mm
B 11 cm 3 mm D 11 cm 10 mm

10. ¿Cuál es una manera correcta de convertir 10,560 pies?

F 3 mi H 1 mi
(G) 2 mi J 1,760 pies

Sigue

Forma A • Selección múltiple Guía de evaluación AG 169

Nombre ____________ PRUEBA DEL CAPÍTULO 27 • PÁGINA 2

Para 11–14, convierte las unidades.

11. 3 ct = ■ tazas

A 6 (C) 12
B 8 D 24

12. 3.4 kg = ■ g

F 0.34 H 340
G 34 (J) 3,400

13. 5 lb = ■ oz

(A) 80 C 60
B 75 D 50

14. 3.5 T = ■ lb

F 3,500 (H) 7,000
G 5,000 J 14,000

Para 15–16, elige la mejor estimación.

15. La cantidad de gasolina que le cabe a un carro es _____.

(A) 20 galones C 20 tazas
B 20 pintas D 20 cuartos

16. La masa de una cereza es _____.

F 8 kg H 8 mg
G 150 kg (J) 8 g

17. Halla la hora de comienzo.

Comienzo: ■
Tiempo transcurrido: 8 h 50 min
Final: 6:05 p.m.

A 9:25 a.m. C 8:45 a.m.
(B) 9:15 a.m. D 8:15 a.m.

18. 5 h 23 min
+ 8 h 52 min

F 15 h 29 min
(G) 14 h 15 min
H 13 h 29 min
J 13 h 15 min

19. Erik hizo tres mandados desde su casa hasta la casa de Jodie. Tardó 12 minutos en el primer mandado, 17 minutos en el segundo mandado y 45 minutos en el último mandado. Él llegó a casa de Jodie a las 3:25 p.m. ¿A qué hora salió de su casa?

A 2:49 p.m. (C) 2:11 p.m.
B 2:21 p.m. D 2:01 p.m.

20. Glynis tardó 3 veces más tiempo que Mark en caminar cierto camino. Mark comenzó a la 1:15 p.m. y terminó a la 1:35 p.m. Glynis comenzó a las 2:10 p.m. ¿A qué hora terminó?

F 2:50 p.m. H 3:35 p.m.
(G) 3:10 p.m. J 4:10 p.m.

Alto

AG 170 Guía de evaluación Forma A • Selección múltiple

Nombre ____________ PRUEBA DEL CAPÍTULO 27 • PÁGINA 1

Escribe la respuesta correcta.

1. Mide el diámetro al $\frac{1}{8}$ de pulgada más próximo.

$1\frac{1}{8}$ pulgadas

2. Mide la longitud del diámetro al centímetro más próximo.

2 cm

Para 3–8, convierte la unidad.

3. 5 km = ■ m

5,000

4. 2 mi y 5,292 pies = 3 mi y ■ yd

4

5. 6 pies = ■ pulg

72

6. 4 yd = ■ pulg

144

7. 3 pies = ■ pulg

36

8. 53 mm = 5 cm y ■ mm

3

Para 9–10, halla la suma o diferencia.

9. 12 yd
− 3 yd y 1pie

8 yd y 2 pies

10. 7 cm 8 mm
+ 5 cm 9 mm

13 cm 7 mm

Sigue

Forma B • Respuesta libre Guía de evaluación AG 171

Nombre ____________ PRUEBA DEL CAPÍTULO 27 • PÁGINA 2

Para 11–16, convierte la unidad.

11. 8 ct = ■ pt

16

12. 24 tazas métricas = ■ L

6

13. 128 oz = ■ lb

8

14. 4 gal = ■ tz

64

15. 218 kL = ■ L

218,000

16. 2.7 kg = ■ g

2,700

17. Halla el tiempo final.

Comienzo: 10:40 a.m.
4 h y 25 min de tiempo transcurrido

Final: 3:05 a.m.

18. 7 h y 12 min
− 3 h y 49 min

3 h y 23 min

19. Jill practicó con su flauta desde las 2:45 p.m. hasta las 3:20 p.m. Esa noche, ella practicó otra vez desde las 8:17 hasta las 8:42. ¿Cuánto tiempo practicó Jill ese día?

1 hora

20. Antonio necesita estar en la escuela a las 8 a.m. Él necesita detenerse en casa de Mike en el camino. Tarda 18 minutos en caminar hasta la casa de Mike. Tarda 8 minutos en caminar desde la casa de Mike hasta la escuela. Si Antonio se queda en casa de Mike por 15 minutos, ¿cuándo necesita salir de la casa?

7:19 a.m.

Alto

AG 172 Guía de evaluación Forma B • Respuesta libre

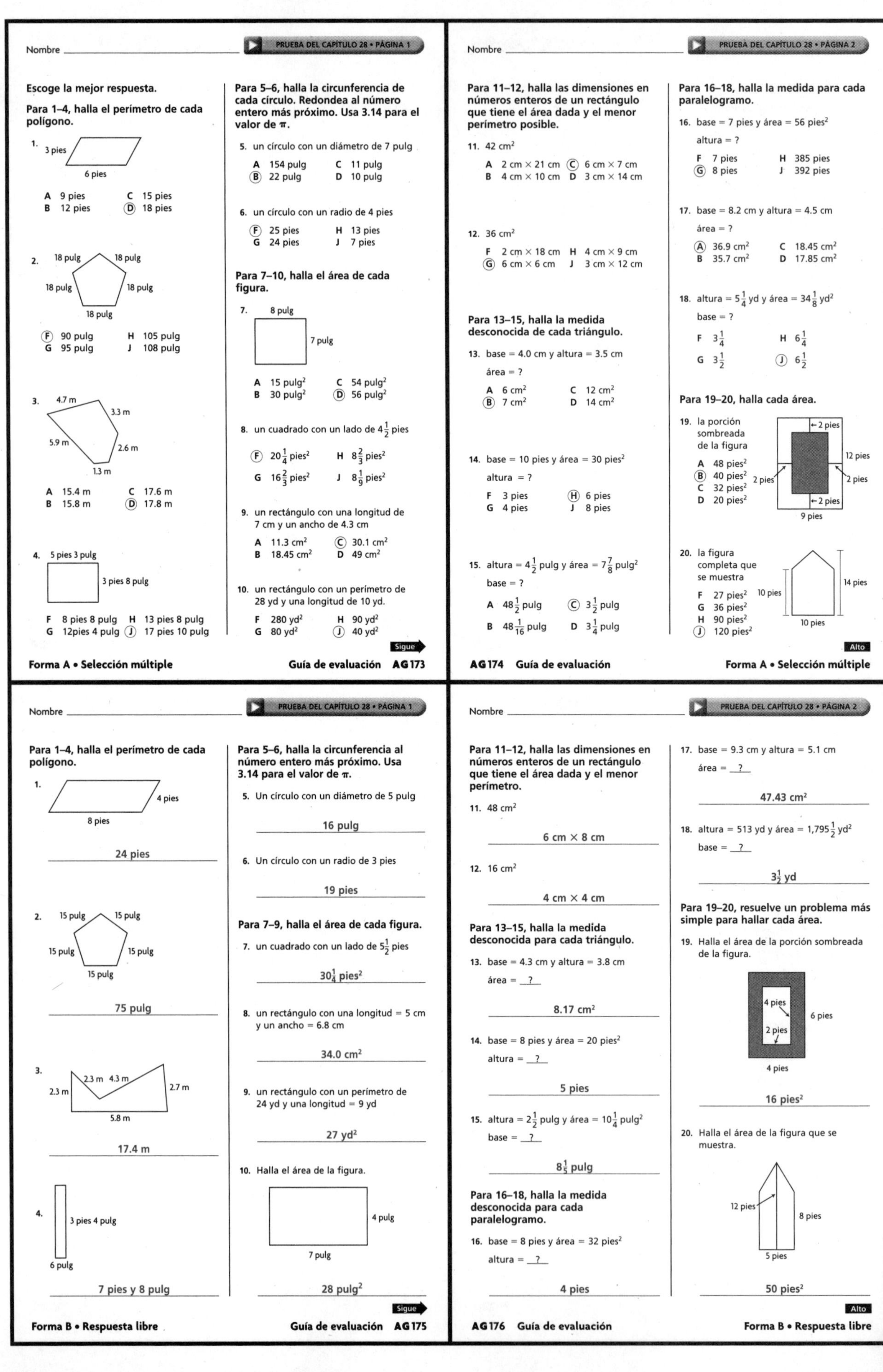

Nombre ____________ PRUEBA DEL CAPÍTULO 28 • PÁGINA 1

Escoge la mejor respuesta.

Para 1–4, halla el perímetro de cada polígono.

1. 3 pies; 6 pies
   A 9 pies C 15 pies
   B 12 pies (D) 18 pies

2. 18 pulg; 18 pulg; 18 pulg; 18 pulg; 18 pulg
   (F) 90 pulg H 105 pulg
   G 95 pulg J 108 pulg

3. 4.7 m; 3.3 m; 5.9 m; 2.6 m; 1.3 m
   A 15.4 m C 17.6 m
   B 15.8 m (D) 17.8 m

4. 5 pies 3 pulg; 3 pies 8 pulg
   F 8 pies 8 pulg H 13 pies 8 pulg
   G 12pies 4 pulg (J) 17 pies 10 pulg

Para 5–6, halla la circunferencia de cada círculo. Redondea al número entero más próximo. Usa 3.14 para el valor de π.

5. un círculo con un diámetro de 7 pulg
   A 154 pulg C 11 pulg
   (B) 22 pulg D 10 pulg

6. un círculo con un radio de 4 pies
   (F) 25 pies H 13 pies
   G 24 pies J 7 pies

Para 7–10, halla el área de cada figura.

7. 8 pulg; 7 pulg
   A 15 pulg² C 54 pulg²
   B 30 pulg² (D) 56 pulg²

8. un cuadrado con un lado de $4\frac{1}{2}$ pies
   (F) $20\frac{1}{4}$ pies² H $8\frac{2}{3}$ pies²
   G $16\frac{2}{3}$ pies² J $8\frac{1}{9}$ pies²

9. un rectángulo con una longitud de 7 cm y un ancho de 4.3 cm
   A 11.3 cm² (C) 30.1 cm²
   B 18.45 cm² D 49 cm²

10. un rectángulo con un perímetro de 28 yd y una longitud de 10 yd.
   F 280 yd² H 90 yd²
   G 80 yd² (J) 40 yd²

Sigue

Forma A • Selección múltiple   Guía de evaluación AG 173

Nombre ____________ PRUEBA DEL CAPÍTULO 28 • PÁGINA 2

Para 11–12, halla las dimensiones en números enteros de un rectángulo que tiene el área dada y el menor perímetro posible.

11. 42 cm²
   A 2 cm × 21 cm (C) 6 cm × 7 cm
   B 4 cm × 10 cm D 3 cm × 14 cm

12. 36 cm²
   F 2 cm × 18 cm H 4 cm × 9 cm
   (G) 6 cm × 6 cm J 3 cm × 12 cm

Para 13–15, halla la medida desconocida de cada triángulo.

13. base = 4.0 cm y altura = 3.5 cm
   área = ?
   A 6 cm² C 12 cm²
   (B) 7 cm² D 14 cm²

14. base = 10 pies y área = 30 pies²
   altura = ?
   F 3 pies (H) 6 pies
   G 4 pies J 8 pies

15. altura = $4\frac{1}{2}$ pulg y área = $7\frac{7}{8}$ pulg²
   base = ?
   A $48\frac{1}{2}$ pulg (C) $3\frac{1}{2}$ pulg
   B $48\frac{1}{16}$ pulg D $3\frac{1}{4}$ pulg

Para 16–18, halla la medida para cada paralelogramo.

16. base = 7 pies y área = 56 pies²
   altura = ?
   F 7 pies H 385 pies
   (G) 8 pies J 392 pies

17. base = 8.2 cm y altura = 4.5 cm
   área = ?
   (A) 36.9 cm² C 18.45 cm²
   B 35.7 cm² D 17.85 cm²

18. altura = $5\frac{1}{4}$ yd y área = $34\frac{1}{8}$ yd²
   base = ?
   F $3\frac{1}{4}$ H $6\frac{1}{4}$
   G $3\frac{1}{2}$ (J) $6\frac{1}{2}$

Para 19–20, halla cada área.

19. la porción sombreada de la figura
   A 48 pies²
   (B) 40 pies²
   C 32 pies²
   D 20 pies²
   (2 pies; 12 pies; 2 pies; 2 pies; 2 pies; 9 pies)

20. la figura completa que se muestra
   F 27 pies²
   G 36 pies²
   H 90 pies²
   (J) 120 pies²
   (10 pies; 14 pies; 10 pies)

Alto

AG 174 Guía de evaluación   Forma A • Selección múltiple

Nombre ____________ PRUEBA DEL CAPÍTULO 28 • PÁGINA 1

Para 1–4, halla el perímetro de cada polígono.

1. 4 pies; 8 pies
   24 pies

2. 15 pulg; 15 pulg; 15 pulg; 15 pulg; 15 pulg
   75 pulg

3. 2.3 m; 2.3 m; 4.3 m; 2.7 m; 5.8 m
   17.4 m

4. 3 pies 4 pulg; 6 pulg
   7 pies y 8 pulg

Para 5–6, halla la circunferencia al número entero más próximo. Usa 3.14 para el valor de π.

5. Un círculo con un diámetro de 5 pulg
   16 pulg

6. Un círculo con un radio de 3 pies
   19 pies

Para 7–9, halla el área de cada figura.

7. un cuadrado con un lado de $5\frac{1}{2}$ pies
   $30\frac{1}{4}$ pies²

8. un rectángulo con una longitud = 5 cm y un ancho = 6.8 cm
   34.0 cm²

9. un rectángulo con un perímetro de 24 yd y una longitud = 9 yd
   27 yd²

10. Halla el área de la figura.
   4 pulg; 7 pulg
   28 pulg²

Sigue

Forma B • Respuesta libre   Guía de evaluación AG 175

Nombre ____________ PRUEBA DEL CAPÍTULO 28 • PÁGINA 2

Para 11–12, halla las dimensiones en números enteros de un rectángulo que tiene el área dada y el menor perímetro.

11. 48 cm²
   6 cm × 8 cm

12. 16 cm²
   4 cm × 4 cm

Para 13–15, halla la medida desconocida para cada triángulo.

13. base = 4.3 cm y altura = 3.8 cm
   área = ?
   8.17 cm²

14. base = 8 pies y área = 20 pies²
   altura = ?
   5 pies

15. altura = $2\frac{1}{2}$ pulg y área = $10\frac{1}{4}$ pulg²
   base = ?
   $8\frac{1}{5}$ pulg

Para 16–18, halla la medida desconocida para cada paralelogramo.

16. base = 8 pies y área = 32 pies²
   altura = ?
   4 pies

17. base = 9.3 cm y altura = 5.1 cm
   área = ?
   47.43 cm²

18. altura = 513 yd y área = $1{,}795\frac{1}{2}$ yd²
   base = ?
   $3\frac{1}{2}$ yd

Para 19–20, resuelve un problema más simple para hallar cada área.

19. Halla el área de la porción sombreada de la figura.
   (4 pies; 6 pies; 2 pies; 4 pies)
   16 pies²

20. Halla el área de la figura que se muestra.
   (12 pies; 8 pies; 5 pies)
   50 pies²

Alto

AG176 Guía de evaluación   Forma B • Respuesta libre

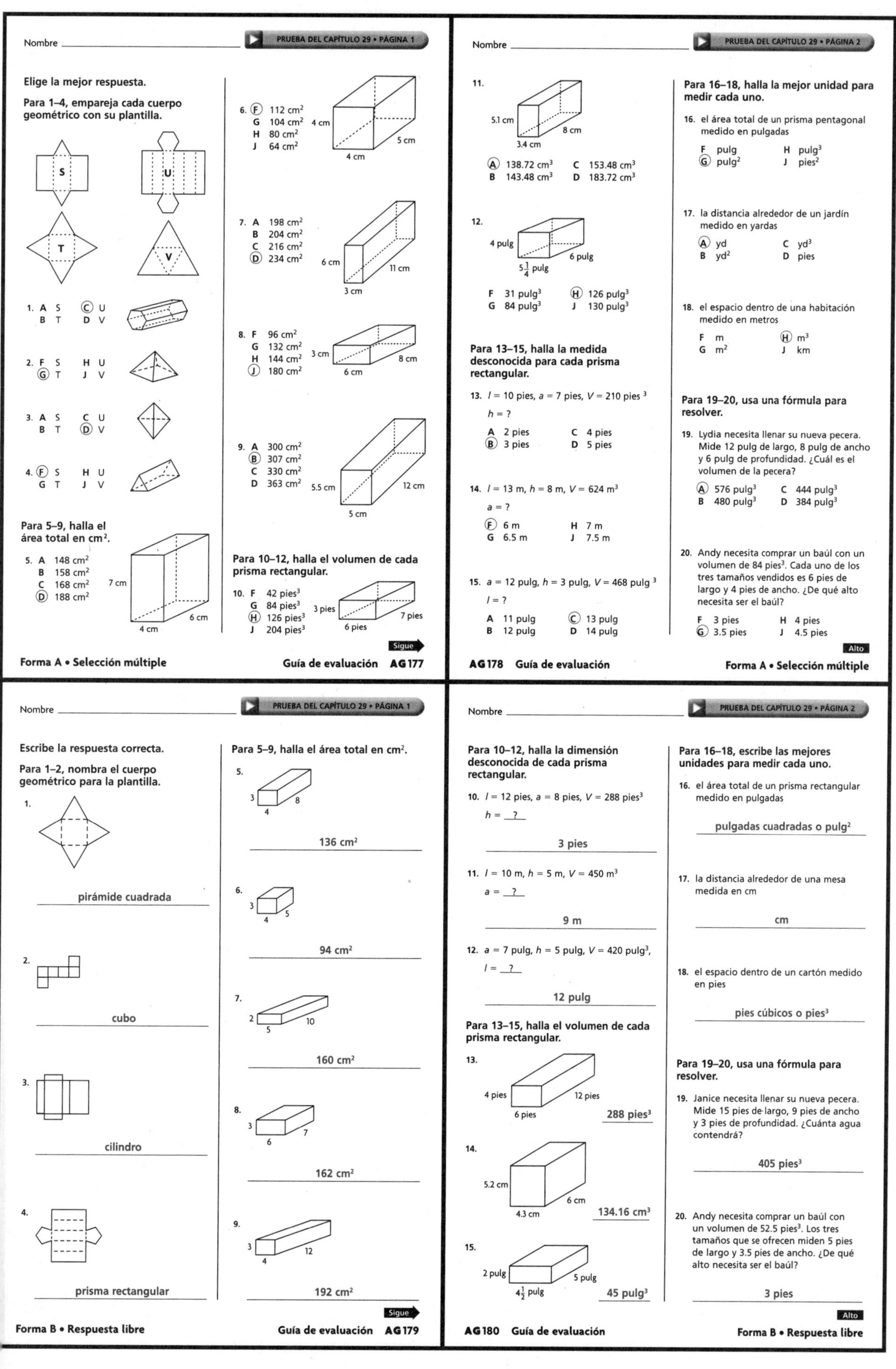

Nombre ______________________ PRUEBA DEL CAPÍTULO 29 • PÁGINA 1

Elige la mejor respuesta.

Para 1–4, empareja cada cuerpo geométrico con su plantilla.

S U T V

1. A S Ⓒ U
   B T D V

2. F S H U
   Ⓖ T J V

3. A S C U
   B T Ⓓ V

4. Ⓕ S H U
   G T J V

Para 5–9, halla el área total en cm^2.

5. A 148 cm^2
   B 158 cm^2
   C 168 cm^2
   Ⓓ 188 cm^2
   (7 cm, 4 cm, 6 cm)

6. Ⓕ 112 cm^2
   G 104 cm^2
   H 80 cm^2
   J 64 cm^2
   (4 cm, 4 cm, 5 cm)

7. A 198 cm^2
   B 204 cm^2
   C 216 cm^2
   Ⓓ 234 cm^2
   (6 cm, 3 cm, 11 cm)

8. F 96 cm^2
   G 132 cm^2
   H 144 cm^2
   Ⓙ 180 cm^2
   (3 cm, 6 cm, 8 cm)

9. A 300 cm^2
   Ⓑ 307 cm^2
   C 330 cm^2
   D 363 cm^2
   (5.5 cm, 5 cm, 12 cm)

Para 10–12, halla el volumen de cada prisma rectangular.

10. F 42 $pies^3$
    G 84 $pies^3$
    Ⓗ 126 $pies^3$
    J 204 $pies^3$
    (3 pies, 6 pies, 7 pies)

Sigue

Forma A • Selección múltiple **Guía de evaluación AG 177**

Nombre ______________________ PRUEBA DEL CAPÍTULO 29 • PÁGINA 2

11. (5.1 cm, 3.4 cm, 8 cm)
    Ⓐ 138.72 cm^3 C 153.48 cm^3
    B 143.48 cm^3 D 183.72 cm^3

12. (4 pulg, $5\frac{1}{4}$ pulg, 6 pulg)
    F 31 $pulg^3$ Ⓗ 126 $pulg^3$
    G 84 $pulg^3$ J 130 $pulg^3$

Para 13–15, halla la medida desconocida para cada prisma rectangular.

13. l = 10 pies, a = 7 pies, V = 210 $pies^3$
    h = ?
    A 2 pies C 4 pies
    Ⓑ 3 pies D 5 pies

14. l = 13 m, h = 8 m, V = 624 m^3
    a = ?
    Ⓕ 6 m H 7 m
    G 6.5 m J 7.5 m

15. a = 12 pulg, h = 3 pulg, V = 468 $pulg^3$
    l = ?
    A 11 pulg Ⓒ 13 pulg
    B 12 pulg D 14 pulg

Para 16–18, halla la mejor unidad para medir cada uno.

16. el área total de un prisma pentagonal medido en pulgadas
    F pulg H $pulg^3$
    Ⓖ $pulg^2$ J $pies^2$

17. la distancia alrededor de un jardín medido en yardas
    Ⓐ yd C yd^3
    B yd^2 D pies

18. el espacio dentro de una habitación medido en metros
    F m Ⓗ m^3
    G m^2 J km

Para 19–20, usa una fórmula para resolver.

19. Lydia necesita llenar su nueva pecera. Mide 12 pulg de largo, 8 pulg de ancho y 6 pulg de profundidad. ¿Cuál es el volumen de la pecera?
    Ⓐ 576 $pulg^3$ C 444 $pulg^3$
    B 480 $pulg^3$ D 384 $pulg^3$

20. Andy necesita comprar un baúl con un volumen de 84 $pies^3$. Cada uno de los tres tamaños vendidos es 6 pies de largo y 4 pies de ancho. ¿De qué alto necesita ser el baúl?
    F 3 pies H 4 pies
    Ⓖ 3.5 pies J 4.5 pies

Alto

AG 178 Guía de evaluación **Forma A • Selección múltiple**

Nombre ______________________ PRUEBA DEL CAPÍTULO 29 • PÁGINA 1

Escribe la respuesta correcta.

Para 1–2, nombra el cuerpo geométrico para la plantilla.

1. pirámide cuadrada

2. cubo

3. cilindro

4. prisma rectangular

Para 5–9, halla el área total en cm^2.

5. (3, 4, 8) 136 cm^2

6. (3, 4, 5) 94 cm^2

7. (2, 5, 10) 160 cm^2

8. (3, 6, 7) 162 cm^2

9. (3, 4, 12) 192 cm^2

Sigue

Forma B • Respuesta libre **Guía de evaluación AG 179**

Nombre ______________________ PRUEBA DEL CAPÍTULO 29 • PÁGINA 2

Para 10–12, halla la dimensión desconocida de cada prisma rectangular.

10. l = 12 pies, a = 8 pies, V = 288 $pies^3$
    h = ?
    3 pies

11. l = 10 m, h = 5 m, V = 450 m^3
    a = ?
    9 m

12. a = 7 pulg, h = 5 pulg, V = 420 $pulg^3$,
    l = ?
    12 pulg

Para 13–15, halla el volumen de cada prisma rectangular.

13. (4 pies, 6 pies, 12 pies) 288 $pies^3$

14. (5.2 cm, 4.3 cm, 6 cm) 134.16 cm^3

15. (2 pulg, $4\frac{1}{2}$ pulg, 5 pulg) 45 $pulg^3$

Para 16–18, escribe las mejores unidades para medir cada uno.

16. el área total de un prisma rectangular medido en pulgadas
    pulgadas cuadradas o $pulg^2$

17. la distancia alrededor de una mesa medida en cm
    cm

18. el espacio dentro de un cartón medido en pies
    pies cúbicos o $pies^3$

Para 19–20, usa una fórmula para resolver.

19. Janice necesita llenar su nueva pecera. Mide 15 pies de largo, 9 pies de ancho y 3 pies de profundidad. ¿Cuánta agua contendrá?
    405 $pies^3$

20. Andy necesita comprar un baúl con un volumen de 52.5 $pies^3$. Los tres tamaños que se ofrecen miden 5 pies de largo y 3.5 pies de ancho. ¿De qué alto necesita ser el baúl?
    3 pies

Alto

AG 180 Guía de evaluación **Forma B • Respuesta libre**

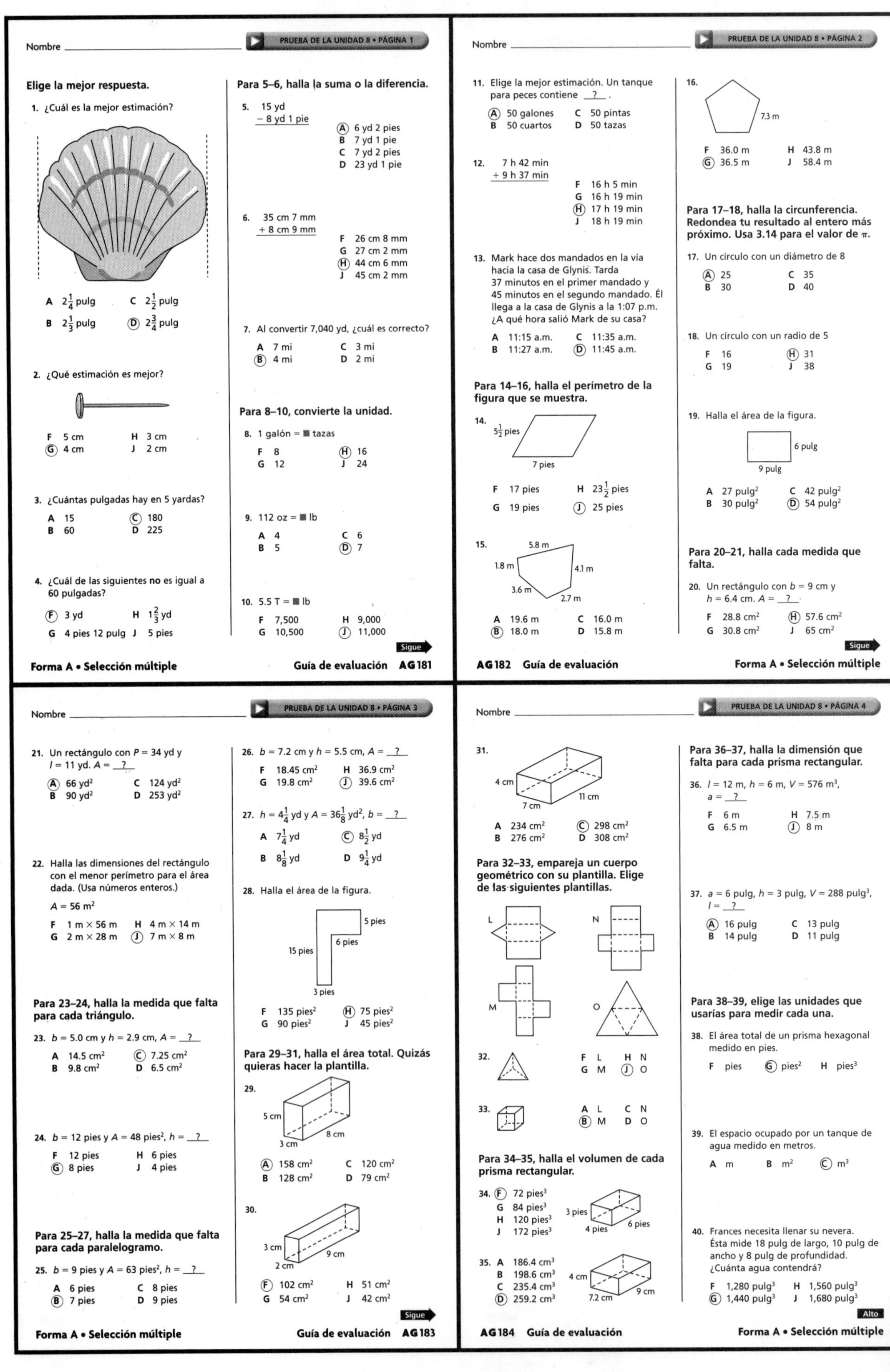

Nombre ________________ PRUEBA DE LA UNIDAD 8 • PÁGINA 1

Elige la mejor respuesta.

1. ¿Cuál es la mejor estimación?

A $2\frac{1}{4}$ pulg C $2\frac{1}{2}$ pulg
B $2\frac{1}{3}$ pulg Ⓓ $2\frac{3}{4}$ pulg

2. ¿Qué estimación es mejor?

F 5 cm H 3 cm
Ⓖ 4 cm J 2 cm

3. ¿Cuántas pulgadas hay en 5 yardas?

A 15 Ⓒ 180
B 60 D 225

4. ¿Cuál de las siguientes **no** es igual a 60 pulgadas?

Ⓕ 3 yd H $1\frac{2}{3}$ yd
G 4 pies 12 pulg J 5 pies

Para 5–6, halla la suma o la diferencia.

5. 15 yd − 8 yd 1 pie

Ⓐ 6 yd 2 pies
B 7 yd 1 pie
C 7 yd 2 pies
D 23 yd 1 pie

6. 35 cm 7 mm + 8 cm 9 mm

F 26 cm 8 mm
G 27 cm 2 mm
Ⓗ 44 cm 6 mm
J 45 cm 2 mm

7. Al convertir 7,040 yd, ¿cuál es correcto?

A 7 mi C 3 mi
Ⓑ 4 mi D 2 mi

Para 8–10, convierte la unidad.

8. 1 galón = ■ tazas

F 8 Ⓗ 16
G 12 J 24

9. 112 oz = ■ lb

A 4 C 6
B 5 Ⓓ 7

10. 5.5 T = ■ lb

F 7,500 H 9,000
G 10,500 Ⓙ 11,000

Sigue

Forma A • Selección múltiple Guía de evaluación **AG181**

Nombre ________________ PRUEBA DE LA UNIDAD 8 • PÁGINA 2

11. Elige la mejor estimación. Un tanque para peces contiene __?__ .

Ⓐ 50 galones C 50 pintas
B 50 cuartos D 50 tazas

12. 7 h 42 min + 9 h 37 min

F 16 h 5 min
G 16 h 19 min
Ⓗ 17 h 19 min
J 18 h 19 min

13. Mark hace dos mandados en la vía hacia la casa de Glynis. Tarda 37 minutos en el primer mandado y 45 minutos en el segundo mandado. Él llega a la casa de Glynis a la 1:07 p.m. ¿A qué hora salió Mark de su casa?

A 11:15 a.m. C 11:35 a.m.
B 11:27 a.m. Ⓓ 11:45 a.m.

Para 14–16, halla el perímetro de la figura que se muestra.

14. ($5\frac{1}{2}$ pies; 7 pies)

F 17 pies H $23\frac{1}{2}$ pies
G 19 pies Ⓙ 25 pies

15. (5.8 m; 1.8 m; 4.1 m; 3.6 m; 2.7 m)

A 19.6 m C 16.0 m
Ⓑ 18.0 m D 15.8 m

16. (7.3 m)

F 36.0 m H 43.8 m
Ⓖ 36.5 m J 58.4 m

Para 17–18, halla la circunferencia. Redondea tu resultado al entero más próximo. Usa 3.14 para el valor de π.

17. Un círculo con un diámetro de 8

Ⓐ 25 C 35
B 30 D 40

18. Un círculo con un radio de 5

F 16 Ⓗ 31
G 19 J 38

19. Halla el área de la figura. (6 pulg; 9 pulg)

A 27 pulg² C 42 pulg²
B 30 pulg² Ⓓ 54 pulg²

Para 20–21, halla cada medida que falta.

20. Un rectángulo con $b = 9$ cm y $h = 6.4$ cm. $A =$ __?__

F 28.8 cm² Ⓗ 57.6 cm²
G 30.8 cm² J 65 cm²

Sigue

AG182 Guía de evaluación **Forma A • Selección múltiple**

Nombre ________________ PRUEBA DE LA UNIDAD 8 • PÁGINA 3

21. Un rectángulo con $P = 34$ yd y $l = 11$ yd. $A =$ __?__

Ⓐ 66 yd² C 124 yd²
B 90 yd² D 253 yd²

22. Halla las dimensiones del rectángulo con el menor perímetro para el área dada. (Usa números enteros.)
$A = 56$ m²

F 1 m × 56 m H 4 m × 14 m
G 2 m × 28 m Ⓙ 7 m × 8 m

Para 23–24, halla la medida que falta para cada triángulo.

23. $b = 5.0$ cm y $h = 2.9$ cm, $A =$ __?__

A 14.5 cm² Ⓒ 7.25 cm²
B 9.8 cm² D 6.5 cm²

24. $b = 12$ pies y $A = 48$ pies², $h =$ __?__

F 12 pies H 6 pies
Ⓖ 8 pies J 4 pies

Para 25–27, halla la medida que falta para cada paralelogramo.

25. $b = 9$ pies y $A = 63$ pies², $h =$ __?__

A 6 pies C 8 pies
Ⓑ 7 pies D 9 pies

26. $b = 7.2$ cm y $h = 5.5$ cm, $A =$ __?__

F 18.45 cm² H 36.9 cm²
G 19.8 cm² Ⓙ 39.6 cm²

27. $h = 4\frac{1}{4}$ yd y $A = 36\frac{1}{8}$ yd², $b =$ __?__

A $7\frac{1}{4}$ yd Ⓒ $8\frac{1}{2}$ yd
B $8\frac{1}{8}$ yd D $9\frac{1}{4}$ yd

28. Halla el área de la figura. (5 pies; 6 pies; 15 pies; 3 pies)

F 135 pies² Ⓗ 75 pies²
G 90 pies² J 45 pies²

Para 29–31, halla el área total. Quizás quieras hacer la plantilla.

29. (5 cm; 3 cm; 8 cm)

Ⓐ 158 cm² C 120 cm²
B 128 cm² D 79 cm²

30. (3 cm; 2 cm; 9 cm)

Ⓕ 102 cm² H 51 cm²
G 54 cm² J 42 cm²

Sigue

Forma A • Selección múltiple Guía de evaluación **AG183**

Nombre ________________ PRUEBA DE LA UNIDAD 8 • PÁGINA 4

31. (4 cm; 7 cm; 11 cm)

A 234 cm² Ⓒ 298 cm²
B 276 cm² D 308 cm²

Para 32–33, empareja un cuerpo geométrico con su plantilla. Elige de las siguientes plantillas.

L N M O

32. F L H N
G M Ⓙ O

33. A L C N
Ⓑ M D O

Para 34–35, halla el volumen de cada prisma rectangular.

34. (3 pies; 4 pies; 6 pies)
Ⓕ 72 pies³
G 84 pies³
H 120 pies³
J 172 pies³

35. (4 cm; 7.2 cm; 9 cm)
A 186.4 cm³
B 198.6 cm³
C 235.4 cm³
Ⓓ 259.2 cm³

Para 36–37, halla la dimensión que falta para cada prisma rectangular.

36. $l = 12$ m, $h = 6$ m, $V = 576$ m³, $a =$ __?__

F 6 m H 7.5 m
G 6.5 m Ⓙ 8 m

37. $a = 6$ pulg, $h = 3$ pulg, $V = 288$ pulg³, $l =$ __?__

Ⓐ 16 pulg C 13 pulg
B 14 pulg D 11 pulg

Para 38–39, elige las unidades que usarías para medir cada una.

38. El área total de un prisma hexagonal medido en pies.

F pies Ⓖ pies² H pies³

39. El espacio ocupado por un tanque de agua medido en metros.

A m B m² Ⓒ m³

40. Frances necesita llenar su nevera. Ésta mide 18 pulg de largo, 10 pulg de ancho y 8 pulg de profundidad. ¿Cuánta agua contendrá?

F 1,280 pulg³ H 1,560 pulg³
Ⓖ 1,440 pulg³ J 1,680 pulg³

Alto

AG184 Guía de evaluación **Forma A • Selección múltiple**

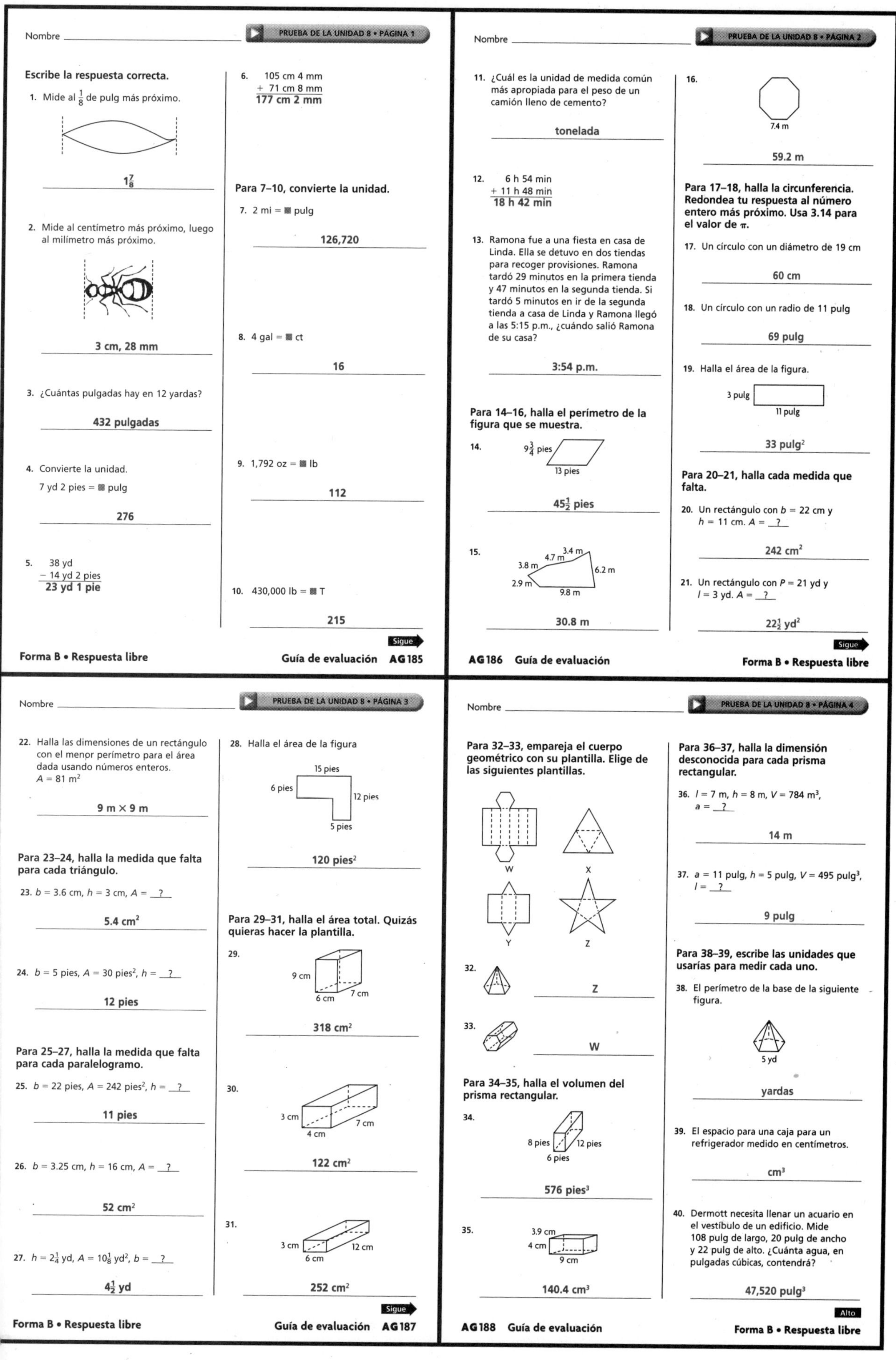

Nombre ______________________ PRUEBA DE LA UNIDAD 8 • PÁGINA 1

Escribe la respuesta correcta.

1. Mide al $\frac{1}{8}$ de pulg más próximo.

   $1\frac{7}{8}$

2. Mide al centímetro más próximo, luego al milímetro más próximo.

   3 cm, 28 mm

3. ¿Cuántas pulgadas hay en 12 yardas?

   432 pulgadas

4. Convierte la unidad.
   7 yd 2 pies = ■ pulg

   276

5. 38 yd
   − 14 yd 2 pies
   23 yd 1 pie

6. 105 cm 4 mm
   + 71 cm 8 mm
   177 cm 2 mm

Para 7–10, convierte la unidad.

7. 2 mi = ■ pulg

   126,720

8. 4 gal = ■ ct

   16

9. 1,792 oz = ■ lb

   112

10. 430,000 lb = ■ T

    215

Sigue

Forma B • Respuesta libre — Guía de evaluación AG185

Nombre ______________________ PRUEBA DE LA UNIDAD 8 • PÁGINA 2

11. ¿Cuál es la unidad de medida común más apropiada para el peso de un camión lleno de cemento?

    tonelada

12. 6 h 54 min
    + 11 h 48 min
    18 h 42 min

13. Ramona fue a una fiesta en casa de Linda. Ella se detuvo en dos tiendas para recoger provisiones. Ramona tardó 29 minutos en la primera tienda y 47 minutos en la segunda tienda. Si tardó 5 minutos en ir de la segunda tienda a casa de Linda y Ramona llegó a las 5:15 p.m., ¿cuándo salió Ramona de su casa?

    3:54 p.m.

Para 14–16, halla el perímetro de la figura que se muestra.

14. $9\frac{3}{4}$ pies; 13 pies

    $45\frac{1}{2}$ pies

15. 3.4 m; 4.7 m; 3.8 m; 6.2 m; 2.9 m; 9.8 m

    30.8 m

16. 7.4 m

    59.2 m

Para 17–18, halla la circunferencia. Redondea tu respuesta al número entero más próximo. Usa 3.14 para el valor de π.

17. Un círculo con un diámetro de 19 cm

    60 cm

18. Un círculo con un radio de 11 pulg

    69 pulg

19. Halla el área de la figura.
    3 pulg; 11 pulg

    33 pulg²

Para 20–21, halla cada medida que falta.

20. Un rectángulo con b = 22 cm y h = 11 cm. A = ?

    242 cm²

21. Un rectángulo con P = 21 yd y l = 3 yd. A = ?

    $22\frac{1}{2}$ yd²

Sigue

AG186 Guía de evaluación — Forma B • Respuesta libre

Nombre ______________________ PRUEBA DE LA UNIDAD 8 • PÁGINA 3

22. Halla las dimensiones de un rectángulo con el menor perímetro para el área dada usando números enteros.
    A = 81 m²

    9 m × 9 m

Para 23–24, halla la medida que falta para cada triángulo.

23. b = 3.6 cm, h = 3 cm, A = ?

    5.4 cm²

24. b = 5 pies, A = 30 pies², h = ?

    12 pies

Para 25–27, halla la medida que falta para cada paralelogramo.

25. b = 22 pies, A = 242 pies², h = ?

    11 pies

26. b = 3.25 cm, h = 16 cm, A = ?

    52 cm²

27. $h = 2\frac{1}{4}$ yd, $A = 10\frac{1}{8}$ yd², b = ?

    $4\frac{1}{2}$ yd

28. Halla el área de la figura
    15 pies; 6 pies; 12 pies; 5 pies

    120 pies²

Para 29–31, halla el área total. Quizás quieras hacer la plantilla.

29. 9 cm; 6 cm; 7 cm

    318 cm²

30. 3 cm; 4 cm; 7 cm

    122 cm²

31. 3 cm; 6 cm; 12 cm

    252 cm²

Sigue

Forma B • Respuesta libre — Guía de evaluación AG187

Nombre ______________________ PRUEBA DE LA UNIDAD 8 • PÁGINA 4

Para 32–33, empareja el cuerpo geométrico con su plantilla. Elige de las siguientes plantillas.

W X Y Z

32. **Z**

33. **W**

Para 34–35, halla el volumen del prisma rectangular.

34. 8 pies; 12 pies; 6 pies

    576 pies³

35. 3.9 cm; 4 cm; 9 cm

    140.4 cm³

Para 36–37, halla la dimensión desconocida para cada prisma rectangular.

36. l = 7 m, h = 8 m, V = 784 m³, a = ?

    14 m

37. a = 11 pulg, h = 5 pulg, V = 495 pulg³, l = ?

    9 pulg

Para 38–39, escribe las unidades que usarías para medir cada uno.

38. El perímetro de la base de la siguiente figura.
    5 yd

    yardas

39. El espacio para una caja para un refrigerador medido en centímetros.

    cm³

40. Dermott necesita llenar un acuario en el vestíbulo de un edificio. Mide 108 pulg de largo, 20 pulg de ancho y 22 pulg de alto. ¿Cuánta agua, en pulgadas cúbicas, contendrá?

    47,520 pulg³

Alto

AG188 Guía de evaluación — Forma B • Respuesta libre

Nombre ______________________ PRUEBA DEL CAPÍTULO 30 • PÁGINA 1

Elige la mejor respuesta.

Para 1–2, usa la siguiente información.

Jennifer tiene una falda negra y una falda roja. Ella también tiene 4 blusas: negra, blanca, roja y verde.

1. ¿Qué paso debes hacer primero cuando haces un diagrama de árbol para mostrar las opciones de Jennifer de los conjuntos de blusa y falda?
   - A Lista de colores de faldas
   - B Lista de colores de blusas
   - C Lista del número de faldas
   - (D) A o B

2. ¿Cuántas opciones de falda y blusa tiene Jennifer?
   - F 6
   - (G) 8
   - H 12
   - J 15

Para 3–4, Jimmy puede elegir un panecillo, una bebida y un vegetal para la cena. Sus opciones son las siguientes:

Panecillo: blanco o trigo entero

Bebida: leche o té frío

Vegetales: maíz, arvejas o zanahorias

3. ¿En qué orden debes trazar las opciones de Jimmy en un diagrama de árbol?
   - A panecillo, bebida, vegetal
   - B bebida, vegetal, panecillo
   - C vegetal, panecillo, bebida
   - (D) No importa.

4. ¿Cuántas comidas diferentes puede elegir Jimmy?
   - F 2
   - G 3
   - (H) 12
   - J 24

Para 5–7, una bolsa tiene 4 fichas cuadradas rojas, 2 azules y 3 verdes. Escribe un fracción para la probabilidad de cada suceso.

5. sacar una ficha azul
   - A $\frac{7}{9}$
   - B $\frac{1}{2}$
   - C $\frac{2}{7}$
   - (D) $\frac{2}{9}$

6. sacar una ficha verde
   - (F) $\frac{3}{9}$ o $\frac{1}{3}$
   - G $\frac{3}{6}$ o $\frac{1}{2}$
   - H $\frac{3}{4}$
   - J $\frac{3}{2}$

7. sacar una ficha que **no** sea azul
   - A $\frac{2}{7}$
   - B $\frac{5}{7}$
   - (C) $\frac{7}{9}$
   - D $\frac{4}{9}$

8. ¿Cuál es la probabilidad de sacar un 4 al lanzar un cubo numerado rotulado 1–6?
   - F $\frac{2}{3}$
   - G $\frac{1}{2}$
   - (H) $\frac{1}{6}$
   - J $\frac{1}{12}$

9. ¿Cuál es la probabilidad de sacar un número menor que 5 al lanzar un cubo rotulado 1–6?
   - A $\frac{5}{6}$
   - (B) $\frac{2}{3}$
   - C $\frac{1}{2}$
   - D $\frac{1}{3}$

10. ¿Cuál **no** es un resultado posible al lanzar una moneda tres veces?
   - F 3 caras
   - G 3 sellos
   - H 2 caras y 1 sello
   - (J) 2 caras y 2 sellos

Sigue

Nombre ______________________ PRUEBA DEL CAPÍTULO 30 • PÁGINA 2

11. ¿Cuántos resultados posibles hay al lanzar una moneda 2 veces?
   - A 1
   - B 2
   - C 3
   - (D) 4

12. ¿Cuántos resultados posibles hay de que salga una vez cara y una vez sello al lanzar una moneda dos veces?
   - F 1
   - (G) 2
   - H 3
   - J 4

13. ¿Cuál es la probabilidad de que salgan 2 caras en 2 lanzamientos de monedas?
   - A $\frac{2}{3}$
   - B $\frac{1}{2}$
   - C $\frac{1}{3}$
   - (D) $\frac{1}{4}$

14. ¿Cuál suceso es más probable?
   - (F) sacar cara al lanzar una moneda
   - G sacar un 5 en un cubo numerado rotulado 1–6
   - H sacar un 3 o 4 en un cubo numerado rotulado 1–6
   - J sacar un número mayor que 6 en un cubo numerado rotulado 1–6

15. ¿Cuál suceso es menos probable?
   - A sacar cara al lanzar una moneda
   - B sacar sello al lanzar una moneda
   - (C) sacar un número mayor que 5 en un cubo numerado rotulado 1–6
   - D sacar un número menor que 5 en un cubo numerado rotulado 1–6

16. ¿Qué suceso es más probable?
   - F sacar un número par al lanzar un cubo numerado rotulado 1–6
   - G sacar un número impar al lanzar un cubo numerado rotulado 1–6
   - (H) sacar un número menor que 7 al lanzar un cubo numerado rotulado 1–6
   - J sacar un número mayor que 6 al lanzar un cubo numerado rotulado 1–6

Para 17–18, Ann está haciendo un experimento de probabilidades al lanzar un cubo numerado rotulado 1–6 y una moneda.

17. ¿Cuántos resultados posibles hay para el experimento de Ann?
   - (A) 12
   - B 8
   - C 6
   - D 4

18. ¿Cuál es la probabilidad de sacar un 5 y cara?
   - F $\frac{5}{12}$
   - G $\frac{1}{4}$
   - H $\frac{1}{6}$
   - (J) $\frac{1}{12}$

Para 19–20, una bolsa tiene 5 fichas cuadradas: 2 rojas, 2 azules y 1 verde. Una flecha giratoria tiene el disco dividido en secciones iguales numeradas 1, 2 y 3.

19. ¿Cuántos resultados posibles hay de sacar una ficha cuadrada y sacar un número al girar la flecha giratoria?
   - A 5
   - B 8
   - C 12
   - (D) 15

20. ¿Cuál es la probabilidad de sacar una ficha cuadrada roja y que la flecha caiga en 3?
   - F $\frac{1}{15}$
   - (G) $\frac{2}{15}$
   - H $\frac{1}{5}$
   - J $\frac{4}{15}$

Alto

Nombre ______________________ PRUEBA DEL CAPÍTULO 30 • PÁGINA 1

Escribe la respuesta correcta.

1. ¿Cuántos resultados posibles hay al lanzar una moneda 3 veces?

   8

2. ¿Cuántos resultados posibles hay de sacar 2 caras al lanzar una moneda 3 veces?

   3

Para 3–4, Julie puede elegir una papa, un vegetal y una sopa para su cena. Sus opciones son las siguientes:

Papa: papa asada o papas fritas
Vegetal: brócoli, zanahorias o maíz
Sopa: vegetales o pollo con tallarines

3. ¿En qué orden trazarías las opciones de Julie en el diagrama de árbol?

   cualquier orden

4. ¿Cuántas comidas diferentes puede elegir Julie?

   12

Para 5–7, una bolsa tiene 4 fichas cuadradas moradas, 1 negra y 3 amarillas. Escribe una fracción para la probabilidad de cada suceso.

5. sacar una ficha cuadrada amarilla

   $\frac{3}{8}$

6. sacar una ficha cuadrada morada

   $\frac{4}{8}$ o $\frac{1}{2}$

7. sacar una ficha que no sea negra

   $\frac{7}{8}$

8. Escribe la probabilidad de obtener un 5 en un cubo numerado rotulado 1–6.

   $\frac{1}{6}$

9. Escribe la probabilidad de obtener un número mayor que 3 en un cubo numerado rotulado 1–6.

   $\frac{3}{6}$ o $\frac{1}{2}$

10. ¿Cuáles son los resultados posibles al lanzar una moneda 2 veces?

   CC, CS, SC, SS

Sigue

Nombre ______________________ PRUEBA DEL CAPÍTULO 30 • PÁGINA 2

Para 11–12, usa la siguiente información.

Molly tiene un sombrero azul y uno rojo. Ella también tiene 4 pares de zapatos: azul, blanco, rojo y verde.

11. ¿Qué objeto pondrías en la lista primero cuando hagas un diagrama de árbol para mostrar las opciones de Molly de un sombrero y un par de zapatos?

   el sombrero o los zapatos

12. ¿Cuántos conjuntos que incluyan un sombrero y un par de zapatos tiene Molly?

   8

13. ¿Cuál es la probabilidad de sacar 2 caras exactamente en 3 lanzamientos de monedas?

   $\frac{3}{8}$

Para 14–16, halla la probabilidad de cada suceso. Luego indica qué suceso es más probable.

14. suceso 1: sacar cara en un lanzamiento
    suceso 2: sacar un 3 en un cubo numerado rotulado 1–6

   $\frac{1}{2}$, $\frac{1}{6}$, suceso 1 es más probable

15. suceso 1: sello en un lanzamiento de moneda
    suceso 2: sacar un número menor que 6 en un cubo numerado rotulado 1–6

   $\frac{1}{2}$, $\frac{5}{6}$, suceso 2 es más probable

16. suceso 1: sacar un número par en un cubo numerado rotulado 1–6
    suceso 2: sacar una canica roja de una bolsa de 20 canicas, 7 de las cuales son rojas

   $\frac{1}{2}$, $\frac{7}{20}$, suceso 1 es más probable

Para 17–18, Chelsea está haciendo un experimento de probabilidades al lanzar una moneda y un cubo numerado rotulado 1–6.

17. ¿Cuántos resultados posibles hay para el experimento de Chelsea?

   12

18. ¿Cuál es la probabilidad de sacar sello y un número mayor que 2?

   $\frac{4}{12}$ o $\frac{1}{3}$

Para 19–20, una bolsa tiene 3 fichas cuadradas: una roja, una azul y una amarilla. Una flecha giratoria con el disco dividido en 3 secciones iguales numeradas 1, 2 y 3.

19. ¿Cuántos resultados posibles hay de sacar una ficha cuadrada y un número al girar la flecha giratoria?

   9

20. ¿Cuál es la probabilidad de sacar una ficha cuadrada que **no** sea amarilla y sacar el número 2 al girar la flecha giratoria?

   $\frac{2}{9}$

Alto

Nombre ____________________ PRUEBA DE LA UNIDAD 9 • PÁGINA 1

Elige la mejor respuesta.

Para 1–2, usa la siguiente información.

Jennifer tiene una falda negra y una roja. También tiene 3 blusas: una negra, una blanca y una roja.

1. Para hacer un diagrama de árbol de los conjuntos de falda y blusa de Jennifer, debes comenzar con __?__.

A faldas
B blusas
(C) las faldas o las blusas
D conjuntos

2. ¿Cuántos conjuntos de falda y blusa tiene Jennifer?

(F) 6 H 12
G 8 J 15

Para 3–4, Luis tiene 3 opciones para cenar.

panecillo: blanco o centeno

bebida: leche, té frío o agua

vegetal: frijoles, zanahorias o maíz

3. Para hacer un diagrama de árbol de las opciones de Luis, tienes que seguir este orden:

A panecillo, bebida, vegetal
B bebida, vegetal, panecillo
C vegetal, panecillo, bebida
(D) cualquier orden

4. ¿De cuántas cenas diferentes puede elegir Luis?

F 8 H 14
G 12 (J) 18

Para 5–7, una caja contiene 7 bloques blancos, 6 rojos, 5 azules y 2 amarillos. Escribe una fracción para cada suceso.

5. sacar un bloque amarillo

(A) $\frac{1}{10}$ C $\frac{1}{4}$
B $\frac{1}{6}$ D $\frac{1}{3}$

6. sacar un bloque azul

F $\frac{5}{15}$ (H) $\frac{1}{4}$
G $\frac{5}{18}$ J $\frac{1}{20}$

7. sacar un bloque que **no** sea amarillo

(A) $\frac{9}{10}$ C $\frac{3}{5}$
B $\frac{4}{5}$ D $\frac{2}{5}$

Para 8–9, elige la fracción que muestre la probabilidad de sacar cada suceso en un cubo numerado rotulado del 1 al 6.

8. sacar un número mayor que 2

F $\frac{1}{6}$ H $\frac{1}{2}$
G $\frac{1}{3}$ (J) $\frac{2}{3}$

9. sacar otro número que no sea 3

A $\frac{11}{12}$ C $\frac{1}{2}$
(B) $\frac{5}{6}$ D $\frac{1}{3}$

Sigue

Nombre ____________________ PRUEBA DE LA UNIDAD 9 • PÁGINA 2

10. ¿Cuál de los siguientes no es un resultado posible al lanzar una moneda 4 veces?

F 2 sellos y 2 caras
(G) 2 sellos y 3 caras
H 3 caras y un sello
J 4 sellos

Para 11–13, una bolsa tiene 4 fichas cuadradas rojas, 2 azules y 2 verdes.

11. ¿Cuál es la probabilidad de sacar una ficha cuadrada azul?

A $\frac{1}{2}$ (C) $\frac{1}{4}$
B $\frac{1}{3}$ D $\frac{1}{8}$

12. ¿Cuál es la probabilidad de sacar una ficha cuadrada roja?

(F) $\frac{1}{2}$ H $\frac{3}{4}$
G $\frac{2}{3}$ J $\frac{7}{8}$

13. ¿Cuál es la probabilidad de sacar una ficha cuadrada que **no** sea azul?

A $\frac{7}{8}$ C $\frac{1}{4}$
(B) $\frac{3}{4}$ D $\frac{1}{8}$

14. ¿Cuál es la probabilidad de sacar un número menor que 4 en un cubo numerado?

F $\frac{5}{6}$ (H) $\frac{1}{2}$
G $\frac{2}{3}$ J $\frac{1}{3}$

15. ¿Cuál es la probabilidad de sacar 3 sellos en 3 lanzamientos de moneda?

(A) $\frac{1}{8}$ C $\frac{1}{2}$
B $\frac{1}{3}$ D $\frac{2}{3}$

Para 16–18, Rene y Stefan juegan un juego con esta flecha giratoria. Rene gana 2 puntos si la flecha cae en rojo. Stefan gana 2 puntos si la flecha cae en verde o azul.

Verde Rojo
Azul Rojo

16. ¿Cuál es la probabilidad de que Stefan ganará puntos en un giro?

F $\frac{2}{3}$ H $\frac{1}{3}$
(G) $\frac{1}{2}$ J $\frac{1}{4}$

17. ¿Cuál es la probabilidad de que Rene ganará puntos en un giro?

A $\frac{2}{3}$ C $\frac{1}{3}$
(B) $\frac{1}{2}$ D $\frac{1}{4}$

18. El juego es

(F) justo porque ambos tienen la misma probabilidad de ganar puntos.
G justo porque ambos tienen al menos una sección.
H no es justo porque Stefan tiene 2 secciones.
J no es justo porque Rene tiene la sección más grande.

Sigue

Nombre ____________________ PRUEBA DE LA UNIDAD 9 • PÁGINA 3

Para 19–20, usa esta flecha giratoria.

1 2
3

19. ¿Cuál suceso es menos probable?

(A) caer en un número par
B caer en un número impar
C caer en un número menor que 3
D caer en un número mayor que 1

20. ¿Qué suceso es más probable?

F caer en un número mayor que 2
G caer en un número menor que 2
H caer en un número par
(J) caer en un número impar

Para 21–22, Janice lanzó un cubo numerado rotulado del 1 al 6.

21. ¿Cuál es la probabilidad de que el cubo caiga en un número par?

A $\frac{2}{3}$ C $\frac{1}{3}$
(B) $\frac{1}{2}$ D $\frac{1}{4}$

22. ¿Cuál es la probabilidad de sacar un número mayor que 4?

(F) $\frac{1}{3}$ H $\frac{1}{12}$
G $\frac{1}{4}$ J $\frac{1}{18}$

23. ¿Qué suceso es más probable?

(A) sacar cara al lanzar una moneda
B sacar un 2 en un cubo numerado rotulado 1–6
C sacar un 4 en un cubo numerado rotulado 1–6
D sacar un número mayor que 4 en un cubo numerado rotulado 1–6

24. ¿Qué suceso es más probable?

F sacar cara al lanzar una moneda
G sacar sello al lanzar una moneda
(H) sacar un número mayor que 2 en un cubo numerado rotulado 1–6
J todos son igualmente probables

25. ¿Qué suceso es el más probable?

A sacar un número par al lanzar un cubo numerado rotulado 1–6
B sacar un número impar al lanzar un cubo numerado rotulado 1–6
(C) sacar un número menor que 5 al lanzar un cubo numerado rotulado 1–6
D todos son igualmente probables

Para 26–27, una bolsa contiene 5 fichas cuadradas: 2 rojas, 2 azules, 1 verde. Una flecha giratoria tiene 4 secciones iguales numeradas 1, 2, 3 y 4.

26. ¿Cuántos resultados posibles debe tener una lista organizada para sacar una ficha cuadrada y sacar un número al girar la flecha?

F 5 H 10
G 9 (J) 20

27. ¿Cuál es la probabilidad de sacar una ficha cuadrada roja y sacar un 3 al girar la flecha?

A $\frac{1}{20}$ C $\frac{3}{20}$
(B) $\frac{1}{10}$ D $\frac{1}{5}$

Sigue

Nombre ____________________ PRUEBA DE LA UNIDAD 9 • PÁGINA 4

Elige la mejor respuesta.

Para 28–29, Liam está realizando un experimento de probabilidad al lanzar una moneda y un cubo con las letras A–F.

28. ¿Cuántos resultados posibles hay en el experimento de Liam?

F 4 H 8
G 6 (J) 12

29. ¿Cuál es la probabilidad de sacar una B y sacar sello?

A $\frac{1}{15}$ C $\frac{1}{6}$
(B) $\frac{1}{12}$ D $\frac{1}{4}$

30. Usando los dígitos 3, 5 y 7, ¿cuántos números de dos dígitos puedes hacer sin repetir ninguno de los dígitos en el mismo número?

F 4 H 8
(G) 6 J 10

31. Tory lanza una moneda y saca una canica de una bolsa. Hay 4 canicas, una roja, una azul, una amarilla y una verde. ¿Cuál es la probabilidad de sacar cara y una canica verde?

A $\frac{3}{4}$ C $\frac{1}{4}$
B $\frac{1}{2}$ (D) $\frac{1}{8}$

32. Colin tiene 3 pares de pantalones de diferentes colores y 5 camisas de diferentes colores. ¿Cuántos conjuntos diferentes puede hacer?

F 8 (H) 15
G 10 J 20

33. En una flecha giratoria, que está dividida en 8 secciones iguales, 2 secciones son rojas, 3 son azules y 3 son amarillas. ¿Cuál es la probabilidad de sacar un color que no sea amarillo?

A $\frac{1}{8}$ C $\frac{3}{8}$
B $\frac{1}{4}$ (D) $\frac{5}{8}$

Alto

Nombre ______________________

Escribe la respuesta correcta.

Para 1–2, usa la siguiente información.

Dora está haciendo conjuntos de ropa para osos de juguete que quiere vender. Ella tiene gorras de pelota rojas, azules y verdes. También tiene 4 pares de pantalones cortos de diferentes colores: blanco, negro, rojo y azul.

1. Haz un diagrama de árbol de los posibles conjuntos de gorra y pantalón corto que los osos pueden tener.

   Revise los diagramas de los estudiantes. Deben haber tres columnas con los nombres gorras, pantalones y opciones. Las primeras dos columnas pueden estar en cualquier orden. Debe de haber doce opciones.

2. ¿Cuántos conjuntos de gorra y pantalón corto habrían si Dora pudiera hallar otro color de gorra?

   16

Para 3–4, usa la siguiente información.

Danielle tiene 3 opciones que hacer para la cena.

sopa: pollo con fideos, cebolla o carne con vegetales

bebidas: leche o agua

plato principal: pavo, lasaña de vegetales o roast beef

3. Haz un diagrama de árbol que muestre las opciones de Danielle para la cena.

   Revise los diagramas de los estudiantes. Deben haber cuatro columnas con los nombres sopa, bebida, plato principal y opciones. Las primeras tres columnas pueden estar en cualquier orden. Deben haber 18 opciones.

4. ¿Cómo cambiaría el número de opciones de Danielle si pudiera elegir entre té frío y leche en vez de leche y agua? Explica.

   El número sería el mismo. Aunque las bebidas son diferentes, el número de opciones se mantendría igual.

Sigue

Nombre ______________________

Para 5–7, una bolsa tiene 9 canicas rojas, 2 amarillas, 3 verdes y 6 negras. Escribe una fracción para la probabilidad de cada suceso.

5. sacar una canica negra

   $\frac{3}{10}$

6. sacar una canica amarilla o verde

   $\frac{1}{4}$

7. sacar una canica que no sea verde

   $\frac{17}{20}$

Para 8–9, escribe una fracción que muestre la probabilidad de cada suceso cuando se lanza un cubo numerado 1, 2, 2, 3, 3, 3.

8. sacar un 3

   $\frac{1}{2}$

9. sacar un número que no sea 2

   $\frac{2}{3}$

10. Si una moneda se lanza 3 veces, ¿cuál es la probabilidad de que sacarás 2 caras y un sello?

    $\frac{1}{4}$

Para 11–13, hay ocho tarjetas con el número 6, cinco con el número 5, diez con el número 4 y siete con el número 3 boca abajo en una mesa. Escribe una fracción para la probabilidad de cada suceso.

11. voltear una carta con el número 6

    $\frac{4}{15}$

12. voltear una carta con el número 3

    $\frac{7}{30}$

13. voltear una carta con un número que no sea 5

    $\frac{5}{6}$

14. ¿Cuál es la probabilidad de sacar un número mayor que 2 en un cubo numerado rotulado 1–6?

    $\frac{2}{3}$

15. Escribe la posibilidad de sacar 2 caras en 2 lanzamientos de moneda.

    $\frac{1}{4}$

Sigue

Nombre ______________________

Para 16–18, Hannah y George juegan un juego con una flecha giratoria. Hannah gana 2 puntos si la aguja cae en verde o amarillo. George gana 2 puntos si la aguja cae en rojo, verde o azul.

Rojo Verde Azul Amarillo

16. Escribe una fracción para la probabilidad de que Hannah ganará puntos al girar la aguja.

    $\frac{1}{2}$

17. Escribe una fracción para la probabilidad de que George ganará puntos al girar la aguja.

    $\frac{3}{4}$

18. ¿Es justo el juego? Si no, ¿qué se puede hacer para hacerlo justo?

    No. Sería justo si ambos tuvieran la misma oportunidad de ganar puntos. George debe tener solo dos colores.

Para 19–20, usa la flecha giratoria. Escribe cada probabilidad como una fracción. Indica qué suceso es más probable.

1 3 6 7 2 9

19. Sacas un número par; sacas un número primo

    $\frac{2}{6}$ o $\frac{1}{3}$; $\frac{3}{6}$ o $\frac{1}{2}$; número primo

20. Sacas un número divisible entre 3; sacas un número menor que o igual a 2^3.

    $\frac{3}{6}$ o $\frac{1}{2}$; $\frac{5}{6}$; sacar un número menor que o igual a 2^3

Para 21–22, Ian lanzó un cubo numerado rotulado 1–6.

21. ¿Cuál es la probabilidad de que el cubo caiga en un número menor que el 5?

    $\frac{4}{6}$ o $\frac{2}{3}$

22. ¿Cuál es la probabilidad de sacar un número par o un número impar?

    1

Para 23–25, escribe la probabilidad para cada suceso. Di qué suceso es más probable.

23. Sacar un número menor que 3 en un cubo numerado rotulado 1–6; lanzar una moneda dos veces y sacar cara las dos veces

    $\frac{2}{6}$ o $\frac{1}{3}$; $\frac{1}{4}$; sacar un número menor que tres

24. Sacar un 6 en un cubo numerado rotulado 1–6; sacar cara al lanzar una moneda

    $\frac{1}{6}$; $\frac{1}{2}$; sacar cara al lanzar una moneda

25. Sacar un número impar al lanzar un cubo numerado rotulado 1–6; sacar una cara y un sello al lanzar dos veces una moneda

    $\frac{3}{6}$ o $\frac{1}{2}$; $\frac{2}{4}$ o $\frac{1}{2}$; igualmente probable

Sigue

Nombre ______________________

Para 26, una bolsa tiene 2 fichas cuadradas rojas, 2 azules y 1 ficha verde. Una flecha giratoria tiene 4 secciones iguales numeradas 1, 2, 3 y 4.

26. ¿Cuántos resultados posibles debe tener una lista organizada para sacar una ficha cuadrada y un número al girar la aguja?

    12

Para 27–28, una bolsa tiene 3 fichas cuadradas, roja, azul y verde; y una flecha giratoria tiene cuatro secciones iguales con las letras A, B, C, D.

27. ¿Cuántos resultados posibles hay de sacar una ficha y una letra al girar la aguja?

    12

28. ¿Cuál es la probabilidad de sacar una ficha cuadrada azul y una consonante al girar la aguja?

    $\frac{1}{4}$

Para 29–30, LaTanya está realizando un experimento de probabilidad sacando una canica de una bolsa con una canica roja y una azul y una flecha giratoria con seis divisiones iguales numeradas 1, 3, 5, 8, 9,10.

29. ¿Cuántos resultados son posibles?

    12

30. ¿Cuál es la probabilidad de sacar un número par y una canica roja?

    $\frac{1}{6}$

31. Usando los dígitos 1, 4 y 8 haz una lista de los números con dos dígitos que puedes hacer sin usar el mismo dígito dos veces en el mismo número.

    14, 18, 41, 48, 81, 84

32. Sarah lanza una moneda y saca una letra de una bolsa con cinco tiras de papel con las letras A, D, E, U, Z. Escribe la probabilidad de sacar cara y una vocal.

    $\frac{3}{10}$

33. Marita puede elegir una camiseta roja, azul o amarilla. Puede elegir zapatos café o negro y elegir una camisa de cuadros, sólida o a rayas. ¿Cuántos diferentes conjuntos puede hacer?

    18 conjuntos

34. En una flecha giratoria con secciones iguales hay 5 secciones verdes, 5 amarillas, 2 negras, 4 rojas y 9 azules. Escribe la probabilidad de un color que no sea rojo o verde.

    $\frac{16}{25}$

Alto

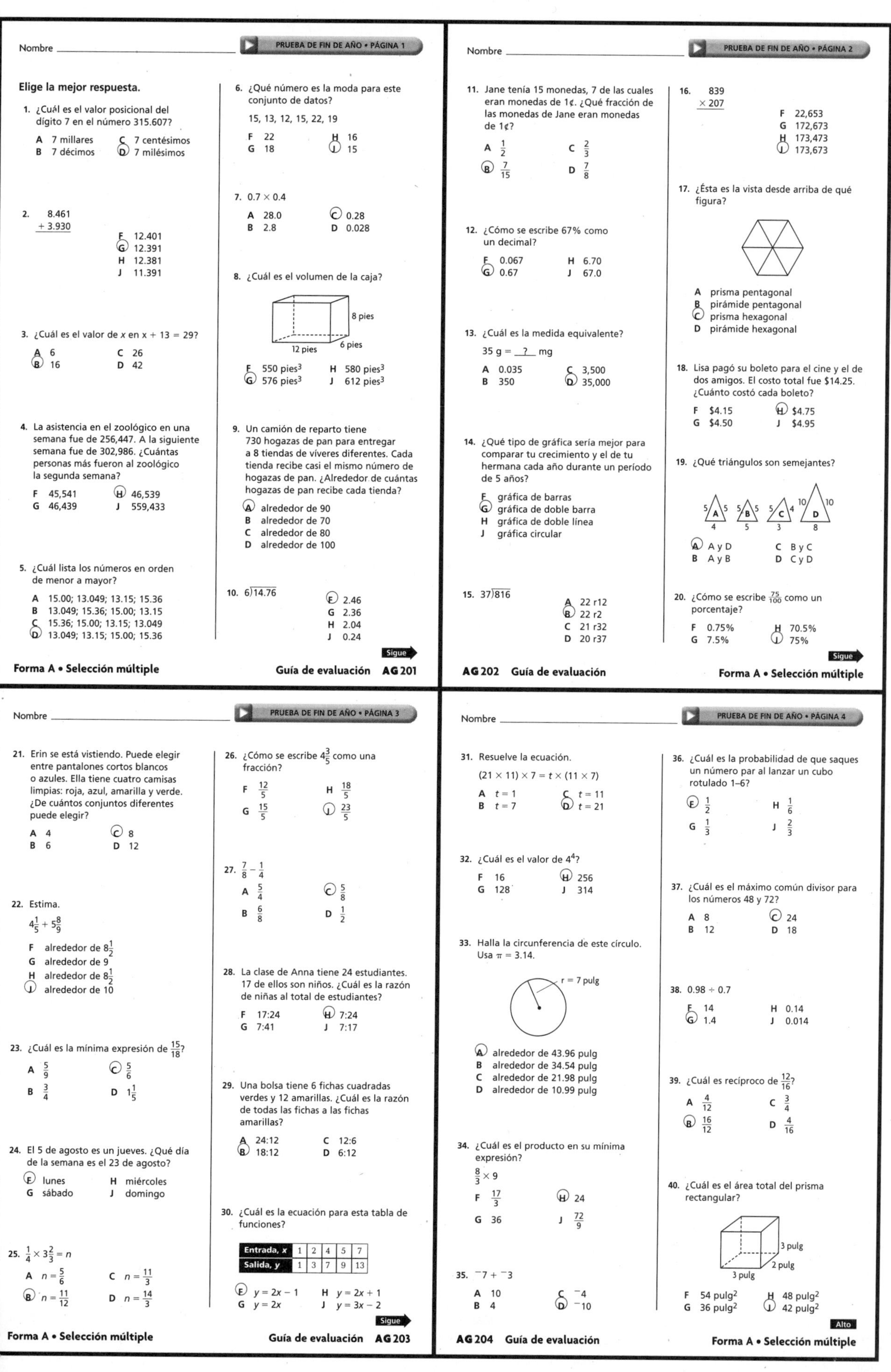

Nombre ____________ PRUEBA DE FIN DE AÑO • PÁGINA 1

Elige la mejor respuesta.

1. ¿Cuál es el valor posicional del dígito 7 en el número 315.607?
   A 7 millares C 7 centésimos
   B 7 décimos D 7 milésimos

2. 8.461 + 3.930
   F 12.401
   G 12.391
   H 12.381
   J 11.391

3. ¿Cuál es el valor de x en $x + 13 = 29$?
   A 6 C 26
   B 16 D 42

4. La asistencia en el zoológico en una semana fue de 256,447. A la siguiente semana fue de 302,986. ¿Cuántas personas más fueron al zoológico la segunda semana?
   F 45,541 H 46,539
   G 46,439 J 559,433

5. ¿Cuál lista los números en orden de menor a mayor?
   A 15.00; 13.049; 13.15; 15.36
   B 13.049; 15.36; 15.00; 13.15
   C 15.36; 15.00; 13.15; 13.049
   D 13.049; 13.15; 15.00; 15.36

6. ¿Qué número es la moda para este conjunto de datos?
   15, 13, 12, 15, 22, 19
   F 22 H 16
   G 18 J 15

7. 0.7×0.4
   A 28.0 C 0.28
   B 2.8 D 0.028

8. ¿Cuál es el volumen de la caja?
   (8 pies, 6 pies, 12 pies)
   F 550 pies^3 H 580 pies^3
   G 576 pies^3 J 612 pies^3

9. Un camión de reparto tiene 730 hogazas de pan para entregar a 8 tiendas de víveres diferentes. Cada tienda recibe casi el mismo número de hogazas de pan. ¿Alrededor de cuántas hogazas de pan recibe cada tienda?
   A alrededor de 90
   B alrededor de 70
   C alrededor de 80
   D alrededor de 100

10. $6\overline{)14.76}$
   F 2.46
   G 2.36
   H 2.04
   J 0.24

Sigue

Forma A • Selección múltiple **Guía de evaluación AG 201**

Nombre ____________ PRUEBA DE FIN DE AÑO • PÁGINA 2

11. Jane tenía 15 monedas, 7 de las cuales eran monedas de 1¢. ¿Qué fracción de las monedas de Jane eran monedas de 1¢?
   A $\frac{1}{2}$ C $\frac{2}{3}$
   B $\frac{7}{15}$ D $\frac{7}{8}$

12. ¿Cómo se escribe 67% como un decimal?
   F 0.067 H 6.70
   G 0.67 J 67.0

13. ¿Cuál es la medida equivalente?
   35 g = __?__ mg
   A 0.035 C 3,500
   B 350 D 35,000

14. ¿Qué tipo de gráfica sería mejor para comparar tu crecimiento y el de tu hermana cada año durante un período de 5 años?
   F gráfica de barras
   G gráfica de doble barra
   H gráfica de doble línea
   J gráfica circular

15. $37\overline{)816}$
   A 22 r12
   B 22 r2
   C 21 r32
   D 20 r37

16. 839×207
   F 22,653
   G 172,673
   H 173,473
   J 173,673

17. ¿Ésta es la vista desde arriba de qué figura?
   A prisma pentagonal
   B pirámide pentagonal
   C prisma hexagonal
   D pirámide hexagonal

18. Lisa pagó su boleto para el cine y el de dos amigos. El costo total fue $14.25. ¿Cuánto costó cada boleto?
   F $4.15 H $4.75
   G $4.50 J $4.95

19. ¿Qué triángulos son semejantes?
   (A: 5, 5, 4; B: 5, 5, 5; C: 5, 4, 3; D: 10, 10, 8)
   A A y D C B y C
   B A y B D C y D

20. ¿Cómo se escribe $\frac{75}{100}$ como un porcentaje?
   F 0.75% H 70.5%
   G 7.5% J 75%

Sigue

AG 202 Guía de evaluación **Forma A • Selección múltiple**

Nombre ____________ PRUEBA DE FIN DE AÑO • PÁGINA 3

21. Erin se está vistiendo. Puede elegir entre pantalones cortos blancos o azules. Ella tiene cuatro camisas limpias: roja, azul, amarilla y verde. ¿De cuántos conjuntos diferentes puede elegir?
   A 4 C 8
   B 6 D 12

22. Estima.
   $4\frac{1}{5} + 5\frac{8}{9}$
   F alrededor de $8\frac{1}{2}$
   G alrededor de 9
   H alrededor de $8\frac{1}{2}$
   J alrededor de 10

23. ¿Cuál es la mínima expresión de $\frac{15}{18}$?
   A $\frac{5}{9}$ C $\frac{5}{6}$
   B $\frac{3}{4}$ D $1\frac{1}{5}$

24. El 5 de agosto es un jueves. ¿Qué día de la semana es el 23 de agosto?
   F lunes H miércoles
   G sábado J domingo

25. $\frac{1}{4} \times 3\frac{2}{3} = n$
   A $n = \frac{5}{6}$ C $n = \frac{11}{3}$
   B $n = \frac{11}{12}$ D $n = \frac{14}{3}$

26. ¿Cómo se escribe $4\frac{3}{5}$ como una fracción?
   F $\frac{12}{5}$ H $\frac{18}{5}$
   G $\frac{15}{5}$ J $\frac{23}{5}$

27. $\frac{7}{8} - \frac{1}{4}$
   A $\frac{5}{4}$ C $\frac{5}{8}$
   B $\frac{6}{8}$ D $\frac{1}{2}$

28. La clase de Anna tiene 24 estudiantes. 17 de ellos son niños. ¿Cuál es la razón de niñas al total de estudiantes?
   F 17:24 H 7:24
   G 7:41 J 7:17

29. Una bolsa tiene 6 fichas cuadradas verdes y 12 amarillas. ¿Cuál es la razón de todas las fichas a las fichas amarillas?
   A 24:12 C 12:6
   B 18:12 D 6:12

30. ¿Cuál es la ecuación para esta tabla de funciones?

Entrada, x	1	2	4	5	7
Salida, y	1	3	7	9	13

   F $y = 2x - 1$ H $y = 2x + 1$
   G $y = 2x$ J $y = 3x - 2$

Sigue

Forma A • Selección múltiple **Guía de evaluación AG 203**

Nombre ____________ PRUEBA DE FIN DE AÑO • PÁGINA 4

31. Resuelve la ecuación.
   $(21 \times 11) \times 7 = t \times (11 \times 7)$
   A $t = 1$ C $t = 11$
   B $t = 7$ D $t = 21$

32. ¿Cuál es el valor de 4^4?
   F 16 H 256
   G 128 J 314

33. Halla la circunferencia de este círculo. Usa $\pi = 3.14$.
   (r = 7 pulg)
   A alrededor de 43.96 pulg
   B alrededor de 34.54 pulg
   C alrededor de 21.98 pulg
   D alrededor de 10.99 pulg

34. ¿Cuál es el producto en su mínima expresión?
   $\frac{8}{3} \times 9$
   F $\frac{17}{3}$ H 24
   G 36 J $\frac{72}{9}$

35. $^{-}7 + {}^{-}3$
   A 10 C $^{-}4$
   B 4 D $^{-}10$

36. ¿Cuál es la probabilidad de que saques un número par al lanzar un cubo rotulado 1–6?
   F $\frac{1}{2}$ H $\frac{1}{6}$
   G $\frac{1}{3}$ J $\frac{2}{3}$

37. ¿Cuál es el máximo común divisor para los números 48 y 72?
   A 8 C 24
   B 12 D 18

38. $0.98 \div 0.7$
   F 14 H 0.14
   G 1.4 J 0.014

39. ¿Cuál es recíproco de $\frac{12}{16}$?
   A $\frac{4}{12}$ C $\frac{3}{4}$
   B $\frac{16}{12}$ D $\frac{4}{16}$

40. ¿Cuál es el área total del prisma rectangular?
   (3 pulg, 2 pulg, 3 pulg)
   F 54 pulg^2 H 48 pulg^2
   G 36 pulg^2 J 42 pulg^2

Alto

AG 204 Guía de evaluación **Forma A • Selección múltiple**

Nombre ______________________

PRUEBA DE FIN DE AÑO • PÁGINA 1

Escribe la respuesta correcta.

1. ¿Qué dígito está en la posición de los centésimos en 389.674?

   7

2. $\begin{array}{r} 26.302 \\ -\ 17.985 \\ \hline \end{array}$

   8.317

3. Resuelve para *x*.

   $x - 18 = 18$

   $x = 36$

4. El sábado 255,603 personas asistieron a la feria estatal. Al día siguiente asistieron 287,440. ¿Cuántas personas más asistieron el domingo que el sábado?

   31,837 personas

5. Ordena los números de mayor a menor.

   44.073, 44.801, 43.986 y 44.607

   44.801, 44.607, 44.073, 43.986

6. Halla la media para los datos.

   25, 33, 28, 38, 35, 27

   31

7. 0.6×1.1

   0.66

8. ¿Cuál es el volumen de un cubo cuyos lados miden 8 cm cada uno?

   512 cm^3

9. Hay 6 concesionarios de carros con un total de 410 carros nuevos para vender. Cada concesionario tiene casi el mismo número de carros para vender. ¿Alrededor de cuántos carros nuevos tiene cada concesionario para vender?

   alrededor de 70 carros

10. $7\overline{)22.68}$

    3.24

Sigue

Forma B • Respuesta libre **Guía de evaluación AG 205**

Nombre ______________________

PRUEBA DE FIN DE AÑO • PÁGINA 2

11. Chris posee 14 pares de medias. 7 pares son blancos y 3 pares son negros. El resto son azules. ¿Qué fracción de las medias son azules?

    $\frac{4}{14}$ o $\frac{2}{7}$

12. Escribe 0.09 como un porcentaje.

    9%

13. ¿Cuántos metros hay en 12 kilómetros?

    12,000 metros

14. ¿Qué tipo de gráfica sería la mejor para comparar los diferentes elementos que componen la corteza de la Tierra?

    gráfica circular

15. $43\overline{)971}$

    22 r25

16. $\begin{array}{r} 664 \\ \times\ 380 \\ \hline \end{array}$

    252,320

17. ¿Qué figura tendría las siguientes vistas?

    desde arriba frontal lateral

    pirámide cuadrada

18. Michael compró tres cuadernos nuevos para la escuela. El costo total fue $7.65. ¿Cuánto costó cada cuaderno?

    $2.55

19. Encierra en un círculo las dos figuras congruentes.

20. Escribe $\frac{9}{10}$ como un porcentaje.

    90%

Sigue

AG 206 Guía de evaluación **Forma B • Respuesta libre**

Nombre ______________________

PRUEBA DE FIN DE AÑO • PÁGINA 3

21. Susan está haciendo una tarjeta. Puede elegir entre papel rojo, rosado o blanco. Ella puede decorar la tarjeta con encajes, cintas o lana. ¿Cuántas tarjetas puede hacer eligiendo un color de papel y un tipo de decoración?

    9

22. Estima.

    $1\frac{4}{8} + 6\frac{1}{7}$

    $7\frac{1}{2}$

23. Escribe $\frac{20}{25}$ en su mínima expresión.

    $\frac{4}{5}$

24. El 2 de abril del 2000 fue un domingo. ¿Qué día de la semana fue el 21 de abril del 2000?

    viernes

25. Despeja *n*.

    $\frac{2}{3} \times 4\frac{1}{5} = n$

    $n = \frac{14}{5}$ o $2\frac{4}{5}$

26. Escribe $\frac{34}{9}$ como un número mixto.

    $3\frac{7}{9}$

27. $\frac{2}{3} - \frac{1}{12}$

    $\frac{7}{12}$

28. En el club de baile, 13 miembros bailan tap, 9 bailan jazz y 6 bailan ballet. ¿Cuál es la razón de los bailarines de tap a todos los bailarines?

    13:28

29. La perrera de Richard hospeda 18 perros y 13 gatos por el fin de semana. ¿Cuál es la razón del total de mascotas que se hospedan al número de perros?

    31:18

30. Escribe una ecuación para describir la función.

Entrada, x	1	2	3	4	5
Salida, y	5	8	11	14	17

$y = 3x + 2$

Sigue

Forma B • Respuesta libre **Guía de evaluación AG 207**

Nombre ______________________

PRUEBA DE FIN DE AÑO • PÁGINA 4

31. Despeja *c*.

    $c \times (8 \times 4) = (6 \times 8) \times 4$

    $c = 6$

32. Evalúa 3^3.

    27

33. Halla el diámetro de un círculo con una circunferencia de 28.26 pies. Usa $\pi = 3.14$.

    9 pies

34. Escribe el producto en su mínima expresión.

    $\frac{16}{6} \times 4$

    $10\frac{2}{3}$

35. $4 + {}^{-}8$

    $^{-}4$

36. Lynda tiene 5 canicas rojas, 4 verdes y 8 azules en una bolsa. ¿Cuál es la probabilidad de sacar una canica verde de la bolsa?

    $\frac{4}{17}$

37. ¿Cuál es el máximo común divisor de 21 y 56?

    7

38. $0.84 \div 0.6$

    1.4

39. Escribe el recíproco de $\frac{8}{15}$.

    $\frac{15}{8}$

40. ¿Cuál es el área total del prisma rectangular?

    4 pulg 6 pulg 4 pulg

    128 pulg^2

Alto

AG 208 Guía de evaluación **Forma B • Respuesta libre**